全国电力高职高专“十二五”系列教材

公共基础课系列教材

中国电力教育协会审定

工程数学

（理工类适用）

全国电力职业教育教材编审委员会 组 编

郭连英 段东东 主 编

李 薇 陈 斌 余庆红 副主编
于 烊 吴丽鸿 翟美玲

廖 虎 主 审

中国电力出版社
CHINA ELECTRIC POWER PRESS

内 容 提 要

本书为全国电力高职高专“十二五”系列教材 公共基础课系列教材。本书具有以下特点：一，内容由浅入深，通俗易懂；弱化理论证明，加强学生应用能力培养，体现数学在专业课中的应用；二，内容涵盖性强，包含了理工类高职高专院校各专业所需的工程数学知识；三，注重能力培养，加强思路引导，强调基础知识的掌握；四，知识的引入以专业需求为出发点，生活所需解决问题为切入点，充分体现知识的需求与生活密切相连；五，参编人员为来自多所院校、从教多年的一线教师，有着丰富的教学经验；六，体现教职成【2011】12号培养高端技能型专门人才的精神。

本书可作为全国高职高专院校、成人高校及本科院校举办的二级职业技术学院理工类各专业的工程数学教材，也可作为其他各类院校学生的自学用书。

图书在版编目（CIP）数据

工程数学：理工类适用/郭连英，段东东主编；全国电力职业教育教材编审委员会组编．—北京：中国电力出版社，2012.12（2023.11重印）

全国电力高职高专“十二五”规划教材．公共基础课系列教材．理工类适用

ISBN 978-7-5123-3823-4

Ⅰ.①工… Ⅱ.①郭…②段…③全… Ⅲ.①工程数学－高等职业教育－教材 Ⅳ.①TB11

中国版本图书馆CIP数据核字（2012）第299964号

中国电力出版社出版、发行

（北京市东城区北京站西街19号 100005 http://www.cepp.sgcc.com.cn）

北京雁林吉兆印刷有限公司印刷

各地新华书店经售

*

2012年12月第一版 2023年11月北京第十三次印刷

787毫米×1092毫米 16开本 17.25印张 411千字

定价 **32.00** 元

全国电力职业教育教材编审委员会（名单）

参 与 院 校

山东电力高等专科学校　　西安电力高等专科学校
山西电力职业技术学院　　保定电力职业技术学院
四川电力职业技术学院　　哈尔滨电力职业技术学院
三峡电力职业学院　　安徽电气工程职业技术学院
武汉电力职业技术学院　　福建电力职业技术学院
江西电力职业技术学院　　郑州电力高等专科学校
重庆电力高等专科学校　　长沙电力职业技术学院

公共基础课专家组

组　长　王宏伟

副组长　文海荣

成　员　（按姓氏笔画排序）

马敬卫　孔　洁　兰向春　任　剑　刘家玲　吴金龙
宋云希　郑晓峰　倪志良　郭连英　霍小江　廖　虎
樊新军

本 书 编 写 组

组　长　郭连英

副组长　段东东

组　员　李　薇　陈　斌　余庆红　于　烊　吴丽鸿　翟美玲
平　仙　廖君华　寇　磊　邱　红　谢新怀　姚振宇
李玉凯　肖彩虹　汤艳妮　王　琨

序

为深入贯彻《国家中长期教育改革和发展规划纲要（2010—2020）》精神，落实鼓励企业参与职业教育的要求，总结、推广电力类高职高专院校人才培养模式的创新成果，进一步深化“工学结合”的专业建设，推进“行动导向”教学模式改革，不断提高人才培养质量，满足电力发展对高素质技能型人才的需求，促进电力发展方式的转变，在中国电力企业联合会和国家电网公司的倡导下，由中国电力教育协会和中国电力出版社组织全国 14 所电力高职高专院校，通过统筹规划、分类指导、专题研讨、合作开发的方式，经过两年时间的艰苦工作，编写完成本套系列教材．

全国电力高职高专“十二五”系列教材分为电力工程、动力工程、实习实训、公共基础课、工科基础课、学生素质教育六大系列．其中，公共基础课系列汇集了电力行业高等职业院校专家的力量进行编写，各分册主编为该课程的教学带头人，有丰富的教学经验．教材以行动导向形式编写而成，既体现了高等职业教育的教学规律，又融入电力行业特色，适合高职高专的公共基础课教学，是难得的行动导向式精品教材．

本套教材的设计思路及特点主要体现在以下几方面．

（1）按照“项目导向、任务驱动、理实一体、突出特色”的原则，以岗位分析为基础，以课程标准为依据，充分体现高等职业教育教学规律，在内容设计上突出能力培养为核心的教学理念，引入国家标准、行业标准和职业规范，科学合理设计任务或项目．

（2）在内容编排上充分考虑学生认知规律，充分体现“理实一体”的特征，有利于调动学生学习积极性，是实现“教、学、做”一体化教学的适应性教材．

（3）在编写方式上主要采用任务驱动、项目导向等方式，包括学习情境描述、教学目标、学习任务描述、任务准备、相关知识等环节，目标任务明确，有利于提高学生学习的专业针对性和实用性．

（4）在编写人员组成上，融合了各电力高职高专院校骨干教师和企业技术人员，充分体现院校合作优势互补，校企合作共同育人的特征，为打造中国电力职业教育精品教材奠定了基础．

本套教材的出版是贯彻落实国家人才队伍建设总体战略，实现高端技能型人才培养的重要举措，是加快高职高专教育教学改革、全面提高高等职业教育教学质量的具体实践，必将对课程教学模式的改革与创新起到积极的推动作用．

本套教材的编写是一项创新性的、探索性的工作，由于编者的时间和经验有限，书中难免有疏漏和不当之处，恳切希望专家、学者和广大读者不吝赐教．

全国电力职业教育教材编审委员会

前　言

高职高专教育作为高等教育的重要组成部分，它以培养生产、建设、服务、管理第一线的高端技能型专门人才为主要任务，在推动经济的发展和社会的进步方面发挥着重要作用．

工程数学不仅是高职高专院校的一门重要的基础课和工具课，更是一门解决实际问题和广泛应用的基础学科，它对培养、提高学生的思维能力发挥着特有的作用．工程数学的基础理论广泛应用于各个学科及各个领域，由此推动了数学的发展．

为了适应社会发展形势，本书从高职高专人才培养目标出发，充分体现高职高专院校“以应用为目的、以够用为度”的教学基本原则．本书力求体现基础课为专业课服务的宗旨，依照教育部颁布的《高职高专教育数学课程教学基本要求》，结合作者多年来积累的高职高专数学课程教学改革经验编写而成．

本书包括课程导引、数理逻辑简介、无穷级数、拉普拉斯变换、线性代数、概率论初步、数理统计初步、数值计算方法简介、复数与复变函数等九部分内容，基本涵盖了电力系统高职高专院校专业课学习所需要的数学理论知识．教师可以根据专业需求选学部分章节，学生也可以根据自己的爱好进行有选择的自学．本书着眼于基本概念、基本理论和基本方法，强调直观性和应用背景，注重可读性，方便自学．

本课程构建于《高等数学》（理工类）课程的基础上，进一步加强学生学习后续专业课理论知识的铺垫．为了更好地体现本课程与专业课间的内在联系，使本课程内容和专业课结合得更紧密、更贴切，在教材编写过程中，编者有意识地从专业课挖掘素材作为导入案例，实现公共基础课与专业课的紧密衔接，注重对学生逻辑思维能力、分析问题解决问题能力的培养．

通过本课程的学习，学生将具备理解和建立工程数学模型的能力及分析、处理工程数据能力，逻辑思维能力得到有效提升，有助于形成严谨的工作作风．

本书具有以下特点．

（1）结合高职高专学生的特点，较好地处理了高等数学与工程数学的衔接关系，在内容处理上兼顾了对学生抽象概括能力、逻辑推理能力、运算能力和综合运用所学知识分析问题及解决问题能力的培养．

（2）注重以实例引入概念，并最终回到数学应用的思想，突出强调数学概念与实际问题的联系，加强学生对数学的应用意识和兴趣，培养学生用数学的原理和方法消化吸收工程概念、工程原理及专业知识的能力．

（3）恰当地把握了教学内容的深度和广度，不过分追求理论上的严密性，注重应用性，注意适度保持数学自身的系统性与逻辑性．

(4) 注意对有关概念及结果的解释，力求表述准确、思路清晰、通俗易懂，并注重数学思想与方法的阐述，注意培养学生的综合素质，体现了数学课程改革的新思路——数学教学不仅要具备工具功能，而且还要具备思维训练和文化素质教育的功能，立足于综合素质教育，重视培养学生的科学精神、创新意识和综合运用数学知识解决实际问题的能力．

(5) 除复数与复变函数、数值计算方法简介两部分外，每节内容后都配有课堂练习及习题、本章主要内容归纳和自我检测题目，可供学生边学边练，及时检验学习效果．

本书由保定电力职业技术学院郭连英、西安电力高等专科学校段东东主编，长沙电力职业技术学院李薇、重庆电力高等专科学校陈斌、西安电力高等专科学校余庆红、保定电力职业技术学院于烊、山西电力职业技术学院吴丽鸿、郑州电力高等专科学校翟美玲副主编，平仙、廖君华、寇磊、邱红、谢新怀、姚振宇、李玉凯、肖彩虹、汤艳妮、王琨编写．全书由郭连英统稿，由西安电力高等专科学校廖虎主审．

鉴于我们的研究能力和学术水平有限，书中难免有疏漏之处，恳切期望读者给予批评指正．

编　者

2012年8月

目　录

课　程　导　引

在高等教育阶段，数学的学习方向大致有两个：纯理论式的深度探究和与实体科学及工程问题的发展密切相关的应用探索．历史上的众多数学大师，如阿基米德、欧拉、牛顿、拉格朗日、拉普拉斯等，把数学和实体科学及工程完美地结合到一起，使得数学在科学发展的历程中发挥了巨大的作用．

工科院校的学生在进行了必需的公共基础课学习之后，要进入专业基础课及专业课的学习．在进一步的学习过程中，需要用相当多的数学知识做铺垫，“工程数学”就是为学习这些专业课做准备的．“工程数学”是好几门数学的总称，它包含积分变换、复变函数、线性代数、概率论、数理统计、无穷级数等众多数学学科．

工程数学的应用可谓广泛，大到航空、航天小到生活的点点滴滴．设计宇宙飞船要考虑飞船外形与外界空间物质接触产生的后果，实际生活中会遇到解多元线性方程组的问题，概率知识的学习会让我们认识到彩票中奖实属小概率事件等．工程数学的学习，不但可以丰富我们的知识结构，提高我们的逻辑思维能力、分析问题解决问题能力，提高创新意识，帮助我们解决实际问题，而且还可以让我们变得睿智，避免在日常生活中盲目随从．

一、本课程在专业中的地位

“工程数学”是工科院校一门必修公共基础课．专业课的学习离不开数学知识，如果把专业课比作一个人，数学知识就是这个人的腿，工程数学教学的主要目的就是为专业课教学打好理论知识基础，是专业课理论的有力支撑．通过“工程数学”课程的学习，不但可以学习专业课必需的数学知识，而且可以培养用数学思想和数学工具解决实际问题的能力，培养工程实践能力，即在工程实践中灵活运用数学工具解决具体问题．

“工程数学”课程的学习，有助于我们针对工科专业的各种实际问题，建立数学模型，运用数学知识、数学软件进行计算，使问题得到解决．

二、本课程教学内容与后续专业课的关系

本课程教学内容与后续专业课有着密切的关系，下面以表格形式简单举例说明．

序号	专　业　课　程	涉及本课程知识
1	电工基础	傅里叶级数
2	C语言、数据库、动态网站制作	矩阵、概率
3	电力系统分析、继电保护	线性代数、拉普拉斯变换、傅里叶级数
4	高电压绝缘、过电压及其防护	线性代数
5	电工学、电路分析与测量	傅里叶级数、线性代数
6	电机学、电机与拖动	数值计算方法、傅里叶级数

续表

序号	专 业 课 程	涉及本课程知识
7	信号与系统	拉普拉斯变换、矩阵
8	自动控制、气象、半导体技术	数理统计、概率论
9	电工技术	数理统计、组合、逻辑
10	电路理论、脉冲技术	数理统计
11	电机学、电子技术基础	数值计算方法
12	集成电路的设计与应用	数理逻辑、线性代数
13	现代通信原理	线性代数、数理统计、概率论

从已列举的这些学科中，我们看到数学知识在专业课中的广泛应用．数学基础扎实与否将直接影响到专业课的学习和效果．本课程与专业课间的内在联系，大家在学习专业课时会有深切的感受．

三、本课程的学习方法

由于本课程内容与专业课程有着密切的关系，在学习时必须时刻与专业课程相联系，通过学习，去发现本课程内容与专业课程是如何联系在一起的，本课程内容解决了专业课程当中的哪些问题，用到了哪些数学知识，用什么数学方法解决的．

为了使大家能够快速有效地把握本课程特点，以下几点供大家参考．

(1) 充分认识到“工程数学”与“高等数学”内容的不同．“高等数学”讲授的是微积分理论，强调数学知识的理论多一些；“工程数学”则更关注和专业课紧密相连的知识，更多地涉及如何用数学知识解决专业课程、工程及实际生活中遇到的问题．

(2) 明确“工程数学”与“高等数学”的内在联系．虽然“工程数学”与“高等数学”在知识结构上差异很大，但理论知识密不可分．“工程数学”知识的学习，离不开“高等数学”知识的铺垫．如傅里叶级数、拉普拉斯变换和无穷级数等就离不开微积分理论．

(3) 正确对待学习中遇到的新困难和新问题．在学习本课程的过程中，肯定会遇到不少困难和问题，尤其是用数学知识解决专业课程学习中的问题时，难免会出现以前学的知识忘记的现象，这就需要首先对以前学过的知识进行回顾，然后再考虑如何解决问题．同学们要有克服困难的勇气和信心，切忌遇到问题就避让，要勇于向困难挑战．对学习中遇到的问题，要积极向老师请教，主动和同学探讨，努力寻求解决问题的办法，自觉培养分析问题、解决问题的能力．

(4) 要提高自我调控的“适教”能力．一般来说，教师经过一段时间的教学实践后，会形成自己独特的教学风格．作为一名学生，让教师去适应自己显然不现实，我们应该根据教师的特点，立足于自身的实际，优化学习策略，调控自己的学习行为，使自己的学法逐步适应教师的教法，从而使自己学得更好、更快．

(5) 做学习的主人．要将“教师要我学”变为“我要学”，努力培养探求知识的欲望和积极性，培养浓厚的学习兴趣和顽强的学习毅力，把“以教师为中心”转变为“以自己为主体，老师为主导”，在教师的引导下，靠自己主动思维活动去获取知识，养成勤于思考、勇于探索的创新精神，培养良好的学习习惯．

(6) 培养分析问题、解决问题的能力．数学是一门逻辑性强、思维严谨的学科，是思维的体操，要想解决一个问题，我们首先要对问题进行深入分析，找到解决问题的方法，在对问题尽心分析、解决问题的过程中，我们分析问题、解决问题的能力得到提高．因此，要培养不畏困难、勇于攀登的精神．

（7）认真对待课后作业．课后作业是对课堂知识巩固的关键环节．课后作业是教师经过慎重选择的题目，涵盖了上课讲的重点内容，一定要认真对待，并且争取独立完成．对确实有难度的题目，可以请教教师和同学，在真正明白的基础上独立完成，切不可采取“拿来主义”，抄袭同学的作业．明确完成作业的过程实际上就是对知识进行复习、巩固的过程，抄袭同学的作业，就等于放弃了自己学习的机会．

四、本课程学习评价

学习数学的目的重在应用，数学课程的考核包含对学生应用能力的考核，应体现本课程的教学目标，即对学生学业评价要关注多元性，采用过程评价和结果评价相结合的评价方式．既要重视结果，又要重视学生学习和完成学习任务的态度、实际能力的展现、完成作业等过程评价．

“工程数学”课程学习评价建议

评价类型	评价内容	评价标准	成绩权重
过程评价（60%）	1. 学习态度	出勤、纪律遵守情况	0.1
	2. 课堂发言	课堂提问	0.1
	3. 作业提交情况	提交次数和作业成绩	0.2
	4. 阶段测试	考核成绩	0.2
考核评价（40%）	5. 期末考试	考核成绩	0.4

思 考 题

1. “工程数学”与“高等数学”有什么区别和联系？
2. 如何才能学好“工程数学”？

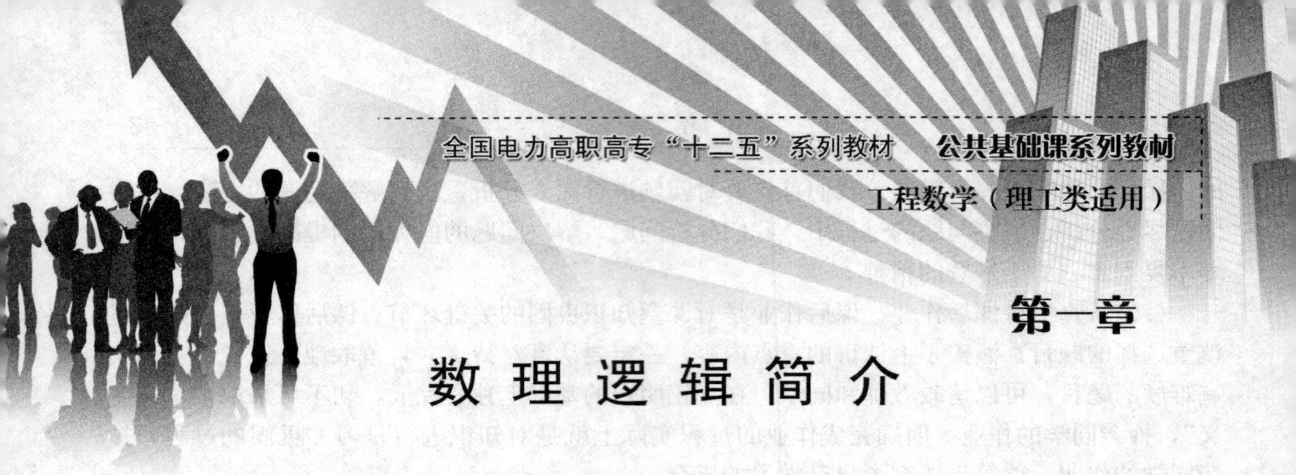

第一章
数理逻辑简介

逻辑学是研究思维形式及思维规律的科学，它以概念、命题、推理、证明等为研究对象．人们日常在说话、办事、思考问题时都在有意无意当中使用着逻辑学理论，逻辑学理论普遍存在于我们的生活中．逻辑学分为“形式逻辑”和“数理逻辑”，它们的最大区别在于“形式逻辑”允许有二意性，而“数理逻辑”决不允许，“数理逻辑”是精确化、数学化的“形式逻辑”．本章简要介绍我们经常用到的一些简易数理逻辑知识，为我们的后续学习打下基础．

先看著名物理学家爱因斯坦出过的一道题：

一个土耳其商人想找一个十分聪明的助手协助他经商，有甲乙两人前来应聘．这个商人为了试试哪个更聪明些，就把两个人带进一间漆黑的屋子里，他打开灯后说：“这张桌子上有五顶帽子，两顶是红色的，三顶是黑色的．现在，我把灯关掉，而且把帽子摆的位置弄乱，然后我们三个人每人摸一顶帽子戴在自己头上，在我开灯后，请你们尽快说出自己头上戴的帽子是什么颜色的．”说完后，商人将电灯关掉，然后三人都摸了一顶帽子戴在头上，同时商人将余下的两顶帽子藏了起来，接着把灯打开．应聘者甲看到商人和应聘者乙都戴红色帽子，喊道：“我戴的是黑帽子．”

应聘者甲的判断结果，就运用到了逻辑推理．因为仅有的两顶红色帽子已被别人戴着，所以自己戴的一定是黑色帽子．下面先介绍逻辑推理的基础概念——命题．

第一节　命　　题

一、命题的意义

命题是指在特定的时间、空间和范围内具有具体意义并能判断它是真还是假的陈述句．命题不是指判断（陈述）本身，而是指一个判断（陈述）的语义（实际表达的概念），这个概念是可以被定义并观察的现象．当相异的判断（陈述）具有相同语义时，它们表达相同的命题．

作为命题的陈述句所表达的判断结果称为命题的**真值**．真值只取两个值：真或假．真值为真的命题称为**真命题**，真值为假的命题称为**假命题**．真命题表达的判断正确，假命题表达的判断错误．任何命题的真值都是唯一的．

判断给定句子是否为命题，分为两步：首先，判定它是否为陈述句；其次，判断它是否有唯一的真值．

【例 1-1】 判断下列句子是否为命题．

（1）4 是素数．　　（2）$\sqrt{2}$是无理数．　　（3）x 大于 y．

(4) 月球上有冰.　(5) 2100年元旦是晴天.　(6) π 大于 $\sqrt{2}$ 吗?

(7) 请不要吸烟!　(8) 这朵花真美丽啊!　(9) 我正在说假话.

解　本题的9个句子中，(6) 是疑问句，(7) 是祈使句，(8) 是感叹句，因而这3个句子都不是命题．剩下的6个句子都是陈述句，但 (3) 无确定的真值，根据 x，y 的不同取值情况，它可真可假，即无唯一的真值，因而不是命题．若 (9) 的真值为真，即"我正在说假话"为真，也就是"我正在说真话"，则又推出 (9) 的真值应为假；反之，若 (9) 的真值为假，即"我正在说假话"为假，也就是"我正在说假话"，则又推出 (9) 的真值应为真．于是 (9) 既不为真又不为假，因此它不是命题．像 (9) 这样由真推出假，又由假推出真的陈述句称为**悖论**．凡是悖论都不是命题．本例中，只有 (1)，(2)，(4)，(5) 是命题．(1) 为假命题，(2) 为真命题．虽然今天我们不知道 (4)，(5) 的真值，但它们的真值客观存在，而且是唯一的，将来总会知道 (4) 的真值，到2100年元旦，(5) 的真值就真相大白了．

命题的真值"真"或"假"，分别用大写字母 T 和 F 表示.

一个简单句的命题为原始命题．由若干个简单句通过联结词构成复合句的命题称为复合命题.

二、命题联结词

1. 否定（非）

对于每个命题，都有一个与它意义相反的命题，这个命题称为原来**命题的否定**．如果命题用 P 表示，其否定可表示为"$\neg P$"，读作"非 P"．P 与 $\neg P$ 的关系，可用真值表表示如下

P	$\neg P$
T	F
F	T

2. 合取（与）

设 P 和 Q 是两个命题，由"P 与 Q"（或者"P 且 Q"）构成的新命题称为命题 P 与 Q 的**合取命题**，记为"$P\wedge Q$"，读作"P 且 Q"，其真值表为

P	Q	$P\wedge Q$
T	T	T
F	F	F
T	F	F
F	T	F

3. 析取（或）

设 P 和 Q 是两个命题，由"P 或 Q"构成的新命题称为命题 P 与 Q 的**析取命题**，记为"$P\vee Q$"，读作"P 或 Q"，其真值表为

P	Q	$P\vee Q$
T	T	T
F	F	F
T	F	T
F	T	T

三、四种命题及形式

在"若 P，则 Q"形式的命题中，P 称为命题的**条件**，Q 称为命题的**结论**.

1. 四种命题

原命题 一个命题的本身称之为原命题.

逆命题 将原命题的条件和结论顺序颠倒的新命题.

否命题 将原命题的条件和结论都否定的新命题，但不改变条件和结论的顺序.

逆否命题 将原命题的条件和结论颠倒，然后再将条件和结论都否定的新命题.

如：原命题“若 $x>1$，则 $f(x)=(x-1)^2$ 单调递增”的逆命题为“若 $f(x)=(x-1)^2$ 单调递增，则 $x>1$”；否命题为“若 $x\leqslant 1$，则 $f(x)=(x-1)^2$ 不单调递增”；逆否命题为“若 $f(x)=(x-1)^2$ 不单调递增，则 $x\leqslant 1$”.

2. 四种命题形式

如果用 A，B 分别表示两个命题，则四种命题的形式为

原命题：$A\Rightarrow B$；

逆命题：$B\Rightarrow A$；

否命题：$\neg A\Rightarrow \neg B$；

逆否命题：$\neg B\Rightarrow \neg A$.

注意：

命题的否定是只将命题的结论否定的新命题，这与否命题不同.

四、四种命题形式的真假性关系

原命题和逆否命题等价，否命题和逆命题等价，命题的否定与原命题的真假性相反.

$$\begin{matrix} A\Rightarrow B & & B\Rightarrow A \\ \neg A\Rightarrow \neg B & \bowtie & \neg B\Rightarrow \neg A \end{matrix}.$$

课堂练习 1-1

判断下列句子或式子是否是命题.

(1) 月亮是太阳系的行星.

(2) 请你离开这里！

(3) $30-5\times 6=0$.

(4) $2x-1<3$.

习题 1-1

1. 已知命题 P、Q，说出命题 $\neg P$、$\neg Q$、$P\wedge Q$、$P\vee Q$，并判断它们的真假.

(1) P：$4>3$；Q：4 是偶数.

(2) P：菱形的两条对角线互相平分；Q：菱形的两条对角线互相垂直.

(3) P：$5<6$；Q：$5=6$.

2. 说出下列命题的逆命题、否命题、逆否命题，并判断真假.

(1) 对顶角相等.

(2) 两个全等的三角形的面积相等.

(3) 两个相等的函数的定义域相同.

(4) 两个导数相同的函数的原函数相同.

第二节 充分条件 必要条件 充要条件

大家知道，如果 $a=b$，则一定有 $a^2=b^2$；反过来，如果要 $a=b$，就必须有 $a^2=b^2$. 对于 $a=b$ 与 $a^2=b^2$ 的这种关系，我们定义 $a=b$ 是 $a^2=b^2$ 的充分条件，$a^2=b^2$ 是 $a=b$ 的必要条件.

一、充分条件

设 P、Q 为两个命题，如果能从命题 P 推出命题 Q，即有 $P\rightarrow Q$，称 P 为 Q 的**充分条件**.

说明：

$P\rightarrow Q$ 也是命题，称为“P 蕴含 Q”.

二、必要条件

设 P、Q 为两个命题，当有 $P\rightarrow Q$ 时，称 Q 为 P 的**必要条件**. “Q 为 P 的必要条件”也可以理解为“要想 P 为真，则 Q 必为真”，即“Q 为真”是“P 为真”必须满足的条件.

三、充要条件

设 P、Q 为两个命题，当 $P\rightarrow Q$ 和 $Q\rightarrow P$ 同时成立时，称 P 与 Q 互为**充分必要条件**（简称充要条件）.

如 $b^2-4ac=0$ 是一元二次方程 $ax^2+bx+c=0$（$a\neq 0$）有两个相等实根的充要条件.

“充分条件”“必要条件”的概念可以这样理解：当“若 P，则 Q”形式的命题为真时，称 P 为 Q 的充分条件，同时称 Q 为 P 的必要条件，因此判断充分条件或必要条件就归结为判断命题的真假.

简单地说，就是在 P 与 Q 能相互推出时，它们就互为充要条件. 由一个命题推出另一个命题，前者是后者的充分条件，后者是前者的必要条件.

课堂练习 1-2

指出下列各题中，命题 P 是 Q 的什么条件（充分条件，必要条件，充要条件）.

(1) P：四边形的对角线相等；Q：四边形为等腰梯形.

(2) P：同位角相等；Q：两直线平行.

(3) P：认识错误；Q：改正错误.

(4) P：合理施肥；Q：获得丰收.

(5) P：没有文化；Q：学不好理论.

(6) P：x 大于 y；Q：y 小于 x.

(7) P：灯泡钨丝断了；Q：灯泡不会亮.

习题 1-2

在下列各题中，P 是 Q 的什么条件（充分条件，必要条件，充要条件）.

(1) P：$x^2=4$；Q：$x=2$.

(2) P：$x>4$；Q：$x>2$.

（3）P：$a>b$；Q：$a+c>b+c$.

（4）P：$a>b$；Q：$ac>bc(c>0)$.

（5）P：整数的末位数是 2；Q：整数是偶数.

（6）P：$a>1$；Q：$a>\sqrt{a}$.

（7）P：$x^2+(y-2)^2=0$；Q：$x(y-2)=0$.

（8）P：$x\geqslant 0$；Q：$x^2\leqslant x$.

（9）P：$0<x<5$；Q：$|x-2|<5$.

（10）P：$a\neq 2$；Q：$a^2\neq 4$.

（11）P：$a\neq 0$；Q：$ab\neq 0$.

第三节　三　段　论

三段论又称直言三段论，属于一种演绎逻辑❶，是形式逻辑❷、间接推理❸的基本形式之一.

一、三段论的定义

三段论是由两个含有一个共同项的性质判断作前提，得出一个新的性质判断为结论的演绎推理.

例如：知识分子都是应该受到尊重的，人民教师是知识分子，所以，人民教师都是应该受到尊重的.

二、三段论的结构

（1）任何一个三段论都包含并且只能包含三个不同的概念．这三个不同的概念称为三段论的词项，分别称为：大项、小项和中项．结论中的主项❹称为**小项**，用“S”表示，如上例中的“人民教师”；结论中的谓项❺称为**大项**，用“P”表示，如上例中的“应该受到尊重”；两个前提中共有的项称为**中项**，用“M”表示，如上例中的“知识分子”.

（2）任何一个三段论都包含着三个不同的判断，即大前提，小前提和结论．在三段论中，包含着大项“P”和中项“M”的前提判断是**大前提**，如上例中的“知识分子都是应该受到尊重的”；包含着小项“S”和中项“M”的前提判断是**小前提**，如上例中的“人民教师是知识分子”；包含着大项“P”和小项“S”，由两个前提推出的新判断是**结论**，如上例中的“人民教师都是应该受到尊重的”.

三段论推理是根据两个前提所表明的中项 M 与大项 P 和小项 S 之间的关系，通过中项 M 的媒介作用，从而推导出确定小项 S 与大项 P 之间关系的结论．即由大前提和小前提推出结论．如在“凡金属都能导电”（大前提）和“铜是金属”（小前提）下，得出“所以铜能导电”（结论）.

---

❶ **演绎逻辑**是指从一般到特殊的逻辑推理方法，也常被称之为一种必然性推理，或保真性推理.

❷ **形式逻辑**是一门以思维形式及其规律为主要研究对象，同时也涉及一些简单的逻辑方法的科学．概念、判断、推理是形式逻辑的三大基本要素．概念构成判断，判断构成推理．从总体上说，人的思维就是由这三大要素决定的.

❸ **间接推理**是指由两个以上的前提推出结论的推理.

❹ **主项**是直言命题中指代表事物对象的词项.

❺ **谓项**是命题中指代表对象所具有或不具有的性质的词项.

典型的三段论结构式：所有 M 都是 $P(MAP)$；S 是 $M(SAM)$；所以 S 是 $P(SAP)$.

三、三段论的公理

一类事物的全部是什么或不是什么，那么该类事物中的部分也是什么或不是什么．即：对一类事物的全部对象进行的断定，那么对该类事物中的每一个对象也应该进行同样的断定．

四、三段论的规则

(1) 一个三段论中只能有三个不同的项．违反这条规则，将犯“四项错误”或“四概念错误”．在犯“四项错误”的三段论中，主要表现为同一词语在不同的判断中表达了不同的概念.

例如：我国的大学是分布于全国各地的；清华大学是我国的大学；所以，清华大学是分布于全国各地的．这个三段论的结论显然是错误的，但其两个前提都是真的．为什么会由两个真的前提推出一个假的结论来了呢？原因就在中项（“我国的大学”）未保持同一，出现了四概念的错误．即“我国的大学”这个语词在两个前提中所表示的概念是不同的．在大前提中，它是表示我国的大学总体，表示的是一个集合概念；而在小前提中，它指我国大学中的某一所大学，表示的不是集合概念．因此，它在两次重复出现时，实际上表示着两个不同的概念．这样，以其作为中项，也就无法将大项和小项必然地联系起来，推出正确的结论.

(2) 中项在前提中至少要周延[1]一次．违反这条规则将犯“中项不周延”错误．如果中项在前提中一次也没有被断定过它的全部外延（即周延），那就意味着在前提中大项与小项都分别只与中项的一部分外延发生联系，这样，就不能通过中项的媒介作用，使大项与小项发生必然的确定的联系，因而也就无法在推理时得出确定的结论.

例如，有这样一个三段论：一切金属都是可塑的，塑料是可塑的，所以，塑料是金属．在这个三段论中，中项“可塑的”在两个前提中一次也没有周延（在两个前提中，都只断定了“金属”、“塑料”是“可塑的”的一部分对象)，因而“塑料”和“金属”究竟处于何种关系就无法确定，也就无法得出必然的确定结论，所以这个推理是错误的.

(3) 大项或小项如果在前提中不周延，那么在结论中也不得周延. 例如：运动员需要努力锻炼身体；我不是运动员；所以，我不需要努力锻炼身体．这个推理的结论显然是错误的. 这个推理从逻辑上说错在哪里呢？主要错在“需要努力锻炼身体”这个大项在大前提中是不周延的（即“运动员”只是“需要努力锻炼身体”中的一部分人，而不是其全部)，而在结论中却周延了（成了否定命题的谓项). 这就是说，它的结论所断定的对象范围超出了前提所断定的对象范围，因而在这一推理中，结论就不是由其前提所能推出的．其前提的真也就不能保证结论的真．这种错误逻辑上称为“大项不当扩大”（如果小项扩大，则称为“小项不当扩大”).

(4) 两个否定前提不能推出结论；前提之一是否定的，结论也应当是否定的；结论是否定的，前提之一必须是否定的．如果在前提中两个前提都是否定命题，那就表明，大、小项在前提中都分别与中项互相排斥，在这种情况下，大项与小项通过中项就不能形成确定的关系，因而也就不能通过中项的媒介作用而确定地联系起来，当然也就无法得出必然确定的结论，即不能推出结论了.

---

[1] 判断本身直接或间接地对其主项（或谓项）的全部外延作了判定的，就称这个判断的主项（或谓项）是周延的；反之不周延．

例如：一切有神论者都不是唯物主义者；某人不是有神论者；则不能得出一个必然结论．那么，为什么前提之一是否定的，结论必然是否定的呢？这是因为，如果前提中有一个是否定命题，另一个则必然是肯定命题（否则，两个否定命题不能得出必然结论），这样，中项在前提中就必然与一个项是否定关系，与另一个项是肯定关系．这样，大项和小项通过中项联系起来的关系自然也就只能是一种否定关系，因而结论必然是否定的了．例如：一切有神论者都不是唯物主义者；某人是有神论者；所以，某人不是唯物主义者．

（5）两个特称前提不能得出结论；前提之一是特称的，结论必然是特称的．例如：在“有的同学是运动员；有的运动员是影星”这两个前提下，我们无法推出确定的结论．因为，这个推理中的中项（“运动员”）一次也未能周延．又如在“有的同学不是运动员；有的运动员是影星”这两个前提下，仍无法得出必然结论．因为虽然中项有一次周延了，但这两个前提中有一个是否定命题，按前面的规则，如果推出结论，则只能是否定命题；而如果是否定命题，则大项“影星”在结论中必然周延，但它在前提中是不周延的，所以必然又犯大项不当扩大的错误．因此两个特称前提是无法得出必然结论的．那么，为什么前提之一是特称的，结论必然是特称的呢？看例子：所有大学生都是青年；有的运动员是大学生；所以，有的运动员是青年．这个例子说明，当前提中有一个判断是特称命题时，其结论必然是特称命题；否则，如果结论是全称命题，就必然违反三段论的另几条规则（如出现大、小项不当扩大的错误等）．

课堂练习 1-3

判断下列三段论是否正确，若不正确，指出所犯错误．

（1）所有党员都是成年人，我不是党员，所以，我不是成年人．

（2）有些雇员是知识分子，有些雇员工作卓有成效，所以，有些知识分子工作卓有成效．

习题 1-3

指出下列三段论中的大前提、小前提、结论，以及大项、中项、小项．

（1）经济规律是客观规律，客观规律总是不以人们的意志为转移的，所以，经济规律是不以人们的意志为转移的．

（2）瓦特没有受过高等教育，瓦特是大发明家，可见，有些大发明家并未受过高等教育．

（3）鱼是用鳃呼吸的；鲸不是用鳃呼吸的，所以，鲸不是鱼．

本章小结

一、命题

1. 命题的概念

命题 具有具体意义并能判断它是真还是假的陈述句．

命题的**真值** 作为命题的陈述句所表达的判断结果．真值只取两个值：真或假，分别用

大写字母 T 和 F 表示.

真命题 真值为真的命题.

假命题 真值为假的命题.

2. 判断给定句子是否为命题的方法

应该分两步：第一步，判定是否为陈述句；第二步，判断是否有唯一的真值.

3. 命题联结词

(1) 否定（非）. 对于每个命题，都有一个与它意义相反的命题，这个命题称为原来**命题的否定**. 如果命题用 P 表示，其否定表示为"$\neg P$". P 与 $\neg P$ 的真值正好为相反关系，其真值表为

P	$\neg P$
T	F
F	T

(2) 合取（与）. 设 P 和 Q 是两个命题，由"P 与 Q"（或者"P 且 Q"）构成的新命题称为命题 P 与 Q 的**合取命题**，记为"$P \wedge Q$"，其真值表为

P	Q	$P \wedge Q$
T	T	T
F	F	F
T	F	F
F	T	F

(3) 析取（或）. 设 P 和 Q 是两个命题，由"P 或 Q"构成的新命题称为命题 P 与 Q 的**析取命题**，记为"$P \vee Q$"，其真值表为

P	Q	$P \vee Q$
T	T	T
F	F	F
T	F	T
F	T	T

4. 四种命题

在"若 P，则 Q"形式的命题中，P 称为命题的条件，Q 称为命题的结论.

原命题 一个命题的本身称之为原命题.

逆命题 将原命题的条件和结论颠倒的新命题.

否命题 将原命题的条件和结论全否定的新命题，但不改变条件和结论的顺序.

逆否命题 将原命题的条件和结论颠倒，然后再将条件和结论全否定的新命题.

注意：

(1) 命题的否定是只将命题的结论否定的新命题，这与否命题不同.

(2) 原命题和逆否命题等价，否命题和逆命题等价，命题的否定与原命题的真假性相反.

二、充分条件　必要条件　充要条件

1. 充分条件　必要条件

设 P、Q 为两个命题，如果有 $P \to Q$，称 P 为 Q 的**充分条件**，Q 为 P 的**必要条件**.

2. 充要条件

设 P、Q 为两个命题，当 $P \to Q$ 和 $Q \to P$ 同时成立时，称 P 与 Q 互为**充分必要条件**（简

称充要条件）.

三、三段论

1. 三段论的定义

三段论是由两个含有一个共同项的性质判断作前提，一个新的性质判断为结论的演绎推理.

2. 三段论的结构

（1）任何一个三段论都包含并且只能包含三个不同的概念.

（2）任何一个三段论都包含着三个不同的判断，即大前提、小前提和结论.

典型的三段论结构式：所有 M 都是 $P(MAP)$；S 是 $M(SAM)$；所以 S 是 $P(SAP)$.

3. 三段论的公理

一类事物的全部是什么或不是什么，那么该类事物中的部分也是什么或不是什么．即：对一类事物的全部对象进行断定，那么对该类事物中的每一个对象也应该进行断定.

4. 三段论的规则

（1）一个三段论中只能有三个不同的项．违反这条规则，将犯“四项错误”或“四概念错误”.

（2）中项在前提中至少要周延一次．违反这条规则将犯“中项不周延”错误.

（3）大项或小项如果在前提中不周延，那么在结论中也不得周延.

（4）两个否定前提不能推出结论；前提之一是否定的，结论也应当是否定的；结论是否定的，前提之一必须是否定的.

（5）两个特称前提不能得出结论；前提之一是特称的，结论必然是特称的.

自我检测一

1. 命题：“已知 a、b 为实数，若 $x^2+ax+b\leqslant 0$ 有非空解集，则 $a^2-4b\geqslant 0$.”写出该命题的逆命题、否命题、逆否命题，并判断这些命题的真假.

2. 选择题.

（1）若命题 P：$2n-1$ 是奇数；q：$2n+1$ 是偶数．则下列说法正确的是（　　）.

A. P 或 q 为真　　B. P 且 q 为真　　C. 非 P 为真　　D. P 为假

（2）“至多三个”的否定为（　　）.

A. 至少有三个　　B. 至少有四个　　C. 有三个　　D. 有四个

（3）现有四个命题：

1）若 $x^2-3x+2=0$，则 $x=1$ 或 $x=2$；

2）若 $-2\leqslant x<3$，则 $(x+2)(x-3)\leqslant 0$；

3）若 $x=y=0$，则 $x^2+y^2=0$；

4）若 x，$y\in \mathbf{N}^*$，$x+y$ 是奇数，则 x，y 中一个是奇数，一个是偶数．那么（　　）.

A. 1）的逆命题为真　　B. 2）的否命题为真

C. 3）的逆否命题为假　　D. 4）的逆命题为假

（4）设 a，$b\in R$，“$a^2+b^2\neq 0$”的含义为（　　）.

A. a，b 不全为 0　　B. a，b 全不为 0

C. a，b 至少有一个为 0　　D. a 不为 0 且 b 为 0，或 b 不为 0 且 a 为 0

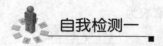

(5) 如果命题"非 p"与命题"p 或 q"都是真命题，那么（　　）.

A. 命题 p 与命题 q 的真值相同　　B. 命题 q 一定是真命题

C. 命题 q 不一定是真命题　　D. 命题 p 不一定是真命题

(6) $\begin{cases}x_1>3\\x_2>3\end{cases}$是$\begin{cases}x_1+x_2>6\\x_1x_2>9\end{cases}$成立的（　　）.

A. 充分不必要条件　　B. 必要不充分条件

C. 充要条件　　D. 既不充分也不必要条件

(7) 已知真命题："$a\geqslant b\Rightarrow c>d$"和"$a<b\Leftrightarrow e\leqslant f$"，那么 $c\leqslant d$ 是 $e\leqslant f$ 的（　　）.

A. 充分不必要条件　　B. 必要不充分条件

C. 充要条件　　D. 既不充分也不必要条件

(8) 设 $x\in R$，则 $x>2$ 的一个必要不充分的条件是（　　）.

A. $x>1$　　B. $x<1$　　C. $x>3$　　D. $x<3$

(9) 若 $y=f(x)$ 是定义域在 R 上的函数，则 $y=f(x)$ 为奇函数的一个充要条件为（　　）.

A. $f(0)=0$

B. 对任意 $x\in R$，$f(x)=0$ 都成立

C. 存在 $x_0\in R$，使得 $f(x_0)+f(-x_0)=0$

D. 对任意 $x\in R$，$f(x)+f(-x)=0$都成立

(10) 对任意实数 a、b、c，给出下列命题：

1)"$a=b$"是"$ac=bc$"的充要条件；

2)"$a+5$ 是无理数"是"a 是无理数"的充要条件；

3)"$a>b$"是"$a^2>b^2$"的充分条件；

4)"$a<5$"是"$a<3$"的必要条件.

其中真命题的个数是（　　）.

A. 1　　B. 2　　C. 3　　D. 4

(11) 三个数 a、b、c 不全为零的充要条件是（　　）.

A. a、b、c 都不为零　　B. a、b、c 中至多一个为零

C. a、b、c 中只有一个为零　　D. a、b、c 中至少一个不为零

(12) 设原命题"若 p，则 q"真而逆命题假，则 p 是 q 的（　　）.

A. 既不充分也不必要条件　　B. 充要条件

C. 充分不必要条件　　D. 必要不充分条件

3. 判断下列三段论是否正确，若不正确，则指出所犯错误.

(1) 周星驰的电影不是一天能看完的；《大话西游》是周星驰的电影；所以，《大话西游》不是一天能看完的.

(2) 中学生是在中学学习的，王英是在中学学习的，所以，王英是中学生.

(3) 有些人是劳动模范，有些人是战斗英雄，所以，有些战斗英雄是劳动模范.

(4) 海豚不是鱼，鲤鱼不是海豚，所以，鲤鱼不是鱼.

(5) 甲车间多数工人评上过先进生产者，甲车间有些工人是党员，所以甲车间有些党员是先进生产者.

(6) 所有纺纱车间的工人都拥护王厂长，织布车间的工人不是纺纱车间的工人，所以，

织布车间的工人不拥护王厂长.

（7）某甲是贪污犯，某甲是司法干部，所以，司法干部都是贪污犯.

4. 母亲要求儿子从小就努力学外语．儿子说：“我长大又不想当翻译，何必学外语．”以下哪项是儿子的回答中包含的前提？

A. 要当翻译，需要学外语　　B. 只有当翻译，才需要学外语

C. 学了外语也不见得能当翻译　　D. 学了外语才能当翻译

第二章
无 穷 级 数

级数是表示函数、研究函数及计算函数值的有力工具，尤其是幂级数和傅里叶级数更是在专业课中有着广泛应用．

本章先简述级数的基本理论，然后在此基础上着重讨论幂级数和傅里叶级数．

第一节　级数的基本理论

一、无穷级数的概念

引例　我们知道，分数$\frac{1}{3}$写成循环小数形式时为0．333…，在近似计算中，可以根据不同的精确度要求，取小数点后的n位作$\frac{1}{3}$的近似值．因为$0.3=\frac{3}{10}$，$0.03=\frac{3}{10^2}$，…，所以

$$\frac{1}{3}\approx\frac{3}{10}+\frac{3}{10^2}+\cdots+\frac{3}{10^n}.$$

显然，n越大，这个近似值就越接近$\frac{1}{3}$．根据极限的概念，可知

$$\frac{1}{3}=\lim_{n\to\infty}\left(\frac{3}{10}+\frac{3}{10^2}+\cdots+\frac{3}{10^n}\right),$$

也就是说

$$\frac{1}{3}=\frac{3}{10}+\frac{3}{10^2}+\cdots+\frac{3}{10^n}+\cdots.$$

这样就得到了一个“无穷和式”，这个“无穷和式”就是级数的雏形．

定义 2.1.1　给定一个无穷序列$\{u_n\}$：

$$u_1,u_2,u_3,\cdots,u_n,\cdots,$$

则数学表达式

$$u_1+u_2+u_3+\cdots+u_n+\cdots$$

称为**无穷级数**，简称**级数**，记为$\sum\limits_{n=1}^{\infty}u_n$，即

$$\sum_{n=1}^{\infty}u_n=u_1+u_2+u_3+\cdots+u_n+\cdots,\tag{2-1}$$

其中第n项u_n称为级数的**一般项**或**通项**．如果u_n为常数，则级数称为**常数项级数**或**数项级数**；如果u_n是函数，则级数称为**函数项级数**．

例如

$$\sum_{n=1}^{\infty}\frac{1}{n}=1+\frac{1}{2}+\frac{1}{3}+\cdots+\frac{1}{n}+\cdots,$$

$$\sum_{n=1}^{\infty}(-1)^{n-1}=1-1+1-1+\cdots+(-1)^{n-1}+\cdots,$$

$$\sum_{n=1}^{\infty}\frac{1}{n(n+1)}=\frac{1}{1\cdot 2}+\frac{1}{2\cdot 3}+\frac{1}{3\cdot 4}+\cdots+\frac{1}{n(n+1)}+\cdots,$$

都是数项级数．又如

$$\sum_{n=1}^{\infty}(-1)^{n-1}x^{n-1}=1-x+x^2-\cdots+(-1)^{n-1}x^{n-1}+\cdots,$$

$$\sum_{n=1}^{\infty}\cos nx=\cos x+\cos 2x+\cdots+\cos nx+\cdots,$$

都是函数项级数.

无穷级数是无穷多项累加的结果．由引例可知，可以先求有限项的和，然后运用极限的方法来解决无穷多项的求和问题．下面借助极限确定无穷多项的求和问题.

一般地，对数项级数（2-1），分别取它的前 1 项，前 2 项，…，前 n 项的和，作出数列 $\{S_n\}$：

$$S_1=u_1,\ S_2=u_1+u_2,\cdots,S_n=u_1+u_2+u_3+\cdots+u_n \tag{2-2}$$

这个数列的通项

$$S_n=u_1+u_2+u_3+\cdots+u_n$$

称为级数（2-1）的前 n 项**部分和**．而数列（2-2）称为级数（2-1）的部分和数列.

定义 2.1.2 如果 $n\to\infty$ 时，数列（2-2）有极限 S，即 $\lim\limits_{n\to\infty}S_n=S$，则称级数（2-1）**收敛**，并称极限值 S 为级数（2-1）的和，即

$$S=\sum_{n=1}^{\infty}u_n=u_1+u_2+u_3+\cdots+u_n+\cdots.$$

此时，称 $r_n=S-S_n$ 为级数（2-1）第 n 项以后的**余项**．这里用近似值 S_n 代替和 S 时所产生的误差是余项的绝对值，即误差是 $|r_n|$．如果当 $n\to\infty$ 时，S_n 没有极限，则称级数（2-1）**发散**.

【例 2-1】 讨论级数 $a+aq+aq^2+\cdots+aq^{n-1}+\cdots(a,\ q\neq 0)$ 的敛散性，如果收敛，则求它的和.

解 此级数是一公比为 q 的等比级数（或几何级数）．前 n 项的部分和

$$S_n=a+aq+aq^2+\cdots+aq^{n-1}=\frac{a(1-q^n)}{1-q}=\frac{a}{1-q}-\frac{aq^n}{1-q}\qquad(q\neq 1).$$

（1）当 $|q|<1$ 时，由于 $\lim\limits_{n\to\infty}q^n=0$，从而 $\lim\limits_{n\to\infty}S_n=\frac{a}{1-q}$，故级数收敛，其和 $S=\frac{a}{1-q}$.

（2）当 $|q|>1$ 时，由于 $\lim\limits_{n\to\infty}q^n$ 不存在，从而 $\lim\limits_{n\to\infty}S_n$ 也不存在，故级数发散.

（3）当 $|q|=1$ 时，若 $q=1$，$S_n=na\to\infty$，因此级数发散；若 $q=-1$，级数成为

$$a-a+a-a+\cdots$$

显然，

$$S_n=\begin{cases}a, & n\ 为奇数\\ 0, & n\ 为偶数\end{cases}.$$

从而 S_n 的极限不存在，级数发散.

综上所述，等比级数 $\sum_{n=1}^{\infty} aq^{n-1}$ 当公比 $|q|<1$ 时，收敛，其和为 $\frac{a}{1-q}$；当公比 $|q|\geqslant 1$ 时，发散.

【例 2-2】 判断级数

$$\frac{1}{1\cdot 2}+\frac{1}{2\cdot 3}+\frac{1}{3\cdot 4}+\cdots+\frac{1}{n(n+1)}+\cdots$$

是否收敛？如果收敛，则求它的和.

解 由于级数的一般项 u_n 可写成

$$u_n=\frac{1}{n(n+1)}=\frac{1}{n}-\frac{1}{n+1},$$

因此，前 n 项部分和为

$$\begin{aligned}S_n&=\frac{1}{1\cdot 2}+\frac{1}{2\cdot 3}+\frac{1}{3\cdot 4}+\cdots+\frac{1}{n(n+1)}\\&=\left(1-\frac{1}{2}\right)+\left(\frac{1}{2}-\frac{1}{3}\right)+\cdots+\left(\frac{1}{n}-\frac{1}{n+1}\right)\\&=1-\frac{1}{n+1},\end{aligned}$$

而

$$\lim_{n\to\infty}S_n=\lim_{n\to\infty}\left(1-\frac{1}{n+1}\right)=1,$$

所以，级数 $\sum_{n=1}^{\infty}\frac{1}{n(n+1)}$ 收敛，其和为 1.

【例 2-3】 证明调和级数

$$1+\frac{1}{2}+\frac{1}{3}+\cdots+\frac{1}{n}+\cdots \text{发散}.$$

证明（用数学归纳法）

$$S_1=1$$

前两项和：$S_2=1+\frac{1}{2}$；

前四项和：$S_{2^2}=1+\frac{1}{2}+\frac{1}{3}+\frac{1}{4}=1+\frac{1}{2}+\left(\frac{1}{3}+\frac{1}{4}\right)>1+\frac{1}{2}+\left(\frac{1}{4}+\frac{1}{4}\right)=1+\frac{2}{2}$；

前八项和：$S_{2^3}=1+\frac{1}{2}+\frac{1}{3}+\frac{1}{4}+\frac{1}{5}+\frac{1}{6}+\frac{1}{7}+\frac{1}{8}$

$$=1+\frac{1}{2}+\left(\frac{1}{3}+\frac{1}{4}\right)+\left(\frac{1}{5}+\frac{1}{6}+\frac{1}{7}+\frac{1}{8}\right)$$

$$>1+\frac{1}{2}+\left(\frac{1}{4}+\frac{1}{4}\right)+\left(\frac{1}{8}+\frac{1}{8}+\frac{1}{8}+\frac{1}{8}\right)=1+\frac{3}{2}；$$

一般地，前 2^n 项和：$S_{2^n}>1+\frac{n}{2}$.

当 $n\to\infty$ 时，$1+\frac{n}{2}\to\infty$，从而 $S_{2^n}\to\infty$，级数的部分和没有一个有限的极限值，所以调和级数发散.

二、收敛级数的简单性质

从上面的讨论中，不难看出，凡是收敛的级数，当 $n \to \infty$ 时，都有 $u_n \to 0$，这个结论具有普遍性．事实上，对于级数 $\sum_{n=1}^{\infty} u_n$，如果这级数收敛于和 S，则

$$\lim_{n\to\infty} u_n = \lim_{n\to\infty}(S_n - S_{n-1}) = \lim_{n\to\infty} S_n - \lim_{n\to\infty} S_{n-1} = S - S = 0.$$

性质 2.1.1 级数 $\sum_{n=1}^{\infty} u_n$ 收敛的必要条件是 $\lim_{n\to\infty} u_n = 0$.

根据这个性质，如果 $\lim_{n\to\infty} u_n = 0$ 不成立，则级数一定发散.

例如，级数

$$\frac{1}{2} + \frac{2}{3} + \frac{3}{4} + \cdots + \frac{n}{n+1} + \cdots$$

有 $\lim_{n\to\infty} \frac{n}{n+1} = 1 \neq 0$，因此级数是发散的.

注意：

$\lim_{n\to\infty} u_n = 0$ 不是级数 $\sum_{n=1}^{\infty} u_n$ 收敛的充分条件．有一些级数虽然满足 $\lim_{n\to\infty} u_n = 0$（如［例 2-3］中的调和级数），但它们仍然是发散的．利用该性质可以判定级数发散，即：若 $\lim_{n\to\infty} u_n \neq 0$，则级数 $\sum_{n=1}^{\infty} u_n$ 发散.

性质 2.1.2 若级数 $\sum_{n=1}^{\infty} u_n$ 收敛，其和为 S，c 为常数，则级数 $\sum_{n=1}^{\infty} cu_n$ 也收敛，其和为 cS.

性质 2.1.3 若级数 $\sum_{n=1}^{\infty} u_n$ 和 $\sum_{n=1}^{\infty} v_n$ 都收敛，其和分别为 S_1 和 S_2，则级数 $\sum_{n=1}^{\infty} (u_n \pm v_n)$ 也收敛，且和为 $S_1 \pm S_2$.

注意：

（1）若级数 $\sum_{n=1}^{\infty} u_n$ 收敛，$\sum_{n=1}^{\infty} v_n$ 发散，则 $\sum_{n=1}^{\infty} (u_n \pm v_n)$ 发散.

（2）若级数 $\sum_{n=1}^{\infty} u_n$ 和 $\sum_{n=1}^{\infty} v_n$ 均发散，则 $\sum_{n=1}^{\infty} (u_n \pm v_n)$ 的敛散性不确定.

【例 2-4】 判别级数 $\sum_{n=1}^{\infty} \frac{2+(-1)^{n-1}}{3^n}$ 是否收敛，如收敛，求其和.

解 因为

$$\sum_{n=1}^{\infty} \frac{1}{3^n} = \frac{\frac{1}{3}}{1-\frac{1}{3}} = \frac{1}{2},\quad \sum_{n=1}^{\infty} \frac{(-1)^{n-1}}{3^n} = \frac{\frac{1}{3}}{1+\frac{1}{3}} = \frac{1}{4},$$

于是，由性质 2.1.2、2.1.3 可知，级数 $\sum_{n=1}^{\infty} \frac{2+(-1)^{n-1}}{3^n}$ 也收敛，其和为

$$\sum_{n=1}^{\infty} \frac{2+(-1)^{n-1}}{3^n} = 2\sum_{n=1}^{\infty} \frac{1}{3^n} + \sum_{n=1}^{\infty} \frac{(-1)^{n-1}}{3^n} = 2 \times \frac{1}{2} + \frac{1}{4} = \frac{5}{4}.$$

性质 2.1.4 增加、去掉或改变级数的有限项不改变级数的敛散性.

如级数 $\sum\limits_{n=1}^{\infty} \dfrac{1}{n+2}$ 与 $\sum\limits_{n=1}^{\infty} \dfrac{1}{n}$ 的敛散性一样.

课堂练习 2-1

1. 指出下列各式中哪些是级数？并说明是常数项级数还是函数项级数.

(1) $1+2+3+\cdots+n$；

(2) $1+\dfrac{1}{3}+\dfrac{1}{5}+\cdots+\dfrac{1}{2n-1}+\cdots$；

(3) $\dfrac{1}{1+1^2}+\dfrac{1}{1+2^2}+\cdots+\dfrac{1}{1+n^2}+\cdots$；

(4) $1+0.1+0.01+0.001+0.0001$；

(5) $e^x+e^{2x}+\cdots+e^{nx}$；

(6) $\sin x-\dfrac{1}{2}\sin 2x+\dfrac{1}{3}\sin 3x-\cdots$.

2. 写出下列级数的前五项.

(1) $\sum\limits_{n=1}^{\infty} \dfrac{1+n}{1+n^2}$；

(2) $\sum\limits_{n=1}^{\infty} \dfrac{n!}{5^n}$；

(3) $\sum\limits_{n=1}^{\infty} \dfrac{1}{\sqrt{n}}$；

(4) $\sum\limits_{n=1}^{\infty} (-1)^{n-1}\dfrac{1}{4^n}$.

3. 写出下列级数的一般项.

(1) $1+\dfrac{1}{3}+\dfrac{1}{5}+\dfrac{1}{7}+\cdots$；

(2) $\dfrac{1}{2}+\dfrac{2}{3}+\dfrac{3}{4}+\dfrac{4}{5}+\cdots$；

(3) $\dfrac{1}{2}-\dfrac{1}{4}+\dfrac{1}{6}-\dfrac{1}{8}+\cdots$；

(4) $\dfrac{1}{2\ln 2}+\dfrac{1}{3\ln 3}+\dfrac{1}{4\ln 4}+\cdots$.

4. 单项选择题.

(1) 设常数 $a\neq 0$，几何级数 $\sum\limits_{n=1}^{\infty} aq^{n-1}$ 收敛，则 q 应满足（ ）.

A. $q<1$ B. $-1<q<1$ C. $q>-1$ D. $q>1$

(2) 如果级数 $\sum\limits_{n=1}^{\infty} u_n$ 发散，k 为常数，则级数 $\sum\limits_{n=1}^{\infty} ku_n$（ ）.

A. 发散 B. 可能收敛，可能发散

C. 收敛 D. 无界

习题 2-1

1. 写出下列级数的一般项.

(1) $\dfrac{1}{2}+\dfrac{\sqrt{2}}{5}+\dfrac{\sqrt{3}}{10}+\dfrac{\sqrt{4}}{17}+\cdots$；

(2) $\dfrac{a^2}{2}-\dfrac{a^3}{5}+\dfrac{a^4}{10}-\dfrac{a^5}{17}+\cdots$；

(3) $\dfrac{1}{2}+\dfrac{1\times 3}{2^2}+\dfrac{1\times 3\times 5}{2^3}+\dfrac{1\times 3\times 5\times 7}{2^4}+\cdots$.

2. 将下列循环小数化为分数.

(1) $0.\dot{7}$； (2) $0.\dot{2}\dot{1}$； (3) $0.20\dot{1}$.

3. 用定义判别下列级数的敛散性.

(1) $\sum\limits_{n=1}^{\infty}(\sqrt{n+1}-\sqrt{n})$；　(2) $\frac{1}{2\times3}+\frac{1}{3\times4}+\cdots+\frac{1}{(n+1)(n+2)}$；

(3) $\sum\limits_{n=1}^{\infty}\ln\frac{n+1}{n}$.

4. 判别下列级数的敛散性.

(1) $\frac{3}{7}+\frac{3^2}{7^2}+\frac{3^3}{7^3}+\cdots$；　(2) $\frac{1}{4}+\frac{1}{8}+\frac{1}{12}+\frac{1}{16}+\cdots$；

(3) $\frac{1}{3}+\frac{1}{5}+\frac{1}{6}+\frac{1}{25}+\frac{1}{9}+\frac{1}{125}+\cdots$；　(4) $\sum\limits_{n=1}^{\infty}\frac{3+(-1)^n}{3^n}$.

第二节　正　项　级　数

通过上一节的介绍，我们了解到级数的敛散性可以借助于定义及性质来判断，但有时仅有这些还远远不够，为此我们介绍一类特殊级数及其敛散性的判别方法.

一、正项级数

定义 2.2.1　如果级数的每一项都不是负数，即 $u_n\geqslant0(n=1, 2, 3, \cdots)$，则称级数 $\sum\limits_{n=1}^{\infty}u_n$ **为正项级数.**

显然，正项级数的部分和数列 $\{S_n\}$ 是单调不减的，故有以下定理.

定理 2.2.1　正项级数 $\sum\limits_{n=1}^{\infty}u_n$ 收敛的充要条件是其部分和数列 $\{S_n\}$ 有界.

二、正项级数的审敛法

1. 比较审敛法

设级数 $\sum\limits_{n=1}^{\infty}u_n$ 和 $\sum\limits_{n=1}^{\infty}v_n$ 是正项级数，且 $u_n\leqslant v_n(n=1, 2, 3, \cdots)$，则

(1) 若 $\sum\limits_{n=1}^{\infty}v_n$ 收敛，则 $\sum\limits_{n=1}^{\infty}u_n$ 收敛；(2) 若 $\sum\limits_{n=1}^{\infty}u_n$ 发散，则 $\sum\limits_{n=1}^{\infty}v_n$ 发散.

【例 2-5】　讨论 $1+\frac{1}{\sqrt{2}}+\frac{1}{\sqrt{3}}+\frac{1}{\sqrt{4}}+\cdots$ 的敛散性.

解　显然，$\frac{1}{n^{\frac{1}{2}}}\geqslant\frac{1}{n}$；而调和级数 $\sum\limits_{n=1}^{\infty}\frac{1}{n}$ 发散，故由比较审敛法，知级数 $1+\frac{1}{\sqrt{2}}+\frac{1}{\sqrt{3}}+\frac{1}{\sqrt{4}}+\cdots$ 发散.

一般地，有 p—级数 $\sum\limits_{n=1}^{\infty}\frac{1}{n^p}(p>0)\begin{cases}当\ p>1\ 时，收敛\\ 当\ p\leqslant1\ 时，发散\end{cases}$.

注意：

用比较审敛法判定正项级数的敛散性，须有已知敛散性的参照级数，常用的是几何级数、调和级数、p—级数，要熟练掌握上述级数的敛散性.

【例 2-6】　判别级数 $\sum\limits_{n=1}^{\infty}\frac{n+1}{2n^3+n}$ 的敛散性.

解 因为$\frac{n+1}{2n^3+n}<\frac{n+1}{2n^3}<\frac{n+n}{2n^3}=\frac{1}{n^2}$，而级数 $\sum\limits_{n=1}^{\infty}\frac{1}{n^2}$ 收敛，所以由比较审敛法，可知级数 $\sum\limits_{n=1}^{\infty}\frac{n+1}{2n^3+n}$ 收敛.

为了方便起见，下面给出比较审敛法的极限形式.

2. 比较审敛法的极限形式

设级数 $\sum\limits_{n=1}^{\infty}u_n$ 和$\sum\limits_{n=1}^{\infty}v_n$ 是正项级数，如果

$$\lim_{n\to\infty}\frac{u_n}{v_n}=l\quad(0<l<+\infty),$$

则级数 $\sum\limits_{n=1}^{\infty}u_n$ 与$\sum\limits_{n=1}^{\infty}v_n$ 同时收敛或同时发散.

说明：

当 $l=0$ 时，如果 $\sum\limits_{n=1}^{\infty}v_n$ 收敛，则 $\sum\limits_{n=1}^{\infty}u_n$ 也收敛；

当 $l=+\infty$时，如果 $\sum\limits_{n=1}^{\infty}v_n$ 发散，则 $\sum\limits_{n=1}^{\infty}u_n$ 也发散.

【例 2 - 7】 判别级数 $\sum\limits_{n=1}^{\infty}\sin\frac{1}{n}$ 的敛散性.

解 因为

$$\lim_{n\to\infty}\frac{\sin\frac{1}{n}}{\frac{1}{n}}=1,$$

而级数 $\sum\limits_{n=1}^{\infty}\frac{1}{n}$ 为调和级数（发散），所以级数 $\sum\limits_{n=1}^{\infty}\sin\frac{1}{n}$ 发散.

【例 2 - 8】 判别级数 $\sum\limits_{n=1}^{\infty}\ln(1+\frac{1}{n^2})$ 的敛散性.

解 因为 $\lim\limits_{n\to\infty}\frac{\ln\left(1+\frac{1}{n^2}\right)}{\frac{1}{n^2}}=\lim\limits_{n\to\infty}\frac{\frac{1}{n^2}}{\frac{1}{n^2}}=1$（等价无穷小替换），所以级数 $\sum\limits_{n=1}^{\infty}\ln\left(1+\frac{1}{n^2}\right)$与$\sum\limits_{n=1}^{\infty}\frac{1}{n^2}$ 具有相同的敛散性．而级数 $\sum\limits_{n=1}^{\infty}\frac{1}{n^2}$ 收敛，故级数 $\sum\limits_{n=1}^{\infty}\ln\left(1+\frac{1}{n^2}\right)$ 收敛.

对于正项级数，下面给出使用上更为方便的比值审敛法.

3. 比值审敛法

设 $\sum\limits_{n=1}^{\infty}u_n$ 是正项级数（$u_n>0$），且

$$\lim_{n\to\infty}\frac{u_{n+1}}{u_n}=\rho,$$

则

（1）当 $\rho<1$ 时，级数 $\sum\limits_{n=1}^{\infty}u_n$ 收敛；

(2) 当 $\rho>1$ 或 $\rho=+\infty$ 时，级数 $\sum\limits_{n=1}^{\infty}u_n$ 发散；

(3) 当 $\rho=1$ 时，级数 $\sum\limits_{n=1}^{\infty}u_n$ 可能收敛，也可能发散.

【例 2-9】 判别级数 $1+\frac{2}{2}+\frac{3}{2^2}+\cdots+\frac{n}{2^{n-1}}+\cdots$ 的敛散性.

解 因为 $\lim\limits_{n\to\infty}\frac{u_{n+1}}{u_n}=\lim\limits_{n\to\infty}\frac{\frac{n+1}{2^n}}{\frac{n}{2^{n-1}}}=\lim\limits_{n\to\infty}\frac{n+1}{2n}=\frac{1}{2}<1$，所以，由比值审敛法知，正项级数 $\sum\limits_{n=1}^{\infty}\frac{n}{2^{n-1}}$ 收敛.

【例 2-10】 判别级数 $\sum\limits_{n=1}^{\infty}\frac{n!}{n^n}$ 的敛散性.

解 因为 $\lim\limits_{n\to\infty}\frac{u_{n+1}}{u_n}=\lim\limits_{n\to\infty}\frac{(n+1)!}{(n+1)^{n+1}}\cdot\frac{n^n}{n!}=\lim\limits_{n\to\infty}\frac{n^n}{(n+1)^n}=\lim\limits_{n\to\infty}\frac{1}{\left(1+\frac{1}{n}\right)^n}=\frac{1}{\mathrm{e}}<1$，所以级数 $\sum\limits_{n=1}^{\infty}\frac{n!}{n^n}$ 收敛.

4. 根值审敛法

设 $\sum\limits_{n=1}^{\infty}u_n$ 是正项级数，且 $\lim\limits_{n\to\infty}\sqrt[n]{u_n}=\rho$，则

(1) 当 $\rho<1$ 时，级数 $\sum\limits_{n=1}^{\infty}u_n$ 收敛；

(2) 当 $\rho>1$ 或 $\rho=+\infty$ 时，级数 $\sum\limits_{n=1}^{\infty}u_n$ 发散；

(3) 当 $\rho=1$ 时，级数 $\sum\limits_{n=1}^{\infty}u_n$ 可能收敛，也可能发散.

如果比值审敛法、根值审敛法失效，则改用比较审敛法.

课堂练习 2-2

1. 部分和数列 $\{S_n\}$ 有界是正项级数收敛的____________条件.
2. 判断下列级数的敛散性.

(1) $\sum\limits_{n=1}^{\infty}\frac{1}{n^3}$；　　(2) $\sum\limits_{n=1}^{\infty}\frac{1}{\sqrt{n}}$；

(3) $\sum\limits_{n=1}^{\infty}\frac{1}{\sqrt[3]{n^5}}$；　　(4) $\sum\limits_{n=1}^{\infty}\frac{1}{2\sqrt[3]{n}}$.

3. 判别下列正项级数的敛散性.

(1) $1+\frac{1}{3}+\frac{1}{5}+\frac{1}{7}+\cdots$；　　(2) $\frac{1}{2}+\frac{2^{100}}{2^2}+\frac{3^{100}}{2^3}+\cdots+\frac{n^{100}}{2^n}+\cdots$.

习题 2-2

1. 用比较审敛法判别下列级数的敛散性.

(1) $\sum\limits_{n=1}^{\infty}\frac{2}{3n+2}$；　(2) $\sum\limits_{n=1}^{\infty}\frac{1+n}{1+n^2}$；　(3) $\sum\limits_{n=1}^{\infty}\frac{1}{(n+1)(n+2)}$；

(4) $\sum\limits_{n=1}^{\infty}\sin\frac{\pi}{2^n}$；　(5) $\sum\limits_{n=1}^{\infty}\frac{1}{n\sqrt{n+1}}$.

2. 用比值审敛法判别下列级数的敛散性.

(1) $\sum\limits_{n=1}^{\infty}\frac{2+n}{2^n}$；　(2) $\sum\limits_{n=1}^{\infty}\frac{10^n}{n!}$；　(3) $\sum\limits_{n=1}^{\infty}3^n\sin\frac{\pi}{3^n}$；

(4) $\sum\limits_{n=1}^{\infty}\frac{3^n}{n\cdot 2^n}$；　(5) $\sum\limits_{n=1}^{\infty}\frac{2^n\cdot n!}{n^n}$.

3. 用恰当的方法判别下列级数的敛散性.

(1) $\sum\limits_{n=1}^{\infty}n\left(\frac{2}{3}\right)^n$；　(2) $\sum\limits_{n=1}^{\infty}\frac{n+1}{2n^2+3}$；　(3) $\sum\limits_{n=1}^{\infty}\frac{3}{(2n-1)\cdot 2^{2n-1}}$；

(4) $\sum\limits_{n=1}^{\infty}\frac{n^3}{n!}$；　(5) $\sum\limits_{n=1}^{\infty}\frac{1}{\sqrt{n(n^2+1)}}$；　(6) $\sum\limits_{n=1}^{\infty}\frac{10^{3n}}{n!}$；

(7) $\sum\limits_{n=1}^{\infty}\sqrt{\frac{n}{n+1}}$.

第三节　任 意 项 级 数

若级数 $u_1+u_2+u_3+\cdots+u_n+\cdots$ 的各项为任意实数，则称此级数为任意项级数．交错级数是一种比较特殊的任意项级数.

一、交错级数及其审敛法

定义 2.3.1　形如 $\sum\limits_{n=1}^{\infty}(-1)^{n-1}u_n=u_1-u_2+u_3-u_4+\cdots+(-1)^{n-1}u_n+\cdots$ 或 $\sum\limits_{n=1}^{\infty}(-1)^n u_n=-u_1+u_2-u_3+\cdots+(-1)^n u_n+\cdots$（其中 $u_n>0$；$n=1, 2, 3, \cdots$）的级数称为**交错级数**.

定理 2.3.1（莱布尼茨审敛法）

如果交错级数 $\sum\limits_{n=1}^{\infty}(-1)^{n-1}u_n\ (u_n>0)$ 满足条件：

(1) $u_n\geqslant u_{n+1}\ (n=1, 2, 3, \cdots)$，(2) $\lim\limits_{n\to\infty}u_n=0$，

则级数收敛，且其和 $S\leqslant u_1$，余项 r_n 的绝对值 $|r_n|\leqslant u_{n+1}$.

【例 2-11】　判别级数 $1-\frac{1}{2}+\frac{1}{3}-\frac{1}{4}\cdots+(-1)^{n-1}\cdot\frac{1}{n}+\cdots$ 的敛散性.

解　所给级数是交错级数，它满足

(1) $u_n=\frac{1}{n}>\frac{1}{n+1}=u_{n+1}$ $(n=1, 2\cdots)$；(2) $\lim\limits_{n\to\infty}u_n=\lim\limits_{n\to\infty}\frac{1}{n}=0$.

所以，级数 $\sum_{n=1}^{\infty}(-1)^{n-1}\cdot\frac{1}{n}$ 收敛，且其和 $S<1$.

二、任意项级数的收敛性

定义 2.3.2 级数 $\sum_{n=1}^{\infty}u_n(u_n\in R)$ 称为**任意项级数**.

对于任意项级数 $\sum_{n=1}^{\infty}u_n$，u_n 的正负无规律，若将其各项取绝对值，得到正项级数 $\sum_{n=1}^{\infty}|u_n|$，这两个级数的收敛性有如下关系.

定理 2.3.2 如果级数 $\sum_{n=1}^{\infty}|u_n|$ 收敛，则级数 $\sum_{n=1}^{\infty}u_n$ 一定收敛.

证 令 $v_n=|u_n|+u_n$，则 $v_n\geqslant 0$，即 $\sum_{n=1}^{\infty}v_n$ 是正项级数，且 $v_n\leqslant 2|u_n|$. 而级数 $\sum_{n=1}^{\infty}|u_n|$ 收敛，由比较审敛法知，$\sum_{n=1}^{\infty}v_n$ 收敛，又 $u_n=v_n-|u_n|$，由收敛级数的性质知，级数 $\sum_{n=1}^{\infty}u_n$ 收敛.

根据定理 2.3.2 知，许多任意项级数 $\sum_{n=1}^{\infty}u_n$ 的敛散性问题，可以转化为正项级数 $\sum_{n=1}^{\infty}|u_n|$ 的敛散性问题，即用正项级数审敛法来判别 $\sum_{n=1}^{\infty}|u_n|$ 的敛散性.

【例 2-12】 判别级数 $\sum_{n=1}^{\infty}(-1)^{n-1}\frac{1}{n^2+n}$ 的敛散性.

解 因为 $\left|(-1)^{n-1}\frac{1}{n^2+n}\right|=\frac{1}{n^2+n}<\frac{1}{n^2}$，而级数 $\sum_{n=1}^{\infty}\frac{1}{n^2}$ 收敛，故由比较审敛法可知，级数 $\sum_{n=1}^{\infty}|u_n|=\sum_{n=1}^{\infty}\frac{1}{n^2+n}$ 收敛，所以，级数 $\sum_{n=1}^{\infty}(-1)^{n-1}\frac{1}{n^2+n}$ 收敛.

注意：

如果级数 $\sum_{n=1}^{\infty}|u_n|$ 发散，则不能说级数 $\sum_{n=1}^{\infty}u_n$ 一定发散. 例如级数 $\sum_{n=1}^{\infty}\left|(-1)^{n-1}\frac{1}{n}\right|=\sum_{n=1}^{\infty}\frac{1}{n}$ 发散，但级数 $\sum_{n=1}^{\infty}(-1)^{n-1}\frac{1}{n}$ 收敛.

定义 2.3.3 设级数 $\sum_{n=1}^{\infty}u_n$ 为任意项级数，如果级数 $\sum_{n=1}^{\infty}|u_n|$ 收敛，则称级数 $\sum_{n=1}^{\infty}u_n$ 为**绝对收敛**；若任意项级数 $\sum_{n=1}^{\infty}u_n$ 收敛，而正项级数 $\sum_{n=1}^{\infty}|u_n|$ 发散，则称级数 $\sum_{n=1}^{\infty}u_n$ **条件收敛**.

判断任意项级数是收敛还是发散，有如下定理.

定理 2.3.3 设 $\sum_{n=1}^{\infty}u_n$ 为任意项级数，如果 $\lim\limits_{n\to\infty}\left|\frac{u_{n+1}}{u_n}\right|=\lambda$，则

（1）当 $\lambda<1$ 时，级数 $\sum_{n=1}^{\infty}u_n$ 绝对收敛；

（2）当 $\lambda>1$ 或 $\lim\limits_{n\to\infty}\left|\frac{u_{n+1}}{u_n}\right|=\infty$ 时，级数 $\sum_{n=1}^{\infty}u_n$ 发散.

【例 2-13】 判别级数 $\sum_{n=1}^{\infty}(-1)^n\frac{n!}{3^n}$ 的敛散性.

解 因为

$$\lim_{n\to\infty}\left|\frac{u_{n+1}}{u_n}\right|=\lim_{n\to\infty}\frac{\frac{(n+1)!}{3^{n+1}}}{\frac{n!}{3^n}}=\lim_{n\to\infty}\frac{n+1}{3}=\infty,$$

所以由定理 2.3.3 知，级数 $\sum_{n=1}^{\infty}(-1)^n\frac{n!}{3^n}$ 发散.

【例 2-14】 判断级数 $\sum_{n=1}^{\infty}\frac{\sin n\alpha}{n^3}$ 是否收敛，如果收敛，则是条件收敛还是绝对收敛.

解 因为 $|u_n|=\left|\frac{\sin n\alpha}{n^3}\right|\leqslant\frac{1}{n^3}$，而 $\sum_{n=1}^{\infty}\frac{1}{n^3}$ 是 $p=3$ 的 p—级数（收敛），所以级数 $\sum_{n=1}^{\infty}\frac{\sin n\alpha}{n^3}$ 绝对收敛.

【例 2-15】 证明级数 $\sum_{n=1}^{\infty}(-1)^n\frac{1}{\ln(1+n)}$ 条件收敛.

证明 因为当 $x>0$ 时，$x>\ln(1+x)$，所以 $n>\ln(1+n)$，从而 $\frac{1}{\ln(1+n)}>\frac{1}{n}$，而级数 $\sum_{n=1}^{\infty}\frac{1}{n}$ 发散，所以级数 $\sum_{n=1}^{\infty}\frac{1}{\ln(1+n)}$ 发散，即级数 $\sum_{n=1}^{\infty}|u_n|$ 发散.

又因为 $\frac{1}{\ln(1+n)}>\frac{1}{\ln(2+n)}$，即 $u_n>u_{n+1}$，且 $\lim_{n\to\infty}u_n=\lim_{n\to\infty}\frac{1}{\ln(1+n)}=0$，故由莱布尼茨审敛法知，级数 $\sum_{n=1}^{\infty}(-1)^n\frac{1}{\ln(1+n)}$ 收敛. 所以级数 $\sum_{n=1}^{\infty}(-1)^n\frac{1}{\ln(1+n)}$ 条件收敛.

定理 2.3.4 若级数 $\sum_{n=1}^{\infty}u_n$ 与 $\sum_{n=1}^{\infty}v_n$ 都绝对收敛，则级数 $\sum_{n=1}^{\infty}(u_n\pm v_n)$ 也绝对收敛.

课堂练习 2-3

1. 交错级数 $u_1-u_2+u_3-u_4+\cdots$ 的一般项是 u_n 还是 $(-1)^{n-1}u_n$？各项取绝对值后的级数是 $\sum_{n=1}^{\infty}u_n$ 吗？

2. 级数 $\sum_{n=1}^{\infty}(-1)^{n-1}\frac{\cos n\alpha}{n\sqrt{n}}$ 是不是交错级数？

3. 若级数 $\sum_{n=1}^{\infty}u_n$ 绝对收敛，则级数 $\sum_{n=1}^{\infty}u_n$ 必定________；若级数 $\sum_{n=1}^{\infty}u_n$ 条件收敛，则级数 $\sum_{n=1}^{\infty}|u_n|$ 必定________.

4. 下列级数是绝对收敛还是条件收敛？

(1) $\sum_{n=1}^{\infty}(-1)^n\frac{1}{n^2}$；　(2) $\sum_{n=1}^{\infty}(-1)^n\frac{1}{\sqrt[3]{n^2}}$；　(3) $\sum_{n=1}^{\infty}(-1)^n\frac{1}{3^n}$.

习题 2-3

1. 判别下列级数的敛散性.

(1) $1-\frac{2}{3}+\frac{3}{5}-\frac{4}{7}+\cdots+(-1)^{n-1}\frac{n}{2n-1}+\cdots$； (2) $\sum\limits_{n=1}^{\infty}(-1)^{n}\frac{n}{3^{n-1}}$；

(3) $\frac{1}{5}-\frac{1}{5}\cdot\frac{1}{2}+\frac{1}{5}\cdot\frac{1}{2^{2}}-\frac{1}{5}\cdot\frac{1}{2^{3}}+\cdots$； (4) $\frac{1}{\ln 2}-\frac{1}{\ln 3}+\frac{1}{\ln 4}-\frac{1}{\ln 5}+\cdots$.

2. 判别下列级数是否收敛，如果收敛，则是条件收敛还是绝对收敛.

(1) $\sum\limits_{n=1}^{\infty}(-1)^{n-1}\frac{1}{(2n-1)^{2}}$； (2) $\sum\limits_{n=1}^{\infty}\frac{\cos n\alpha}{n^{2}}$； (3) $\sum\limits_{n=1}^{\infty}(-1)^{n}\frac{n^{3}}{3^{n}}$；

(4) $\sum\limits_{n=1}^{\infty}(-1)^{n-1}\frac{3n^{2}}{n!}$； (5) $\sum\limits_{n=1}^{\infty}(-1)^{n}\frac{1}{\pi^{n+1}}\sin\frac{\pi}{n+1}$； (6) $\sum\limits_{n=1}^{\infty}(-1)^{n-1}\frac{1}{2n-1}$.

第四节 幂 级 数

幂级数是函数项级数中结构较简单，在工程技术中应用广泛的一类级数.

一、函数项级数

定义 2.4.1 已知定义在同一区间内的函数序列 $\{u_n(x)\}$：

$$u_1(x),\ u_2(x),\ \cdots,\ u_n(x),\ \cdots$$

则由该序列构成的无穷级数

$$u_1(x)+u_2(x)+\cdots+u_n(x)+\cdots$$

称为**函数项级数**，简记为 $\sum\limits_{n=1}^{\infty}u_n(x)$.

在函数项级数中，若令 x 取定义区间内某一确定值 x_0，则得到一个常数项级数

$$u_1(x_0)+u_2(x_0)+\cdots+u_n(x_0)+\cdots$$

若上述常数项级数收敛，则称点 x_0 为函数项级数的一个**收敛点**；反之，则称点 x_0 为函数项级数的一个**发散点**．收敛点的全体构成的集合，称为函数项级数的**收敛域**.

若 x_0 是收敛域内的一个值，则必有一个和与之对应，即

$$S(x_0)=u_1(x_0)+u_2(x_0)+\cdots+u_n(x_0)+\cdots.$$

当 x_0 在收敛域内变动时，由对应关系就得到一个定义在收敛域上的函数 $S(x)$，使得

$$S(x)=u_1(x)+u_2(x)+\cdots+u_n(x)+\cdots,$$

这个函数 $S(x)$ 就称为函数项级数的**和函数**．如果我们仿照常数项级数的情形，将函数项级数的前 n 项和记为 $S_n(x)$（称为部分和函数），即

$$S_n(x)=u_1(x)+u_2(x)+\cdots+u_n(x),$$

那么，在函数项级数的收敛域内，有

$$\lim_{n\to\infty}S_n(x)=S(x).$$

若以 $r_n(x)$ 表示余项，则 $r_n(x)=S(x)-S_n(x)$；在收敛域内，有 $\lim\limits_{n\to\infty}r_n(x)=0$.

数项级数 $\sum\limits_{n=1}^{\infty}u_n$ 的敛散性取决于 u_n，函数项级数 $\sum\limits_{n=1}^{\infty}u_n(x)$ 的收敛情况由通项 $u_n(x)$ 及

x 的取值两个因素确定.

【例 2-16】 试讨论函数项级数 $1+x+x^2+\cdots+x^{n-1}+\cdots$ 的收敛域.

解 因为所给级数的部分和函数

$$S_n(x)=1+x+x^2+\cdots+x^{n-1}=\frac{1-x^n}{1-x},$$

当 $|x|<1$ 时，$\lim\limits_{n\to\infty}S_n(x)=\lim\limits_{n\to\infty}\frac{1-x^n}{1-x}=\frac{1}{1-x}$，所以它在区间（$-1$，1）内收敛．当 $x=\pm1$ 时，级数 $\sum\limits_{n=0}^{\infty}x^n$ 发散，即收敛域为开区间（-1，1），和函数 $S(x)=\frac{1}{1-x}$.

二、幂级数及其收敛半径

一般地，形如

$$\sum_{n=0}^{\infty}a_n(x-x_0)^n=a_0+a_1(x-x_0)+a_2(x-x_0)^2+\cdots+a_n(x-x_0)^n+\cdots \quad (2-3)$$

的级数称为 $x-x_0$ 的幂级数，其中常数 a_0，a_1，a_2，…，a_n，…称为幂级数的系数.

特别的，当 $x=0$ 时，式（2-3）变为

$$\sum_{n=0}^{\infty}a_nx^n=a_0+a_1x+a_2x^2+\cdots+a_nx^n+\cdots \quad (2-4)$$

式（2-4）称为 x 的幂级数.

对于幂级数（2-4），它的每一项在区间（$-\infty$，$+\infty$）内都有定义．因此，对于每个给定的实数值 x_0，将其代入式（2-4），就可得到一个常数项级数

$$\sum_{n=0}^{\infty}a_nx_0^n=a_0+a_1x_0+a_2x_0^2+\cdots+a_nx_0^n+\cdots \quad (2-5)$$

当然，这些常数项级数可能收敛，也可能发散.

下面讨论幂级数（2-4）的敛散性.

对于一个给定的幂级数，它的收敛、发散区间可通过下面的定理来确定.

定理 2.4.1 设有幂级数 $\sum\limits_{n=0}^{\infty}a_nx^n$，它的系数满足

$$\lim_{n\to\infty}\left|\frac{a_n}{a_{n+1}}\right|=R.$$

（1）当 $|x|<R$ 时，幂级数收敛，而当 $|x|>R$ 时，幂级数发散；

（2）如果 $R=+\infty$，则幂级数在（$-\infty$，$+\infty$）内收敛；

（3）如果 $R=0$，则幂级数仅在 $x=0$ 处收敛.

证明 当 $\lim\limits_{n\to\infty}\left|\frac{u_{n+1}(x)}{u_n(x)}\right|=\lim\limits_{n\to\infty}\left|\frac{a_{n+1}x^{n+1}}{a_nx^n}\right|=\lim\limits_{n\to\infty}\left|\frac{a_{n+1}}{a_n}\right|\cdot|x|<1$，即 $|x|<\lim\limits_{n\to\infty}\left|\frac{a_n}{a_{n+1}}\right|=R$ 时，原级数收敛.

定理表明，幂级数的收敛区间都是以坐标原点为中心，长度为 $2R$ 的区间（特殊情况下可能是整个数轴，也可能只是原点）.

注意：

定理 2.4.1 表明，幂级数 $\sum\limits_{n=0}^{\infty}a_nx^n$ 在（$-R$，R）内收敛；在 $x=\pm R$ 处，幂级数可能收

敛，也可能发散；而幂级数在 $[-R, R]$ 外一定发散．通常称 R 为幂级数 $\sum_{n=0}^{\infty} a_n x^n$ 的**收敛半径**，称区间 $(-R, R)$ 为幂级数的**收敛区间**.

【例 2-17】 求幂级数 $1+\frac{x^2}{2!}+\frac{x^3}{3!}+\cdots+\frac{x^n}{n!}+\cdots$ 的收敛区间.

解 收敛半径

$$R=\lim_{n\to\infty}\left|\frac{a_n}{a_{n+1}}\right|=\lim_{n\to\infty}\left|\frac{\frac{1}{n!}}{\frac{1}{(n+1)!}}\right|=\lim_{n\to\infty}(n+1)=\infty,$$

即级数 $\sum_{n=1}^{\infty}\frac{x^n}{n!}$ 的收敛区间为 $(-\infty, +\infty)$.

【例 2-18】 求幂级数 $1+2x+(3x)^2+\cdots+(nx)^{n-1}+\cdots$ 的收敛半径.

解 因为

$$R=\lim_{n\to\infty}\left|\frac{a_n}{a_{n+1}}\right|=\lim_{n\to\infty}\left|\frac{n^{n-1}}{(n+1)^n}\right|=\lim_{n\to\infty}\frac{\frac{1}{n}}{\left(\frac{n+1}{n}\right)^n}=\frac{\lim\limits_{n\to\infty}\frac{1}{n}}{\lim\limits_{n\to\infty}\left(1+\frac{1}{n}\right)^n}=\frac{0}{\mathrm{e}}=0,$$

即级数 $\sum_{n=1}^{\infty}(nx)^{n-1}$ 的收敛半径 $R=0$.

【例 2-19】 求幂级数 $x-\frac{x^2}{2}+\frac{x^3}{3}-\frac{x^4}{4}+\cdots+(-1)^{n-1}\frac{x^n}{n}+\cdots$ 的收敛域.

解 因为 $a_n=(-1)^{n-1}\frac{1}{n}$，$a_{n+1}=(-1)^n\frac{1}{n+1}$，于是收敛半径

$$R=\lim_{n\to\infty}\left|\frac{a_n}{a_{n+1}}\right|=\lim_{n\to\infty}\frac{n+1}{n}=1,$$

从而，收敛区间为 $(-1, 1)$.

当 $x=1$ 时，级数成为 $1-\frac{1}{2}+\frac{1}{3}-\frac{1}{4}+\cdots+(-1)^{n-1}\cdot\frac{1}{n}+\cdots$，它是一个收敛级数；

当 $x=-1$ 时，级数成为 $-1-\frac{1}{2}-\frac{1}{3}-\frac{1}{4}-\cdots-\frac{1}{n}-\cdots=-\left(1+\frac{1}{2}+\frac{1}{3}+\frac{1}{4}+\cdots+\frac{1}{n}+\cdots\right)$，它是一个发散级数.

所以幂级数 $\sum_{n=1}^{\infty}(-1)^{n-1}\frac{x^n}{n}$ 的收敛域为 $(-1, 1]$.

在利用幂级数解决实际问题时，往往要对幂级数进行加、减及求导数和求积分等运算.

在两个幂级数收敛区间的公共部分内进行逐项相加、相减的运算，经过运算得到的新级数在收敛区间的公共部分内仍收敛．在幂级数（2-4）的收敛区间 $(-R, R)$ 内，可以对它进行逐项求导和逐项积分的运算，而运算结果收敛半径仍为 R.

例如，对级数

$$\frac{1}{1-x}=1+x+x^2+\cdots+x^n+\cdots,\ (-1<x<1)$$

逐项求导，得

$$\frac{1}{(1-x)^2}=1+2x+3x^2+\cdots+nx^{n-1}+\cdots,\ (-1<x<1)$$

对级数逐项积分，得

$$\int_0^x \frac{1}{1-x}\mathrm{d}x=\int_0^x \mathrm{d}x+\int_0^x x\mathrm{d}x+\int_0^x x^2\mathrm{d}x+\cdots+\int_0^x x^n\mathrm{d}x+\cdots,\ (-1<x<1)$$

即

$$\ln(1-x)=-x-\frac{1}{2}x^2-\cdots-\frac{1}{n+1}x^{n+1}-\cdots,\ (-1\leqslant x<1) \qquad (2-6)$$

由式（2-6）知，当 $x=-1$ 时，等式右端是收敛的交错级数，此级数收敛于 ln2.

式（2-6）说明，函数 ln（$1-x$）可以用幂级数来表示．如果仅取式（2-6）右端的前两项，则可得到一个较好的近似等式

$$\ln(1-x)\approx-x-\frac{1}{2}x^2,\ (-1\leqslant x<1).$$

一般地，可以取式（2-6）右端的前 n 项（是一个多项式）来近似地表达函数 $\ln(1-x)$. n 越大，精确程度越高，即

$$\ln(1-x)\approx-x-\frac{1}{2}x^2-\cdots-\frac{1}{n}x^n.$$

利用多项式形式简单等特点，就可以使对 $\ln(1-x)$ 的研究变得简单．由此可见，讨论函数的幂级数表示是十分有必要的.

【例 2-20】 求幂级数

$$\sum_{n=1}^{\infty}2x^{2n-1}=2x+2x^3+2x^5+\cdots+2x^{2n-1}+\cdots$$

在其收敛区间内的和函数.

解 容易求得所给幂级数的收敛区间为（-1，1）. 根据等比级数收敛性的结论可知

$$\sum_{n=0}^{\infty}x^n=1+x+x^2+\cdots+x^n+\cdots=\frac{1}{1-x},\ (-1<x<1).$$

把上式中的公比 x 换为 $-x$，即得

$$\sum_{n=0}^{\infty}(-1)^n x^n=1-x+x^2-x^3+\cdots+(-1)^n x^n+\cdots=\frac{1}{1+x},\ (-1<x<1).$$

利用幂级数的运算性质，将上面两个已知的幂级数在它们公共的收敛区间（-1，1）内相减，得到

$$\begin{aligned}\sum_{n=0}^{\infty}x^n-\sum_{n=0}^{\infty}(-1)^n x^n&=\sum_{n=0}^{\infty}[1-(-1)^n]x^n\\&=2x+2x^3+2x^5+\cdots+2x^{2n-1}+\cdots\\&=\frac{1}{1-x}-\frac{1}{1+x}=\frac{2x}{1-x^2},\end{aligned}$$

所以

$$\sum_{n=1}^{\infty}2x^{2n-1}=\frac{2x}{1-x^2},\ (-1<x<1).$$

【例 2-21】 求幂级数 $\sum_{n=0}^{\infty}\frac{(-1)^n}{n+1}x^{n+1}$ 在其收敛区间内的和函数.

解 容易求得幂级数 $\sum\limits_{n=0}^{\infty}\frac{(-1)^n}{n+1}x^{n+1}$ 的收敛区间为 $(-1,1]$. 设在收敛区间内的和函数为$s(x)$，即

$$s(x)=\sum_{n=0}^{\infty}\frac{(-1)^n}{n+1}x^{n+1},(-1<x\leqslant 1).$$

将上式两边对 x 求导，得

$$s(x)=\Big(\sum_{n=0}^{\infty}\frac{(-1)^n}{n+1}x^{n+1}\Big)'=\sum_{n=0}^{\infty}\Big[\frac{(-1)^n}{n+1}x^{n+1}\Big]'$$
$$=\sum_{n=0}^{\infty}(-1)^n x^n=\frac{1}{1+x},(-1<x<1).$$

再将上式两边从 0 到 x 积分，得到

$$\int_0^x s'(x)\mathrm{d}x=\int_0^x\frac{1}{1+x}\mathrm{d}x=\ln(1+x)\big|_0^x=\ln(1+x).$$

又因 $\int_0^x s'(x)\mathrm{d}x=s(x)-s(0)$，而 $s(0)=0$，所以有

$$s(x)=\sum_{n=0}^{\infty}\frac{(-1)^n}{n+1}x^{n+1}=\ln(1+x),(-1<x\leqslant 1).$$

注意：

当 $x=1$ 时，幂级数对应的数项级数 $\sum\limits_{n=0}^{\infty}\frac{(-1)^n}{n+1}$ 是收敛的，所以等式成立.

【例 2-22】 求幂级数 $\sum\limits_{n=1}^{\infty}n(x-1)^{n-1},(|x-1|<1)$ 在其收敛区间内的和函数.

解 不难验证，所给幂级数的收敛区间为 $(0,2)$. 设在收敛区间内的和函数为$s(x)$，即

$$s(x)=\sum_{n=1}^{\infty}n(x-1)^{n-1},(0<x<2).$$

将上式两边对 x 从 1 到 x 积分，得

$$\int_1^x s(x)\mathrm{d}x=\int_1^x\sum_{n=1}^{\infty}n(x-1)^{n-1}\mathrm{d}x=\sum_{n=1}^{\infty}\int_1^x n(x-1)^{n-1}\mathrm{d}x$$
$$=\sum_{n=1}^{\infty}(x-1)^n=\sum_{n=0}^{\infty}(x-1)^n-1$$
$$=\frac{1}{1-(x-1)}-1=\frac{1}{2-x}-1,(0<x<2).$$

再将上式两边对 x 求导，得

$$s(x)=\Big[\int_1^x s(x)\mathrm{d}x\Big]'=\Big(\frac{1}{2-x}-1\Big)'=\frac{1}{(2-x)^2},(0<x<2).$$

故有

$$\sum_{n=1}^{\infty}n(x-1)^{n-1}=\frac{1}{(2-x)^2},(0<x<2).$$

三、函数的幂级数展开式

对于一个给定的函数 $f(x)$，如果能找到一个幂级数 $\sum\limits_{n=0}^{\infty}a_n(x-x_0)^n$，使等式

$$f(x)=\sum_{n=0}^{\infty}a_n(x-x_0)^n=a_0+a_1(x-x_0)+\cdots+a_n(x-x_0)^n+\cdots,(-R<x<R) \tag{2-7}$$

成立，那么就说函数 $f(x)$ 可以展开为幂级数，式（2-7）称为 $f(x)$ 的幂级数展开式.

这就需要解决两个问题：

(1) 如何确定系数 a_0，a_1，a_2，…，a_n，…；

(2) 等式 $f(x)=\sum_{n=0}^{\infty}a_n(x-x_0)^n=a_0+a_1(x-x_0)+\cdots+a_n(x-x_0)^n+\cdots,(-R<x<R)$ 成立的条件.

首先，确定系数 a_0，a_1，a_2，…，a_n，….

根据幂级数的逐项求导法，对式（2-7）依次求出各阶导数：

$$f'(x)=a_1+2a_2(x-x_0)+\cdots+na_n(x-x_0)^{n-1}+\cdots$$

$$f''(x)=2a_2+3\cdot 2a_3(x-x_0)+\cdots+n(n-1)a_n(x-x_0)^{n-2}+\cdots$$

$$\cdots\cdots$$

$$f^{(n)}(x)=n!a_n+(n+1)!a_{n+1}(x-x_0)+\frac{(n+2)!}{2!}a_{n+2}(x-x_0)^2+\cdots,(n=1,2,3,\cdots)$$

$$\cdots\cdots$$

将 $x=x_0$ 代入式（2-7）及上面各式，得

$$a_0=f(x_0),a_1=f'(x_0),a_2=\frac{f''(x_0)}{2!},a_3=\frac{f'''(x_0)}{3!},\cdots,a_n=\frac{f^{(n)}(x_0)}{n!},\cdots. \tag{2-8}$$

将式（2-8）代入到式（2-7），得

$$f(x)=f(x_0)+f'(x_0)(x-x_0)+\cdots+\frac{f^{(n)}(x_0)}{n!}(x-x_0)^n+\cdots,(-R<x<R) \tag{2-9}$$

式（2-9）称为函数 $f(x)$ 在点 x_0 的某个邻域内的**泰勒级数展开式**. 此时，我们也说在该邻域内把函数 $f(x)$ **展开成泰勒级数**，$a_n=\frac{f^{(n)}(x_0)}{n!}$ 称为**泰勒系数**.

注意：

由于 $f(x)$ 的泰勒级数是 $x-x_0$ 的幂级数，所以把 $f(x)$ 展开成泰勒级数也称为把 $f(x)$ 展开成 $x-x_0$ 的幂级数，且这种展开式是唯一的.

特别地，当 $x=0$ 时，

$$a_0=f(0),a_1=f'(0),a_2=\frac{f''(0)}{2!},a_3=\frac{f'''(0)}{3!},\cdots,a_n=\frac{f^{(n)}(0)}{n!},\cdots$$

展开式（2-9）就成为

$$f(x)=f(0)+f'(0)x+\cdots+\frac{f^{(n)}(0)}{n!}x^n+\cdots,(-R<x<R) \tag{2-10}$$

式（2-10）右端的级数称为 $f(x)$ 的**麦克劳林级数**. 它是 x 的幂级数. 把 $f(x)$ 展开成 x 的幂级数就是展开成 $f(x)$ 的麦克劳林级数，$a_n=\frac{f^{(n)}(0)}{n!}$ 称为**麦克劳林系数**.

说明：

函数 $f(x)$ 如果能够展开为幂级数（2-9），它的各项系数由 $f(x)$ 在 $x=x_0$ 处的函数值及 $f(x)$ 的各阶导数在 $x=x_0$ 的函数值确定.

其次，讨论在 $(-R, R)$ 内使

$$f(x)=\sum_{n=0}^{\infty}a_n(x-x_0)^n=a_0+a_1(x-x_0)+\cdots+a_n(x-x_0)^n+\cdots$$

成立的条件.

要使式（2-9）成立，就相当于在 $(-R, R)$ 内，当 $n\to\infty$ 时，要使余项

$$R_n(x)=f(x)-\left[f(x_0)+f'(x_0)(x-x_0)+\frac{f''(x_0)}{2!}(x-x_0)^2+\cdots+\frac{f^{(n-1)}(x_0)}{(n-1)!}(x-x_0)^{n-1}\right]$$

趋于零，即

$$\lim_{n\to\infty}R_n(x)=0.$$

这就是式（2-9）成立的先决条件.

下面列出几个常用函数的幂级数展开式：

$$e^x=1+\frac{x}{1!}+\frac{x^2}{2!}+\cdots+\frac{x^n}{n!}+\cdots,(-\infty<x<+\infty) \tag{2-11}$$

$$\sin x=x-\frac{x^3}{3!}+\frac{x^5}{5!}-\frac{x^7}{7!}+\cdots+(-1)^{n-1}\frac{x^{2n-1}}{(2n-1)!}+\cdots,(-\infty<x<+\infty) \tag{2-12}$$

$$\cos x=1-\frac{x^2}{2!}+\frac{x^4}{4!}-\frac{x^6}{6!}+\cdots+(-1)^n\frac{x^{2n}}{(2n)!}+\cdots,(-\infty<x<+\infty) \tag{2-13}$$

$$\ln(1+x)=x-\frac{x^2}{2}+\frac{x^3}{3}-\cdots+(-1)^{n+1}\frac{x^n}{n}+\cdots,(-1<x\leqslant 1) \tag{2-14}$$

$$(1+x)^\alpha=1+\alpha x+\frac{\alpha(\alpha-1)}{2!}x^2+\cdots+\frac{\alpha(\alpha-1)\cdots(\alpha-n+1)}{n!}x^n+\cdots,(-1<x<1) \tag{2-15}$$

四、幂级数在近似计算中的应用

借助函数的幂级数展开式，就可用一个多项式来近似表达函数，因此幂级数在近似计算等方面有着广泛的应用，下面举例说明.

【例 2-23】 计算 e 的近似值.

解 在展开式

$$e^x=1+\frac{x}{1!}+\frac{x^2}{2!}+\cdots+\frac{x^n}{n!}+\cdots,(-\infty<x<+\infty)$$

中，令 $x=1$，得

$$e=1+\frac{1}{1!}+\frac{1}{2!}+\cdots+\frac{1}{n!}+\cdots.$$

如果取前八项和作为 e 的近似值，则其误差为

$$r_8=\left(\frac{1}{8!}+\frac{1}{9!}+\frac{1}{10!}+\cdots\right)<\frac{1}{8!}\left(1+\frac{1}{8}+\frac{1}{8^2}+\cdots\right)$$

$$=\frac{1}{8!}\cdot\frac{1}{1-\frac{1}{8}}=\frac{1}{7!\cdot 7}<0.000\,03<10^{-4}.$$

即 e 的值可精确到小数点第四位，因此取

$$\frac{1}{2!}\approx 0.500\ 00,\quad \frac{1}{3!}\approx 0.166\ 67,\quad \frac{1}{4!}\approx 0.041\ 67,$$

$$\frac{1}{5!}\approx 0.008\ 33,\quad \frac{1}{6!}\approx 0.001\ 39,\quad \frac{1}{7!}\approx 0.0002.$$

于是，得

$$e\approx 1+1+\frac{1}{2!}+\frac{1}{3!}+\frac{1}{4!}+\frac{1}{5!}+\frac{1}{6!}+\frac{1}{7!}\approx 2.7183.$$

【例 2-24】 计算定积分 $\int_0^{0.2} e^{-x^2}dx$ 的近似值，精确到 0.0001.

解 e^{-x^2} 的原函数不能用初等函数表示，无法通过积分求出，所以要用幂级数展开方法来求 $\int_0^{0.2} e^{-x^2}dx$ 的近似值.

在 e^x 的展开式中，将 x 换成 $-x^2$，得

$$e^{-x^2}=1-x^2+\frac{x^4}{2!}-\frac{x^6}{3!}+\cdots+(-1)^n\frac{x^{2n}}{n!}+\cdots,(-\infty<x<+\infty).$$

再逐项积分，有

$$\begin{aligned}\int_0^{0.2} e^{-x^2}dx&=\int_0^{0.2}\left(1-x^2+\frac{x^4}{2!}-\frac{x^6}{3!}+\cdots\right)dx\\&=\left[x-\frac{x^3}{3}+\frac{x^5}{10}-\frac{x^7}{42}+\cdots\right]_0^{0.2}\\&=0.2-\frac{(0.2)^3}{3}+\frac{(0.2)^5}{10}-\frac{(0.2)^7}{42}+\cdots.\end{aligned}$$

如果取前两项的和作为近似值，其误差

$$|r_2|\leqslant\frac{(0.2)^5}{10}=\frac{32}{10^6}<10^{-4}.$$

因此，取 $\frac{(0.2)^3}{3}\approx 0.002\ 67$，于是

$$\int_0^{0.2} e^{-x^2}dx\approx 0.2-\frac{(0.2)^3}{3}\approx 0.1973.$$

概率论中的正态分布就是这样计算得到的.

课堂练习 2-4

1. 级数 $\frac{1}{x}+\frac{1}{2x^2}+\frac{1}{3x^3}+\cdots$ 是不是幂级数？是不是函数项级数？当 x 分别等于 -1 和 $\frac{1}{2}$ 时，该级数是否收敛？

2. 已知幂级数 $\sum_{n=1}^{\infty}a_nx^n$ 在点 $x=x_0$ 处收敛，又极限 $\lim_{n\to\infty}\left|\frac{a_n}{a_{n+1}}\right|=R\ (R>0)$，则一定有 $|x_0|<$____.

A. $\frac{R}{2}$　　B. $2R$　　C. R　　D. $\frac{2}{R}$

3. 设幂级数 $\sum_{n=0}^{\infty}a_nx^n$ 的收敛半径为 $R(0<R<+\infty)$，求幂级数 $\sum_{n=0}^{\infty}a_n\left(\frac{x}{2}\right)^n$ 的收敛半径.

4. 幂级数 $1-\frac{x^2}{2!}+\frac{x^4}{4!}-\frac{x^6}{6!}+\cdots$ 在（$-\infty$，$+\infty$）上的和函数是________.

5. 函数 e^x 的幂级数展开式为________.

习题 2-4

1. 求下列幂级数的收敛域.

(1) $-x-\frac{x^2}{2}-\frac{x^3}{3}-\cdots-\frac{x^n}{n}-\cdots$； (2) $1+x+2!x^2+3!x^3+\cdots+n!x^n+\cdots$；

(3) $1-x+\frac{x^2}{2^2}-\frac{x^3}{3^2}+\cdots+(-1)^{n+1}\frac{x^{n-1}}{(n-1)^2}+\cdots$；

(4) $\frac{x}{2}+\frac{x^2}{2\cdot 4}+\frac{x^3}{2\cdot 4\cdot 6}+\frac{x^4}{2\cdot 4\cdot 6\cdot 8}+\cdots$.

2. 利用逐项求导或逐项积分，求下列级数在收敛区间内的和函数.

(1) $\sum_{n=1}^{\infty}nx^{n-1}(-1<x<1)$； (2) $\sum_{n=1}^{\infty}\frac{(-1)^{n-1}}{2n-1}x^{2n-1}(-1<x<1)$.

3. 将下列函数展开为 x 的幂级数，并指出其收敛区间.

(1) e^{2x}； (2) $\sin\frac{x}{2}$； (3) a^x； (4) $\ln(a+x)$； (5) $\frac{1}{3-x}$.

4. 利用函数的幂级数展开式求下列各数的近似值，并估计误差.

(1) $\sqrt{e}$（取前五项）； (2) $\cos 10°$（取前两项）.

5. 利用被积函数的幂级数求定积分 $\int_0^1\frac{\sin x}{x}dx$ 的近似值（取前三项）.

第五节 傅里叶级数

一、三角级数

我们知道，单摆的摆动、弹簧的振动、交流电的电压和电流强度的变化都是周而复始的运动. 这种周期运动在数学上可以用周期函数来描述.

在所有周期运动中，以正弦型函数 $f(t)=A\sin(\omega t+\varphi)$ 描述的周期运动（称为简谐振动）最为简单，其中 $|A|$ 称为振幅，ω 称为角频率，φ 称为初相位. 它的周期是 $T=\frac{2\pi}{\omega}$.

在实际问题中，除了正弦型函数外，还经常遇到非正弦型周期函数，它们反映了较复杂的周期运动. 如电子技术中常用的矩形波（见图 2-1），就是一个非正弦型周期函数的例子.

对于非正弦型周期函数，能否像函数展开为幂级数一样，用一系列正弦函数之和来表示呢?

引例 如图 2-1 所示的矩形波（角频率 $\omega=\frac{2\pi}{T}=1$），在一个周期 $[-\pi,\pi)$ 上的表达式为

$$u(t)=\begin{cases}-1, & -\pi\leqslant t<0\\ 1, & 0\leqslant t<\pi\end{cases}.$$

如果用不同频率的正弦波 $\frac{4}{\pi}\sin t$，$\frac{4}{\pi}\cdot\frac{1}{3}\sin 3t$，$\frac{4}{\pi}\cdot\frac{1}{5}\sin 5t$，$\frac{4}{\pi}\cdot\frac{1}{7}\sin 7t$，…逐个叠加起

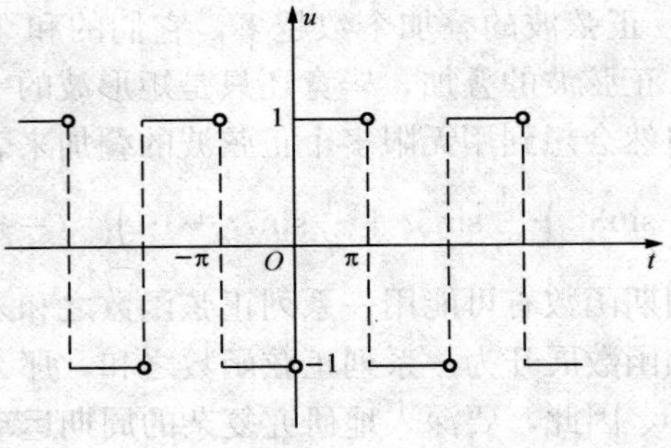

图 2-1

来，就得到一系列的和：

$$\frac{4}{\pi}\sin t;$$

$$\frac{4}{\pi}\left(\sin t+\frac{1}{3}\sin 3t\right);$$

$$\frac{4}{\pi}\left(\sin t+\frac{1}{3}\sin 3t+\frac{1}{5}\sin 5t\right);$$

$$\frac{4}{\pi}\left(\sin t+\frac{1}{3}\sin 3t+\frac{1}{5}\sin 5t+\frac{1}{7}\sin 7t\right);$$

……

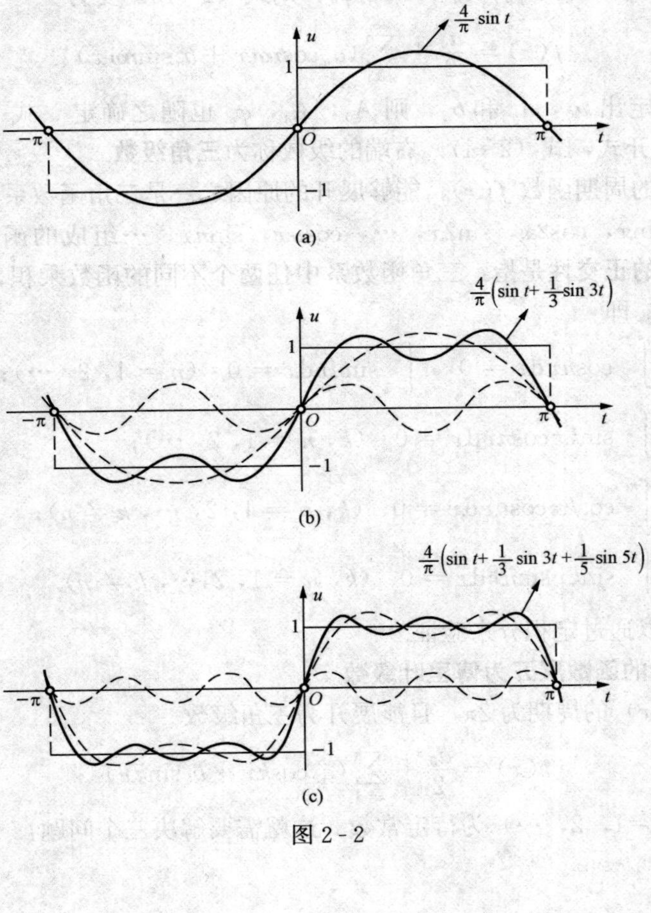

图 2-2

从图 2-2 中容易看出，正弦波的叠加个数越多，它们的和（也是一个周期函数）就越逼近于矩形波．但是有限个正弦波的叠加，毕竟还只是矩形波的一种近似．为了精确地反映矩形波的变化过程，我们自然会想到用无限多个正弦波的叠加来表示 $u(t)$，即

$$u(t)=\frac{4}{\pi}\left(\sin t+\frac{1}{3}\sin 3t+\frac{1}{5}\sin 5t+\frac{1}{7}\sin 7t+\cdots\right)\quad(-\pi\leqslant t<\pi,\ t\neq 0).$$

可见，一个非正弦型周期函数有可能用一系列正弦函数之和来表示．由此启示我们：如果能把复杂的非正弦型周期函数展开为一系列正弦函数之和，那么复杂的周期运动就可以通过简单的简谐振动来研究了．因此，要深入地研究复杂的周期运动，就必须要讨论一个周期函数 $f(x)$ 怎样展开为一系列正弦型函数 $A_n\sin(n\omega x+\varphi_n)$ $(n=1,2,\cdots)$ 的和

$$f(x)=\frac{A_0}{2}+\sum_{n=1}^{\infty}A_n\sin(n\omega x+\varphi_n)\tag{2-16}$$

其中 A_0，A_n，φ_n 都是常数.

将周期函数 $f(x)$ 按式（2-16）展开，在电工学里，称为谐波分析．其中常数项$\frac{A_0}{2}$称为 $f(x)$ 的直流分量；$A_1\sin(\omega x+\varphi_1)$ 称为一次谐波（或基波）；而 $A_2\sin(2\omega x+\varphi_2)$，$A_3\sin(3\omega x+\varphi_3)$，…依次称为二次谐波，三次谐波等.

为了讨论方便起见，我们将正弦型函数 $A_n\sin(n\omega x+\varphi_n)$ 按三角公式变形，得

$$A_n\sin(n\omega x+\varphi_n)=A_n\sin\varphi_n\cos n\omega x+A_n\cos\varphi_n\sin n\omega x.$$

若令 $a_0=A_0$，$a_n=A_n\sin\varphi_n$，$b_n=A_n\cos\varphi_n$，则式（2-16）变为

$$f(x)=\frac{a_0}{2}+\sum_{n=1}^{\infty}(a_n\cos n\omega x+b_n\sin n\omega x)\tag{2-17}$$

显然，只要确定出 a_0，a_n 和 b_n，则 A_0，A_n，φ_n 也随之确定．式（2-17）称为函数 $f(x)$的**三角级数展开式**，式（2-17）右端的级数称为**三角级数**.

一个非正弦型的周期函数 $f(x)$，能够展开的原因之一是三角函数系具有正交性.

由 1，$\cos x$，$\sin x$，$\cos 2x$，$\sin 2x$，…，$\cos nx$，$\sin nx$，…组成的函数序列称为**三角函数系**．**三角函数系的正交性**是指：三角函数系中任两个不同的函数乘积，在区间 $[-\pi,\pi]$ 上的定积分值为零．即

$$\int_{-\pi}^{\pi}\cos nx\,\mathrm{d}x=0,\quad \int_{-\pi}^{\pi}\sin nx\,\mathrm{d}x=0\quad(n=1,2,\cdots);$$

$$\int_{-\pi}^{\pi}\sin kx\cos nx\,\mathrm{d}x=0\quad(k,n=1,2,\cdots);$$

$$\int_{-\pi}^{\pi}\cos kx\cos nx\,\mathrm{d}x=0\quad(k,n=1,2,\cdots,k\neq n);$$

$$\int_{-\pi}^{\pi}\sin kx\sin nx\,\mathrm{d}x=0\quad(k,n=1,2,\cdots,k\neq n).$$

上述各等式，都可以通过定积分来验证.

二、周期为 2π 的函数展开为傅里叶级数

设周期函数 $f(x)$ 的周期为 2π，且能展开为三角级数

$$f(x)=\frac{a_0}{2}+\sum_{k=1}^{\infty}(a_k\cos kx+b_k\sin kx)\tag{2-18}$$

其中 a_0，a_n，b_n（$n=1,2,\cdots$）为待定常数．这就需要解决三个问题：

(1) 如何确定系数 a_0，a_n，b_n；

(2) 周期函数 $f(x)$ 满足什么条件，才能展开成三角级数式；

(3) 展开的三角级数的收敛情况.

第一个问题：如何求系数 a_0，a_n，b_n？

为了求出系数 a_n，用 $\cos nx$ 乘以式（2-18），然后再在 $-\pi$ 到 π 上逐项积分，得

$$\int_{-\pi}^{\pi} f(x)\cos nx\,\mathrm{d}x = \frac{a_0}{2}\int_{-\pi}^{\pi}\cos nx\,\mathrm{d}x + \sum_{k=1}^{\infty}\left[a_k\int_{-\pi}^{\pi}\cos kx\cos nx\,\mathrm{d}x + b_k\int_{-\pi}^{\pi}\sin kx\cos nx\,\mathrm{d}x\right]$$

当 $n=0$ 时，上式右端除第一项等于 $a_0\pi$ 外，根据三角函数系的正交性，其余各项都等于零，从而

$$a_0 = \frac{1}{\pi}\int_{-\pi}^{\pi} f(x)\,\mathrm{d}x.$$

当 $n\neq 0$ 并且是任一正整数时，上式右端除 $k=n$ 项外，其余各项均为零，所以

$$\int_{-\pi}^{\pi} f(x)\cos nx\,\mathrm{d}x = a_n\int_{-\pi}^{\pi}\cos^2 nx\,\mathrm{d}x = a_n\pi.$$

从而，有

$$a_n = \frac{1}{\pi}\int_{-\pi}^{\pi} f(x)\cos nx\,\mathrm{d}x \quad (n=1,2,\cdots).$$

用类似的方法，可得到

$$b_n = \frac{1}{\pi}\int_{-\pi}^{\pi} f(x)\sin nx\,\mathrm{d}x \quad (n=1,2,\cdots).$$

汇总上面结果，有

$$\begin{cases} a_n = \dfrac{1}{\pi}\displaystyle\int_{-\pi}^{\pi} f(x)\cos nx\,\mathrm{d}x & (n=0,1,2,\cdots) \\ b_n = \dfrac{1}{\pi}\displaystyle\int_{-\pi}^{\pi} f(x)\sin nx\,\mathrm{d}x & (n=1,2,\cdots) \end{cases} \tag{2-19}$$

式（2-19）称为**欧拉—傅里叶公式**.

由式（2-19）算出的系数 a_0，a_n，b_n（$n=1$，2，…）称为函数 $f(x)$ 的**傅里叶系数**. 将傅里叶系数代入式（2-18）的右端所得的三角级数

$$\frac{a_0}{2} + \sum_{n=1}^{\infty}(a_n\cos nx + b_n\sin nx)$$

称为函数 $f(x)$ 的**傅里叶级数**.

由上面讨论可知，对于 $f(x)$ 来说，只要式（2-19）中的积分存在，总可以写出它的傅里叶级数. 下面不加证明地给出如下定理，它将给出关于上述第（2）、（3）个问题的重要结论.

收敛定理（狄利克雷定理） 如果周期为 2π 的函数 $f(x)$ 满足条件（狄氏条件）：在区间 $[-\pi, \pi]$ 上连续（或只有有限个第一类间断点）；在区间 $[-\pi, \pi]$ 上至多只有有限个极值点，则函数 $f(x)$ 的傅里叶级数收敛，且它的和在 $f(x)$ 的连续点 x 处等于 $f(x)$；在 $f(x)$ 的间断点 x 处等于 $\frac{1}{2}[f(x-0)+f(x+0)]$.

一般说来，工程技术中所遇到的周期函数都满足狄氏条件，所以都能展开为傅里叶级数.

【例 2-25】 将周期为 2π，振幅为 1 的矩形波（见图 2-1）展开为傅里叶级数.

解 矩形波在 $[-\pi, \pi)$ 上的表达式为

$$u(t)=\begin{cases}-1, & -\pi \leqslant t<0 \\ 1, & 0 \leqslant t<\pi\end{cases}.$$

由图 2-1 容易看出，$u(t)$ 是奇函数．故

$$a_n=0 \quad (n=0, 1, 2, \cdots),$$

$$b_n=\frac{1}{\pi}\int_{-\pi}^{\pi} u(t)\sin nt\,\mathrm{d}t=\frac{2}{\pi}\int_0^{\pi} u(t)\sin nt\,\mathrm{d}t$$

$$=\frac{2}{\pi}\int_0^{\pi}\sin nt\,\mathrm{d}t=\frac{2}{n\pi}(1-\cos n\pi)=\begin{cases}0, & n\text{ 为偶数} \\ \dfrac{4}{n\pi}, & n\text{ 为奇数}\end{cases}.$$

于是，矩形波的傅里叶级数为

$$\frac{4}{\pi}\left[\sin t+\frac{1}{3}\sin 3t+\cdots+\frac{1}{2k-1}\sin(2k-1)t+\cdots\right].$$

根据收敛定理，级数在间断点 $t=k\pi(k=0, \pm 1, \pm 2, \cdots)$ 处收敛于 $\dfrac{-1+1}{2}=0$；在连续点 $t\neq k\pi(k=0, \pm 1, \pm 2, \cdots)$ 处收敛于 $u(t)$，即

$$u(t)=\frac{4}{\pi}\left[\sin t+\frac{1}{3}\sin 3t+\cdots+\frac{1}{2k-1}\sin(2k-1)t+\cdots\right]$$

$$(-\infty<t<+\infty,\ t\neq 0, \pm\pi, \pm 2\pi, \cdots).$$

上述展开式表明，一个矩形波确实能用一系列正弦波的叠加来表示，这就从理论上证实了图 2-2 中的近似关系．

【例 2-26】 如图 2-3 所示，以 2π 为周期的脉冲电压（或电流）函数 $f(t)$ 在 $[-\pi, \pi)$ 上的表达式为

$$f(t)=\begin{cases}0, & -\pi \leqslant t<0 \\ t, & 0 \leqslant t<\pi\end{cases}.$$

试将 $f(t)$ 展开为傅里叶级数．

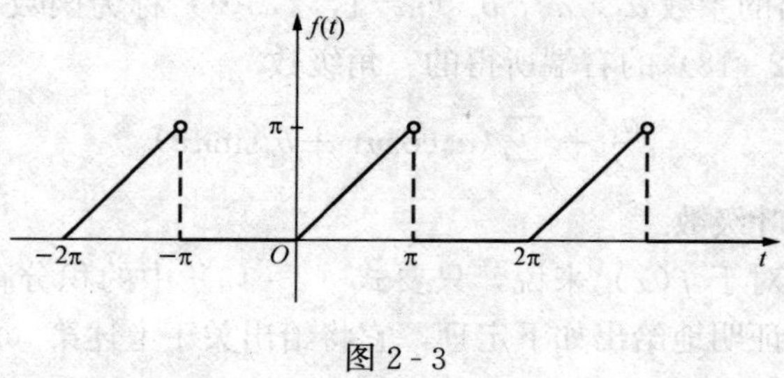

图 2-3

解 计算傅里叶系数：

$$a_n=\frac{1}{\pi}\int_{-\pi}^{\pi} f(t)\cos nt\,\mathrm{d}t=\frac{1}{\pi}\int_0^{\pi} t\cos nt\,\mathrm{d}t=\frac{1}{\pi}\left[\frac{t\sin nt}{n}+\frac{\cos nt}{n^2}\right]_0^{\pi} \quad (n\neq 0)$$

$$=\frac{1}{n^2\pi}(\cos n\pi-1)=\frac{1}{n^2\pi}[(-1)^n-1]==\begin{cases}0, & n\text{ 为偶数} \\ -\dfrac{2}{n^2\pi}, & n\text{ 为奇数}\end{cases};$$

$$a_0=\frac{1}{\pi}\int_{-\pi}^{\pi}f(t)\mathrm{d}t=\frac{1}{\pi}\int_0^{\pi}t\mathrm{d}t=\frac{1}{\pi}\left[\frac{t^2}{2}\right]_0^{\pi}=\frac{\pi}{2};$$

$$b_n=\frac{1}{\pi}\int_{-\pi}^{\pi}f(t)\sin nt\,\mathrm{d}t=\frac{1}{\pi}\int_0^{\pi}t\sin nt\,\mathrm{d}t=\frac{1}{\pi}\left[-\frac{t\cos nt}{n}+\frac{\sin nt}{n^2}\right]_0^{\pi}$$

$$=\frac{1}{\pi}\left(-\frac{\pi\cos n\pi}{n}\right)=\frac{(-1)^{n+1}}{n}\quad(n=1,\ 2,\ \cdots).$$

于是，$f(t)$ 的傅里叶级数为

$$\frac{\pi}{4}-\frac{2}{\pi}\left[\cos t+\frac{1}{3^2}\cos 3t+\cdots+\frac{1}{(2k-1)^2}\cos(2k-1)t+\cdots\right]+$$

$$\left[\sin t-\frac{1}{2}\sin 2t+\frac{1}{3}\sin 3t-\cdots+(-1)^{k+1}\cdot\frac{1}{k}\sin kt+\cdots\right].$$

根据收敛定理，在间断点 $t=(2k+1)\pi(k=0,\ \pm1,\ \pm2,\ \cdots)$ 处，级数收敛于

$$\frac{f(\pi-0)+f(\pi+0)}{2}=\frac{\pi+0}{2}=\frac{\pi}{2}.$$

而在连续点 $t\neq(2k+1)\pi$ （$k=0,\ \pm1,\ \pm2,\ \cdots$）处级数收敛于 $f(t)$，即有展开式

$$f(t)=\frac{\pi}{4}-\frac{2}{\pi}\left[\cos t+\frac{1}{3^2}\cos 3t+\cdots+\frac{1}{(2k-1)^2}\cos(2k-1)t+\cdots\right]+$$

$$\left[\sin t-\frac{1}{2}\sin 2t+\frac{1}{3}\sin 3t-\cdots+(-1)^{k+1}\cdot\frac{1}{k}\sin kt+\cdots\right]$$

$$(-\infty<t<+\infty,\ t\neq\pm\pi,\ \pm3\pi,\ \cdots).$$

三、奇函数和偶函数的傅里叶级数

引例 已知脉冲三角信号 $f(x)$ 是以 2π 为周期的周期函数，它在 $[-\pi,\ \pi)$ 上的表达式为

$$f(x)=\begin{cases}-x+1, & -\pi\leqslant x<0\\ x+1, & 0\leqslant x<\pi\end{cases}$$

如图 2-4 所示，将函数 $f(x)$ 展开成傅里叶级数.

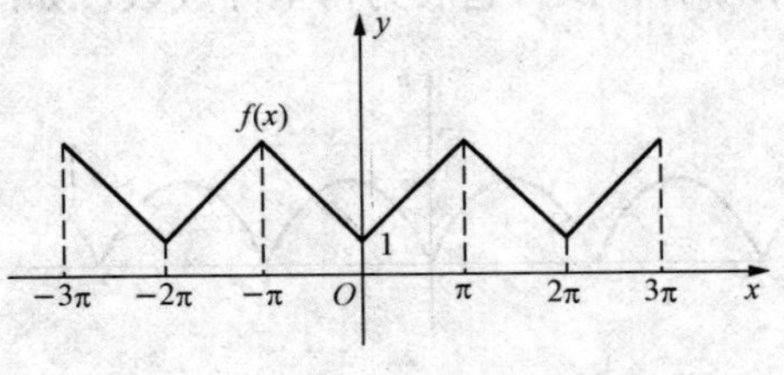

图 2-4

解 因为函数 $f(x)$ 是偶函数，所以 $f(x)\sin nx$ 是奇函数，因此它在 $(-\pi,\ \pi)$ 上的积分为零，于是

$$b_n=0\qquad(n=1,\ 2,\ 3,\ \cdots);$$

$$a_0=\frac{2}{\pi}\int_0^{\pi}f(x)\mathrm{d}x=\frac{2}{\pi}\int_0^{\pi}(x+1)\mathrm{d}x=\frac{1}{\pi}(x+1)^2\Big|_0^{\pi}=\pi+2;$$

$$a_n=\frac{2}{\pi}\int_0^{\pi}f(x)\cos nx\,\mathrm{d}x=\frac{2}{\pi}\int_0^{\pi}(x+1)\cos nx\,\mathrm{d}x$$

$$= \frac{2}{n\pi}\left(x\sin nx + \frac{1}{n}\cos nx + \sin nx\right)\Big|_0^{\pi}$$

$$= \frac{2}{n^2\pi}[(-1)^n - 1] = \begin{cases} -\frac{4}{n^2\pi}, & n = 1, 3, 5, \cdots \\ 0, & n = 2, 4, 6, \cdots \end{cases}.$$

由于函数 $f(x)$ 在（$-\infty$，$+\infty$）上连续，所以

$$f(x) = \frac{\pi}{2} + 1 - \frac{4}{\pi}\left(\cos x + \frac{\cos 3x}{3^2} + \frac{\cos 5x}{5^2} + \cdots\right) \quad (-\infty < x < +\infty).$$

从［例 2-25］和此例可以得出下面结论：

（1）当函数 $f(x)$ 是以 2π 为周期的奇函数时，有

$$\begin{cases} a_n = \frac{1}{\pi}\int_{-\pi}^{\pi} f(x)\cos nx\,\mathrm{d}x = 0 & (n = 0, 1, 2, \cdots) \\ b_n = \frac{1}{\pi}\int_{-\pi}^{\pi} f(x)\sin nx\,\mathrm{d}x = \frac{2}{\pi}\int_0^{\pi} f(x)\sin nx\,\mathrm{d}x & (n = 1, 2, 3, \cdots) \end{cases} \tag{2-20}$$

于是，奇函数 $f(x)$ 的傅里叶级数只含正弦项，称为**正弦级数**．即

$$\sum_{n=1}^{\infty} b_n \sin nx.$$

（2）当函数 $f(x)$ 是以 2π 为周期的偶函数时，有

$$\begin{cases} a_n = \frac{1}{\pi}\int_{-\pi}^{\pi} f(x)\cos nx\,\mathrm{d}x = \frac{2}{\pi}\int_0^{\pi} f(x)\cos nx\,\mathrm{d}x & (n = 0, 1, 2, \cdots) \\ b_n = \frac{1}{\pi}\int_{-\pi}^{\pi} f(x)\sin nx\,\mathrm{d}x = 0 & (n = 1, 2, 3, \cdots) \end{cases} \tag{2-21}$$

于是，偶函数 $f(x)$ 的傅里叶级数只含余弦项，称为**余弦级数**．即

$$\frac{a_0}{2} + \sum_{n=1}^{\infty} a_n \cos nx.$$

【例 2-27】 无线电设备中，常用整流器把交流电换为直流电，设已知电压 $u(t)$ 与时间的关系为 $u(t) = |E\sin t|$（$E>0$），试将它展为傅里叶级数，如图 2-5 所示.

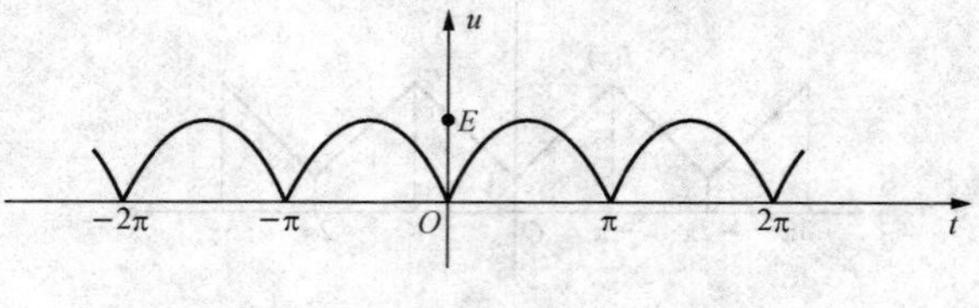

图 2-5

解 因为 $u(t)$ 为偶函数，故由式（2-21），得

$$b_n = 0 \quad (n = 1, 2, 3, \cdots).$$

当 $0 \leqslant t \leqslant \pi$ 时，$|E\sin t| = E\sin t$，所以

$$a_n = \frac{2}{\pi}\int_0^{\pi} u(t)\cos nt\,\mathrm{d}t = \frac{2}{\pi}\int_0^{\pi} E\sin t\cos nt\,\mathrm{d}t.$$

$$= \frac{E}{\pi}\left[-\frac{\cos(n+1)t}{n+1} + \frac{\cos(n-1)t}{n-1}\right]_0^{\pi} \quad (n \neq 1)$$

$$= \frac{E}{\pi}\left[\frac{1-\cos(n+1)\pi}{n+1}+\frac{\cos(n-1)\pi-1}{n-1}\right]$$

$$= \begin{cases} -\dfrac{4E}{(n^2-1)\pi}, & n \text{ 为偶数} \\ 0, & n \text{ 为奇数} \end{cases}.$$

由于 $u(t)$ 在 t 轴上连续，故由收敛定理，得

$$u(t) = \frac{4E}{\pi}\left(\frac{1}{2}-\frac{1}{3}\cos 2t-\frac{1}{15}\cos 4t-\cdots-\frac{1}{4k^2-1}\cos 2kt-\cdots\right) \quad (-\infty < t < +\infty).$$

课堂练习 2-5

1. 设函数 $f(x)$ 是周期为 2π 的周期函数，且满足收敛定理的条件．问：$f(x)$ 的傅里叶级数的和函数是否处处等于 $f(x)$?

2. 设函数 $f(x)$ 是周期为 2π 的周期函数，它在区间 $(-\pi, \pi]$ 上的表达式为

$$f(x) = \begin{cases} \sin\dfrac{1}{x}, & -\pi < x < 0,\ 0 < x \leqslant \pi \\ 0, & x = 0 \end{cases}.$$

问 $f(x)$ 是否满足收敛定理的条件?

3. 填空.

(1) 设函数 $f(x)$ 是周期为 2π 的周期函数，它在区间 $(-\pi, \pi]$ 上的表达式为

$$f(x) = \begin{cases} -1, & -\pi < x \leqslant 0 \\ 1+x^2, & 0 < x \leqslant \pi \end{cases}.$$

则 $f(x)$ 的傅里叶级数收敛于 $f(x)$ 的区间是________.

(2) 将周期函数 $f(t) = |E\sin t|$ ($E>0$ 是常数) 展开成傅里叶级数必定是______级数，其中，系数 $a_1 =$______，该级数收敛于 $f(t)$ 的区间是______.

习题 2-5

1. 设 $f(x)$ 是周期为 2π 的周期函数，它在 $[-\pi, \pi)$ 上的表达式为

$$f(x) = \begin{cases} x, & -\pi \leqslant x < 0 \\ -x, & 0 \leqslant x < \pi \end{cases}.$$

试将 $f(x)$ 展开为傅里叶级数，并求傅里叶级数的直流分量、基波和二次谐波之和.

2. 设 $f(x)$ 是周期为 2π 的周期函数，它在 $[-\pi, \pi)$ 上的表达式为

$$f(x) = \begin{cases} 0, & -\pi \leqslant x < 0 \\ x, & 0 \leqslant x < \pi \end{cases}.$$

试将 $f(x)$ 展开为傅里叶级数，并求直流分量、三次谐波和 n 次谐波.

3. 设 $f(x)$ 是周期为 2π 的周期函数，它在 $[-\pi, \pi)$ 上的表达式为

$$f(x) = \begin{cases} 2, & -\pi \leqslant x < 0 \\ 0, & 0 \leqslant x < \pi \end{cases}.$$

试将 $f(x)$ 展开为傅里叶级数.

第六节 *周期为 $2l$ 的周期函数的傅里叶级数

设周期为 $2l$ 的函数 $f(x)$ 满足狄氏条件．作变量代换 $t=\frac{\pi x}{l}$，则 $x=\frac{lt}{\pi}$，从而区间 $-l\leqslant x\leqslant l$ 变成了区间 $-\pi\leqslant t\leqslant\pi$. 如果令

$$f(x)=f\left(\frac{lt}{\pi}\right)=\varphi(t),$$

则 $\varphi(t)$ 是周期为 2π 的函数，并且它满足狄氏条件．将 $\varphi(t)$ 展为傅里叶级数

$$\varphi(t)=\frac{a_0}{2}+\sum_{n=1}^{\infty}(a_n\cos nt+b_n\sin nt),$$

其中
$$a_n=\frac{1}{\pi}\int_{-\pi}^{\pi}\varphi(t)\cos nt\,\mathrm{d}t \quad (n=0,1,2,\cdots),$$

$$b_n=\frac{1}{\pi}\int_{-\pi}^{\pi}\varphi(t)\sin nt\,\mathrm{d}t \quad (n=1,2,3,\cdots).$$

在上列各式中，把变量 t 换成变量 x，并注意到 $f(x)=\varphi(t)$，便得 $f(x)$ 的傅里叶级数展开式

$$f(x)=\frac{a_0}{2}+\sum_{n=1}^{\infty}\left(a_n\cos\frac{n\pi x}{l}+b_n\sin\frac{n\pi x}{l}\right) \tag{2-22}$$

$$\begin{cases} a_n=\dfrac{1}{l}\displaystyle\int_{-l}^{l}f(x)\cos\frac{n\pi x}{l}\mathrm{d}x \quad (n=0,1,2,\cdots) \\ b_n=\dfrac{1}{l}\displaystyle\int_{-l}^{l}f(x)\sin\frac{n\pi x}{l}\mathrm{d}x \quad (n=1,2,\cdots) \end{cases} \tag{2-23}$$

如果 $f(x)$ 为奇函数，则它的傅里叶级数是正弦级数，即有

$$f(x)=\sum_{n=1}^{\infty}b_n\sin\frac{n\pi x}{l} \tag{2-24}$$

其中

$$b_n=\frac{2}{l}\int_{0}^{l}f(x)\sin\frac{n\pi x}{l}\mathrm{d}x \quad (n=1,2,3,\cdots) \tag{2-25}$$

如果 $f(x)$ 为偶函数，则它的傅里叶级数是余弦级数，即有

$$f(x)=\frac{a_0}{2}+\sum_{n=1}^{\infty}a_n\cos\frac{n\pi x}{l} \tag{2-26}$$

其中

$$a_n=\frac{2}{l}\int_{0}^{l}f(x)\cos\frac{n\pi x}{l}\mathrm{d}x \quad (n=0,1,2,\cdots) \tag{2-27}$$

注意：

在式（2-22）、式（2-24）、式（2-26）中，如果 x 为函数 $f(x)$ 的间断点，根据收敛定理，则应以算术平均值

$$\frac{1}{2}[f(x-0)+f(x+0)]$$

代替等式左端的 $f(x)$.

【例 2-28】 如图 2-6 所示，$f(x)$ 是周期为 4 的函数，它在 $[-2,2)$ 上的表达式为

$$f(x)=\begin{cases}0, & -2\leqslant x<0\\ A, & 0\leqslant x<2\end{cases}\quad (\text{常数 } A\neq 0).$$

试将 $f(x)$ 展为傅里叶级数.

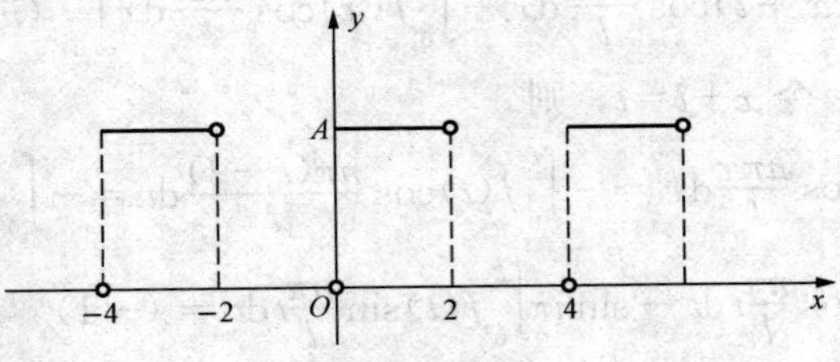

图 2-6

解 这里 $l=2$，由系数公式（2-23）得

$$a_n=\frac{1}{2}\int_{-2}^{2}f(x)\cos\frac{n\pi x}{2}\mathrm{d}x=\frac{1}{2}\int_{0}^{2}A\cos\frac{n\pi x}{2}\mathrm{d}x=\left[\frac{A}{n\pi}\sin\frac{n\pi x}{2}\right]_0^2=0\quad(n=1,2,3,\cdots);$$

$$a_0=\frac{1}{2}\int_{-2}^{2}f(x)\mathrm{d}x=\frac{1}{2}\int_{0}^{2}A\mathrm{d}x=A;$$

$$b_n=\frac{1}{2}\int_{-2}^{2}f(x)\sin\frac{n\pi x}{2}\mathrm{d}x=\frac{1}{2}\int_{0}^{2}A\sin\frac{n\pi x}{2}\mathrm{d}x=\left[-\frac{A}{n\pi}\cos\frac{n\pi x}{2}\right]_0^2$$

$$=\frac{A}{n\pi}(1-\cos n\pi)=\begin{cases}\dfrac{2A}{n\pi} & (n=1,3,5,\cdots)\\ 0 & (n=2,4,6,\cdots)\end{cases}.$$

将求得的系数 a_n，a_0，b_n 代入式（2-18），得

$$f(x)=\frac{A}{2}+\frac{2A}{\pi}\left(\sin\frac{\pi x}{2}+\frac{1}{3}\sin\frac{3\pi x}{2}+\cdots+\frac{1}{2k-1}\sin\frac{(2k-1)\pi x}{2}+\cdots\right)$$

$$(-\infty<x<+\infty,\ x\neq 0,\pm 2,\pm 4,\cdots).$$

在间断点 $x=\pm 2k(k\in Z)$ 处级数收敛于 $\frac{A}{2}$.

【例 2-29】 在电子技术中经常遇到“关于横轴对称的周期函数”（见图 2-7）. 这种函数的特点是后半周的函数值正好与前半周反号，即 $-f(x+l)=f(x)$. 因此将函数的后半周波形向前平移半个周期后，新波形［见图 2-7（b）中的虚线］与原波形［见图 2-7（a）中实线］恰好对称于横轴. 试证：关于横轴对称的周期函数 $f(x)$ 的傅里叶展开式只含奇次谐波.

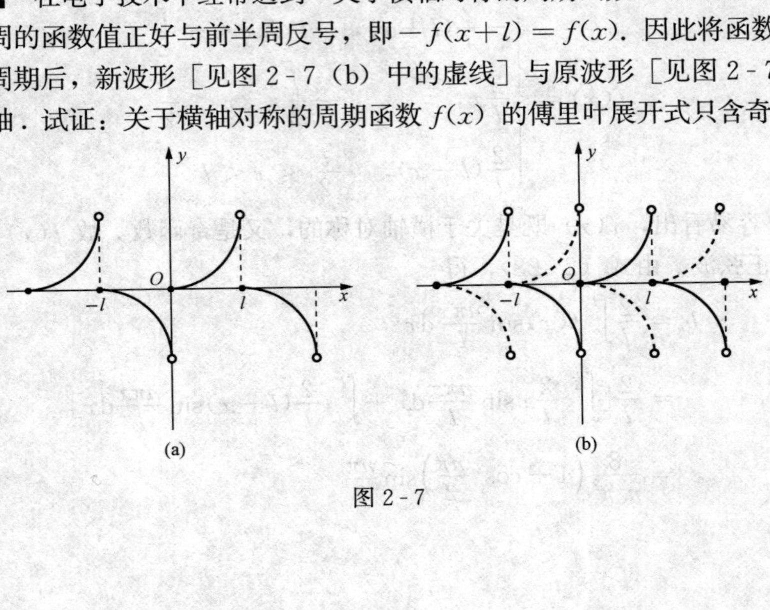

图 2-7

证 由系数公式（2-23），得

$$a_n=\frac{1}{l}\int_{-l}^{l}f(x)\cos\frac{n\pi x}{l}\mathrm{d}x=\frac{1}{l}\left[\int_{-l}^{0}f(x)\cos\frac{n\pi x}{l}\mathrm{d}x+\int_{0}^{l}f(x)\cos\frac{n\pi x}{l}\mathrm{d}x\right]$$

$$=\frac{1}{l}\left[\int_{-l}^{0}-f(x+l)\cos\frac{n\pi x}{l}\mathrm{d}x+\int_{0}^{l}f(x)\cos\frac{n\pi x}{l}\mathrm{d}x\right]\quad(n=0,1,2,\cdots).$$

上式右端第一个积分中，令 $x+l=t$，则

$$\int_{-l}^{0}-f(x+l)\cos\frac{n\pi x}{l}\mathrm{d}x=-\int_{0}^{l}f(t)\cos\frac{n\pi(t-l)}{l}\mathrm{d}t=-\int_{0}^{l}f(t)\cos\left(\frac{n\pi}{l}t-n\pi\right)\mathrm{d}t$$

$$=-\cos n\pi\int_{0}^{l}f(t)\cos\frac{n\pi}{l}t\,\mathrm{d}t-\sin n\pi\int_{0}^{l}f(t)\sin\frac{n\pi}{l}t\,\mathrm{d}t=(-1)^{n+1}\int_{0}^{l}f(x)\cos\frac{n\pi}{l}x\,\mathrm{d}x.$$

从而

$$a_n=\frac{1}{l}\left[(-1)^{n+1}+1\right]\int_{0}^{l}f(x)\cos\frac{n\pi}{l}x\,\mathrm{d}x=\begin{cases}0, & n\text{ 为 0 和偶数}\\ \frac{2}{l}\int_{0}^{l}f(x)\cos\frac{n\pi}{l}x\,\mathrm{d}x, & n\text{ 为奇数}\end{cases}.$$

同理，可得

$$b_n=\begin{cases}0, & n\text{ 为 0 和偶数}\\ \frac{2}{l}\int_{0}^{l}f(x)\sin\frac{n\pi}{l}x\,\mathrm{d}x, & n\text{ 为奇数}\end{cases}.$$

于是

$$f(x)=a_1\cos x+b_1\sin x+a_3\cos 3x+b_3\sin 3x+\cdots,$$

其中

$$\begin{cases}a_n=\frac{2}{l}\int_{0}^{l}f(x)\cos\frac{n\pi}{l}x\,\mathrm{d}x\quad(n=1,3,5,\cdots),\\ b_n=\frac{2}{l}\int_{0}^{l}f(x)\sin\frac{n\pi}{l}x\,\mathrm{d}x\quad(n=1,3,5,\cdots).\end{cases}\tag{2-28}$$

即 $f(x)$ 的傅里叶展开式只含奇次谐波.

【例 2-30】 将如图 2-8 所示的双向三角波所表示的周期函数展为傅里叶级数.

解 所给波形是以 $2l$ 为周期的函数，它在一个周期 $[-l,l)$ 上的表示式为

$$f(x)=\begin{cases}-\frac{2}{l}(l+x), & -l\leqslant x<-\frac{l}{2}\\ \frac{2}{l}x, & -\frac{l}{2}\leqslant x<\frac{l}{2}\\ \frac{2}{l}(l-x), & \frac{l}{2}\leqslant x<l\end{cases}.$$

由图 2-8 容易看出，$f(x)$ 既是关于横轴对称的，又是奇函数．故 $f(x)$ 的傅里叶展开式中只含奇次正弦波．由式（2-28），得

$$b_n=\frac{2}{l}\int_{0}^{l}f(x)\sin\frac{n\pi x}{l}\mathrm{d}x$$

$$=\frac{2}{l}\left[\int_{0}^{\frac{l}{2}}\frac{2}{l}x\sin\frac{n\pi x}{l}\mathrm{d}x+\int_{\frac{l}{2}}^{l}\frac{2}{l}(l-x)\sin\frac{n\pi x}{l}\mathrm{d}x\right]$$

$$=\frac{8}{n^2\pi^2}\left(1+\cos^2\frac{n\pi}{2}\right)\sin\frac{n\pi}{2}$$

$$=\frac{8}{n^2\pi^2}\sin\frac{n\pi}{2}\quad(n=1, 3, 5, \cdots).$$

于是

$$f(x)=\frac{8}{\pi^2}\left(\sin\frac{\pi x}{l}-\frac{1}{3^2}\sin\frac{3\pi x}{l}+\frac{1}{5^2}\sin\frac{5\pi x}{l}-\frac{1}{7^2}\sin\frac{7\pi x}{l}+\cdots\right)$$
$$(-\infty<x<+\infty).$$

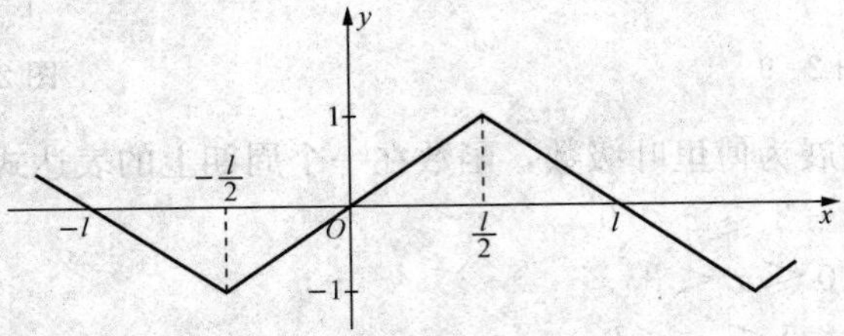

图 2-8

课堂练习 2-6

1. 设函数 $f(x)$ 以 $2l$ 为周期，且满足收敛定理条件，那么 $f(x)$ 的傅里叶级数在连续点收敛于什么值?

2. 填空.

(1) 设函数 $f(x)$ 以 4 为周期，且在区间 $[-2, 2)$ 上

$$f(x)=\begin{cases}x^2, & -2\leqslant x<0\\ 1, & 0\leqslant x<2\end{cases},$$

则 $f(x)$ 的傅里叶级数在区间______________上收敛于 $f(x)$.

(2) 设函数 $f(x)$ 是周期为 2 的周期函数，它在区间 $(-1, 1]$ 上的表达式为

$$f(x)=\begin{cases}2, & -1<x\leqslant 0\\ x^2, & 0<x\leqslant 1\end{cases},$$

则 $f(x)$ 的傅里叶级数在 $x=1$ 处收敛于________.

(3) 将周期为 2 的函数 $f(x)=x$ 展开成傅里叶级数必定是________级数，其中，系数 $b_1=$________.

习题 2-6

1. 设 $f(x)$ 是以 $2l$ 为周期的函数，满足狄氏条件，并且 $f(x+l)=f(x)$，试证：$f(x)$ 的傅里叶级数展开式中只含偶次谐波（即 $a_{2k+1}=b_{2k+1}=0$，$k=0, 1, 2, \cdots$）.

2. 求矩形波和锯齿波的直流、基波和二次谐波.

(1) 矩形波（见图 2-9）.

(2) 锯齿波（见图 2-10）.

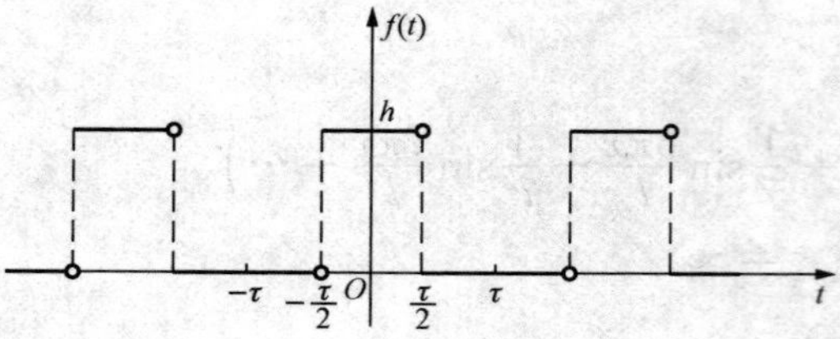

图 2-9

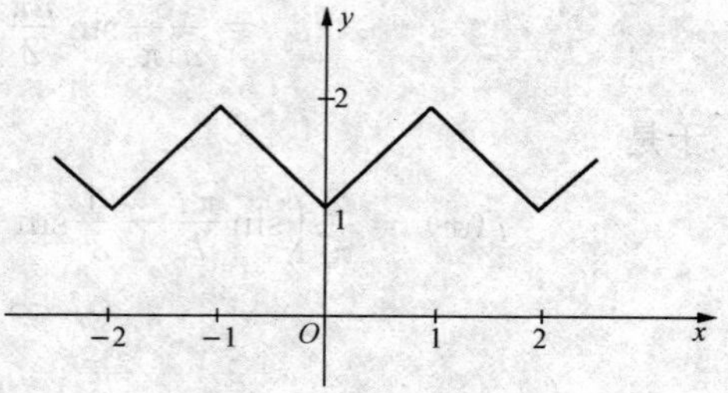

图 2-10

3. 将下列周期函数展为傅里叶级数，函数在一个周期上的表达式为

(1) $f(x)=\begin{cases}0, & -3\leqslant x<0\\ A, & 0\leqslant x<3\end{cases}$；

(2) $f(x)=\begin{cases}1, & -1\leqslant x<0\\ -1, & 0\leqslant x<1\end{cases}$.

第七节 *定义在有限区间上的函数的傅里叶级数

一、周期延拓 定义在区间 [0, π] 上非周期函数的傅里叶级数

引例 已知一单脉冲矩形波信号为

$$u(t)=\begin{cases}-1, & -\pi\leqslant t<0\\ 1, & 0\leqslant t<\pi\end{cases},$$

将它展开为傅里叶级数.

此信号只在 $[-\pi,\pi)$ 上有定义，它不是周期函数，如何将它展开成傅里叶级数？

定义 2.7.1 设函数 $f(x)$ 在 $[-\pi,\pi]$ 上有定义，并且在 $[-\pi,\pi]$ 上满足收敛定理的条件，那么，我们可以在函数定义区间外补充 $f(x)$ 的定义，使它拓展成以 2π 为周期的函数 $F(x)$，按这种方式拓展函数定义域的过程称为**周期延拓**.

说明：

延拓后可将 $F(x)$ 展开成傅里叶级数．最后限制 x 在 $(-\pi,\pi)$ 内，此时 $F(x)=f(x)$，这样就得到函数 $f(x)$ 的傅里叶级数展开式．根据收敛定理，该级数在区间端点 $x=\pm\pi$ 处收敛于 $\dfrac{f(\pi-0)+f(-\pi+0)}{2}$.

对于定义在区间 $[0,\pi]$ 上满足收敛定理条件的函数 $f(x)$，我们可以补充定义 $f(x)$ 在 $(-\pi,0)$ 内的值，使补充定义后的函数 $F(x)$ 成为 $(-\pi,\pi)$ 内的奇函数，这个过程称为**奇延拓**，若使补充定义后的函数 $F(x)$ 成为 $(-\pi,\pi)$ 内的偶函数，这个过程称为**偶延拓**．然后将延拓后的函数展开为正弦级数或余弦级数，最后限制 x 在 $(0,\pi)$ 内，从而将 $f(x)$ 在 $(0,\pi)$ 内展开为正弦级数或余弦级数.

【例 2-31】 有一定义在 $[-\pi,\pi]$ 上的函数 $f(x)=x^2$（见图 2-11），将它展开成傅里叶级数.

解 将 $f(x)$ 作周期延拓，延拓后为偶函数，由式（2-21）得

$b_n=0 \quad (n=1, 2, 3, \cdots)$；

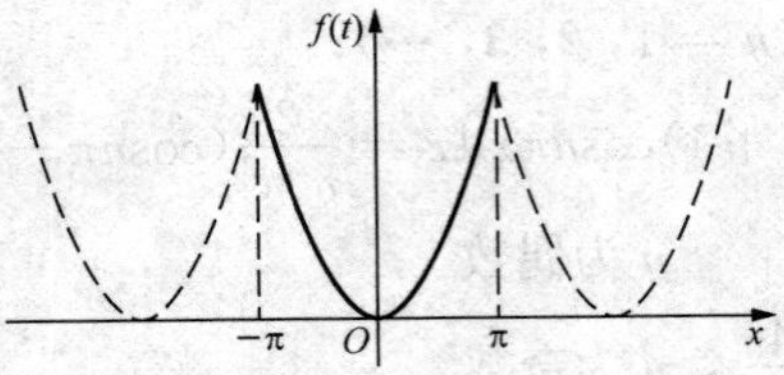

图 2 - 11

$$a_0 = \frac{2}{\pi}\int_0^{\pi} F(x)\mathrm{d}x = \frac{2}{\pi}\int_0^{\pi} x^2\mathrm{d}x = \frac{2}{\pi}\left[\frac{x^3}{3}\right]_0^{\pi} = \frac{2\pi^2}{3};$$

$$\begin{aligned} a_n &= \frac{2}{\pi}\int_0^{\pi} F(x)\cos nx\,\mathrm{d}x = \frac{2}{\pi}\int_0^{\pi} x^2\cos nx\,\mathrm{d}x \\ &= \frac{2}{n\pi}\left(x^2\sin nx\,\Big|_0^{\pi} - 2\int_0^{\pi} x\sin nx\,\mathrm{d}x\right) \\ &= \frac{4}{n^2\pi}\left(x\cos nx\,\Big|_0^{\pi} - \int_0^{\pi}\cos nx\,\mathrm{d}x\right) = (-1)^n\frac{4}{n^2} \quad (n=1, 2, 3, \cdots). \end{aligned}$$

延拓后，处处连续，所以

$$x^2 = \frac{\pi^2}{3} - 4\left(\cos x - \frac{\cos 2x}{2^2} + \frac{\cos 3x}{3^2} - \frac{\cos 4x}{4^2} + \cdots\right) \quad (-\pi \leqslant x \leqslant \pi).$$

说明：

由此例题可知，将定义在［0，π］上的函数展开为正弦级数或余弦级数时，不必写出延拓后的函数，只要按式（2 - 20）或式（2 - 21）计算系数后代入正弦或余弦级数即可.

二、函数 $f(x)$ 在［0，l］上展开为正弦级数与余弦级数

设函数 $f(x)$ 定义在区间［0，l］上，设想有一个函数 $F(x)$，它是定义在（$-\infty$，$+\infty$）上且以 $2l$ 为周期的函数，而在［0，l］上 $f(x)=F(x)$. 如果 $F(x)$ 满足收敛定理的条件，那么 $F(x)$ 在（$-\infty$，$+\infty$）上展开为傅里叶级数，取其［0，l］上一段，即为 $f(x)$ 在［0，l］上的傅里叶级数，$F(x)$ 称为 $f(x)$ 的周期延拓函数，这种方式称为**周期延拓**.

如果需要在［0，l］上把 $f(x)$ 展开为正弦级数（或余弦级数），则须把 $f(x)$ 奇式（或偶式）延拓至区间［$-l$，0），就是使 $F(x)$ 成为一个周期为 $2l$ 的奇（或偶）函数.

【例 2 - 32】 将函数 $f(x)=x+1$（$0\leqslant x\leqslant 1$）分别展为正弦级数和余弦级数.

解 先求正弦级数. 为此，将 $f(x)$ 进行奇式延拓（见图 2 - 12）. 由式（2 - 25）

$$a_n = 0 \quad (n=0, 1, 2, \cdots);$$

$$\begin{aligned} b_n &= 2\int_0^1 (x+1)\sin n\pi x\,\mathrm{d}x = \frac{2}{n\pi}(1-2\cos n\pi) \\ &= \frac{2}{n\pi}[1-2(-1)^n] \quad (n=1, 2, 3, \cdots). \end{aligned}$$

于是

$$x+1 = \frac{2}{\pi}\sum_{n=1}^{\infty}\frac{[1-2(-1)^n]}{n}\sin n\pi x \quad (0<x<1).$$

注意：

当 $x=0$ 和 1 时，上式右端的级数收敛.

再求余弦级数. 将 $f(x)$ 进行偶式延拓（见图 2 - 13）. 由式（2 - 27）

$$b_n = 0 \qquad (n = 1, 2, 3, \cdots);$$

$$a_n = 2\int_0^1 (x+1)\cos n\pi x \mathrm{d}x = \frac{2}{n^2\pi^2}(\cos n\pi - 1) \quad (n \neq 0)$$

$$= \begin{cases} 0, & n \text{为偶数} \\ -\dfrac{4}{n^2\pi^2}, & n \text{为奇数} \end{cases}.$$

$$a_0 = 2\int_0^1 (x+1)\mathrm{d}x = \left[(x+1)^2\right]_0^1 = 3$$

于是

$$x + 1 = \frac{3}{2} - \frac{4}{\pi^2}\sum_{n=1}^{\infty} \frac{1}{(2k-1)^2}\cos(2k-1)\pi x \quad (0 \leqslant x \leqslant 1).$$

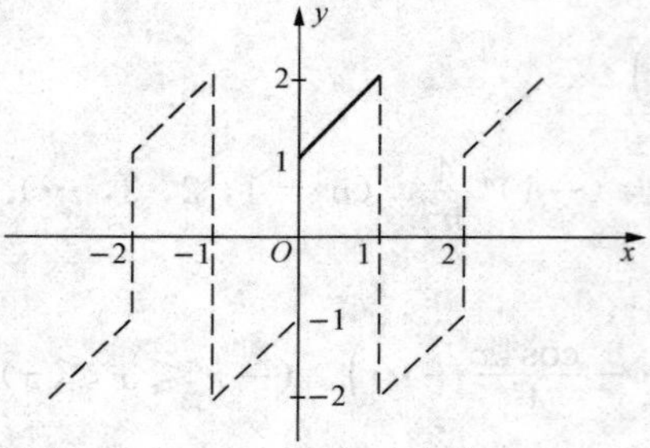

图 2-12

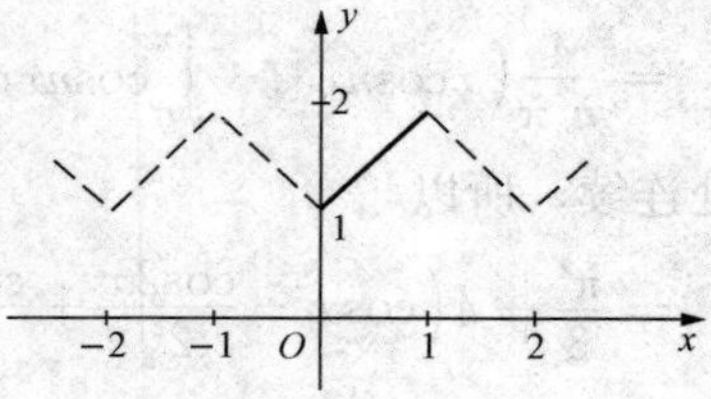

图 2-13

三、傅里叶级数在电工上的应用

在电工和电子技术中，任何周期函数只要满足狄利克雷定理的条件就可以分解成直流分量及许多正弦、余弦的叠加．下面介绍三种常用周期函数的三角逼近级数.

1．周期矩形脉冲波

周期矩形脉冲波（见图 2-14）所示 $f(t)$ 的脉冲宽度为 τ，脉冲幅度为 E，周期为 T，它在一个周期内的函数表达式为

$$f(t) = \begin{cases} E, & |t| \leqslant \dfrac{\tau}{2} \\ 0, & |t| > \dfrac{\tau}{2} \end{cases}.$$

它的傅里叶级数展开式为

$$f(t) = \frac{E\tau}{T} + \frac{2E}{\pi}\sum_{n=1}^{\infty} \frac{1}{n}\sin\frac{n\omega\tau}{2}\cos n\omega t,$$

$$\left(-\infty < t < +\infty, t \neq kT \pm \frac{\tau}{2}, k = 0, 1, 2, \cdots\right), \omega = \frac{2\pi}{T}.$$

2．周期锯齿脉冲波

周期锯齿脉冲波如图 2-15 所示．

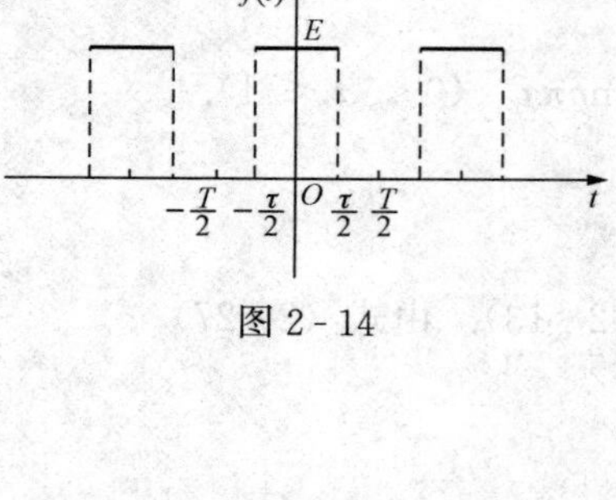

图 2-14

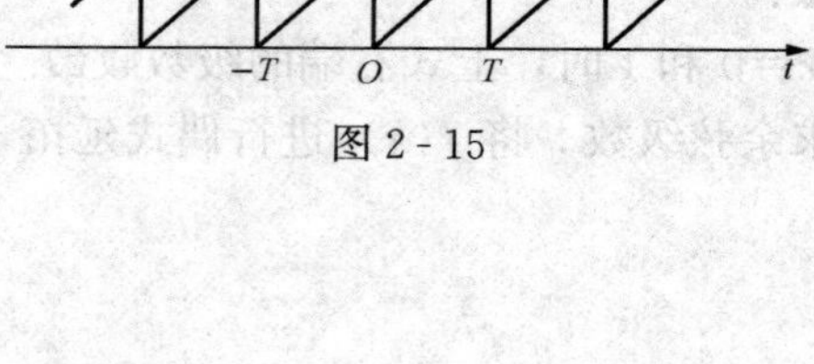

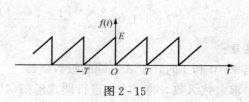

图 2-15

这种波在一个周期 $(0,\ T]$ 内的函数为 $f(t)=\dfrac{E}{T}t$，它的傅里叶级数展开式为

$$f(t)=\frac{E}{2}-\frac{E}{\pi}\sum_{n=1}^{\infty}\frac{1}{2n-1}\sin(2n-1)\omega t,$$

$$(-\infty<t<+\infty,\ t\neq kT,\ k=0,\pm1,\pm2,\cdots),\ \omega=\frac{2\pi}{T}.$$

3. 周期三角脉冲波

周期三角脉冲波如图 2-16 所示．这种波在一个周期 $\left[-\dfrac{T}{2},\ \dfrac{T}{2}\right]$ 内的函数为

$$f(t)=E\left(1-\frac{2}{T}|t|\right).$$

它的傅里叶级数展开式为

$$f(t)=E+\frac{4E}{\pi^2}\sum_{n=1}^{\infty}\frac{1}{(2n-1)^2}\cos(2n-1)\omega t,$$

$$(-\infty<t<+\infty),\ \omega=\frac{2\pi}{T}.$$

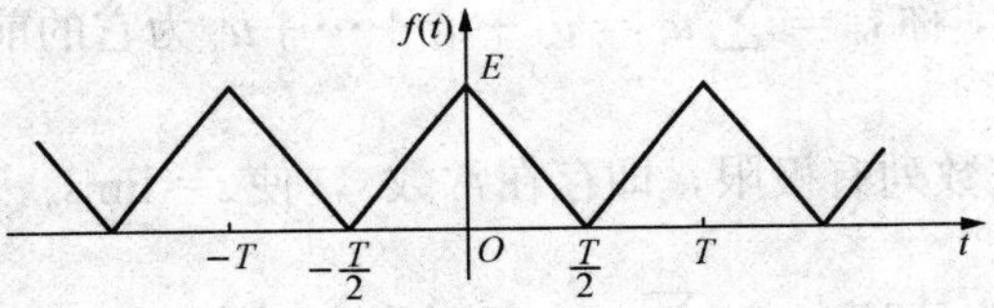

图 2-16

课堂练习 2-7

1. 设 $f(x)$ 是定义在区间 $[0,\ \pi]$ 上的函数，且满足收敛定理条件，那么，$f(x)$ 的正弦级数在区间的端点处是否一定收敛？是否收敛于 $f(x)$？

2. 填空.

(1) 将定义在区间 $[0,\ \pi]$ 上的函数 $f(x)$ 展开成余弦级数，必须进行__________延拓．

(2) 设 $f(x)=1-x^2$ $(0\leqslant x\leqslant 1)$，则 $f(x)$ 的正弦级数在区间__________上收敛于 $f(x)$. 系数 $a_3=$__________，$f(x)$ 的傅里叶级数在 $x=1$ 处收敛于__________．

3. 将函数 $f(x)=x+1\ (0\leqslant x\leqslant\pi)$ 分别展开为正弦级数和余弦级数.

习题 2-7

1. 将函数 $f(x)=x\ (-\pi\leqslant x\leqslant\pi)$ 展开为傅里叶级数.

2. 将函数 $f(x)=\begin{cases}1, & 0\leqslant x<h\\ 0, & h<x\leqslant\pi\end{cases}$ 展开为余弦级数.

3. 将函数 $f(x)=\dfrac{\pi-x}{2}\ (0\leqslant x\leqslant\pi)$ 展开为正弦级数.

4. 将下列函数展为正弦级数和余弦级数.

(1) $f(x)=-x\ (0\leqslant x\leqslant 1)$；

(2) $f(x)=\begin{cases}1, & 0\leqslant x<\dfrac{1}{2}\\ \dfrac{1}{2}, & x=\dfrac{1}{2}\\ 0, & \dfrac{1}{2}<x\leqslant 1\end{cases}$.

本 章 小 结

无穷级数是表示函数、研究函数及进行数值计算的一个有力工具，在实际应用中具有重要的作用．本章主要包括三部分：数项级数、幂级数和傅里叶级数.

一、基本概念

1. 级数收敛、发散及收敛级数的和的定义

给定数项级数 $\sum\limits_{n=1}^{\infty}u_n$，称 $s_n=\sum\limits_{k=1}^{n}u_k=u_1+u_2+\cdots+u_n$ 为它的前 n 项部分和，称 $\{s_n\}$ 为它的部分和数列．如果该数列有极限，即存在常数 s，使 $s=\lim\limits_{n\to\infty}s_n$，则称常数项级数 $\sum\limits_{n=1}^{\infty}u_n$ 收敛，并称 s 为该级数的和，记为 $s=\sum\limits_{n=1}^{\infty}u_n$；否则称该级数发散.

2. 幂级数的定义

形如 $\sum\limits_{n=0}^{\infty}a_n(x-x_0)^n=a_0+a_1(x-x_0)+a_2(x-x_0)^2+\cdots+a_n(x-x_0)^n+\cdots$ 的级数称为幂级数，其中常数 a_0，a_1，…，a_n，…称为幂级数的系数.

3. 幂级数的收敛半径、收敛区间和收敛域

对于任意一个幂级数 $\sum\limits_{n=0}^{\infty}a_nx^n$，都存在一个 R，$0\leqslant R<+\infty$，使得对一切 $|x|<R$，都有级数 $\sum\limits_{n=0}^{\infty}a_nx^n$ 绝对收敛，而当 $|x|>R$ 时级数 $\sum\limits_{n=0}^{\infty}a_nx^n$ 发散．称 R 为该幂级数的收敛半径，称开区间 $(-R, R)$ 为该幂级数的收敛区间．当幂级数只在 $x=0$ 一点收敛时，$R=0$；当对一切 x，幂级数都收敛时，$R=+\infty$.

4. 傅里叶系数和傅里叶级数的定义

设 $f(x)$ 是以 2π 为周期的周期函数，由公式

$$a_n=\frac{1}{\pi}\int_{-\pi}^{\pi}f(x)\cos nx\,\mathrm{d}x\quad (n=0, 1, 2, \cdots)$$

$$b_n=\frac{1}{\pi}\int_{-\pi}^{\pi}f(x)\sin nx\,\mathrm{d}x\quad (n=1, 2, 3, \cdots)$$

所确定的系数称为 $f(x)$ 的傅里叶系数，由上述系数所确定的级数

$$\frac{a_0}{2}+\sum_{n=1}^{\infty}(a_n\cos nx+b_n\sin nx)$$

为 $f(x)$ 的傅里叶级数.

二、基本知识

(一) 常数项级数

1. 常用级数的敛散性

(1) 几何级数 $\sum_{n=1}^{\infty} aq^{n-1}$，当 $|q|<1$ 时收敛，当 $|q|\geqslant 1$ 时发散.

(2) p一级数 $\sum_{n=1}^{\infty}\frac{1}{n^p}(p>0)\begin{cases}当\ p>1\ 时，收敛\\ 当\ p\leqslant 1\ 时，发散\end{cases}$.

2. 级数的基本性质

(1) 若级数 $\sum_{n=1}^{\infty}u_n$ 收敛，则 $\lim\limits_{n\to\infty}u_n=0$.

(2) 若 $\sum_{n=1}^{\infty}u_n$ 收敛于 s_1，$\sum_{n=1}^{\infty}v_n$ 收敛于 s_2，则 $\sum_{n=1}^{\infty}(u_n\pm v_n)$ 收敛于 $s_1\pm s_2$.

(3) 去掉、增加、改变有限项，级数的敛散性不变（其和可能改变）.

(4) $\sum_{n=1}^{\infty}u_n$ 收敛于 s，$\sum_{n=1}^{\infty}ku_n$ 收敛于 ks.

3. 常数项级数敛散性判别法

(1) 利用定义：部分和数列 $\{S_n\}$ 有极限则收敛，否则发散.

(2) 级数收敛的必要条件的逆否命题：若 $\lim\limits_{n\to\infty}u_n\neq 0$，则级数发散.

(3) 正项级数：比较审敛法或比较审敛法的极限形式、比值及根值审敛法.

(4) 交错级数：莱布尼茨审敛法.

(5) 任意项级数：通过 $\sum_{n=1}^{\infty}|u_n|$ 判别 $\sum_{n=1}^{\infty}u_n$ 的收敛性.

(二) 幂级数

1. 收敛半径和收敛域的求法

$$级数\sum_{n=0}^{\infty}a_nx^n,\ \lim_{n\to\infty}\left|\frac{a_n}{a_{n+1}}\right|=R\begin{cases}0<R<+\infty, & (-R,R)\\ 0, & x=0\\ +\infty, & (-\infty,+\infty)\end{cases}.$$

对于第一种情况，还要讨论端点 $x=\pm R$.

2. 幂级数的加、减运算、逐项求导、逐项积分运算

3. 函数展开成幂级数及几种常用函数的幂级数展开式

$$e^x=\sum_{n=0}^{\infty}\frac{x^n}{n!}=1+\frac{x}{1!}+\frac{x^2}{2!}+\cdots+\frac{x^n}{n!}+\cdots,\qquad(-\infty<x<+\infty).$$

$$\sin x=\sum_{n=0}^{\infty}\frac{(-1)^n}{(2n+1)!}x^{2n+1}=x-\frac{x^3}{3!}+\cdots+\frac{(-1)^nx^{2n+1}}{(2n+1)!}+\cdots,\qquad(-\infty<x<+\infty).$$

$$\cos x=\sum_{n=0}^{\infty}\frac{(-1)^n}{(2n)!}x^{2n}=1-\frac{x^2}{2!}-\frac{x^4}{4!}+\cdots+\frac{(-1)^nx^{2n}}{(2n)!}+\cdots,\qquad(-\infty<x<+\infty).$$

$$\ln(1+x)=\sum_{n=1}^{\infty}\frac{(-1)^{n-1}x^n}{n}=x-\frac{x^2}{2}+\frac{x^3}{3}-\frac{x^4}{4}+\cdots,\qquad(-1<x\leqslant 1).$$

$$(1+x)^{\alpha}=\sum_{n=0}^{\infty}\frac{\alpha(\alpha-1)\cdots(\alpha-n+1)}{n!}=1+\alpha x+\frac{\alpha(\alpha-1)}{2!}+\cdots.$$

对任意的 α，上式在（$-1<x<1$）内都成立.

4. 幂级数在近似计算中的应用

（三）傅里叶级数

1. 傅里叶级数

$$\frac{a_0}{2}+\sum_{n=1}^{\infty}(a_n\cos nx+b_n\sin nx).$$

2. 傅里叶系数公式

$$a_n=\frac{1}{\pi}\int_{-\pi}^{\pi}f(x)\cos nx\,\mathrm{d}x\ (n=0,1,2,\cdots)$$

$$b_n=\frac{1}{\pi}\int_{-\pi}^{\pi}f(x)\sin nx\,\mathrm{d}x\ (n=1,2,\cdots)$$

3. 傅里叶级数的收敛定理

收敛定理（狄利克雷定理） 如果周期为 2π 的周期函数 $f(x)$ 满足条件：在区间 $[-\pi,\pi]$ 连续或只有有限个第一类间断点；在区间 $[-\pi,\pi]$ 至多只有有限个极值点，则函数 $f(x)$ 的傅里叶级数收敛，且它的和

（1）当 x 是 $f(x)$ 的连续点时，等于 $f(x)$；

（2）当 x 是 $f(x)$ 的间断点时，等于 $\frac{1}{2}[f(x-0)+f(x+0)]$.

4. 函数展开成傅里叶级数

（1）以 2π 为周期的函数的傅里叶级数；

（2）以 $2l$ 为周期的函数的傅里叶级数；

（3）定义在区间 $[0,\pi]$ 和 $[0,l]$ 上的函数的傅里叶级数.

三、基本方法

判断数项级数收敛与否的方法，将函数展开成幂级数的方法，将周期和非周期函数展开成傅里叶级数的方法.

四、重要内容

无穷级数收敛与发散的基本概念，级数收敛的必要条件；正项级数的比值审敛法，交错级数的莱布尼茨审敛法，级数绝对收敛的概念；幂级数的收敛半径与收敛区间，函数展开成幂级数；把以 2π 为周期的函数展开成傅里叶级数以及把定义在区间 $[0,\pi]$ 上的函数展开成正弦级数或余弦级数.

自我检测二

1. 填空题.

（1）已知级数 $\sum_{n=1}^{\infty}u_n$ 的部分和 $S_n=\frac{n}{2n+1}$，则 $\sum_{n=1}^{\infty}u_n=$________，$u_n=$________.

（2）对于级数 $\sum_{n=1}^{\infty}u_n$，$\lim_{n\to\infty}u_n=0$ 是它收敛的______条件，而不是______条件.

(3) 幂级数 $\sum_{n=1}^{\infty}(-1)^{n-1}\frac{x^n}{n}$ 在 $(-1,1]$ 上的和函数是________.

(4) 幂级数 $\sum_{n=1}^{\infty}\frac{(x-3)^n}{n\cdot 3^n}$ 的收敛域是________.

2. 选择题.

(1) 设常数项级数 $\sum_{n=1}^{\infty}u_n$ 收敛，则下列级数（　　）也收敛.

A. $\sum_{n=1}^{\infty}(u_n+0.00001)$ B. $\sum_{n=1}^{\infty}u_n+\sum_{n=1}^{\infty}10^n$

C. $\sum_{n=1}^{\infty}(u_n+\frac{1}{n})$ D. $\sum_{n=1}^{\infty}u_n+\sum_{n=1}^{10}10^n$

(2) 交错级数 $\sum_{n=1}^{\infty}(-1)^n u_n(u_n>0)$ 满足（　　）条件时一定收敛.

A. $\lim\limits_{n\to\infty}u_n=0$ B. $u_{n+1}\geqslant u_n$

C. $u_{n+1}<u_n$ D. $u_{n+1}\leqslant u_n$ 且 $\lim\limits_{n\to\infty}u_n=0$

(3) 设级数 $\sum_{n=1}^{\infty}u_n=S$，且 $u_1=1$，则级数 $\sum_{n=1}^{\infty}(u_n+u_{n+1})=$（　　）.

A. $2S$ B. $2S+1$ C. $2S-1$ D. $S+1$

(4) 若极限 $\lim\limits_{n\to\infty}u_n\neq 0$，则级数 $\sum_{n=1}^{\infty}u_n$（　　）.

A. 收敛 B. 发散 C. 条件收敛 D. 绝对收敛

(5) 若级数 $\sum_{n=1}^{\infty}\frac{1}{n^{p-2}}$ 发散，则有（　　）.

A. $p>0$ B. $p>3$ C. $p\leqslant 3$ D. $p\leqslant 2$

3. 判别下列级数的敛散性.

(1) $\sum_{n=1}^{\infty}\frac{1}{n\sqrt[n]{n}}$； (2) $\sum_{n=1}^{\infty}\frac{n\cos^2\frac{n\pi}{3}}{2^n}$； (3) $\sum_{n=1}^{\infty}\frac{(n!)^2}{2n^2}$.

4. 求下列幂级数的收敛区间.

(1) $\sum_{n=1}^{\infty}\left(1+\frac{1}{n}\right)^{n^2}x^n$； (2) $\sum_{n=1}^{\infty}\frac{n}{2^n}x^{2n}$.

5. 判断下列级数的敛散性，若收敛，则说明是绝对收敛还是条件收敛?

(1) $\sum_{n=1}^{\infty}(-1)^{n-1}\frac{1}{\ln(n+1)}$； (2) $\sum_{n=1}^{\infty}\frac{\sin 2^n}{3^n}$；

(3) $\sum_{n=1}^{\infty}(-1)^{n-1}\ln\frac{n}{n+1}$； (4) $\sum_{n=1}^{\infty}\left(\frac{1}{n}+\frac{1}{3^n}\right)$.

6. 求幂级数 $\sum_{n=0}^{\infty}(-1)^n(n+1)x^n$ 的和函数.

7. 将函数 $f(x)=\frac{1}{(2-x)^2}$ 展开为 x 的幂级数.

8. 将下列周期为 2π 的函数 $f(x)$ 展开为傅里叶级数，并求函数的直流分量、基波、二次谐波．

$f(x)$ 在$[-\pi,\ \pi)$上的表达式为

(1) $f(x)=\begin{cases}1, & -\pi\leqslant x<0\\ x, & 0\leqslant x<\pi\end{cases}$； (2) $f(x)=-x$.

9．设脉冲信号函数是周期为 4 的周期函数，它在一个周期的表达式为

$$f(x)=\begin{cases}0, & -2\leqslant x<0\\ k, & 0\leqslant x<2\end{cases}.$$

将 $f(x)$ 展开成傅里叶级数，并求该脉冲信号的直流分量，基波、二次谐波、三次谐波之和及 $f(x)$ 的傅里叶级数的和函数在点 $x=2$ 处的值．

第三章

拉普拉斯变换

拉普拉斯变换是工程数学中常用的一种积分变换．应用拉普拉斯变换可把微分方程化为容易求解的代数方程来处理，从而使计算简化．它在电路分析和经典控制理论中有着广泛的应用．本章将简要地介绍拉普拉斯变换的基本概念、主要性质、拉普拉斯逆变换及一些应用．

第一节　拉普拉斯变换的概念与性质

一、拉普拉斯变换的概念

在数学中，有时为了将较为复杂的运算转化为较为简单的运算，常采用一种变换手段．如对数变换、初等变换等．拉普拉斯变换正是通过对一类函数进行积分运算，转化成另一类函数，使得运算简化．

定义 3.1.1　设函数 $f(t)$ 当 $t\geqslant0$ 时有定义，若广义积分

$$\int_0^{+\infty} f(t)\mathrm{e}^{-st}\,\mathrm{d}t$$

在 s 的某个取值范围内收敛，则此积分就确定了一个以参数 s 为自变量（本章只讨论 s 是实数）的函数，记作 $F(s)$，即

$$F(s)=\int_0^{+\infty} f(t)\mathrm{e}^{-st}\,\mathrm{d}t \tag{3-1}$$

称式（3-1）为函数 $f(t)$ 的**拉普拉斯变换式**，记为

$$F(s)=L[f(t)].$$

$F(s)$ 称为 $f(t)$ 的**拉普拉斯变换**（或称为**象函数**），$f(t)$ 称为 $F(s)$ 的**拉普拉斯逆变换**（或称为**象原函数**），记为

$$f(t)=L^{-1}[F(s)],$$

即

$$f(t)\underset{L^{-1}}{\overset{L}{\rightleftarrows}}F(s).$$

注意：

定义中，只要求 $f(t)$ 在 $t\geqslant0$ 时有定义，因 t 经常表示时间，故为研究方便，我们总假定当 $t<0$ 时，$f(t)=0$．

下面给出几种典型函数的拉普拉斯变换．

1．单位阶跃（梯）函数的拉普拉斯变换

单位阶跃（梯）函数是机电控制中最常用的典型输入信号之一，常以它作为评价系统性能的标准输入，这一函数定义为

$$u(t)=\begin{cases}1, & t\geqslant 0\\0, & t<0\end{cases}.$$

它表示在 $t=0$ 时刻突然作用于系统一个振幅值为 1 的不变量.

单位阶跃函数的拉普拉斯变换式为

$$L[u(t)]=\int_0^{+\infty}u(t)\cdot e^{-st}dt=\int_0^{+\infty}1\cdot e^{-st}dt=\left[-\frac{1}{s}e^{-st}\right]_0^{+\infty}.$$

这个广义积分当 $s>0$ 时是收敛的．所以

$$L[u(t)]=\frac{1}{s}.$$

2. 指数函数 $f(t)=e^{-at}$ 的拉普拉斯变换

指数函数也是控制理论中经常用到的函数，其中 a 是常数．

$$L[e^{-at}]=\int_0^{+\infty}e^{-at}e^{-st}dt=\int_0^{+\infty}e^{-(s+a)t}dt=\frac{1}{s+a}\quad(s+a>0).$$

3. 正弦函数与余弦函数的拉普拉斯变换

$$L[\sin kt]=\int_0^{+\infty}\sin kt\cdot e^{-st}dt=\left[\frac{e^{-st}}{s^2+k^2}(-s\sin kt-k\cos kt)\right]_0^{+\infty}$$
$$=\frac{k}{s^2+k^2}\quad(s>0),$$

即

$$L[\sin kt]=\frac{k}{s^2+k^2}\quad(s>0).$$

同理，可得余弦函数的拉普拉斯变换

$$L[\cos kt]=\frac{s}{s^2+k^2}\quad(s>0).$$

4. 单位脉冲函数 $\delta(t)$ 的拉普拉斯变换

在原来电流为零的电路中，某一瞬时（设 $t=0$）进入单位电量的脉冲，现在要确定电路上的电流 $i(t)$，以 $q(t)$ 表示上述电路中的电量，则

$$q(t)=\begin{cases}0, & t\neq 0\\1, & t=0\end{cases}.$$

由于电流强度是电量对时间的变化率，即

$$i(t)=\frac{dq(t)}{dt}=\lim_{\Delta t\to 0}\frac{q(t+\Delta t)-q(t)}{\Delta t}.$$

所以，当 $t\neq 0$ 时，$i(t)=0$；当 $t=0$ 时

$$i(0)=\lim_{\Delta t\to 0}\frac{q(0+\Delta t)-q(0)}{\Delta t}=\lim_{\Delta t\to 0}\left(\frac{-1}{\Delta t}\right)=\infty.$$

上式说明，在通常意义下的函数类中找不到一个函数能够来表示上述电路中的电流强度．为此，必须引进一个新的函数．

定义 3.1.2 设

$$\delta_\tau(t)=\begin{cases}0, & t<0\\\frac{1}{\tau}, & 0\leqslant t\leqslant\tau\\0, & t>\tau\end{cases}.$$

当 τ 变化时，函数 $\delta_\tau(t)$ 为一函数序列 .

$\tau\to 0$ 时的极限 $\delta(t)=\lim\limits_{\tau\to 0}\delta_\tau(t)$ 称为**单位脉冲函数**（**或狄拉克函数**），简记为 δ—函数.

δ—函数是一个广义的函数，它没有通常意义下的“函数值”，所以，它不能用通常意义下的“值对应关系”来定义 . $\delta_\tau(t)$ 的图形如图 3 - 1 所示.

对任何 $\tau>0$，有

$$\int_{-\infty}^{+\infty}\delta_\tau(t)\mathrm{d}t=\int_0^\tau\frac{1}{\tau}\mathrm{d}t=1.$$

即 δ—函数是在持续时间 $t=\tau(\tau\to 0)$ 期间幅值为 $\frac{1}{\tau}$ 的矩形波 . 其幅值和作用时间的乘积等于 1，即 $\frac{1}{\tau}\times\tau=1$. 在工程上常将 δ—函数用长度为 1 的有向线段来表示，如图 3 - 2 所示，该线段的长度表示 δ—函数的积分，称为它的脉冲强度.

由拉普拉斯变换的定义，$\delta(t)$ 的拉普拉斯变换为

$$\begin{aligned}L[\delta(t)]&=\int_0^{+\infty}\delta(t)\mathrm{e}^{-st}\mathrm{d}t\\&=\int_0^\tau\lim_{\tau\to 0}\frac{1}{\tau}\cdot\mathrm{e}^{-st}\mathrm{d}t+\int_\tau^{+\infty}\lim_{\tau\to 0}0\cdot\mathrm{e}^{-st}\mathrm{d}t\\&=\lim_{\tau\to 0}\frac{1}{\tau}\int_0^\tau\mathrm{e}^{-st}\mathrm{d}t=\lim_{\tau\to 0}\frac{1}{\tau}\left[\frac{-\mathrm{e}^{-st}}{s}\right]_0^\tau\\&=\frac{1}{s}\lim_{\tau\to 0}\frac{(1-\mathrm{e}^{-s\tau})'}{(\tau)'}=\frac{1}{s}\lim_{\tau\to 0}s\mathrm{e}^{-s\tau}=1.\end{aligned}$$

即

$$L[\delta(t)]=1.$$

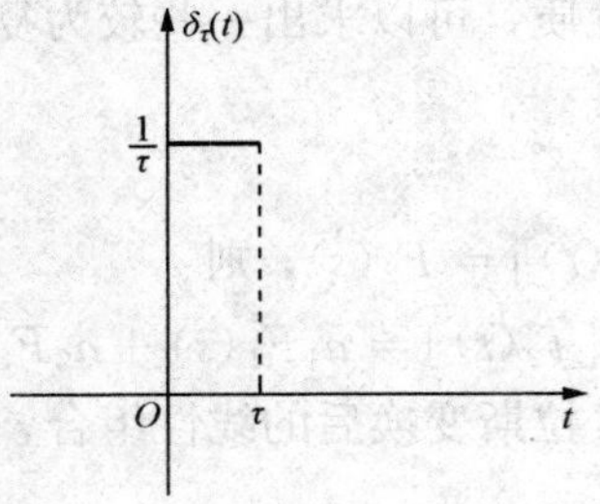

图 3 - 1

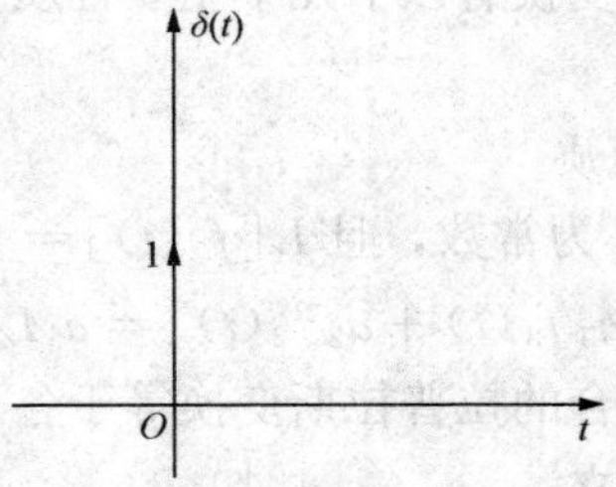

图 3 - 2

5. 单位速度函数的拉普拉斯变换

单位速度函数，又称单位斜坡函数，其数学表达式为

$$f(t)=\begin{cases}0, & t<0\\ t, & t\geqslant 0\end{cases}.$$

单位速度函数的拉普拉斯变换式为

$$L[t]=\int_0^{+\infty}t\cdot\mathrm{e}^{-st}\mathrm{d}t==\left[-\frac{t}{s}\mathrm{e}^{-st}\right]_0^{+\infty}+\frac{1}{s}\int_0^{+\infty}\mathrm{e}^{-st}\mathrm{d}t=0+\left[-\frac{1}{s^2}\mathrm{e}^{-st}\right]_0^{+\infty}=\frac{1}{s^2},$$

即

$$L[t]=\frac{1}{s^2}.$$

6. 单位加速度函数的拉普拉斯变换

单位加速度函数的数学表达式为

$$f(t)=\begin{cases}0, & t<0 \\ \frac{1}{2}t^2, & t\geqslant 0\end{cases}.$$

单位加速度函数的拉普拉斯变换式为

$$\begin{aligned}L[f(t)]&=\int_0^{+\infty}\frac{1}{2}t^2\cdot \mathrm{e}^{-st}\mathrm{d}t\\&=\frac{1}{2}\left[-\frac{t^2}{s}\mathrm{e}^{-st}\right]_0^{+\infty}+\frac{1}{2}\cdot\frac{1}{s}\int_0^{+\infty}\mathrm{e}^{-st}\mathrm{d}t^2\\&=0+\frac{1}{2}\cdot\frac{2}{s}\int_0^{+\infty}\mathrm{e}^{-st}\mathrm{d}t\\&=\frac{1}{2}\,\frac{2}{s}\left[-\frac{1}{s^2}\mathrm{e}^{-st}\right]_0^{+\infty}\\&=\frac{1}{s^3},\end{aligned}$$

即

$$L\left[\frac{1}{2}t^2\right]=\frac{1}{s^3}.$$

由归纳法，可以求出幂函数 $f(t)=t^m$（m 为正整数）的拉普拉斯变换

$$L[t^m]=\frac{m!}{s^{m+1}}.$$

二、拉普拉斯变换的性质

拉普拉斯变换有以下几个主要性质，利用这些性质，可以求出一些较为复杂的函数的拉普拉斯变换.

1. 线性性质

若 a_1，a_2 为常数，且 $L[f_1(t)]=F_1(s)$，$L[f_2(t)]=F_2(s)$，则

$$L[a_1f_1(t)+a_2f_2(t)]=a_1L[f_1(t)]+a_2[f_2(t)]=a_1F_1(s)+a_2F_2(s) \tag{3-2}$$

即函数线性组合的拉普拉斯变换等于各个函数求拉普拉斯变换后的线性组合，此性质对有限多个函数也成立.

【例 3-1】 求函数 $f(t)=\frac{1}{k}(1-\mathrm{e}^{-kt}+\cos t)$ 的拉普拉斯变换.

解 $L[f(t)]=\frac{1}{k}\{L[1]-L[\mathrm{e}^{-kt}]+L[\cos t]\}=\frac{1}{k}\left(\frac{1}{s}-\frac{1}{s+k}+\frac{s}{s^2+1}\right).$

2. 平移性质

若 $L[f(t)]=F(s)$，则有

$$L[\mathrm{e}^{at}f(t)]=F(s-a)\quad（a 是常数） \tag{3-3}$$

$$L[f(t-a)]=\mathrm{e}^{-as}F(s)\quad(a\geqslant 0) \tag{3-4}$$

式（3-3）表明：象原函数 $f(t)$ 乘以指数函数 e^{at} 的拉普拉斯变换，相当于将象函数 $F(s)$作位移 a. 式（3-3）称为第一平移性质.

下面推导式（3-4）.

$$L[f(t-a)]=\int_0^{+\infty} f(t-a)\cdot e^{-st}\,dt$$
$$=\int_0^a f(t-a)\cdot e^{-st}\,dt+\int_a^{+\infty} f(t-a)\cdot e^{-st}\,dt.$$

由拉普拉斯变换定义的条件，当 $t<a$ 时 $f(t-a)=0$，所以上式右端的第一个积分为零，对于第二个积分，令 $t-a=u$，根据式（3-3），有

$$L[f(t-a)]=\int_0^{+\infty} f(u)\cdot e^{-s(u+a)}\,du$$
$$=e^{-sa}\int_0^{+\infty} f(u)\cdot e^{-su}\,du=e^{-sa}F(s).$$

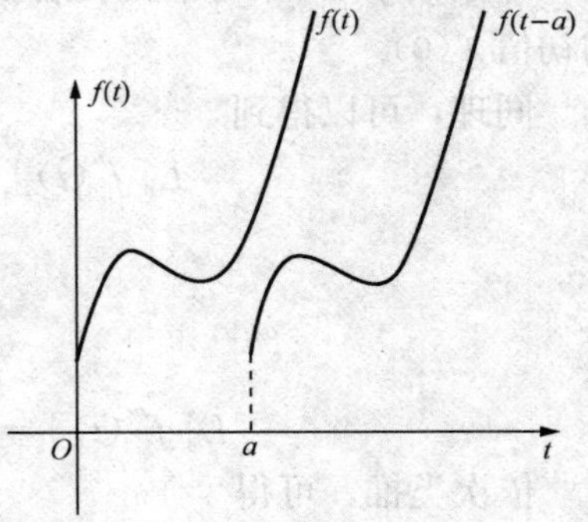

图 3-3

函数 $f(t-a)$ 与 $f(t)$ 相比，$f(t)$ 是从 $t=0$ 开始有非零数值，而 $f(t-a)$ 是从 $t=a$ 时开始才有非零数值，即时间滞后了 a. 从它们的图像来讲，$f(t-a)$ 的图像是由 $f(t)$ 的图像沿 t 轴向右平移 a 个单位而得到．如图3-3所示．式（3-4）称为第二平移性质，也称延滞性质．这个性质表明时间函数 $f(t)$ 延迟时间 a 的拉普拉斯变换等于它的象函数 $F(s)$ 乘以指数函数因子 e^{-as}.

【例 3-2】 求 $L[te^{2t}]$.

解 由于 $L[t]=\frac{1}{s^2}$，由式（3-3），得

$$L[te^{2t}]=\frac{1}{(s-2)^2}.$$

【例 3-3】 求函数 $u(t-\tau)=\begin{cases}0, & t<\tau\\ 1, & t\geqslant\tau\end{cases}$的拉普拉斯变换.

解 利用式（3-4），得 $L[u(t-\tau)]=\frac{1}{s}e^{-\tau s}$.

【例 3-4】 求阶梯函数 $f(t)=A[u(t)+u(t-\tau)+u(t-2\tau)+\cdots]$ 的拉普拉斯变换.

解 对该式两端取拉普拉斯变换，并根据拉普拉斯变换的线性性质及平移性质，得

$$L[f(t)]=A\left(\frac{1}{s}+\frac{1}{s}e^{-\tau s}+\frac{1}{s}e^{-2\tau s}+\cdots\right)$$
$$=\frac{A}{s}(1+e^{-\tau s}+e^{-2\tau s}+\cdots).$$

当 $s>0$ 时，有 $|e^{-\tau s}|<1$，所以，上式右端的等比数级数收敛，其和为$\frac{1}{1-e^{-\tau s}}$，从而

$$L[f(t)]=\frac{A}{s}\cdot\frac{1}{1-e^{-\tau s}},\quad s>0.$$

3. 微分性质

若 $L[f(t)]=F(s)$，则有

$$L[f'(t)]=sF(s)-f(0) \tag{3-5}$$

证明 由拉普拉斯变换的定义及分部积分法，得

$$L[f'(t)]=\int_0^{+\infty} f'(t)\cdot e^{-st}\,dt=[f(t)\cdot e^{-st}]_0^{+\infty}-\int_0^{+\infty} f(t)\,de^{-st}$$

$$= [f(t)\cdot e^{-st}]_0^{+\infty} + s\int_0^{+\infty} f(t)\cdot e^{-st}dt$$
$$= \lim_{t\to+\infty}[f(t)\cdot e^{-st}] - f(0) + sF(s)$$
$$= sF(s) - f(0),$$

即函数 $f(t)$ 求导后的拉普拉斯变换，等于这个函数的拉普拉斯变换乘以 s 后减去函数的初值 $f(0)$.

同理，可以得到

$$L[f''(t)] = L[(f'(t))'] = sL[f'(t)] - f'(0)$$
$$= s[sF(s) - f(0)] - f'(0)$$
$$= s^2F(s) - [sf(0) + f'(0)]$$

及

$$L[f'''(t)] = s^3F(s) - [s^2f(0) + sf'(0) + f''(0)].$$

依次类推，可得

$$L[f^{(n)}(t)] = s^nF(s) - [s^{n-1}f(0) + s^{n-2}f'(0) + \cdots + f^{(n-1)}(0)].$$

特别地，当初值 $f(0) = f'(0) = \cdots = f^{(n-1)}(0) = 0$ 时，有

$$L[f^{(n)}(t)] = s^nF(s).$$

利用这个性质，可以将函数的微分运算化为代数运算，这是拉普拉斯变换的一个重要特点.

【例 3-5】 利用 $L[\sin kt]=\dfrac{k}{s^2+k^2}$，求 $L[\cos kt]$.

解 令 $f(t) = \dfrac{1}{k}\sin kt$，则

因为 $$f'(t) = \left(\frac{1}{k}\sin kt\right)' = \cos kt，且\ f(0) = 0,$$

$$L\left[\frac{1}{k}\sin kt\right] = \frac{1}{k}L[\sin kt] = \frac{1}{s^2+k^2},$$

所以

$$L[\cos kt] = L\left[\left(\frac{1}{k}\sin kt\right)'\right] = sL\left[\frac{1}{k}\sin kt\right] = \frac{s}{s^2+k^2}.$$

4. 积分性质

若 $L[f(t)] = F(s)$，则

$$L\left[\int_0^t f(t)dt\right] = \frac{1}{s}F(s) \tag{3-6}$$

即一个函数 $f(t)$ 积分后的拉普拉斯变换等于这个函数的拉普拉斯变换除以 s.

【例 3-6】 利用拉普拉斯变换的积分性质求 $f(t)=t^m$（m 是正整数）的拉普拉斯变换.

解 因为

$$t^m = m\int_0^t t^{m-1}dt,$$

所以

$$L[t^m] = mL\left[\int_0^t t^{m-1}dt\right] = \frac{m}{s}L[t^{m-1}].$$

由递推公式

$$L[t^m]=\frac{m}{s}L[t^{m-1}]$$

有

$$\begin{aligned}L[t^m]&=\frac{m}{s}\cdot\frac{m-1}{s}L[t^{m-2}]\\&=\frac{m}{s}\cdot\frac{m-1}{s}\cdot\frac{m-2}{s}L[t^{m-3}]\\&=\cdots\cdots\\&=\frac{m!}{s^m}L[t^0]=\frac{m!}{s^{m+1}}\quad(s>0).\end{aligned}$$

【例 3-7】 求下列函数的拉普拉斯变换.

(1) $f(t)=(2t-1)^2$；

(2) $f(t)=\sin t\cdot\cos t$；

(3) $f(t)=\begin{cases}2, & 0\leqslant t<2\\0, & 2\leqslant t<4.\\-1, & t\geqslant 4\end{cases}$

解 (1) 因为 $f(t)=(2t-1)^2=4t^2-4t+1$，所以

$$\begin{aligned}L[f(t)]&=L[(2t-1)^2]\\&=L[4t^2]-L[4t]+L[1]\\&=4\times\frac{2}{s^3}-4\times\frac{1}{s^2}+\frac{1}{s}\\&=\frac{8-4s+s^2}{s^3}.\end{aligned}$$

(2) 因为 $f(t)=\sin t\cdot\cos t=\frac{1}{2}\sin 2t$，所以

$$L[f(t)]=L\left[\frac{1}{2}\sin 2t\right]=\frac{1}{2}\cdot\frac{2}{s^2+4}=\frac{1}{s^2+4}.$$

(3) 解法一 根据拉普拉斯变换的定义，得

$$\begin{aligned}L[f(t)]&=\int_0^2 2\mathrm{e}^{-st}\,\mathrm{d}t+\int_2^4 0\mathrm{e}^{-st}\,\mathrm{d}t+\int_4^{+\infty}(-1)\mathrm{e}^{-st}\,\mathrm{d}t\\&=2\left[\frac{\mathrm{e}^{-st}}{-s}\right]_0^2-\left[\frac{\mathrm{e}^{-st}}{-s}\right]_4^{+\infty}\\&=\frac{2(1-\mathrm{e}^{-2s})}{s}+\frac{(0-\mathrm{e}^{-4s})}{s}\\&=\frac{2-2\mathrm{e}^{-2s}-\mathrm{e}^{-4s}}{s}.\end{aligned}$$

解法二 利用单位阶梯函数将 $f(t)$ 表示为

$$f(t)=2u(t)-2u(t-2)-u(t-4),$$

于是

$$L[f(t)]=L[2u(t)]-L[2u(t-2)]-L[u(t-4)]=\frac{2-2\mathrm{e}^{-2s}-\mathrm{e}^{-4s}}{s}.$$

为了便于查阅，把常用函数的拉普拉斯变换和拉普拉斯变换的性质分别列在表 3-1 和

表3-2中.

表 3-1 **拉普拉斯变换公式表**

序号	$f(t)$	$F(s)$	序号	$f(t)$	$F(s)$
1	1	$\frac{1}{s}$	8	$\sin(kt+\varphi)$	$\frac{s\sin\varphi+k\cos\varphi}{s^2+k^2}$
2	t	$\frac{1}{s^2}$	9	$\cos(kt+\varphi)$	$\frac{s\cos\varphi-k\sin\varphi}{s^2+k^2}$
3	t^m（m 为正整数）	$\frac{m!}{s^{m+1}}$	10	$t\sin kt$	$\frac{2ks}{(s^2+k^2)^2}$
4	e^{kt}	$\frac{1}{s-k}$	11	$t\cos kt$	$\frac{s^2-k^2}{(s^2+k^2)^2}$
5	$\sin kt$	$\frac{k}{s^2+k^2}$	12	$e^{-mt}\sin kt$	$\frac{k}{(s+m)^2+k^2}$
6	$\cos kt$	$\frac{s}{s^2+k^2}$	13	$e^{-mt}\cos kt$	$\frac{s+m}{(s+m)^2+k^2}$
7	$t^m e^{kt}$（m 为正整数）	$\frac{m!}{(s-k)^{m+1}}$			

表 3-2 **拉普拉斯变换性质表**

设 $L[f(t)]=F(s)$，则有	
1	$L[a_1 f_1(t)+a_2 f_2(t)]=a_1 L[f_1(t)]+a_2[f_2(t)]=a_1 F_1(s)+a_2 F_2(s)$
2	$L[e^{at}f(t)]=F(s-a)$（a 是常数）
3	$L[f(t-a)]=e^{-as}F(s)$ $(a\geqslant 0)$
4	$L[f'(t)]=sF(s)-f(0)$
5	$L[f^{(n)}(t)]=s^n F(s)-[s^{n-1}f(0)+s^{n-2}f'(0)+\cdots+f^{(n-1)}(0)]$
6	$L\left[\int_0^t f(t)\mathrm{d}t\right]=\frac{1}{s}F(s)$
7	$L[f(at)]=\frac{1}{a}F(\frac{s}{a})$
8	$L[t^n f(t)]=(-1)^n F^{(n)}(s)(n=1,2,\cdots)$
9	$L\left[\frac{f(t)}{t}\right]=\int_s^{+\infty}F(s)\mathrm{d}s$
10	如果 $f(t)$ 的周期 $T>0$，即 $f(t)=f(T+t)$，则 $L[f(t)]=\frac{1}{1-e^{-sT}}\int_s^T e^{-st}f(t)\mathrm{d}t$

课堂练习 3-1

求下列函数的拉普拉斯变换．

(1) $f(t)=t$；　(2) $f(t)=\sin 2t$；　(3) $f(t)=1+2t+e^{2t}$；

(4) $f(t)=e^{t}\sin 2t$；　(5) $f(t)=\sin\left(t-\frac{\pi}{4}\right)$．

习题 3-1

1. 求下列函数的拉普拉斯变换.

(1) $f(t)=\sin\frac{t}{2}$；　(2) $f(t)\begin{cases}3, & 0\leqslant t<2\\ -1, & 2\leqslant t<4;\\ 0, & t\geqslant 4\end{cases}$　(3) $f(t)=\begin{cases}3, & t\leqslant\frac{\pi}{2}\\ \cos t, & t>\frac{\pi}{2}\end{cases}$；

(4) $f(t)=\sin 2t\cos 2t$；(5) $f(t)=5e^{-6t}$；　(6) $f(t)=5t^2+3t-3$.

2. 利用拉普拉斯变换的性质求下列函数的拉普拉斯变换.

(1) $f(t)=1+t^2e^{-3t}$；(2) $f(t)=e^{2t}\cos 3t$；　(3) $f(t)=2u(t-1)+3u(t-2)$.

3. 用拉普拉斯变换性质表（表 3-2）中的性质 8，求下列各函数的拉普拉斯变换.

(1) $L[t\sin at]$；　(2) $L[te^{t}\sin t]$；　(3) $L[t^2\cos 2t]$.

第二节　拉普拉斯逆变换

上一节我们主要讨论了由已知函数 $f(t)$ 求它的象函数 $F(s)$，但在实际应用中常常会碰到与此相反的问题，即已知象函数求象原函数 $f(t)$，这就是拉普拉斯逆变换的问题.

一、拉普拉斯逆变换的性质

1. 线性性质

若 a_1，a_2 为常数，且 $L[f_1(t)]=F_1(s)$，$L[f_2(t)]=F_2(s)$，则

$$L^{-1}[a_1F_1(s)+a_2F_2(s)]=a_1L^{-1}[F_1(s)]+a_2L^{-1}[F_2(s)]=a_1f_1(t)+a_2f_2(t) \tag{3-7}$$

即函数线性组合的拉普拉斯逆变换等于各个函数求拉普拉斯逆变换后的线性组合，此性质对有限多个函数也成立.

2. 平移性质

若 $L[f(t)]=F(s)$，则有

$$L^{-1}[F(s-a)]=e^{at}f(t)\quad (a\text{ 是常数}) \tag{3-8}$$

$$L^{-1}[e^{-as}F(s)]=f(t-a)\quad (a\geqslant 0) \tag{3-9}$$

二、基本的拉普拉斯逆变换的求法

【例 3-8】 求下列象函数的逆变换.

(1) $F(s)=\frac{2}{s-1}$；　(2) $F(s)=\frac{1}{(s+3)^3}$；

(3) $F(s)=\frac{5+3s}{s^2}$；　　(4) $F(s)=\frac{3s-6}{s^2+9}$.

解 (1) 由表 3-1 公式 4，知 $f(t)=L^{-1}\left[\frac{2}{s-1}\right]=2e^t$；

(2) $f(t)=L^{-1}\left[\frac{1}{(s+3)^3}\right]=\frac{1}{2}L^{-1}\left[\frac{2!}{(s+3)^3}\right]=\frac{1}{2}t^2e^{-3t}$；

(3) $f(t)=L^{-1}\left[\frac{5+3s}{s^2}\right]=5L^{-1}\left[\frac{1}{s^2}\right]+3L^{-1}\left[\frac{1}{s}\right]=5t+3u(t)$；

(4) $f(t)=L^{-1}\left[\frac{3s-6}{s^2+9}\right]=3L^{-1}\left[\frac{s}{s^2+9}\right]-2L^{-1}\left[\frac{3}{s^2+9}\right]=3\cos 3t-2\sin 3t$.

【例 3-9】 求 $F(s)=\frac{3s-4}{s^2-4s+5}$ 的拉普拉斯逆变换.

解 由表 3-1 公式 5、6 及表 3-2 性质 2，知

$$\begin{aligned}f(t)&=L^{-1}\left[\frac{3s-4}{s^2-4s+5}\right]=L^{-1}\left[\frac{3(s-2)+2}{(s-2)^2+1}\right]\\&=3L^{-1}\left[\frac{s-2}{(s-2)^2+1}\right]+2L^{-1}\left[\frac{1}{(s-2)^2+1}\right]\\&=3e^{2t}\cos t+2e^{2t}\sin t=e^{2t}(3\cos t+2\sin t).\end{aligned}$$

三、用部分分式法求拉普拉斯逆变换

因为象函数 $F(s)$ 多呈有理真分式形式，所以用部分分式法是求拉普拉斯逆变换的主要方法．部分分式法就是先把有理真分式的象函数 $F(s)$ 分解成若干个最简分式（分母最高为二次式）之和的形式，再对照常用函数的拉普拉斯变换公式和性质逆推，求得象原函数 $f(t)$，这里要用到待定系数法.

我们总对有理函数情形的象函数 $F(s)$ 作如下假设．即有理分式

$$F(s)=\frac{P(s)}{Q(s)}=\frac{a_0s^m+a_1s^{m-1}+\cdots+a_{m-1}s+a_m}{b_0s^n+b_1s^{n-1}+\cdots+b_{n-1}s+b_n},$$

其中 m、n 是正整数，$n>m$；$P(s)$ 和 $Q(s)$ 为既约多项式，且 $Q(s)$ 在实数范围内可分解为一次因式或二次质因式[1]之积．工程技术上遇到的象函数 $F(s)$ 也确实大多如此.

【例 3-10】 求 $F(s)=\frac{s+2}{s^2+4s+3}$ 的象原函数 $f(t)$.

解 因为 $s^2+4s+3=(s+1)(s+3)$，设

$$\frac{s+2}{s^2+4s+3}=\frac{A}{s+1}+\frac{B}{s+3}.$$

通分后比较分子，得

$$s+2=A(s+3)+B(s+1)=(A+B)s+3A+B.$$

比较系数，得

$$\begin{cases}A+B=1\\3A+B=2\end{cases}.$$

解得

[1] 质因式是指除了非零常数和本身之外，不能再分解出其他因式的因式.

$$A=\frac{1}{2},\ B=\frac{1}{2}.$$

即

$$F(s)=\frac{\frac{1}{2}}{s+1}+\frac{\frac{1}{2}}{s+3},$$

所以

$$f(t)=L^{-1}[F(s)]=\frac{1}{2}e^{-t}+\frac{1}{2}e^{-3t}.$$

【例 3-11】 求 $F(s)=\dfrac{s^2}{(s+2)(s^2+2s+2)}$ 的拉普拉斯逆变换.

解 设 $\dfrac{s^2}{(s+2)(s^2+2s+2)}=\dfrac{A}{s+2}+\dfrac{Bs+C}{s^2+2s+2}$，通分后比较分子，得

$$s^2=A(s^2+2s+2)+(Bs+C)(s+2).$$

令 $s=-2$，得 $A=2$；令 $s=0$，得 $C=-2$；令 $s=-1$，并代入 $A=2$，$C=-2$，得 $B=-1$. 即

$$F(s)=\frac{2}{s+2}-\frac{s+2}{s^2+2s+2}.$$

所以

$$\begin{aligned}f(t)&=L^{-1}[F(s)]=L^{-1}\left[\frac{2}{s+2}\right]-L^{-1}\left[\frac{s+1+1}{(s+1)^2+1}\right]\\&=L^{-1}\left[\frac{2}{s+2}\right]-L^{-1}\left[\frac{s+1}{(s+1)^2+1}\right]-L^{-1}\left[\frac{1}{(s+1)^2+1}\right]\\&=2e^{-2t}-e^{-t}\cos t-e^{-t}\sin t\\&=2e^{-2t}-e^{-t}(\cos t+\sin t).\end{aligned}$$

【例 3-12】 求 $F(s)=\dfrac{s+3}{s^3+4s^2+4s}$ 的拉普拉斯逆变换.

解 设 $F(s)$ 分解为

$$\frac{s+3}{s^3+4s^2+4s}=\frac{s+3}{s(s+2)^2}=\frac{A}{s}+\frac{B}{s+2}+\frac{C}{(s+2)^2},$$

其中 A、B、C 是待定的系数（注意，因为 $s+2$ 是二重因子，所以要分解成一次和二次两项；如果三重因子，就要分成一次、二次、三次三项，依次类推），由上式得

$$s+3=A(s+2)^2+Bs(s+2)+Cs.$$

令 $s=0$，得 $A=\dfrac{3}{4}$；令 $s=-2$，得 $C=-\dfrac{1}{2}$；比较 s^2 的系数，得 $A+B=0$，所以 $B=-\dfrac{3}{4}$，于是

$$F(s)=\frac{s+3}{s^3+4s^2+4s}=\frac{\frac{3}{4}}{s}-\frac{\frac{3}{4}}{s+2}-\frac{\frac{1}{2}}{(s+2)^2}.$$

所以

$$f(t)=L^{-1}[F(s)]=\frac{3}{4}L^{-1}\left[\frac{1}{s}\right]-\frac{3}{4}L^{-1}\left[\frac{1}{s+2}\right]-\frac{1}{2}L^{-1}\left[\frac{1}{(s+2)^2}\right]$$

$$= \frac{3}{4}u(t) - \frac{3}{4}e^{-2t} - \frac{1}{2}te^{-2t}.$$

四、卷积

若一个拉普拉斯变换 $H(s)$ 可分解成 $F(s)$ 与 $G(s)$ 之和，其中 $F(s)$ 与 $G(s)$ 分别为 $f(t)$ 与 $g(t)$ 的拉普拉斯变换，那么 $H(s)$ 就是 $f(t)$ 与 $g(t)$ 之和的拉普拉斯变换；现在，如果 $H(s)$ 可分解成 $F(s)$ 与 $G(s)$ 之积，那么 $H(s)$ 就是 $f(t)$ 与 $g(t)$ 之积的拉普拉斯变换吗？回答是否定的，即 $H(s)$ 并不等于函数 $f(t)$ 与 $g(t)$ 普通乘积的拉普拉斯变换.

1. 卷积的概念

定义 3.2.1 若已知函数 $f(t)$、$g(t)$，则积分

$$\int_0^t f(t-\tau)g(\tau)\mathrm{d}\tau$$

称为函数 $f(t)$ 与 $g(t)$ 的**卷积**，记为 $f(t) * g(t)$，即

$$f(t) * g(t) = \int_0^t f(t-\tau)g(\tau)\mathrm{d}\tau.$$

注意：

卷积仍是 t 的函数，而且容易验证卷积满足下列性质：

(1) $f(t) * g(t) = g(t) * f(t)$；

(2) $[f(t) * g(t)] * h(t) = f(t) * [g(t) * h(t)]$；

(3) $f(t) * [g(t) + h(t)] = f(t) * g(t) + f(t) * h(t)$；

(4) $f(t) * 0 = 0 * f(t) = 0$；

(5) $|f(t) * g(t)| \leqslant |f(t)| * |g(t)|$.

卷积的这些性质与普通乘积相仿，但是卷积与普通乘积又有不一样的特征．例如，在普通乘积中有 $1 \times f(t) = f(t)$，而对于卷积 $1 * f(t) = f(t)$ 却不一定成立.

2. 卷积定理

定理 3.2.1 设 $F(s) = L[f(t)]$ 与 $G(s) = L[g(t)]$ 都存在，则卷积 $f(t) * g(t)$ 的拉普拉斯变换一定存在，且

$$L[f(t) * g(t)] = L[f(t)] \cdot L[g(t)] = F(s) \cdot G(s),$$

$$L^{-1}[F(s) \cdot G(s)] = f(t) * g(t).$$

定理表明，两个函数卷积的拉普拉斯变换等于这两个函数拉普拉斯变换的算术乘积．不难推证，若 $L[f_k(t)] = F_k(s)(k = 1, 2, 3, \cdots, n)$，则有

$$L[f_1(t) * f_2(t) * \cdots * f_n(t)] = F_1(s) \cdot F_2(s) \cdot \cdots \cdot F_n(s).$$

在拉普拉斯变换的应用中，卷积定理有着十分重要的作用，下面我们利用它来求一些函数的拉普拉斯变换.

【例 3-13】 若 $F(s) = \dfrac{1}{s^2(1+s^2)}$，求 $f(t)$.

解 因为 $F(s) = \dfrac{1}{s^2(1+s^2)} = \dfrac{1}{s^2} \cdot \dfrac{1}{1+s^2}$，而 $L^{-1}\left[\dfrac{1}{s^2}\right] = t$，$L^{-1}\left[\dfrac{1}{1+s^2}\right] = \sin t$，所以

$$f(t) = L^{-1}[F(s)] = L^{-1}\left[\frac{1}{s^2} \cdot \frac{1}{1+s^2}\right]$$

$$= t * \sin t$$

$$= \int_0^t (t-\tau)\sin\tau \mathrm{d}\tau$$
$$= [-t\cos\tau + \tau\cos\tau - \sin\tau]_0^t$$
$$= t - \sin t.$$

【例 3-14】 若 $F(s)=\dfrac{s^2}{(s^2+1)^2}$，求 $f(t)$.

解　因为

$$F(s)=\frac{s^2}{(s^2+1)^2}=\frac{s}{s^2+1}\cdot\frac{s}{s^2+1},\quad L^{-1}\left[\frac{s}{s^2+1}\right]=\cos t,$$

所以

$$f(t)=L^{-1}[F(s)]=L^{-1}\left[\frac{s}{s^2+1}\cdot\frac{s}{s^2+1}\right]$$
$$=\cos t * \cos t$$
$$=\int_0^t \cos(t-\tau)\cos\tau \mathrm{d}\tau$$
$$=\frac{1}{2}\int_0^t [\cos t+\cos(t-2\tau)]\mathrm{d}\tau$$
$$=\frac{1}{2}\left[\tau\cos t-\frac{1}{2}\sin(t-2\tau)\right]_0^t$$
$$=\frac{1}{2}(t\cos t+\sin t).$$

【例 3-15】 若 $L[f(t)]=\dfrac{1}{(s^2+4s+13)^2}$，求 $f(t)$.

解　$L[f(t)]=\dfrac{1}{(s^2+4s+13)^2}=\dfrac{1}{[(s+2)^2+3^2]^2}$

$$=\frac{1}{9}\,\frac{3}{(s+2)^2+3^2}\cdot\frac{3}{(s+2)^2+3^2}.$$

根据平移性质，有

$$L^{-1}\left[\frac{3}{(s+2)^2+3^2}\right]=\mathrm{e}^{-2t}\sin 3t.$$

由卷积定理，有

$$f(t)=\frac{1}{9}(\mathrm{e}^{-2t}\sin 3t) * (\mathrm{e}^{-2t}\sin 3t)$$
$$=\frac{1}{9}\int_0^t \mathrm{e}^{-2\tau}\sin 3\tau\cdot\mathrm{e}^{-2(t-\tau)}\sin 3(t-\tau)\mathrm{d}\tau$$
$$=\frac{1}{9}\mathrm{e}^{-2t}\int_0^t \sin 3\tau\cdot\sin 3(t-\tau)\mathrm{d}\tau$$
$$=-\frac{1}{18}\mathrm{e}^{-2t}\int_0^t [\cos 3t-\cos(6\tau-3t)]\mathrm{d}\tau$$
$$=-\frac{1}{18}\mathrm{e}^{-2t}\left[\tau\cos 3t-\frac{1}{6}\sin(6\tau-3t)\right]_0^t$$
$$=\frac{1}{18}\mathrm{e}^{-2t}\left(\frac{1}{3}\sin 3t-t\cos 3t\right).$$

课堂练习 3-2

求下列函数的拉普拉斯逆变换.

(1) $F(s)=\dfrac{1}{s+4}$；　　(2) $F(s)=\dfrac{1}{(s-2)^3}$；

(3) $F(s)=\dfrac{2s-1}{s^2}$；　　(4) $F(s)=\dfrac{4s}{s^2+16}$.

习题 3-2

1. 求下列函数的拉普拉斯逆变换.

(1) $F(s)=\dfrac{5s+1}{s^2+4}$；　　(2) $F(s)=\dfrac{2s-8}{s^2+36}$；

(3) $F(s)=\dfrac{s}{(s+3)(s+5)}$；　　(4) $F(s)=\dfrac{1}{s(s+2)(s+1)}$；

(5) $F(s)=\dfrac{4}{s^2+4s+20}$；　　(6) $F(s)=\dfrac{s+2}{s^3+6s^2+9s}$.

2. 求下列卷积.

(1) $t*t$；　　(2) $t*\mathrm{e}^t$；

(3) $\sin t*\cos t$；　　(4) $\sin\omega t*\cos\omega t$.

第三节　拉普拉斯变换的应用

在微分方程一章，我们已经学习了微分方程的经典解法．然而对于某些微分方程，用经典解法是比较困难的，特别是初值问题．拉普拉斯变换给解决这种问题带来了方便，即通过拉普拉斯变换把微分方程化为代数方程来求解．并且，在求解开始就将初始条件带入，避免了用经典解法确定积分常数的麻烦，拉普拉斯变换在自动控制理论和电路理论中对线性系统进行分析中也有着重要的作用，本节我们将研究这两个方面的问题.

一、微分方程的拉普拉斯变换解法

下面举例说明用拉普拉斯变换求解常系数线性微分方程的解法.

【例 3-16】 求方程 $y''+2y'-3y=\mathrm{e}^{-t}$满足初始条件 $y|_{t=0}=0$，$y'|_{t=0}=1$的解.

解　第一步　对微分方程的两边取拉普拉斯变换，使其变为代数方程.

令 $L[y(t)]=Y(s)$，则

$$L[y''+2y'-3y]=L[\mathrm{e}^{-t}].$$

利用拉普拉斯变换的性质及公式，有

$$s^2Y(s)-sy(0)-y'(0)+2sY(s)-2y(0)-3Y(s)=\frac{1}{s+1}.$$

代入初始条件，得

$$s^2Y(s)-1+2sY(s)-3Y(s)=\frac{1}{s+1}.$$

第二步 解出 $Y(s)$.

$$Y(s)=\frac{s+2}{(s+1)(s-1)(s+3)}.$$

第三步 取拉普拉斯逆变换，解得 $y(t)$.

$$y(t)=L^{-1}\left[\frac{s+2}{(s+1)(s-1)(s+3)}\right]=L^{-1}\left[-\frac{\frac{1}{4}}{s+1}+\frac{\frac{3}{8}}{s-1}-\frac{\frac{1}{8}}{s+3}\right]$$

$$=-\frac{1}{4}e^{-t}+\frac{3}{8}e^{t}-\frac{1}{8}e^{-3t}.$$

这种解法的示意图如图 3-4 所示.

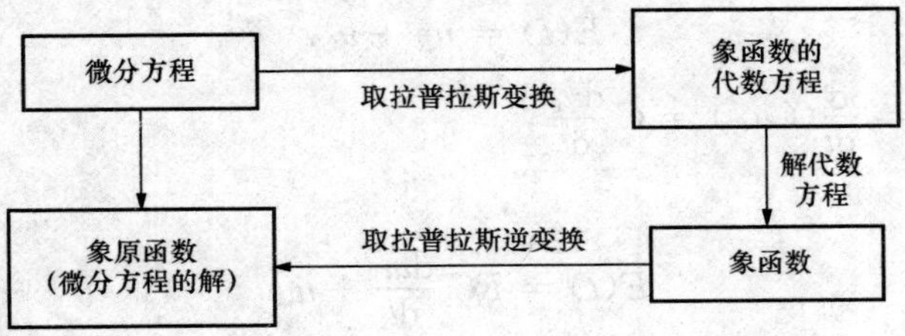

图 3-4

【例 3-17】 求微分方程 $y''(t)+y(t)=\cos t$ 的通解.

解 方程两边取拉普拉斯变换，并设 $L[y(t)]=Y(s)$，则

$$s^2Y(s)-sy(0)-y'(0)+Y(s)=\frac{s}{s^2+1}.$$

解出 $Y(s)$，并令 $y(0)=C_1$，$y'(0)=C_2$，有

$$Y(s)=\frac{s}{(s^2+1)^2}+\frac{C_1s}{s^2+1}+\frac{C_2}{s^2+1}.$$

取拉普拉斯逆变换，得所求通解

$$y(t)=\frac{1}{2}t\sin t+C_1\cos t+C_2\sin t.$$

【例 3-18】 求微分方程组

$$\begin{cases}x''-2y'-x=0\\ x'-y=0\end{cases}$$

满足初始条件 $x(0)=0$，$x'(0)=1$，$y(0)=1$ 的解.

解 对方程组的两个方程分别取拉普拉斯变换，并设

$$L[x(t)]=X(s),\ L[y(t)]=Y(s).$$

则

$$\begin{cases}s^2X(s)-sx(0)-x'(0)-2[sY(s)-y(0)]-X(s)=0\\ sX(s)-x(0)-Y(s)=0\end{cases}.$$

将初始条件 $x(0)=0$，$x'(0)=1$，$y(0)=1$ 代入，整理得

$$\begin{cases}(s^2-1)X(s)-2sY(s)+1=0\\ sX(s)-Y(s)=0\end{cases}.$$

解此代数方程组，得

$$\begin{cases} X(s) = \dfrac{1}{s^2+1} \\ Y(s) = \dfrac{s}{s^2+1} \end{cases}.$$

对方程取拉普拉斯逆变换，得所求解

$$\begin{cases} x(t) = \sin t \\ y(t) = \cos t \end{cases}.$$

【例 3 - 19】 如图 3 - 5 所示的 RC 电路中，已知 $R=5\Omega$，$C=2\text{F}$，外加电动势为 $E(t)=5\sin 2t$，求开关闭合后回路中电容器两端的电压 $u_C(t)$.

解 由回路定律（基尔霍夫定律），有

$$E(t) = u_R + u_C.$$

因为 $i(t) = \dfrac{\mathrm{d}Q}{\mathrm{d}t} = \dfrac{\mathrm{d}}{\mathrm{d}t}(Cu_C) = C\dfrac{\mathrm{d}u_C}{\mathrm{d}t}$，

所以

$$E(t) = RC\frac{\mathrm{d}u_C}{\mathrm{d}t} + u_C.$$

将 $R=5\Omega$，$C=2\text{F}$，$E(t)=5\sin 2t$ 代入，得

$$10\frac{\mathrm{d}u_C}{\mathrm{d}t} + u_C = 5\sin 2t.$$

对方程两边取拉普拉斯变换，并设 $L[u_C(t)] = U_C(s)$，由已知 $u_C|_{t=0} = 0$，有

$$10sU_C(s) + U_C(s) = \frac{10}{s^2+4}.$$

于是

$$U_C(s) = \frac{10}{(10s+1)(s^2+4)} = \frac{\frac{1000}{401}}{10s+1} + \frac{\frac{10}{401} - \frac{100}{401}s}{s^2+4}.$$

取拉普拉斯逆变换，得

$$u_C(t) = \frac{5}{401}\left(20\mathrm{e}^{-\frac{1}{10}t} + \sin 2t - 20\cos 2t\right).$$

【例 3 - 20】 如图 3 - 6 所示，机械系统最初是静止的，受一冲击力 $f(t)=A\delta(t)$ 作用后系统开始运动，求由此产生的振动.

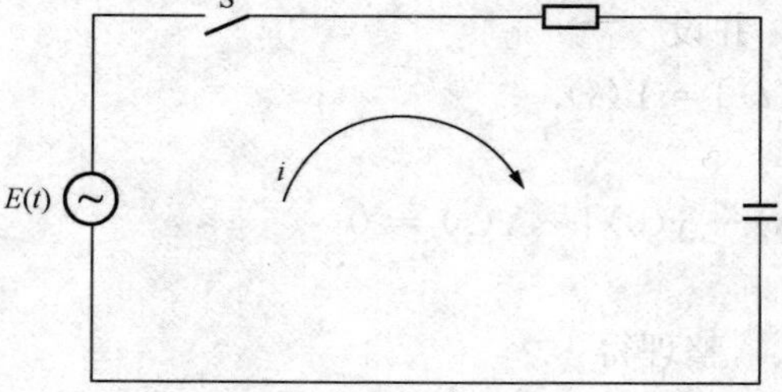

图 3 - 5

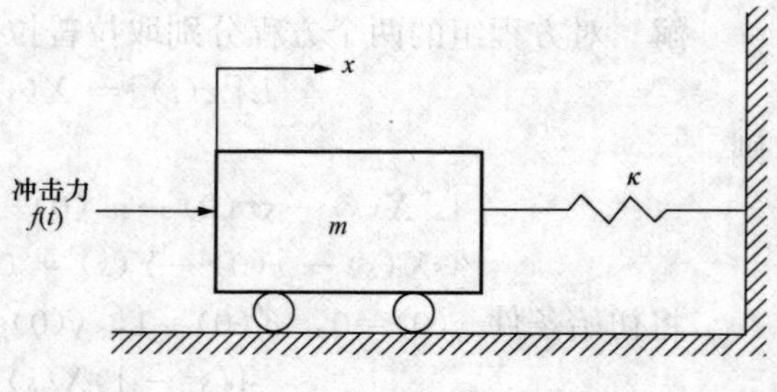

图 3 - 6

解 设系统振动规律为 $x=x(t)$，当 $t=0$ 时，$x(0)=x'(0)=0$，冲击力 $f(t)=A\delta(t)$，

弹性恢复力为$-kx$（k为弹性阻尼系数），根据牛顿第二定律，有

$$mx''(t)=A\delta(t)-kx(t),$$

即

$$mx''(t)+kx(t)=A\delta(t).$$

设$L[x(t)]=X(s)$，对方程两边取拉普拉斯变换，并代入初始条件，得

$$ms^2X(s)+kX(s)=A,$$

则

$$X(s)=\frac{A}{ms^2+k}.$$

取拉普拉斯逆变换，得

$$x(t)=L^{-1}[X(s)]=L^{-1}\left[\frac{A}{ms^2+k}\right]=\frac{A}{\sqrt{mk}}\sin\sqrt{\frac{k}{m}}t.$$

此振动规律是振幅为$\frac{A}{\sqrt{mk}}$，角频率为$\sqrt{\frac{k}{m}}$的简谐振动.

物体所受的冲击力为$f(t)=A\sin\omega t$时，由于$L[f(t)]=A\frac{\omega}{s^2+\omega^2}$，则有

$$X(s)=\frac{1}{ms^2+k}\cdot\frac{A\omega}{s^2+\omega^2}.$$

设

$$\frac{k}{m}=\omega_0^2,$$

有

$$X(s)=\frac{A\omega}{m}\frac{1}{(s^2+\omega_0^2)(s^2+\omega^2)}=\frac{A\omega}{m}\frac{1}{\omega^2-\omega_0^2}\left(\frac{1}{s^2+\omega_0^2}-\frac{1}{s^2+\omega^2}\right).$$

于是

$$\begin{aligned}x(t)&=\frac{A\omega}{m(\omega^2-\omega_0^2)}\left(\frac{1}{\omega_0}\sin\omega_0t-\frac{1}{\omega}\sin\omega t\right)\\&=\frac{A}{m\omega_0(\omega^2-\omega_0^2)}(\omega\sin\omega_0t-\omega_0\sin\omega t).\end{aligned}$$

其中ω为冲击力$f(t)=A\sin\omega t$的角频率（也称扰动频率），$\omega_0=\sqrt{\frac{k}{m}}$与冲击力无关，由系统本身特性所确定，称为系统的自然频率（也称固有频率），当$\omega\neq\omega_0$时，运动由两种不同角频率的振动复合而成；当$\omega=\omega_0$（即扰动频率等于固有频率）时，便产生共振．此时，从理论上讲振幅将随时间无限增大，事实上振幅不可能无限增大，因为当振动增大到一定程度时，或者系统被破坏，或系统已不再满足原来的微分方程.

二、线性系统的传递函数

1. 线性系统的激励和响应

我们已经知道，一个线性系统可以用一个常系数线性微分方程来描述，如［例 3 - 19］中的RC串联电路，电路两端电压$u_C(t)$所满足的关系式为

$$RC\frac{\mathrm{d}u_C(t)}{\mathrm{d}t}+u_C(t)=e(t).$$

这是一个一阶常系数线性微分方程，我们通常将外电动势$e(t)$看成是这个系统（即RC电路）随时间t变化的输入函数，称为**激励**，而把电容两端电压$u_C(t)$看成是这个系统随时

间 t 变化的输出函数，称为**响应**．这样 RC 串联的闭合电路，就可以看成是一个有输入端和输出端的线性系统，如图 3 - 7 所示，而虚线框中的电路结构决定于系统内的元件参量和连接方式，这样一个线性系统，在电路理论中又称为线性网络（简称网络），一个系统的响应由激励函数与系统本身的特性（包括元件的参数和连接方式）所决定，对不同的线性系统，即使在同一激励下，其响应也是不同的.

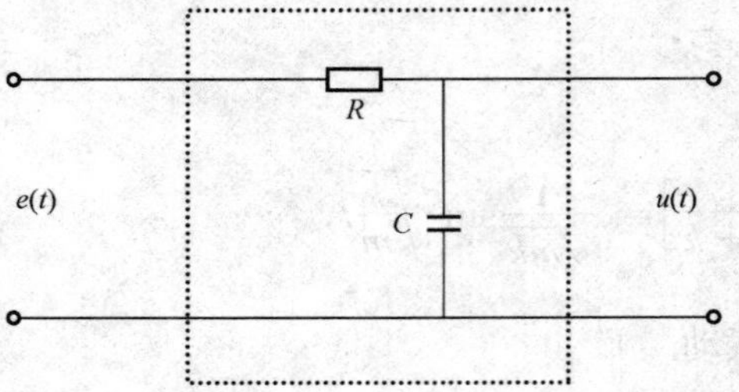

图 3 - 7

图 3 - 8

在分析线性系统时，我们并不关心系统内部的各种不同的结构情况，而是要研究激励和响应同系统本身的特性之间的联系，可用如图 3 - 8 所示的情况表明它们之间的联系，为了描述这种联系，需要引进传递函数的概念.

2. 传递函数

假设有个线性系统，在一般情况下，它的激励 $x(t)$ 与响应 $y(t)$ 所满足的关系，可用下面的微分方程来表示：

$$\begin{aligned} & a_n y^{(n)} + a_{n-1} y^{(n-1)} + a_{n-2} y^{(n-2)} + \cdots + a_1 y' + a_0 y \\ = & b_m x^{(m)} + b_{m-1} x^{(m-1)} + b_{m-2} x^{(m-2)} + \cdots + bx' + b_0 x \end{aligned} \tag{3 - 10}$$

其中 a_0，a_1，…，a_n；b_0，b_1，…，b_m 均为常数，m、n 为正整数，且 $n \geqslant m$.

设 $L[y(t)] = Y(s)$，$L[x(s)] = X(s)$，根据拉普拉斯变换的微分性质，有

$$L[a_k y^{(k)}] = a_k s^k Y(s) - a_k[s^{k-1} y(0) + s^{k-2} y'(0) + \cdots + y^{(k-1)}(0)] \quad (k = 0,1,2,\cdots,n),$$

$$L[b_k x^{(k)}] = b_k s^k X(s) - b_k[s^{k-1} x(0) + s^{k-2} x'(0) + \cdots + x^{(k-1)}(0)] \quad (k = 0,1,2,\cdots,m).$$

对式（3 - 10）两边取拉普拉斯变换，并整理得

$$W(s)Y(s) - M_{hy}(s) = D(s)X(s) - M_{hx}(s) \tag{3 - 11}$$

其中

$$\begin{aligned} W(s) &= a_n s^n + a_{n-1} s^{n-1} + \cdots + a_1 s + a_0, \\ D(s) &= b_m s^m + b_{m-1} s^{m-1} + \cdots + b_1 s + b_0, \\ M_{hy}(s) &= a_n y(0) s^{n-1} + [a_n y'(0) + a_{n-1} y(0)] s^{n-2} + \cdots + \\ & \quad [a_n y^{(n-1)}(0) + \cdots + a_2 y'(0) + a_1 y(0)], \\ M_{hx}(s) &= b_m x(0) s^{m-1} + [b_m x'(0) + b_{m-1} x(0)] s^{m-2} + \cdots + \\ & \quad [b_m x^{(m-1)}(0) + \cdots + b_2 x'(0) + b_1 x(0)]. \end{aligned}$$

若令

$$G(s) = \frac{D(s)}{W(s)}, \quad G_h(s) = \frac{M_{hy}(s) - M_{hx}(s)}{W(s)},$$

则式（3-11）可写成

$$Y(s)=G(s)X(s)+G_h(s) \tag{3-12}$$

上式中

$$G(s)=\frac{b_m s^m+b_{m-1}s^{m-1}+\cdots+b_1 s+b_0}{a_n s^n+a_{n-1}s^{n-1}+\cdots+a_1 s+a_0}.$$

我们称 $G(s)$ 为系统的**传递函数**，它表达了系统本身的特性，而与激励及系统的初始状态无关，但 $G_h(s)$ 则由激励和系统本身的初始条件所决定，若这些初始条件全为零，即 $G_h(s)=0$ 时，式（3-12）可以写成

$$Y(s)=G(s)X(s) \quad 或 \quad G(s)=\frac{Y(s)}{X(s)} \tag{3-13}$$

式（3-13）表明，在初始条件为零时，系统的传递函数等于其响应的拉普拉斯变换与其激励的拉普拉斯变换之比．当我们知道了系统的传递函数后，就可以由系统的激励 $x(t)$ 按式（3-13）求出其响应的拉普拉斯变换，再通过取拉普拉斯逆变换就可得其响应 $y(t)$，$x(t)$ 与 $y(t)$ 之间的关系可用图 3-9 表示.

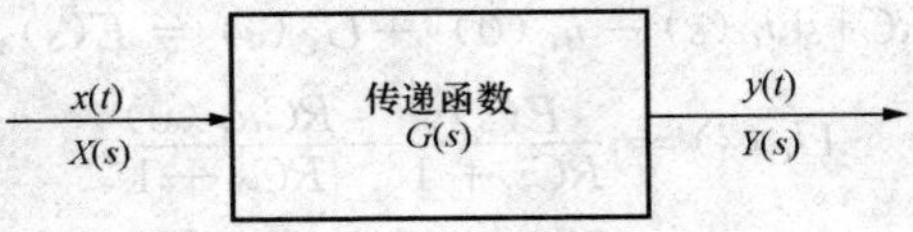

图 3-9

此外，传递函数并不表明系统的物理性质，许多性质不同的物理系统，可以有相同的传递函数；而传递函数不相同的物理系统，即使系统的激励相同，其响应也是不相同的，因此，对传递函数的分析研究，就能统一处理各种物理性质不同的线性系统.

3. 脉冲响应与频率响应

设某个线性系统的传递函数为

$$G(s)=\frac{Y(s)}{X(s)}.$$

若以 $g(t)$ 表示 $G(s)$ 的象原函数，即

$$g(t)=L^{-1}[G(s)].$$

根据式（3-13）和卷积定理，可得

$$y(t)=x(t)*g(t)=\int_0^t x(t-\tau)\cdot g(\tau)\mathrm{d}\tau,$$

即系统的响应等于其激励与 $g(t)=L^{-1}[G(s)]$ 的卷积.

由此可见，一个线性系统除了用传递函数来表示外，也可以用传递函数的象原函数 $g(t)$ 来表示．我们称 $g(t)$ 为系统的**脉冲响应函数**，其物理意义解释为当激励是一个单位脉冲函数，即 $x(t)=\delta(t)$ 时，则在初始条件为零时，有

$$L[x(t)]=L[\delta(t)]=X(s)=1.$$

所以

$$Y(s)=G(s),$$

即

$$y(t)=g(t).$$

可见，脉冲响应函数 $g(t)$ 就是初始条件为零时，激励为 $\delta(t)$ 时的响应 $y(t)$.

在系统的传递函数中，令 $s=\omega i$，则得

$$G(\omega i)=\frac{b_m(\omega i)^m+b_{m-1}(\omega i)^{m-1}+\cdots+b_1(\omega i)+b_0}{a_n(\omega i)^n+a_{n-1}(\omega i)^{n-1}+\cdots+a_1(\omega i)+a_0}.$$

我们称它为系统的**频率特性函数**，简称为**频率响应**．当激励是角频率为 ω 的虚指数函数（也称为复正弦函数），即 $x(t)=e^{\omega it}$ 时，系统的稳态响应是 $y(t)=G(\omega i)^{\omega it}$，因此频率响应在工程技术中又称为**正弦传递函数**.

总之，任何系统的正弦传递函数都可以由系统的传递函数中的 s 以 ωi 来代替求得.

【例 3 - 21】 写出如图 3 - 7 所示 RC 无源网络的传递函数、脉冲响应函数及频率响应.

解 因为激励为电源电动势 $e(t)$，其响应为电容两端电压 $u_C(t)$，由回路定律（基尔霍夫定律）有

$$RC\frac{\mathrm{d}u_C}{\mathrm{d}t}+u_C(t)=e(t).$$

两边取拉普拉斯变换，且设 $L[u_C(t)]=U_C(s)$，$L[e(t)]=E(s)$，有

$$RC[sU_C(s)-u_C(0)]+U_C(s)=E(s),$$

$$U_C(s)=\frac{E(s)}{RCs+1}+\frac{RCu_C(0)}{RCs+1}.$$

根据传递函数的定义和 $u_C(0)=0$，得电路的传递函数为

$$G(s)=\frac{1}{RCs+1}=\frac{1}{RC\left(s+\frac{1}{RC}\right)}.$$

而电路的脉冲响应函数是传递函数的象原函数，即

$$g(t)=L^{-1}[G(s)]=L^{-1}\left[\frac{1}{RC\left(s+\frac{1}{RC}\right)}\right]=\frac{1}{RC}e^{-\frac{t}{RC}}.$$

在传递函数 $G(s)$ 中，令 $s=\omega i$，可得频率响应为

$$G(\omega i)=\frac{1}{RC\omega i+1}.$$

4. 微分电路与积分电路

在线性电路中，常会遇到一种四端网络，它的输出端的电压 $u_{出}(t)$ 在任何一时刻 t 都和输入端的电压 $u_{入}(t)$ 的微分或积分成正比，这种四端网络称为**微分电路**或**积分电路**．下面以最简单的微分和积分电路为例，列出它们的传递函数的表达式.

(1) 微分电路．最简单的微分电路如图 3 - 10 所示，$u_{入}(t)$、$u_{出}(t)$ 分别表示电路的输入、输出电压，

$$\begin{cases}u_{入}(t)=iR+\dfrac{1}{C}\displaystyle\int_0^t i\mathrm{d}t\\u_{出}(t)=iR\end{cases}.$$

取拉普拉斯变换，并设 $L[u_{入}(t)]=U_{入}(s)$，$L[u_{出}(t)]=U_{出}(s)$，$L[i(t)]=I(s)$，得

$$\begin{cases}U_{入}(s)=RI(s)+\dfrac{1}{Cs}I(s)\\U_{出}(s)=RI(s)\end{cases}.$$

根据传递函数的定义，此电路的电压传递函数为

$$G(s)=\frac{U_{出}(s)}{U_{入}(s)}=\frac{RI(s)}{RI(s)+\frac{1}{Cs}I(s)}$$

$$=\frac{R}{R+\frac{1}{Cs}}=\frac{RCs}{RCs+1} \tag{3-14}$$

$$=\frac{T_0 s}{T_0 s+1} \quad (T_0=RC).$$

一般地，用 RC 串联电路作微分电路时，要求 $T_0=RC\leqslant 1$（可把 T_0 视为无限小），于是式（3-14）变为

$$G(s)=T_0 s,$$

即

$$U_{出}(s)=T_0 s U_{入}(s).$$

根据拉普拉斯变换的微分性质，上式表明输出电压 $u_{出}(t)$ 是输入电压 $u_{入}(t)$ 的微分，其中 T_0 为微分时间.

（2）积分电路．最简单的积分电路如图 3-11 所示，由图可得

$$\begin{cases} u_{入}(t)=iR+\frac{1}{C}\int_0^t i\mathrm{d}t \\ u_{出}(t)=\frac{1}{C}\int_0^t i\mathrm{d}t \end{cases}.$$

取拉普拉斯变换，得

$$\begin{cases} u_{入}(s)=RI(s)+\frac{1}{Cs}I(s) \\ u_{出}(s)=\frac{1}{Cs}I(s) \end{cases}.$$

于是，电路的电压传递函数为

$$G(s)=\frac{U_{出}(s)}{U_{入}(s)}=\frac{\frac{1}{Cs}I(s)}{RI(s)+\frac{1}{Cs}I(s)} \tag{3-15}$$

$$=\frac{1}{RCs+1}=\frac{1}{T_0 s+1} \quad (T_0=RC).$$

根据拉普拉斯变换的积分性质，式（3-15）表明输出电压 $u_{出}(t)$ 是输入电压 $u_{入}(t)$ 的积分.

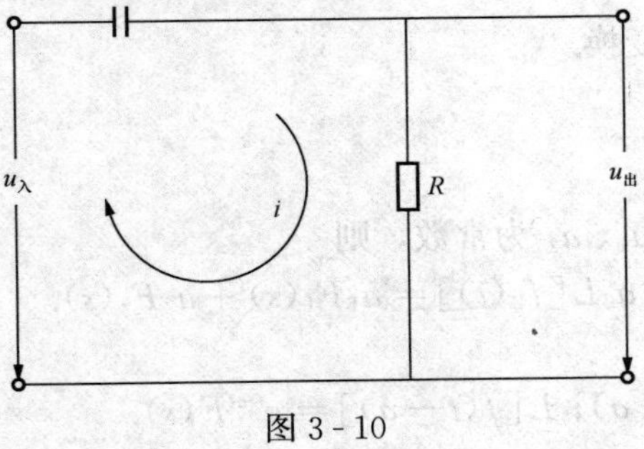

图 3-10

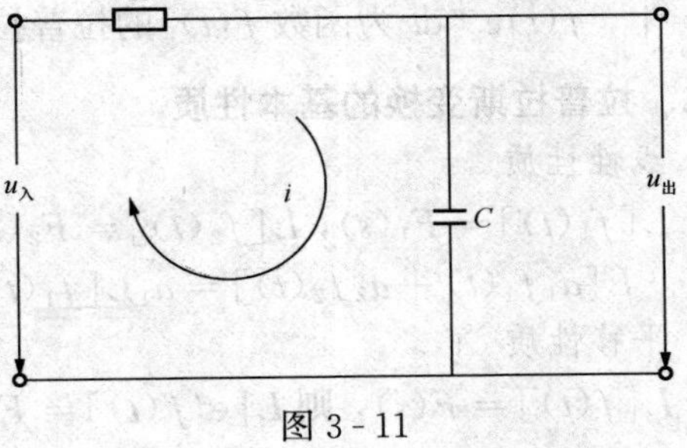

图 3-11

课堂练习 3-3

1. 用拉普拉斯变换求解下列微分方程 .

(1) $\frac{di}{dt}+5i=10e^{-3t}$，$i(0)=0$；　　(2) $\frac{d^2y}{dt^2}+\omega^2y=0$，$y(0)=0$，$y'(0)=\omega$.

2. 已知 RC 串联电路（见图 3-5）的输入电压 $u_{入}=12(1-e^{-\frac{t}{5}})$，且 $t=0$ 时，$u_c=0$，如果 $RC=10\mu s$，则求

(1) 电路的传递函数；　　(2) 输出电压 $u_{出}$.

习题 3-3

1. 用拉普拉斯变换求解下列微分方程.

(1) $y''-3y'+2y=4$，　$y(0)=1$，　$y'(0)=1$；

(2) $x'''+x=1$，　$x(0)=x'(0)=x''(0)=0$；

(3) $y''-2y'+2y=2e^t\cos t$，　$y(0)=y'(0)=0$；

(4) $y''-y=4\sin t+5\cos 2t$，　$y(0)=-1, y'(0)=-2$.

2. 解微分方程组 .

$$\begin{cases} x''(t)+2y(t)=0, x(0)=1, & x'(0)=1 \\ y'(t)+3x(t)+y(t)=0, & y(0)=1 \end{cases}.$$

3. 某系统的传递函数 $G(s)=\frac{k}{1+Ts}$，求当激励 $x(t)=A\sin\omega t$ 时的系统响应 $y(t)$.

4. 对下列微分方程组求两个传递函数 $\frac{X(s)}{R(s)}$ 和 $\frac{Y(s)}{R(s)}$（零初始条件）.

$$\begin{cases} 14x'+2x+y=0 \\ 2x-10y''-2y=r'+2r \end{cases}.$$

本 章 小 结

一、拉普拉斯变换的概念

设函数 $f(t)$ 当 $t\geqslant 0$ 时有定义，若广义积分 $\int_0^{+\infty} f(t)e^{-st}dt$ 在 s 的某个取值范围内收敛，则此积分就确定了一个以参数 s 为自变量（本章只讨论 s 是实数）的函数，记为 $F(s)$，称 $F(s)=\int_0^{+\infty} f(t)e^{-st}dt$ 为函数 $f(t)$ 的拉普拉斯变换.

二、拉普拉斯变换的基本性质

1. 线性性质

若 $L[f_1(t)]=F_1(s)$，$L[f_2(t)]=F_2(s)$，a_1、a_2 为常数，则

$$L[a_1f_1(t)+a_2f_2(t)]=a_1L[f_1(t)]+a_2L[f_2(t)]=a_1F_1(s)+a_2F_2(s).$$

2. 平移性质

若 $L[f(t)]=F(s)$，则 $L[e^{at}f(t)]=F(s-a)$；$L[f(t-a)]=e^{-as}F(s)$.

3. 微分性质

若 $L[f(t)] = F(s)$，则 $L[f'(t)] = sF(s) - f(0)$.

4. 积分性质

若 $L[f(t)] = F(s)$，则 $L\left[\int_0^t f(t)\mathrm{d}t\right] = \frac{1}{s}F(s)$.

三、几个重要的函数的拉普拉斯变换

$L[1] = \frac{1}{s}$；　$L[t] = \frac{1}{s^2}$；　$L[t^m] = \frac{m!}{s^{m+1}}$；

$L[\mathrm{e}^{kt}] = \frac{1}{s-k}$；　$L[\sin kt] = \frac{k}{s^2+k^2}$；　$L[\cos kt] = \frac{s}{s^2+k^2}$.

四、拉普拉斯逆变换的概念

由象函数 $F(s)$，求它的象原函数 $f(t)$ 的过程，称为拉普拉斯逆变换.

五、拉普拉斯逆变换的性质

1. 线性性质

若 a_1，a_2 为常数，且 $L[f_1(t)] = F_1(s)$，$L[f_2(t)] = F_2(s)$，则

$$L^{-1}[a_1F_1(s) + a_2F_2(s)] = a_1L^{-1}[F_1(s)] + a_2L^{-1}[F_2(s)] = a_1f_1(t) + a_2f_2(t).$$

2. 平移性质

若 $L[f(t)] = F(s)$，则

$$L^{-1}[F(s-a)] = \mathrm{e}^{at}f(t)\quad(a\text{ 是常数})；\quad L^{-1}[\mathrm{e}^{-as}F(s)] = f(t-a)\quad(a \geqslant 0).$$

六、拉普拉斯逆变换的求法

1. 用拉普拉斯变换的基本公式及性质求拉普拉斯逆变换.
2. 用部分分式法求拉普拉斯逆变换.
3. 用卷积公式求拉普拉斯逆变换.

七、拉普拉斯变换的应用.

1. 利用拉普拉斯变换解微分方程.
2. 利用拉普拉斯变换求传递函数、频率响应及脉冲响应函数.

自我检测三

1. 填空题.

(1) 若 $f(t) = \mathrm{e}^t$，则 $L[f(t)] =$ ________.

(2) 若 $f(t) = \sin t\cos t$，则 $L[f(t)] =$ ________.

(3) 若 $f(t) = \cos^2 t$，则 $L[f(t)] =$ ________.

(4) 若 $f(t) = \begin{cases} 2, & 0 \leqslant t < 2 \\ -1, & 2 \leqslant t < 4 \\ 0, & t \geqslant 4 \end{cases}$，则 $L[f(t)] =$ ________.

(5) 若 $f(t) = \mathrm{e}^t\sin t$，则 $L[f(t)] =$ ________.

2. 求下列函数的拉普拉斯变换或拉普拉斯逆变换.

(1) 设 $f(t) = 1 - t\mathrm{e}^{-4t}$，求 $L[f(t)]$.

(2) 设 $f(t) = (t-1)^2\mathrm{e}^t$，求 $L[f(t)]$.

(3) 设 $F(s)=\dfrac{2s+3}{s^2-2s+5}$，求 $L^{-1}[F(s)]$.

(4) 设 $F(s)=\dfrac{1}{(s+2)^3}$，求 $L^{-1}[F(s)]$.

(5) 设 $F(s)=\dfrac{2s+7}{s^2+7s+6}$，求 $L^{-1}[F(s)]$.

(6) 设 $F(s)=\dfrac{2s+3}{s^2+9}$，求 $L^{-1}[F(s)]$.

(7) 设 $F(s)=\dfrac{1}{s^2(s^2-1)}$，求 $L^{-1}[F(s)]$.

(8) 设 $F(s)=\dfrac{s^2}{(s+2)(s^2+2s+2)}$，求 $L^{-1}[F(s)]$.

(9) 设 $F(s)=\dfrac{2\mathrm{e}^{-s}-\mathrm{e}^{-2s}}{s}$，求 $L^{-1}[F(s)]$.

(10) 设 $F(s)=\dfrac{5s^2-15s+7}{(s+1)(s-2)^3}$，求 $L^{-1}[F(s)]$.

3. 用拉普拉斯变换求下列微分方程及微分方程组的解.

(1) $y''+4y'+3y=\mathrm{e}^{-t}$，$y(0)=y'(0)=1$.

(2) $y''-2y'+2y=2\mathrm{e}^t\cos t$，$y(0)=y'(0)=0$.

(3) $\begin{cases}x'+x-y=\mathrm{e}^t, & x(0)=1\\ y'+3x-2y=2\mathrm{e}^t, & y(0)=1\end{cases}$.

4. 一阶惯性系统的数学模型为

$$Ty'(t)+y(t)=x(t),$$

求该系统的传递函数、脉冲响应函数和频率响应.

5. 系统和控制对象由下列微分方程来描述，试写出它们的传递函数 $\dfrac{Y(s)}{R(s)}$.

(1) $y'''+15y''+50y'+500y=r'+2r$；

(2) $5y''+25y'=0.5r$；

(3) $y''+25y=0.5r$；

(4) $y''+3y'+6y+4\int_0^t y\mathrm{d}t=4r$.

第四章

线 性 代 数

线性代数是工程数学的一个重要分支，在自然科学和工程技术及生产实际中，有许多问题可通过建立方程组来解决．行列式和矩阵是线性代数中重要的基本概念，本章将在行列式知识基础上，利用矩阵理论研究一般线性方程组的求解问题.

第一节　行 列 式 的 概 念

在初等代数中，为了便于求解二元线性方程组，引进了二阶行列式，为了研究一般的 n 元线性方程组，需要把二阶行列式加以推广到 n 阶行列式.

一、二阶行列式

解二元线性方程组

$$\begin{cases} a_{11}x_1 + a_{12}x_2 = b_1 \\ a_{21}x_1 + a_{22}x_2 = b_2 \end{cases} \tag{4 - 1}$$

利用加减消元法，为消去未知数 x_2，以 a_{22} 与 a_{12} 分别乘以上述两方程的两端，然后将两个方程相减，得

$$(a_{11}a_{22} - a_{12}a_{21})x_1 = b_1a_{22} - a_{12}b_2.$$

类似地，消去 x_1，得

$$(a_{11}a_{22} - a_{12}a_{21})x_2 = b_2a_{11} - a_{21}b_1.$$

当 $a_{11}a_{22} - a_{12}a_{21} \neq 0$ 时，求得方程组（4 - 1）的解为

$$\begin{cases} x_1 = \dfrac{b_1a_{22} - a_{12}b_2}{a_{11}a_{22} - a_{12}a_{21}} \\ x_2 = \dfrac{b_2a_{11} - a_{21}b_1}{a_{11}a_{22} - a_{12}a_{21}} \end{cases}.$$

为了研究和记忆的方便，引入二阶行列式的概念.

定义 4.1.1　由 2^2 个数组成的记号

$$\begin{vmatrix} a_{11} & a_{12} \\ a_{21} & a_{22} \end{vmatrix}$$

表示数值 $a_{11}a_{22} - a_{12}a_{21}$，称它为**二阶行列式**，用 $\boldsymbol{D}$ 来表示，即

$$\boldsymbol{D} = \begin{vmatrix} a_{11} & a_{12} \\ a_{21} & a_{22} \end{vmatrix} = a_{11}a_{22} - a_{12}a_{21}.$$

其中 a_{11}、a_{12}、a_{21}、a_{22} 称为这个二阶行列式的**元素**，每个横排称为行列式的**行**，竖排称为行列式的**列**．a_{ij} 的第一个下标 i 表示它位于第 i 行，第二个下标 j 表示它位于第 j 列，即 a_{ij} 是

位于行列式第 i 行与第 j 列相交处的一个元素．从左上角到右下角的对角线称为行列式的**主对角线**，从右上角到左下角的对角线称为行列式的**次对角线**.

利用二阶行列式的概念，若分别记为

$$\boldsymbol{D}_1=\begin{vmatrix} b_1 & a_{12} \\ b_2 & a_{22} \end{vmatrix}=b_1a_{22}-a_{12}b_2,\quad \boldsymbol{D}_2=\begin{vmatrix} a_{11} & b_1 \\ a_{21} & b_2 \end{vmatrix}=b_2a_{11}-a_{21}b_1,$$

则当 $\boldsymbol{D}\neq 0$ 时，线性方程组（4－1）有且仅有唯一解

$$\begin{cases} x_1=\dfrac{D_1}{D} \\ x_2=\dfrac{D_2}{D} \end{cases}.$$

其中 $\boldsymbol{D}$ 称为方程组（4－1）的系数行列式．行列式 $\boldsymbol{D}_1$ 是将系数行列式 $\boldsymbol{D}$ 中的第一列换成常数列，第二列不动得到的行列式；行列式 $\boldsymbol{D}_2$ 是将系数行列式 $\boldsymbol{D}$ 中的第二列换成常数列，第一列不动得到的行列式.

【例 4－1】 计算行列式 $\begin{vmatrix} 4 & 3 \\ 2 & -2 \end{vmatrix}$.

解 $\begin{vmatrix} 4 & 3 \\ 2 & -2 \end{vmatrix}=4\times(-2)-2\times 3=-14.$

【例 4－2】 解方程组 $\begin{cases} 3x_1+x_2=8 \\ 2x_1-x_2=-3 \end{cases}$.

解 $\boldsymbol{D}=\begin{vmatrix} 3 & 1 \\ 2 & -1 \end{vmatrix}=3\times(-1)-2\times 1=-5,$

$\boldsymbol{D}_1=\begin{vmatrix} 8 & 1 \\ -3 & -1 \end{vmatrix}=8\times(-1)-1\times(-3)=-5,$

$\boldsymbol{D}_2=\begin{vmatrix} 3 & 8 \\ 2 & -3 \end{vmatrix}=3\times(-3)-8\times 2=-25.$

因为 $\boldsymbol{D}\neq 0$，所以方程组有且仅有的唯一解为

$$\begin{cases} x_1=\dfrac{D_1}{D}=\dfrac{-5}{-5}=1 \\ x_2=\dfrac{D_2}{D}=\dfrac{-25}{-5}=5 \end{cases}.$$

类似地，为讨论三元线性方程组的求解问题，引入三阶行列式.

二、三阶行列式

定义 4.1.2 由 3^2 个数组成的记号 $\begin{vmatrix} a_{11} & a_{12} & a_{13} \\ a_{21} & a_{22} & a_{23} \\ a_{31} & a_{32} & a_{33} \end{vmatrix}$ 称为**三阶行列式**，它表示数值 $a_{11}a_{22}a_{33}+a_{12}a_{23}a_{31}+a_{13}a_{21}a_{32}-a_{11}a_{23}a_{32}-a_{12}a_{21}a_{33}-a_{13}a_{22}a_{31}$，即

$$\begin{vmatrix} a_{11} & a_{12} & a_{13} \\ a_{21} & a_{22} & a_{23} \\ a_{31} & a_{32} & a_{33} \end{vmatrix}=a_{11}a_{22}a_{33}+a_{12}a_{23}a_{31}+a_{13}a_{21}a_{32}-a_{11}a_{23}a_{32}-a_{12}a_{21}a_{33}-a_{13}a_{22}a_{31}.$$

注意：

三阶行列式由 3^2 个元素以三行三列组成，它的值（称展开式）共含 6 项，每一项均为不同行不同列的三个元素的乘积再冠以正、负号.

我们可以看出，对于二阶行列式的值，恰好为主对角线上两元素之积减去次对角线上两元素之积，即

$$\begin{vmatrix} a_{11} & a_{12} \\ a_{21} & a_{22} \end{vmatrix}.$$

三阶行列式展开式的规律遵循如图 4 - 1 所示的对角线法则 . 图中的三条实线看做是平行于主对角线的连线，三条虚线看做是平行于次对角线的连线，对实线上的三元素的乘积冠以正号，虚线上的三元素的乘积冠以负号.

这种计算方法称为**对角线法则** .

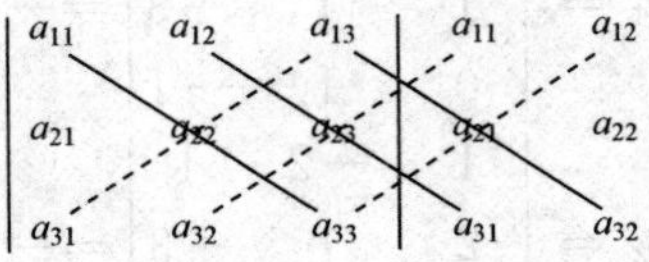

图 4 - 1

【例 4 - 3】 计算三阶行列式 $\begin{vmatrix} -2 & -4 & 6 \\ 3 & 6 & 5 \\ 1 & 4 & -1 \end{vmatrix}$ 的值.

解 $\begin{vmatrix} -2 & -4 & 6 \\ 3 & 6 & 5 \\ 1 & 4 & -1 \end{vmatrix}$

$=-2\times6\times(-1)+(-4)\times5\times1+6\times3\times4-(-2)\times5\times4-(-4)\times3\times(-1)-6\times6\times1$

$=56.$

类似二元线性方程组的讨论，对三元线性方程组 $\begin{cases} a_{11}x_1+a_{12}x_2+a_{13}x_3=b_1 \\ a_{21}x_1+a_{22}x_2+a_{23}x_3=b_2 \\ a_{31}x_1+a_{32}x_2+a_{33}x_3=b_3 \end{cases}$

记

$$\boldsymbol{D}=\begin{vmatrix} a_{11} & a_{12} & a_{13} \\ a_{21} & a_{22} & a_{23} \\ a_{31} & a_{32} & a_{33} \end{vmatrix},\quad \boldsymbol{D}_1=\begin{vmatrix} b_1 & a_{12} & a_{13} \\ b_2 & a_{22} & a_{23} \\ b_3 & a_{32} & a_{33} \end{vmatrix},$$

$$\boldsymbol{D}_2=\begin{vmatrix} a_{11} & b_1 & a_{13} \\ a_{21} & b_2 & a_{23} \\ a_{31} & b_3 & a_{33} \end{vmatrix},\quad \boldsymbol{D}_3=\begin{vmatrix} a_{11} & a_{12} & b_1 \\ a_{21} & a_{22} & b_2 \\ a_{31} & a_{32} & b_3 \end{vmatrix}.$$

若系数行列式 $\boldsymbol{D}\neq0$，则该方程组有且仅有唯一的一组解

$$\begin{cases} x_1=\dfrac{D_1}{D} \\ x_2=\dfrac{D_2}{D}. \\ x_3=\dfrac{D_3}{D} \end{cases}$$

【例 4 - 4】 解三元线性方程组 $\begin{cases} x_1-2x_2+x_3=-2 \\ 2x_1+x_2-3x_3=1 \\ -x_1+x_2-x_3=0 \end{cases}$.

解 $D=\begin{vmatrix} 1 & -2 & 1 \\ 2 & 1 & -3 \\ -1 & 1 & -1 \end{vmatrix}$

$=1\times1\times(-1)+2\times1\times1+(-2)\times(-3)\times(-1)-1\times1\times(-1)-(-3)\times1\times1$
$-(-2)\times2\times(-1)$
$=-5\neq0.$

因为

$$D_1=\begin{vmatrix} -2 & -2 & 1 \\ 1 & 1 & -3 \\ 0 & 1 & -1 \end{vmatrix}=-5,$$

$$D_2=\begin{vmatrix} 1 & -2 & 1 \\ 2 & 1 & -3 \\ -1 & 0 & -1 \end{vmatrix}=-10,$$

$$D_3=\begin{vmatrix} 1 & -2 & -2 \\ 2 & 1 & 1 \\ -1 & 1 & 0 \end{vmatrix}=-5.$$

所以方程组有且仅有唯一解

$$\begin{cases} x_1=\dfrac{D_1}{D}=\dfrac{-5}{-5}=1 \\ x_2=\dfrac{D_2}{D}=\dfrac{-10}{-5}=2. \\ x_3=\dfrac{D_3}{D}=\dfrac{-5}{-5}=1 \end{cases}$$

三、n 阶行列式

定义 4.1.3 由 n^2 个元素 a_{ij}（i，$j=1$，2，…，n）组成的记号

$$\begin{vmatrix} a_{11} & a_{12} & \cdots & a_{1n} \\ a_{21} & a_{22} & \cdots & a_{2n} \\ \vdots & \vdots & \ddots & \vdots \\ a_{n1} & a_{n2} & \cdots & a_{nn} \end{vmatrix}$$

称为 **n 阶行列式**，其中横排称为行，竖排称为**列**，记为 D_n，它表示一个由确定的递推运算关系所得的数，其中元素 a_{11}，a_{22}，…，a_{nn} 所在的对角线称为**主对角线**.

当 $n=1$ 时，规定 $D_1=|a_{11}|=a_{11}$；当 $n=2$ 时，$D_2=\begin{vmatrix} a_{11} & a_{12} \\ a_{21} & a_{22} \end{vmatrix}$.

利用二阶行列式定义，将三阶行列式的展开式进行整理，得到

$$\begin{vmatrix} a_{11} & a_{12} & a_{13} \\ a_{21} & a_{22} & a_{23} \\ a_{31} & a_{32} & a_{33} \end{vmatrix}=a_{11}\begin{vmatrix} a_{22} & a_{23} \\ a_{32} & a_{33} \end{vmatrix}-a_{12}\begin{vmatrix} a_{21} & a_{23} \\ a_{31} & a_{33} \end{vmatrix}+a_{13}\begin{vmatrix} a_{21} & a_{22} \\ a_{31} & a_{32} \end{vmatrix}.$$

容易看出，右边的三个行列式分别是在三阶行列式中，去掉其系数元素所在的行和列后剩余的元素按原来位置构成的子行列式，称其为系数元素的余子式．元素 a_{ij} 的**余子式**记为 M_{ij}，这样上式变为

$$\begin{vmatrix} a_{11} & a_{12} & a_{13} \\ a_{21} & a_{22} & a_{23} \\ a_{31} & a_{32} & a_{33} \end{vmatrix} = a_{11}M_{11} - a_{12}M_{12} + a_{13}M_{13}.$$

若记 $A_{ij} = (-1)^{i+j}M_{ij}$（$A_{ij}$ 称为元素 a_{ij} 的**代数余子式**），上式变为

$$\begin{vmatrix} a_{11} & a_{12} & a_{13} \\ a_{21} & a_{22} & a_{23} \\ a_{31} & a_{32} & a_{33} \end{vmatrix} = a_{11}A_{11} + a_{12}A_{12} + a_{13}A_{13}.$$

将上述结论推广到 n 阶行列式，就有

$$\boldsymbol{D}_n = a_{11}A_{11} + a_{12}A_{12} + \cdots + a_{1n}A_{1n} = \sum_{j=1}^{n} a_{1j}A_{1j} \quad (n > 2).$$

上式称为 n 阶行列式按第一行展开的展开式．

事实上，可以证明 n 阶行列式可按任意一行（或列）展开．

例如，n 阶行列式按第 i 行或第 j 列展开，可得展开式

$$\boldsymbol{D}_n = a_{i1}A_{i1} + a_{i2}A_{i2} + \cdots + a_{in}A_{in} = \sum_{j=1}^{n} a_{ij}A_{ij}, \quad i = 1,2,\cdots,n$$

或

$$\boldsymbol{D}_n = a_{1j}A_{1j} + a_{2j}A_{2j} + \cdots + a_{nj}A_{nj} = \sum_{k=1}^{n} a_{kj}A_{kj}, \quad j = 1,2,\cdots,n.$$

其中 A_{ij} 是由行列式 $\boldsymbol{D}_n$ 中划去元素 a_{ij} 所在的行和列后余下的元素按原来的位置构成的一个 $n-1$ 阶行列式．这种展开法称为代数余子式展开或降阶展开．

【例 4-5】 按第一行展开并计算行列式

$$\begin{vmatrix} 1 & 0 & -2 & 1 \\ 2 & -1 & -1 & 0 \\ 0 & 2 & 1 & 3 \\ 1 & 2 & 0 & 1 \end{vmatrix}.$$

解 按第一行元素展开.

$$\begin{vmatrix} 1 & 0 & -2 & 1 \\ 2 & -1 & -1 & 0 \\ 0 & 2 & 1 & 3 \\ 1 & 2 & 0 & 1 \end{vmatrix} = 1 \times (-1)^{1+1} \begin{vmatrix} -1 & -1 & 0 \\ 2 & 1 & 3 \\ 2 & 0 & 1 \end{vmatrix} + 0 \times (-1)^{1+2} \begin{vmatrix} 2 & -1 & 0 \\ 0 & 1 & 3 \\ 1 & 0 & 1 \end{vmatrix}$$

$$+ (-2) \times (-1)^{1+3} \begin{vmatrix} 2 & -1 & 0 \\ 0 & 2 & 3 \\ 1 & 2 & 1 \end{vmatrix} + 1 \times (-1)^{1+4} \begin{vmatrix} 2 & -1 & -1 \\ 0 & 2 & 1 \\ 1 & 2 & 0 \end{vmatrix}$$

$$= -5 + 0 + 22 + 3 = 20.$$

四、几个常用的特殊行列式

1. 上三角行列式

形如 $\begin{vmatrix} a_{11} & a_{12} & \cdots & a_{1n} \\ 0 & a_{22} & \cdots & a_{2n} \\ \vdots & \vdots & \ddots & \vdots \\ 0 & 0 & \cdots & a_{nn} \end{vmatrix}$ 的行列式称为**上三角行列式**．其特点是主对角线以下的元素全为零，主对角线以上的元素不全为零.

2. 下三角行列式

形如 $\begin{vmatrix} a_{11} & 0 & \cdots & 0 \\ a_{21} & a_{22} & \cdots & 0 \\ \vdots & \vdots & \ddots & \vdots \\ a_{n1} & a_{n2} & \cdots & a_{nn} \end{vmatrix}$ 的行列式称为**下三角行列式**．其特点是主对角线以上的元素全为零，主对角线以下的元素不全为零.

由 n 阶行列式的定义，易知 $\begin{vmatrix} a_{11} & a_{12} & \cdots & a_{1n} \\ 0 & a_{22} & \cdots & a_{2n} \\ \vdots & \vdots & \ddots & \vdots \\ 0 & 0 & \cdots & a_{nn} \end{vmatrix} = \begin{vmatrix} a_{11} & 0 & \cdots & 0 \\ a_{21} & a_{22} & \cdots & 0 \\ \vdots & \vdots & \ddots & \vdots \\ a_{n1} & a_{n2} & \cdots & a_{nn} \end{vmatrix} = a_{11}a_{22}\cdots a_{nn}$.

3. 对角行列式

形如 $\begin{vmatrix} a_{11} & 0 & \cdots & 0 \\ 0 & a_{22} & \cdots & 0 \\ \vdots & \vdots & \ddots & \vdots \\ 0 & 0 & \cdots & a_{nn} \end{vmatrix}$ 的行列式称为**对角行列式**．其特点是非主对角线上的元素全为零（其中 a_{11}，a_{22}，…，a_{nn} 不全为零).

易知

$$\begin{vmatrix} a_{11} & 0 & \cdots & 0 \\ 0 & a_{22} & \cdots & 0 \\ \vdots & \vdots & \ddots & \vdots \\ 0 & 0 & \cdots & a_{nn} \end{vmatrix} = a_{11}a_{22}\cdots a_{nn}.$$

课堂练习 4-1

1. 计算下列行列式.

(1) $\begin{vmatrix} 0 & 2 \\ 0 & 1 \end{vmatrix}$；　(2) $\begin{vmatrix} 3 & -2 \\ 4 & -6 \end{vmatrix}$；　(3) $\begin{vmatrix} 1 & 2 & 3 \\ 3 & 1 & 2 \\ 2 & 3 & 1 \end{vmatrix}$.

2. 求行列式 $\begin{vmatrix} -3 & 0 & 4 \\ 5 & 0 & 3 \\ 2 & -2 & 1 \end{vmatrix}$ 中 3 与 -2 的代数余子式.

3. 已知$\begin{vmatrix} x & 2 \\ 1 & x-1 \end{vmatrix}=0$，求$x$的值.

习题 4-1

1. 选择题.

(1) 设$D=\begin{vmatrix} a & b \\ c & d \end{vmatrix}=1$，$D_1=\begin{vmatrix} 3a & 3b \\ 3c & 3d \end{vmatrix}$，则$D_1=$（　　）.

A. 3　　B. -3　　C. 9　　D. -9

(2) $\begin{vmatrix} \lambda-1 & 2 \\ 2 & \lambda-1 \end{vmatrix}\neq 0$的充要条件是（　　）.

A. $\lambda\neq 1$　　B. $\lambda\neq 3$　　C. $\lambda=-1$且$\lambda\neq 3$　　D. $\lambda\neq -1$或$\lambda\neq 3$

2. 填空题.

(1) 若行列式$\begin{vmatrix} 1 & 2 & 5 \\ 1 & 3 & -2 \\ 2 & 5 & a \end{vmatrix}=0$，则$a=$（　　）.

(2) $\boldsymbol{D}=\begin{vmatrix} 1 & 2 & 3 \\ 4 & 5 & 6 \\ 7 & 8 & 8 \end{vmatrix}$中元素$a_{23}$的代数余子式的值是（　　）.

(3) $\begin{vmatrix} 0 & 0 & 0 & 1 & 0 \\ 0 & 0 & 2 & 0 & 0 \\ 0 & 3 & 10 & 0 & 0 \\ 4 & 11 & 0 & 12 & 0 \\ 9 & 8 & 7 & 6 & 5 \end{vmatrix}=$（　　）.

3. 计算下列二阶和三阶行列式.

(1) $\begin{vmatrix} \sin a & \cos a \\ -\cos a & \sin a \end{vmatrix}$；　　(2) $\begin{vmatrix} 1 & 1 & 1 \\ a & b & c \\ a^2 & b^2 & c^2 \end{vmatrix}$；

(3) $\begin{vmatrix} 1 & -1 & 0 \\ 4 & -5 & -3 \\ 2 & 3 & 6 \end{vmatrix}$；　　(4) $\begin{vmatrix} 1 & 2 & 3 \\ 2 & 3 & 1 \\ 3 & 1 & 2 \end{vmatrix}$.

4. 写出行列式$\boldsymbol{D}=\begin{vmatrix} 5 & -3 & 0 & 1 \\ 0 & -2 & -1 & 0 \\ 1 & 0 & 4 & 7 \\ 0 & 3 & 1 & 1 \end{vmatrix}$中元素$a_{23}=-1$和$a_{33}=4$的余子式和代数余子式.

5. 按第三列展开行列式$\begin{vmatrix} 1 & 0 & a & 1 \\ 0 & -1 & b & -1 \\ -1 & -1 & c & -1 \\ -1 & 1 & d & 0 \end{vmatrix}$，并计算其值.

6. 解方程 $\begin{vmatrix} x-2 & 1 & 0 \\ 1 & x-2 & 1 \\ 0 & 0 & x-2 \end{vmatrix}=0$.

第二节 行列式的性质

从行列式的定义出发直接计算行列式是比较麻烦的，为了简化 n 阶行列式的计算，下面我们将进一步讨论 n 阶行列式的一些基本性质.

在讨论行列式的性质之前，我们先给出一个行列式的转置行列式的概念.

定义 4.2.1 将行列式 $\boldsymbol{D}$ 的行和列互换后得到的行列式，称为 $\boldsymbol{D}$ 的**转置行列式**，记为 $\boldsymbol{D}^{\mathrm{T}}$ 或 $\boldsymbol{D}'$. 即

若 $\boldsymbol{D}=\begin{vmatrix} a_{11} & a_{12} & \cdots & a_{1n} \\ a_{21} & a_{22} & \cdots & a_{2n} \\ \vdots & \vdots & \ddots & \vdots \\ a_{n1} & a_{n2} & \cdots & a_{nn} \end{vmatrix}$，则 $\boldsymbol{D}^{\mathrm{T}}=\begin{vmatrix} a_{11} & a_{21} & \cdots & a_{n1} \\ a_{12} & a_{22} & \cdots & a_{n2} \\ \vdots & \vdots & \ddots & \vdots \\ a_{1n} & a_{2n} & \cdots & a_{nn} \end{vmatrix}$

一、行列式的性质

性质 4.2.1 行列式与它的转置行列式相等，即 $\boldsymbol{D}=\boldsymbol{D}^{\mathrm{T}}$.

对于二阶行列式，可由定义直接验证：

$$\boldsymbol{D}_2=\begin{vmatrix} a_{11} & a_{12} \\ a_{21} & a_{22} \end{vmatrix}=a_{11}a_{22}-a_{12}a_{21},\quad \boldsymbol{D}_2^{\mathrm{T}}=\begin{vmatrix} a_{11} & a_{21} \\ a_{12} & a_{22} \end{vmatrix}=a_{11}a_{22}-a_{12}a_{21}.$$

对于 n 阶行列式，可用数学归纳法予以证明.

注意：

由性质 4.2.1 知，行列式中的行和列具有相同的地位，行所具有的性质，列也同样具有.

性质 4.2.2 互换行列式的两行（列），行列式仅改变符号.

可用数学归纳法加以证明.

注意：

互换 i 和 j 两行（列）记为 $r_i \leftrightarrow r_j (c_i \leftrightarrow c_j)$. 今后将用 r_i 代表第 i 行，用 c_j 代表第 j 列.

推论 1 若行列式中有两行（列）的对应元素完全相同，则此行列式等于零.

证明 互换 $\boldsymbol{D}$ 中相同的两行（列），有 $\boldsymbol{D}=-\boldsymbol{D}$，故 $\boldsymbol{D}=0$.

性质 4.2.3 行列式的某一行（列）的所有元素都乘以同一数 λ，等于用数 λ 乘以此行列式. 即

$$\begin{vmatrix} a_{11} & a_{12} & \cdots & a_{1n} \\ \vdots & \vdots & \ddots & \vdots \\ \lambda a_{i1} & \lambda a_{i2} & \cdots & \lambda a_{in} \\ \vdots & \vdots & \ddots & \vdots \\ a_{n1} & a_{n2} & \cdots & a_{nn} \end{vmatrix}=\lambda\begin{vmatrix} a_{11} & a_{12} & \cdots & a_{1n} \\ \vdots & \vdots & \ddots & \vdots \\ a_{i1} & a_{i2} & \cdots & a_{in} \\ \vdots & \vdots & \ddots & \vdots \\ a_{n1} & a_{n2} & \cdots & a_{nn} \end{vmatrix}$$

注意：

第 i 行（列）乘以 λ，记为 $r_i \times \lambda (c_i \times \lambda)$.

推论 2 行列式中某一行（列）上的所有元素的公因子可以提到行列式符合的外面.

推论 3 行列式中若有两行（列）元素对应成比例，则此行列式为零.

推论 4 行列式中若有一行（列）元素全为零，则此行列式为零.

性质 4.2.4 n 阶行列式等于任意一行（列）所有元素与其对应的代数余子式乘积之和. 即

$$D_n = a_{i1}A_{i1} + a_{i2}A_{i2} + \cdots + a_{in}A_{in} = \sum_{j=1}^{n} a_{ij}A_{ij}, \quad i = 1,2,\cdots,n$$

或

$$D_n = a_{1j}A_{1j} + a_{2j}A_{2j} + \cdots + a_{nj}A_{nj} = \sum_{k=1}^{n} a_{kj}A_{kj}, \quad j = 1,2,\cdots,n.$$

注意：

由性质 4.2.4 可知，可按行列式的任一行（列）展开计算行列式的值，且结果唯一. 因此，在计算行列式的值时，应选择零元素最多的那一行（列）将行列式展开.

【例 4-6】 计算下列行列式的值.

$$D = \begin{vmatrix} 1 & 0 & 3 & 0 \\ -1 & 0 & 1 & 0 \\ 3 & 2 & 4 & 5 \\ 2 & 2 & -1 & 0 \end{vmatrix}.$$

解 注意到第 4 列有 3 个零元素，利用性质 4.2.4 按第 4 列展开，得

$$D = \begin{vmatrix} 1 & 0 & 3 & 0 \\ -1 & 0 & 1 & 0 \\ 3 & 2 & 4 & 5 \\ 2 & 2 & -1 & 0 \end{vmatrix} = 5 \cdot (-1)^{3+4} \cdot \begin{vmatrix} 1 & 0 & 3 \\ -1 & 0 & 1 \\ 2 & 2 & -1 \end{vmatrix} \quad \text{（该行列式再按第二列展开）}$$

$$= 5 \cdot (-1)^{3+4} \cdot 2 \cdot (-1)^{3+2} \begin{vmatrix} 1 & 3 \\ -1 & 1 \end{vmatrix} = 40.$$

性质 4.2.5 n 阶行列式中任意一行（列）的元素与另一行（列）的相应元素的代数余子式的乘积之和等于零. 即

$$a_{k1}A_{i1} + a_{k2}A_{i2} + \cdots + a_{kn}A_{in} = 0 \quad (i \neq k)$$

或

$$a_{1j}A_{1s} + a_{2j}A_{2s} + \cdots + a_{nj}A_{ns} = 0 \quad (j \neq s).$$

证明 以行的情形为例.

在 n 阶行列式

$$D = \begin{vmatrix} a_{11} & a_{12} & \cdots & a_{1n} \\ \vdots & \vdots & \ddots & \vdots \\ a_{i1} & a_{i2} & \cdots & a_{in} \\ \vdots & \vdots & \ddots & \vdots \\ a_{k1} & a_{k2} & \cdots & a_{kn} \\ \vdots & \vdots & \ddots & \vdots \\ a_{n1} & a_{n2} & \cdots & a_{nn} \end{vmatrix} \begin{matrix} \\ \\ \to \text{第 } i \text{ 行} \\ \\ \to \text{第 } k \text{ 行} \\ \\ \\ \end{matrix}$$

中，将第 i 行的元素替换成第 k 行的元素，得到一个新行列式

$$D_0 = \begin{vmatrix} a_{11} & a_{12} & \cdots & a_{1n} \\ \vdots & \vdots & \ddots & \vdots \\ a_{k1} & a_{k2} & \cdots & a_{kn} \\ \vdots & \vdots & \ddots & \vdots \\ a_{k1} & a_{k2} & \cdots & a_{kn} \\ \vdots & \vdots & \ddots & \vdots \\ a_{n1} & a_{n2} & \cdots & a_{nn} \end{vmatrix} \begin{matrix} \\ \\ \to \text{第 } i \text{ 行} \\ \\ \to \text{第 } k \text{ 行} \\ \\ \\ \end{matrix}$$

我们注意到：D_0 的第 i 行元素的代数余子式与 D 的第 i 行元素的代数余子式是完全一样的．设 D 的第 i 行元素 a_{ij} $(j=1, 2, \cdots, n)$ 的代数余子式为 A_{ij} $(j=1, 2, \cdots, n)$，所以 D_0 的第 i 行元素 a_{ij} $(j=1, 2, \cdots, n)$ 的代数余子式亦为 A_{ij} $(j=1, 2, \cdots, n)$，将 D_0 按第 i 行展开，得

$$D_0 = a_{k1}A_{i1} + a_{k2}A_{i2} + \cdots + a_{kn}A_{in}.$$

因为 D_0 中有两行元素相同，所以 $D_0=0$. 因此

$$a_{k1}A_{i1} + a_{k2}A_{i2} + \cdots + a_{kn}A_{in} = 0 \quad (i \neq k).$$

由性质 4.2.4 和性质 4.2.5，我们可以得到如下结论：

$$a_{k1}A_{i1} + a_{k2}A_{i2} + \cdots + a_{kn}A_{in} = \begin{cases} D_n, & i = k \\ 0, & i \neq k \end{cases},$$

$$a_{1s}A_{1j} + a_{2s}A_{2j} + \cdots + a_{ns}A_{nj} = \begin{cases} D_n, & s = j \\ 0, & s \neq j \end{cases}.$$

性质 4.2.6 若行列式的某一行（列）的元素都是两数之和，设

$$D = \begin{vmatrix} a_{11} & a_{12} & \cdots & a_{1n} \\ \vdots & \vdots & \ddots & \vdots \\ b_{i1}+c_{i1} & b_{i2}+c_{i2} & \cdots & b_{in}+c_{in} \\ \vdots & \vdots & \ddots & \vdots \\ a_{n1} & a_{n2} & \cdots & a_{nn} \end{vmatrix},$$

则

$$D = \begin{vmatrix} a_{11} & a_{12} & \cdots & a_{1n} \\ \vdots & \vdots & \ddots & \vdots \\ b_{i1} & b_{i2} & \cdots & b_{in} \\ \vdots & \vdots & \ddots & \vdots \\ a_{n1} & a_{n2} & \cdots & a_{nn} \end{vmatrix} + \begin{vmatrix} a_{11} & a_{12} & \cdots & a_{1n} \\ \vdots & \vdots & \ddots & \vdots \\ c_{i1} & c_{i2} & \cdots & c_{in} \\ \vdots & \vdots & \ddots & \vdots \\ a_{n1} & a_{n2} & \cdots & a_{nn} \end{vmatrix}.$$

性质 4.2.7 将行列式的某一行（列）的所有元素都乘以数 k 后加到另一行（列）的对应元素上，行列式的值不变.

证明 设

$$D_n = \begin{vmatrix} a_{11} & a_{12} & \cdots & a_{1n} \\ \vdots & \vdots & \ddots & \vdots \\ a_{i1} & a_{i2} & \cdots & a_{in} \\ \vdots & \vdots & \ddots & \vdots \\ a_{j1} & a_{j2} & \cdots & a_{jn} \\ \vdots & \vdots & \ddots & \vdots \\ a_{n1} & a_{n2} & \cdots & a_{nn} \end{vmatrix} \begin{matrix} \\ \\ \to \text{第 } i \text{ 行} \\ \\ \to \text{第 } j \text{ 行} \\ \\ \\ \end{matrix}$$

将第 i 行元素的 k 倍加到第 j 行上去，可得另一行列式

$$D^* = \begin{vmatrix} a_{11} & a_{12} & \cdots & a_{1n} \\ \vdots & \vdots & \ddots & \vdots \\ a_{i1} & a_{i2} & \cdots & a_{in} \\ \vdots & \vdots & \ddots & \vdots \\ a_{j1}+ka_{i1} & a_{j2}+ka_{i2} & \cdots & a_{jn}+ka_{in} \\ \vdots & \vdots & \ddots & \vdots \\ a_{n1} & a_{n2} & \cdots & a_{nn} \end{vmatrix} \begin{matrix} \\ \\ \to 第\, i\, 行 \\ \\ \to 第\, j\, 行 \\ \\ \\ \end{matrix}$$

显然，

$$D^* = \begin{vmatrix} a_{11} & a_{12} & \cdots & a_{1n} \\ \vdots & \vdots & \ddots & \vdots \\ a_{i1} & a_{i2} & \cdots & a_{in} \\ \vdots & \vdots & \ddots & \vdots \\ a_{j1} & a_{j2} & \cdots & a_{jn} \\ \vdots & \vdots & \ddots & \vdots \\ a_{n1} & a_{n2} & \cdots & a_{nn} \end{vmatrix} + \begin{vmatrix} a_{11} & a_{12} & \cdots & a_{1n} \\ \vdots & \vdots & \ddots & \vdots \\ a_{i1} & a_{i2} & \cdots & a_{in} \\ \vdots & \vdots & \ddots & \vdots \\ ka_{i1} & ka_{i2} & \cdots & ka_{in} \\ \vdots & \vdots & \ddots & \vdots \\ a_{n1} & a_{n2} & \cdots & a_{nn} \end{vmatrix} = D_n + 0 = D_n.$$

注意：

(1) 用数 k 乘行列式 D 的第 i 行（列）加到第 j 行（列）上，记为 $r_j + kr_i (c_j + cr_i)$.

(2) 性质 4.2.7 在行列式的计算中经常用到，具有重要的作用.

二、行列式的计算

对于行列式的计算，主要有以下几种方法.

(1) 对于二阶、三阶行列式通常可以应用对角线法直接求值.

(2) 对于高阶行列式，可以利用行列式的性质，将其转化为上（下）三角行列式再求值.

(3) 利用行列式的性质将行列式按行（列）展开，通过降阶来化简其运算，特别是当某行（列）中含有较多个零元素时常用此法.

1. 化为上三角行列式法

行列式化为上三角行列式的基本步骤如下.

(1) 设法将第一行第一列上的元素变为非零（1 或 −1 最好).

(2) 利用第一行元素的 k 倍加到其他行上，将第一列除第一行的元素外其余元素全变为 0.

(3) 用上面同样的方法将第二列元素 a_{22} 以下的元素全变为 0，依此类推，直到变成上三角行列式为止.

这时主对角线上元素的乘积就是所求行列式的值.

【例 4-7】 计算行列式 $D = \begin{vmatrix} 3 & 1 & -1 & 2 \\ -5 & 1 & 3 & -4 \\ 2 & 0 & 1 & -1 \\ 1 & -5 & 3 & -3 \end{vmatrix}$.

解 $D=\begin{vmatrix}3&1&-1&2\\-5&1&3&-4\\2&0&1&-1\\1&-5&3&-3\end{vmatrix}\xlongequal{c_1\leftrightarrow c_2}-\begin{vmatrix}1&3&-1&2\\1&-5&3&-4\\0&2&1&-1\\-5&1&3&-3\end{vmatrix}$

$$\xlongequal[r_4+5r_1]{r_2-r_1}-\begin{vmatrix}1&3&-1&2\\0&-8&4&-6\\0&2&1&-1\\0&16&-2&7\end{vmatrix}\xlongequal{r_2\leftrightarrow r_3}\begin{vmatrix}1&3&-1&2\\0&2&1&-1\\0&-8&4&-6\\0&16&-2&7\end{vmatrix}$$

$$\xlongequal[r_4-8r_2]{r_3+4r_2}\begin{vmatrix}1&3&-1&2\\0&2&1&-1\\0&0&8&-10\\0&0&-10&15\end{vmatrix}\xlongequal{r_4+\frac{5}{4}r_3}\begin{vmatrix}1&3&-1&2\\0&2&1&-1\\0&0&8&-10\\0&0&0&\frac{5}{2}\end{vmatrix}$$

$$=1\times2\times8\times\frac{5}{2}=40.$$

2. 降阶法

降阶法的步骤如下.

(1) 利用行列式的性质将行列式中某一行（列）化为仅含有一个非零元素（尽量为1或−1).

(2) 将行列式按此行（列）展开，化为低一阶的行列式.

(3) 如此继续下去，直到化为二阶行列式为止.

【例 4-8】 计算行列式 $D=\begin{vmatrix}1&2&3&4\\1&0&1&2\\3&-1&-1&0\\1&2&0&-5\end{vmatrix}$.

解 $D=\begin{vmatrix}1&2&3&4\\1&0&1&2\\3&-1&-1&0\\1&2&0&-5\end{vmatrix}\xlongequal[r_4+2r_3]{r_1+2r_3}\begin{vmatrix}7&0&1&4\\1&0&1&2\\3&-1&-1&0\\7&0&-2&-5\end{vmatrix}$

$$=(-1)\times(-1)^{3+2}\begin{vmatrix}7&1&4\\1&1&2\\7&-2&-5\end{vmatrix}$$

$$\xlongequal[r_3+2r_2]{r_1-r_2}\begin{vmatrix}6&0&2\\1&1&2\\9&0&-1\end{vmatrix}=1\times(-1)^{2+2}\begin{vmatrix}6&2\\9&-1\end{vmatrix}=-6-18=-24.$$

三、克莱姆法则

含有 n 个未知数 $x_1, x_2, \cdots, x_n$ 的线性方程组

$$\begin{cases}a_{11}x_1+a_{12}x_2+\cdots+a_{1n}x_n=b_1\\a_{21}x_1+a_{22}x_2+\cdots+a_{2n}x_n=b_2\\\vdots\\a_{n1}x_1+a_{n2}x_2+\cdots+a_{nn}x_n=b_n\end{cases}\tag{4-2}$$

称为 n 元线性方程组．当右端的常数项 b_1，b_2，…，b_n 不全为零时，线性方程组（4-2）称为非齐次线性方程组；当 b_1，b_2，…，b_n 全为零时，线性方程组（4-2）称为齐次线性方程组.

系数行列式为

$$\boldsymbol{D}=\begin{vmatrix} a_{11} & a_{12} & \cdots & a_{1n} \\ a_{21} & a_{22} & \cdots & a_{2n} \\ \vdots & \vdots & \ddots & \vdots \\ a_{n1} & a_{n2} & \cdots & a_{nn} \end{vmatrix}$$

克莱姆法则 若 n 元线性方程组（4-2）的系数行列式 $\boldsymbol{D}\neq 0$，则线性方程组有且仅有唯一的一组解

$$\begin{cases} x_1=\dfrac{D_1}{D} \\ x_2=\dfrac{D_2}{D} \\ \quad\vdots \\ x_n=\dfrac{D_n}{D} \end{cases}$$

其中 $\boldsymbol{D}_j$（$j=1$，2，…，n）是把 $\boldsymbol{D}$ 中第 j 列元素 a_{1j}，a_{2j}，…，a_{nj} 对应地换成常数项 b_1，b_2，…，b_n，而其余各列保持不变所得到的行列式.

【例 4-9】 用克莱姆法则解方程组

$$\begin{cases} 2x_1+x_2-5x_3+x_4=8 \\ x_1-3x_2-6x_4=9 \\ 2x_2-x_3+2x_4=-5 \\ x_1+4x_2-7x_3+6x_4=0 \end{cases}.$$

解 $$\boldsymbol{D}=\begin{vmatrix} 2 & 1 & -5 & 1 \\ 1 & -3 & 0 & -6 \\ 0 & 2 & -1 & 2 \\ 1 & 4 & -7 & 6 \end{vmatrix}\xlongequal[r_4-r_2]{r_1-2r_2}\begin{vmatrix} 0 & 7 & -5 & 13 \\ 1 & -3 & 0 & -6 \\ 0 & 2 & -1 & -2 \\ 0 & 7 & -7 & 12 \end{vmatrix}$$

$$=1\times(-1)^{2+1}\begin{vmatrix} 7 & -5 & 13 \\ 2 & -1 & 2 \\ 7 & -7 & 12 \end{vmatrix}\xlongequal[c_3+2c_2]{c_1+2c_2}-\begin{vmatrix} -3 & -5 & 3 \\ 0 & -1 & 0 \\ -7 & -7 & -2 \end{vmatrix}$$

$$=\begin{vmatrix} -3 & 3 \\ -7 & -2 \end{vmatrix}=27;$$

$$\boldsymbol{D}_1=\begin{vmatrix} 8 & 1 & -5 & 1 \\ 9 & -3 & 0 & -6 \\ -5 & 2 & -1 & 2 \\ 0 & 4 & -7 & 6 \end{vmatrix}=81;\quad \boldsymbol{D}_2=\begin{vmatrix} 2 & 8 & -5 & 1 \\ 1 & 9 & 0 & -6 \\ 0 & -5 & -1 & 2 \\ 1 & 0 & -7 & 6 \end{vmatrix}=-108;$$

$$\boldsymbol{D}_3=\begin{vmatrix} 2 & 1 & 8 & 1 \\ 1 & -3 & 9 & -6 \\ 0 & 2 & -5 & 2 \\ 1 & 4 & 0 & 6 \end{vmatrix}=-27;\quad \boldsymbol{D}_4=\begin{vmatrix} 2 & 1 & -5 & 8 \\ 1 & -3 & 0 & 9 \\ 0 & 2 & -1 & -5 \\ 1 & 4 & -7 & 0 \end{vmatrix}=27.$$

所以

$$\begin{cases} x_1 = \dfrac{D_1}{D} = \dfrac{81}{27} = 3 \\ x_2 = \dfrac{D_2}{D} = \dfrac{-108}{27} = -4 \\ x_3 = \dfrac{D_3}{D} = \dfrac{-27}{27} = -1 \\ x_4 = \dfrac{D_4}{D} = \dfrac{27}{27} = 1 \end{cases}.$$

注意:

一般的，用克莱姆法则求线性方程组的解时，计算量较大，所以具体使用起来并不简单，但克莱姆法则在一定条件下给出了线性方组解的存在性和唯一性，它主要用在对解的判定.

由克莱姆法则可推出下面几个重要结论：

定理 4.2.1 如果线性方程组（4-2）无解或解不是唯一的，则它的系数行列式必为零.

定理 4.2.2 如果齐次线性方程组

$$\begin{cases} a_{11}x_1 + a_{12}x_2 + \cdots + a_{1n}x_n = 0 \\ a_{21}x_1 + a_{22}x_2 + \cdots + a_{2n}x_n = 0 \\ \quad\vdots \\ a_{n1}x_n + a_{n2}x_2 + \cdots + a_{nn}x_n = 0 \end{cases} \tag{4-3}$$

的系数行列式 $\boldsymbol{D}\neq0$，则该方程组只有零解（没有非零解）.

定理 4.2.3 如果齐次线性方程组（4-3）有非零解，则它的系数行列式必为零（即 $D=0$）

【例 4-10】 问 λ 为何值时，齐次线性方程组

$$\begin{cases} (5-\lambda)x_1 + 2x_2 + 2x_3 = 0 \\ 2x_1 + (6-\lambda)x_2 = 0 \\ 2x_1 + (4-\lambda)x_3 = 0 \end{cases}$$

有非零解？

解 由定理 4.2.3 知道，若齐次线性方程组有非零解，则其系数行列式必为零，即 $D=0$.

因为

$$\begin{aligned} \boldsymbol{D} &= \begin{vmatrix} 5-\lambda & 2 & 2 \\ 2 & 6-\lambda & 0 \\ 2 & 0 & 4-\lambda \end{vmatrix} \\ &= (5-\lambda)(6-\lambda)(4-\lambda) - 4(4-\lambda) - 4(6-\lambda) \\ &= (5-\lambda)(2-\lambda)(8-\lambda), \end{aligned}$$

所以 $\lambda=2$，$\lambda=5$ 或 $\lambda=8$ 时，方程组有非零解.

课堂练习 4-2

1. 若 $\begin{vmatrix} 1 & a & d \\ 2 & b & e \\ 3 & c & f \end{vmatrix}=4$，求 $\begin{vmatrix} 2a+3 & d & 1 \\ 2b+6 & e & 2 \\ 2c+9 & f & 3 \end{vmatrix}$ 和 $\begin{vmatrix} 2a+3 & d & a-2 \\ 2b+6 & e & b-4 \\ 2c+9 & f & c-6 \end{vmatrix}$.

2. 计算行列式 $\begin{vmatrix} 1 & 1 & 1 & 1 \\ 1 & 2 & 1 & 1 \\ 1 & 1 & 2 & 1 \\ 1 & 1 & 1 & 2 \end{vmatrix}$.

3. 利用克莱姆法则解方程组 $\begin{cases} x_2+2x_3=1 \\ x_1+x_2+4x_3=1 \\ 2x_1-x_2=2 \end{cases}$.

习题 4-2

1. 选择题.

(1) 设 $\boldsymbol{D}=\begin{vmatrix} a & b \\ c & d \end{vmatrix}\neq 0$，$\boldsymbol{D}_1=\begin{vmatrix} 2a & 2b \\ 2c & 2d \end{vmatrix}$，则 $\boldsymbol{D}_1=$（　　）.

A. $2D$　　B. $-2D$　　C. $4D$　　D. $-4D$

(2) 方程 $\begin{vmatrix} 1 & 1 & 1 & 1 \\ 1 & -2 & 2 & x \\ 1 & 4 & 4 & x^2 \\ 1 & -8 & 8 & x^3 \end{vmatrix}=0$ 的根为（　　）.

A. 1，2，3　　B. 1，2，-2　　C. 0，1，2　　D. 1，-1，2

(3) 已知齐次线性方程组 $\begin{cases} \lambda x+y+z=0 \\ \lambda x+3y-z=0 \\ -y+\lambda z=0 \end{cases}$ 仅有零解，则（　　）.

A. $\lambda\neq 0$ 且 $\lambda\neq 1$　　B. $\lambda=0$ 或 $\lambda=1$

C. $\lambda=0$　　D. $\lambda=1$

2. 填空题.

(1) $\begin{vmatrix} 2 & 1 & 1 & 1 \\ 1 & 2 & 1 & 1 \\ 1 & 1 & 2 & 1 \\ 1 & 1 & 1 & 2 \end{vmatrix}=$________.　　(2) $\begin{vmatrix} y & x & x \\ x & y & x \\ x & x & y \end{vmatrix}=$________.

(3) 若 $\begin{vmatrix} a_1 & a_2 & a_3 \\ b_1 & b_2 & b_3 \\ c_1 & c_2 & c_3 \end{vmatrix}=10$，则 $\begin{vmatrix} 2a_2+a_3 & 3a_1+a_2 & a_1-5a_3 \\ 2b_2+b_3 & 3b_1+b_2 & b_1-5b_3 \\ 2c_2+c_3 & 3c_1+c_2 & c_1-5c_3 \end{vmatrix}=$________.

3. 用行列式的性质计算下列行列式.

(1) $\begin{vmatrix} 103 & 100 & 204 \\ 199 & 200 & 395 \\ 301 & 300 & 600 \end{vmatrix}$；　(2) $\begin{vmatrix} a & 1 & 0 & 0 \\ -1 & b & 1 & 0 \\ 0 & -1 & c & 0 \\ 0 & 0 & -1 & d \end{vmatrix}$；

(3) $\begin{vmatrix} 2 & 1 & 0 & 0 & 0 \\ 1 & 2 & 1 & 0 & 0 \\ 0 & 1 & 2 & 1 & 0 \\ 0 & 0 & 1 & 2 & 1 \\ 0 & 0 & 0 & 1 & 2 \end{vmatrix}$；　(4) $\begin{vmatrix} 1+x & 1 & 1 & 1 \\ 1 & 1-x & 1 & 1 \\ 1 & 1 & 1+y & 1 \\ 1 & 1 & 1 & 1-y \end{vmatrix}$；

(5) $\begin{vmatrix} x & a & \cdots & a \\ a & x & \cdots & a \\ \vdots & \vdots & \ddots & \vdots \\ a & a & \cdots & x \end{vmatrix}$；　(6) $\begin{vmatrix} 1 & 2 & 3 & 4 \\ 2 & 1 & 2 & 3 \\ 3 & 2 & 1 & 2 \\ 4 & 3 & 2 & 1 \end{vmatrix}$.

4. 用克莱姆法则解下列线性方程组.

(1) $\begin{cases} x_1+x_2=-3 \\ 7x_1-4x_2=12 \end{cases}$；　(2) $\begin{cases} x+y-2z=-3 \\ 5x-2y+7z=22 \\ 2x-5y+4z=4 \end{cases}$；

(3) $\begin{cases} x_1+x_2+x_3+x_4=5 \\ x_1+2x_2-x_3+4x_4=-2 \\ 2x_1+3x_2-x_3-5x_4=-2 \\ 3x_1+x_2+2x_3+11x_4=0 \end{cases}$；　(4) $\begin{cases} 2x_1+3x_2+11x_3+2x_4=1 \\ -x_2+5x_3+2x_4=1 \\ -x_2-7x_3=-5 \\ -2x_3+2x_4=-4 \end{cases}$.

5. λ，μ 取何值时，齐次线性方程组 $\begin{cases} \lambda x_1+x_2+x_3=0 \\ x_1+\mu x_2+x_3=0 \\ x_1+2\mu x_2+x_3=0 \end{cases}$ 有非零解.

6. λ 取何值时，齐次线性方程组 $\begin{cases} (1-\lambda)x_1-2x_2+4x_3=0 \\ 2x_1+(3-\lambda)x_2+x_3=0 \\ x_1+x_2+(1-\lambda)x_3=0 \end{cases}$ 有非零解.

7. 用行列式的性质证明下列等式.

(1) $\begin{vmatrix} y+z & z+x & x+y \\ x+y & y+z & z+x \\ z+x & x+y & y+z \end{vmatrix}=2\begin{vmatrix} x & y & z \\ z & x & y \\ y & z & x \end{vmatrix}$；

(2) $\begin{vmatrix} ax+by & ay+bz & az+bx \\ ay+bz & az+bx & ax+by \\ az+bx & ax+by & ay+bz \end{vmatrix}=(a^3+b^3)\begin{vmatrix} x & y & z \\ y & z & x \\ z & x & y \end{vmatrix}$.

8. 解方程 $\begin{vmatrix} 1 & 1 & 1 & 1 \\ 1 & 1-x & 1 & 1 \\ 1 & 1 & 2-x & 1 \\ 1 & 1 & 1 & 3-x \end{vmatrix}=0$.

第三节 矩阵的概念及运算

一、矩阵的概念

定义 4.3.1 由 $m\times n$ 个数排成的一个 m 行 n 列的矩形数表，称为 m 行 n 列矩阵，简称为 $m\times n$ **矩阵**．矩阵通常用大写英文字母 $\boldsymbol{A}$，$\boldsymbol{B}$，$\boldsymbol{C}$，…表示.

例如

$$\boldsymbol{A}=\begin{pmatrix} a_{11} & a_{12} & \cdots & a_{1n} \\ a_{21} & a_{22} & \cdots & a_{2n} \\ \vdots & \vdots & \ddots & \vdots \\ a_{m1} & a_{m2} & \cdots & a_{mn} \end{pmatrix}$$

矩阵 $\boldsymbol{A}$ 中的每一个数 a_{ij} $(i=1, 2, \cdots, m;\ j=1, 2, \cdots, n)$ 称为矩阵 $\boldsymbol{A}$ 的元素（a_{ij} 称为矩阵 $\boldsymbol{A}$ 的第 i 行第 j 列元素）．元素是实数的矩阵称为实矩阵，元素是复数的矩阵称为复矩阵．若无特别说明，本书中都是指实矩阵.

本章只讨论实矩阵，$m\times n$ 矩阵 $\boldsymbol{A}$ 也可以简记为 $\boldsymbol{A}=(a_{ij})_{m\times n}$ 或 $\boldsymbol{A}_{m\times n}$.

注意：

矩阵和行列式是不一样的，行列式表示一个代数运算式，矩阵是一个数表，不要混淆了它们实质及形式上的不同.

定义 4.3.2 两个矩阵的行数相等，列数也相等，就称它们是**同型矩阵**.

定义 4.3.3 若两个矩阵 $\boldsymbol{A}=(a_{ij})_{m\times n}$，$\boldsymbol{B}=(b_{ij})_{m\times n}$ 满足：

$$a_{ij}=b_{ij}(i=1,2,\cdots,m;j=1,2,\cdots,n)\text{(对应元素相等)},$$

则称矩阵 $\boldsymbol{A}$ 与 $\boldsymbol{B}$ **相等**，记为 $\boldsymbol{A}=\boldsymbol{B}$.

【例 4-11】 设 $\boldsymbol{A}=\begin{pmatrix} x & 2 \\ x-y & 3 \end{pmatrix}$，$\boldsymbol{B}=\begin{pmatrix} 4 & z \\ 2 & w \end{pmatrix}$，若 $\boldsymbol{A}=\boldsymbol{B}$，求 x，y，z，w.

解 根据两个矩阵相等的定义，必有 $\begin{cases} x=4 \\ 2=z \\ x-y=2 \\ 3=w \end{cases} \Rightarrow \begin{cases} x=4 \\ y=2 \\ z=2 \\ w=3 \end{cases}$.

下面介绍几种特殊矩阵.

(1) **零矩阵**．所有元素为零的矩阵称为零矩阵，记为 $\boldsymbol{O}$.

(2) **行矩阵　列矩阵**.

只有一行的矩阵 $\boldsymbol{A}=(a_1 \quad a_2 \quad \cdots \quad a_n)$ $(n>1)$ 称为行矩阵.

只有一列的矩阵 $\boldsymbol{B}=\begin{pmatrix} b_1 \\ b_2 \\ \vdots \\ b_m \end{pmatrix}$ $(m>1)$ 称为列矩阵.

(3) ***n* 阶方阵**．若矩阵 $\boldsymbol{A}$ 的行数与列数都等于 n，则称 $\boldsymbol{A}$ 为 n 阶方阵，记为 $\boldsymbol{A}_n$．n 阶方阵自左上角到右下角上的元素称为**主对角元**，方阵的所有元素位置不动构成的一个 n 阶行列式称为**方阵的行列式**，如方阵 $\boldsymbol{A}$ 的行列式记为 $|\boldsymbol{A}|$ 或 $\det\boldsymbol{A}$.

（4）**上三角矩阵**. 主对角线以下元素全为零的方阵称为上三角矩阵，记为

$$A=\begin{bmatrix} a_{11} & a_{12} & \cdots & a_{1n} \\ 0 & a_{22} & \cdots & a_{2n} \\ \vdots & \vdots & \ddots & \vdots \\ 0 & 0 & \cdots & a_{nn} \end{bmatrix}$$

（5）**下三角矩阵**. 主对角线以上元素全为零的方阵称为下三角矩阵，记为

$$A=\begin{bmatrix} a_{11} & 0 & \cdots & 0 \\ a_{21} & a_{22} & \cdots & 0 \\ \vdots & \vdots & \ddots & \vdots \\ a_{n1} & a_{n2} & \cdots & a_{nn} \end{bmatrix}$$

（6）**对角矩阵**. 除了主对角线上的元素以外，其余元素全为零的方阵称为 n 阶对角矩阵，记为

$$A=\begin{bmatrix} a_{11} & 0 & \cdots & 0 \\ 0 & a_{22} & \cdots & 0 \\ \vdots & \vdots & \ddots & \vdots \\ 0 & 0 & \cdots & a_{nn} \end{bmatrix}$$

（7）**单位阵**.

n 阶方阵 $\begin{pmatrix} 1 & 0 & \cdots & 0 \\ 0 & 1 & \cdots & 0 \\ \vdots & \vdots & \ddots & \vdots \\ 0 & 0 & \cdots & 1 \end{pmatrix}$ 称为 n 阶单位阵，记为 $\boldsymbol{I}$ 或 $\boldsymbol{E}$.

二、矩阵的运算

（一）矩阵的加减法

定义 4.3.4 设有两个 $m\times n$ 矩阵 $\boldsymbol{A}=(a_{ij})_{m\times n}$，$\boldsymbol{B}=(b_{ij})_{m\times n}$，矩阵 $\boldsymbol{A}$ 与 $\boldsymbol{B}$ 的和（或差）记为 $\boldsymbol{A}\pm\boldsymbol{B}$，且规定

$$\boldsymbol{A}\pm\boldsymbol{B}=(a_{ij}\pm b_{ij})_{m\times n}=\begin{pmatrix} a_{11}\pm b_{11} & a_{12}\pm b_{12} & \cdots & a_{1n}\pm b_{1n} \\ a_{21}\pm b_{21} & a_{22}\pm b_{22} & \cdots & a_{2n}\pm b_{2n} \\ \vdots & \vdots & \ddots & \vdots \\ a_{m1}\pm b_{m1} & a_{m2}\pm b_{m2} & \cdots & a_{mn}\pm b_{mn} \end{pmatrix}$$

注意：

只有当两个矩阵为同型矩阵时，才能进行加减法运算，且矩阵相加减就相当于矩阵的对应元素相加减.

【例 4-12】 设 $\boldsymbol{A}=\begin{pmatrix} -1 & 3 & 2 \\ 2 & 1 & -5 \end{pmatrix}$，$\boldsymbol{B}=\begin{pmatrix} 0 & -1 & 3 \\ -3 & 4 & 7 \end{pmatrix}$，求 $\boldsymbol{A}+\boldsymbol{B}$.

解
$$\boldsymbol{A}+\boldsymbol{B}=\begin{pmatrix} -1 & 3 & 2 \\ 2 & 1 & -5 \end{pmatrix}+\begin{pmatrix} 0 & -1 & 3 \\ -3 & 4 & 7 \end{pmatrix}$$
$$=\begin{pmatrix} -1+0 & 3+(-1) & 2+3 \\ 2+(-3) & 1+4 & -5+7 \end{pmatrix}$$

$$=\begin{pmatrix}-1 & 2 & 5\\ -1 & 5 & 2\end{pmatrix}.$$

由矩阵加法的定义可知矩阵加法满足如下运算规律.

(1) 交换律 $\boldsymbol{A}+\boldsymbol{B}=\boldsymbol{B}+\boldsymbol{A}$;

(2) 结合律 $(\boldsymbol{A}+\boldsymbol{B})+\boldsymbol{C}=\boldsymbol{A}+(\boldsymbol{B}+\boldsymbol{C})$;

(3) $\boldsymbol{A}+\boldsymbol{O}=\boldsymbol{A}$,($\boldsymbol{O}$ 为零矩阵),其中矩阵 $\boldsymbol{A}$、$\boldsymbol{B}$、$\boldsymbol{C}$、$\boldsymbol{O}$ 都是同型矩阵.

(二) 数与矩阵相乘

定义 4.3.5 数 λ 与矩阵 $\boldsymbol{A}=(a_{ij})_{m\times n}$ 的乘积记为 $\lambda\boldsymbol{A}$,规定

$$\lambda\boldsymbol{A}=\lambda\begin{pmatrix}a_{11} & a_{12} & \cdots & a_{1n}\\ a_{21} & a_{22} & \cdots & a_{2n}\\ \vdots & \vdots & \ddots & \vdots\\ a_{m1} & a_{m2} & \cdots & a_{mn}\end{pmatrix}=\begin{pmatrix}\lambda a_{11} & \lambda a_{12} & \cdots & \lambda a_{1n}\\ \lambda a_{21} & \lambda a_{22} & \cdots & \lambda a_{2n}\\ \vdots & \vdots & \ddots & \vdots\\ \lambda a_{m1} & \lambda a_{m2} & \cdots & \lambda a_{mn}\end{pmatrix}$$

数与矩阵的乘积运算称为矩阵的数乘运算.不难得出,数乘运算满足下列运算规律.

设矩阵 $\boldsymbol{A}$、$\boldsymbol{B}$ 都是 $m\times n$ 矩阵,λ,μ 为常数,则有

(1) $\lambda(\mu\boldsymbol{A})=(\lambda\mu)\boldsymbol{A}$;

(2) $\lambda(\boldsymbol{A}+\boldsymbol{B})=\lambda\boldsymbol{A}+\lambda\boldsymbol{B}$;

(3) $(\lambda+\mu)\boldsymbol{A}=\lambda\boldsymbol{A}+\mu\boldsymbol{A}$.

【例 4-13】 已知 $\boldsymbol{A}=\begin{pmatrix}3 & -2 & 0\\ 1 & 1 & 2\\ 2 & 3 & -1\end{pmatrix}$,　$\boldsymbol{B}=\begin{pmatrix}1 & 2 & -1\\ 1 & 3 & -4\\ -2 & -1 & 1\end{pmatrix}$,求 $3\boldsymbol{A}-2\boldsymbol{B}$.

解
$$3\boldsymbol{A}-2\boldsymbol{B}=3\begin{pmatrix}3 & -2 & 0\\ 1 & 1 & 2\\ 2 & 3 & -1\end{pmatrix}-2\begin{pmatrix}1 & 2 & -1\\ 1 & 3 & -4\\ -2 & -1 & 1\end{pmatrix}$$
$$=\begin{pmatrix}9 & -6 & 0\\ 3 & 3 & 6\\ 6 & 9 & -3\end{pmatrix}-\begin{pmatrix}2 & 4 & -2\\ 2 & 6 & -8\\ -4 & -2 & 2\end{pmatrix}=\begin{pmatrix}7 & -10 & 2\\ 1 & -3 & 14\\ 10 & 11 & -5\end{pmatrix}.$$

(三) 矩阵的乘法

设 $\boldsymbol{A}=(a_{ij})_{m\times s}=\begin{pmatrix}a_{11} & a_{12} & \cdots & a_{1s}\\ a_{21} & a_{22} & \cdots & a_{2s}\\ \vdots & \vdots & \ddots & \vdots\\ a_{m1} & a_{m2} & \cdots & a_{ms}\end{pmatrix}$,$\boldsymbol{B}=(b_{ij})_{s\times n}=\begin{pmatrix}b_{11} & b_{12} & \cdots & b_{1n}\\ b_{21} & b_{22} & \cdots & b_{2n}\\ \vdots & \vdots & \ddots & \vdots\\ b_{s1} & b_{s2} & \cdots & b_{sn}\end{pmatrix}$,矩阵 $\boldsymbol{A}$ 与矩阵 $\boldsymbol{B}$ 的乘积记作 $\boldsymbol{AB}$,规定

$$\boldsymbol{AB}=(c_{ij})_{m\times n}=\begin{pmatrix}c_{11} & c_{12} & \cdots & c_{1n}\\ c_{21} & c_{22} & \cdots & c_{2n}\\ \vdots & \vdots & \ddots & \vdots\\ c_{m1} & c_{m2} & \cdots & c_{mn}\end{pmatrix}$$

其中

$$c_{ij}=a_{i1}b_{1j}+a_{i2}b_{2j}+\cdots+a_{is}b_{sj}=\sum_{k=1}^{s}a_{ik}b_{kj},\quad (i=1,2,\cdots,m;j=1,2,\cdots,n)$$

记号 AB 读作"A 左乘 B"或"B 右乘 A".

注意：

（1）只有当左边矩阵 A 的列数等于右边矩阵 B 的行数时，两个矩阵才能进行乘法运算（即 AB 有意义，但 BA 不一定有意义）.

（2）AB 仍为矩阵，它的行数等于 A 的行数，它的列数等于 B 的列数.

【例 4-14】 已知 $A=\begin{pmatrix}1 & -1 & 1\\ 0 & 1 & 1\end{pmatrix}$，$B=\begin{pmatrix}2 & 0 & 1\\ 0 & 1 & -1\\ 2 & 1 & 2\end{pmatrix}$，求 AB.

解 $$AB=\begin{pmatrix}1 & -1 & 1\\ 0 & 1 & 1\end{pmatrix}\begin{pmatrix}2 & 0 & 1\\ 0 & 1 & -1\\ 2 & 1 & 2\end{pmatrix}=\begin{pmatrix}4 & 0 & 4\\ 2 & 2 & 1\end{pmatrix}.$$

【例 4-15】 设 $A=\begin{pmatrix}1 & 1\\ -1 & -1\end{pmatrix}$，$B=\begin{pmatrix}1 & -1\\ -1 & 1\end{pmatrix}$，计算 AB 和 BA.

解 $$AB=\begin{pmatrix}1 & 1\\ -1 & -1\end{pmatrix}\begin{pmatrix}1 & -1\\ -1 & 1\end{pmatrix}=\begin{pmatrix}0 & 0\\ 0 & 0\end{pmatrix};$$

$$BA=\begin{pmatrix}1 & -1\\ -1 & 1\end{pmatrix}\begin{pmatrix}1 & 1\\ -1 & -1\end{pmatrix}=\begin{pmatrix}2 & 2\\ -2 & -2\end{pmatrix}.$$

【例 4-16】 设有矩阵 $A=\begin{pmatrix}1 & 2\\ 0 & 3\end{pmatrix}$，$B=\begin{pmatrix}1 & 0\\ 0 & 4\end{pmatrix}$，$C=\begin{pmatrix}1 & 1\\ 0 & 0\end{pmatrix}$. 求 AC 和 BC.

解 $$AC=\begin{pmatrix}1 & 2\\ 0 & 3\end{pmatrix}\begin{pmatrix}1 & 1\\ 0 & 0\end{pmatrix}=\begin{pmatrix}1 & 1\\ 0 & 0\end{pmatrix};\ BC=\begin{pmatrix}1 & 0\\ 0 & 4\end{pmatrix}\begin{pmatrix}1 & 1\\ 0 & 0\end{pmatrix}=\begin{pmatrix}1 & 1\\ 0 & 0\end{pmatrix}.$$

注意：

（1）矩阵的乘法不满足交换律，即 $AB\neq BA$.

当然，也可能出现 $AB=BA$ 的情形．如，设 $A=\begin{pmatrix}1 & 1\\ 0 & 1\end{pmatrix}$，$B=\begin{pmatrix}1 & 2\\ 0 & 1\end{pmatrix}$，则

$$AB=\begin{pmatrix}1 & 1\\ 0 & 1\end{pmatrix}\begin{pmatrix}1 & 2\\ 0 & 1\end{pmatrix}=\begin{pmatrix}1 & 3\\ 0 & 1\end{pmatrix},\quad BA=\begin{pmatrix}1 & 2\\ 0 & 1\end{pmatrix}\begin{pmatrix}1 & 1\\ 0 & 1\end{pmatrix}=\begin{pmatrix}1 & 3\\ 0 & 1\end{pmatrix}.$$

（2）由 $AB=O$ 不能推出 $A=O$ 或 $B=O$.

（3）矩阵的乘法不满足消去律，即不能从 $AC=BC$，推出 $A=B$.

在运算都是可行的情况下，矩阵的乘法满足下列运算规律.

（1）$(AB)C=A(BC)$；

（2）$(A+B)C=AC+BC$；

（3）$C(A+B)=CA+CB$；

（4）$k(AB)=(kA)B=A(kB)$（其中 k 为任意实数）；

（5）$A_{m\times n}I_n=A_{m\times n}$；$I_mA_{m\times n}=A_{m\times n}$.

定义 4.3.6 设 A 是 n 阶方阵，k 是正整数，规定

$$A^1=A, A^2=AA, \cdots, A^k=A^{k-1}A.$$

称 A^k 为方阵 A 的 k 次幂．并规定 n 阶方阵 A 的零次幂为单位阵 I，即 $A^0=I$.

n 阶方阵 A 满足下列运算规律.

(1) $\boldsymbol{I}^n=\boldsymbol{I}$;

(2) $\boldsymbol{A}^k\boldsymbol{A}^l=\boldsymbol{A}^{k+l}$;

(3) $(\boldsymbol{A}^k)^l=\boldsymbol{A}^{kl}$.

注意:

一般地，$(\boldsymbol{AB})^k\neq\boldsymbol{A}^k\boldsymbol{B}^k$.

【例 4-17】 设矩阵 $\boldsymbol{A}=\begin{pmatrix}2&1&1\\3&1&0\\0&1&2\end{pmatrix}$，求 $\boldsymbol{A}^2$.

解 $\boldsymbol{A}^2=\begin{pmatrix}2&1&1\\3&1&0\\0&1&2\end{pmatrix}\begin{pmatrix}2&1&1\\3&1&0\\0&1&2\end{pmatrix}=\begin{pmatrix}7&4&4\\9&4&3\\3&3&4\end{pmatrix}$.

三、线性方程组的矩阵表示

设有 m 个 n 元线性方程组成的方程组

$$\begin{cases}a_{11}x_1+a_{12}x_2+\cdots+a_{1n}x_n=b_1\\a_{21}x_1+a_{22}x_2+\cdots+a_{2n}x_n=b_2\\\qquad\vdots\\a_{m1}x_1+a_{m2}x_2+\cdots+a_{mn}x_n=b_m\end{cases}\tag{4-4}$$

若记

$$\boldsymbol{A}=\begin{pmatrix}a_{11}&a_{12}&\cdots&a_{1n}\\a_{21}&a_{22}&\cdots&a_{2n}\\\vdots&\vdots&\ddots&\vdots\\a_{m1}&a_{m2}&\cdots&a_{mn}\end{pmatrix},\quad \boldsymbol{X}=\begin{pmatrix}x_1\\x_2\\\vdots\\x_n\end{pmatrix},\quad \boldsymbol{B}=\begin{pmatrix}b_1\\b_2\\\vdots\\b_m\end{pmatrix}$$

则利用矩阵的乘法，线性方程组（4-4）可表示为矩阵形式 $\boldsymbol{AX}=\boldsymbol{B}$.

方程 $\boldsymbol{AX}=\boldsymbol{B}$ 称为矩阵方程，其中 $\boldsymbol{A}$ 为线性方程组（4-4）的系数矩阵．将线性方程组写成矩阵方程的形式，不仅书写方便，而且可以把线性方程组的理论与矩阵理论联系起来，这给线性方程组的讨论带来很大方便.

四、矩阵的转置

定义 4.3.7 把矩阵 $\boldsymbol{A}$ 的行换成同序数的列得到的一个新矩阵，称为矩阵 $\boldsymbol{A}$ 的转置矩阵，记为 $\boldsymbol{A}^{\mathrm{T}}$.

即若

$$\boldsymbol{A}=\begin{pmatrix}a_{11}&a_{12}&\cdots&a_{1n}\\a_{21}&a_{22}&\cdots&a_{2n}\\\vdots&\vdots&\ddots&\vdots\\a_{m1}&a_{m2}&\cdots&a_{mn}\end{pmatrix}_{m\times n}$$

则

$$\boldsymbol{A}^{\mathrm{T}}=\begin{pmatrix}a_{11}&a_{21}&\cdots&a_{m1}\\a_{12}&a_{22}&\cdots&a_{m2}\\\vdots&\vdots&\ddots&\vdots\\a_{1n}&a_{2n}&\cdots&a_{mn}\end{pmatrix}_{n\times m}$$

一般地，矩阵的转置满足以下运算规律（假定运算都是可行的）.

(1) $(\boldsymbol{A}^{\mathrm{T}})^{\mathrm{T}}=\boldsymbol{A}$；

(2) $(\boldsymbol{A}\pm\boldsymbol{B})^{\mathrm{T}}=\boldsymbol{A}^{\mathrm{T}}\pm\boldsymbol{B}^{\mathrm{T}}$；

(3) $(k\boldsymbol{A})^{\mathrm{T}}=k\boldsymbol{A}^{\mathrm{T}}$；

(4) $(\boldsymbol{AB})^{\mathrm{T}}=\boldsymbol{B}^{\mathrm{T}}\boldsymbol{A}^{\mathrm{T}}$.

【例 4-18】 已知 $\boldsymbol{A}=(1\quad -1\quad 2)$，$\boldsymbol{B}=\begin{pmatrix}2&-1&0\\1&1&3\\4&2&1\end{pmatrix}$，求 $(\boldsymbol{AB})^{\mathrm{T}}$.

解法一 因为 $\boldsymbol{AB}=(1\quad -1\quad 2)\begin{pmatrix}2&-1&0\\1&1&3\\4&2&1\end{pmatrix}=(9\quad 2\quad -1)$，所以 $(\boldsymbol{AB})^{\mathrm{T}}=\begin{pmatrix}9\\2\\-1\end{pmatrix}$.

解法二 $(\boldsymbol{AB})^{\mathrm{T}}=\boldsymbol{B}^{\mathrm{T}}\boldsymbol{A}^{\mathrm{T}}=\begin{pmatrix}2&1&4\\-1&1&2\\0&3&1\end{pmatrix}\begin{pmatrix}1\\-1\\2\end{pmatrix}=\begin{pmatrix}9\\2\\-1\end{pmatrix}$.

定义 4.3.8 设 n 阶矩阵 $\boldsymbol{A}$，若 $\boldsymbol{A}^{\mathrm{T}}=\boldsymbol{A}$，称 $\boldsymbol{A}$ 为对称矩阵.

【例 4-19】 设矩阵 $\boldsymbol{A}=\begin{pmatrix}5&4&-1\\4&0&2\\-1&2&8\end{pmatrix}$，则 $\boldsymbol{A}^{\mathrm{T}}=\begin{pmatrix}5&4&-1\\4&0&2\\-1&2&8\end{pmatrix}$，即 $\boldsymbol{A}^{\mathrm{T}}=\boldsymbol{A}$，$\boldsymbol{A}$ 为对称矩阵.

课堂练习 4-3

1. 已知 $\boldsymbol{A}=\begin{pmatrix}4&2&3\\x_1-x_2&1&0\end{pmatrix}$，$\boldsymbol{B}=\begin{pmatrix}4&2&x_1+x_2\\2&1&0\end{pmatrix}$，若 $\boldsymbol{A}=\boldsymbol{B}$，求 x_1，x_2.

2. 设 $\boldsymbol{A}=\begin{pmatrix}1&2&3&4\\0&-1&5&2\\2&3&1&0\end{pmatrix}$，$\boldsymbol{B}=\begin{pmatrix}0&2&1&3\\4&1&0&2\\0&-3&2&5\end{pmatrix}$，求 $\boldsymbol{A}+\boldsymbol{B}$，$2\boldsymbol{A}-3\boldsymbol{B}$.

3. 设 $\boldsymbol{A}=\begin{pmatrix}4&3&1\\1&-2&3\\5&7&0\end{pmatrix}$，$\boldsymbol{B}=\begin{pmatrix}7\\2\\1\end{pmatrix}$，求 $\boldsymbol{AB}$.

4. 已知 $\boldsymbol{A}=\begin{pmatrix}1&-1&1\\0&1&2\\1&2&3\end{pmatrix}$，求 $\boldsymbol{A}^{\mathrm{T}}$.

5. 已知 $\boldsymbol{A}=\begin{pmatrix}1&-1\\-1&1\end{pmatrix}$，求 $\boldsymbol{A}^3$.

习题 4-3

1. 填空题.

(1) 设 $\boldsymbol{A}=\begin{pmatrix}1&2&0\\7&-3&-2\end{pmatrix}$，则 $2\boldsymbol{A}=$（　　）.

(2) 设$A=\begin{pmatrix}4 & 1 & 0\\ -1 & -2 & 5\end{pmatrix}$，$B=\begin{pmatrix}a & 1 & c\\ -1 & b & 5\end{pmatrix}$，当$A=B$时，$a=$（　　），$b=$（　　），$c=$（　　）.

(3) 设$A=\begin{pmatrix}1\\ -4\\ 3\end{pmatrix}$，$B=(2\quad -3\quad 1)$，则$2A-B^{\mathrm{T}}=$（　　）.

(4) 设$A_{m\times n}$，$B_{n\times s}$，则$(AB)^{\mathrm{T}}$是（　　）矩阵.

(5) 设A是三阶方阵，则$|-2A|=$（　　）$|A|$.

(6) 设$A=(1\quad 0\quad -1)$，$B=\begin{pmatrix}1 & 2 & 3\\ 3 & 2 & 1\\ 1 & -1 & 0\end{pmatrix}$，则$AB=$（　　）.

(7) 当$\lambda=$（　　）时，方程组$\begin{cases}x_1+x_2=-1\\ x_1+\lambda x_2=1\end{cases}$无解.

(8) 设$A=\begin{pmatrix}1 & 1 & 0\\ 0 & 1 & -1\\ 1 & -1 & 1\end{pmatrix}$，$B=\begin{pmatrix}1 & 2 & 3\\ -1 & -2 & -4\\ 0 & 2 & 1\end{pmatrix}$，则$A^{\mathrm{T}}B^{\mathrm{T}}=$（　　）.

2. 选择题.

(1) 设A是$m\times n$矩阵，B是$s\times p$矩阵，则作运算AB的条件是（　　）.

A. $m=s$　　B. $n=p$　　C. $m=p$　　D. $n=s$

(2) 设A是$m\times n$，B是$s\times n$矩阵，C是$s\times p$矩阵，则$(AB^{\mathrm{T}}C)^{\mathrm{T}}$是（　　）矩阵.

A. $p\times m$　　B. $p\times s$　　C. $m\times p$　　D. $s\times m$

(3) A为n阶矩阵，则（　　）是对称矩阵.

A. $A^{\mathrm{T}}+A$　　B. $A^{\mathrm{T}}-A$　　C. $A-A^{\mathrm{T}}$　　D. A^2

3. 计算下列矩阵乘法.

(1) $(1\quad 2\quad 3)\begin{pmatrix}3\\ 2\\ 1\end{pmatrix}$；　　(2) $\begin{pmatrix}1 & 2 & 3\\ -2 & 1 & 2\end{pmatrix}\begin{pmatrix}1 & 2 & 0\\ 0 & 1 & 1\\ 3 & 0 & -1\end{pmatrix}$.

4. 设矩阵$A=\begin{pmatrix}3 & 2\\ 5 & 4\end{pmatrix}$，$B=\begin{pmatrix}7 & -4\\ -5 & 3\end{pmatrix}$，$C=\begin{pmatrix}2 & 1\\ 3 & 4\end{pmatrix}$，求$\det[(2A-3C)B]$.

5. 设$A=\begin{pmatrix}1 & 1 & 1\\ 1 & 1 & -1\\ 1 & -1 & 1\end{pmatrix}$，$B=\begin{pmatrix}1 & 2 & 3\\ -1 & 0 & 1\\ 0 & 1 & 1\end{pmatrix}$，求 (1) $3AB-2A$；(2) $A^{\mathrm{T}}B$.

6. 已知$A=\begin{pmatrix}1 & 2 & 1 & 2\\ 2 & 1 & 2 & 1\\ 1 & 2 & 3 & 4\end{pmatrix}$，$B=\begin{pmatrix}4 & 3 & 2 & 1\\ -2 & 1 & 0 & 1\\ 0 & -1 & 0 & 1\end{pmatrix}$，计算：

(1) $3A-B$；　　(2) $2A+3B$；　　(3) 若X满足$A+X=B$，求X.

7. 设$A=\begin{pmatrix}1 & 0\\ -1 & 1\end{pmatrix}$，$B=\begin{pmatrix}0 & 1\\ -1 & 0\end{pmatrix}$，求$(AB)^2$和$A^2B^2$.

8. 设$\boldsymbol{A}=\begin{pmatrix}1&2\\3&x\\4&y\end{pmatrix}$，$\boldsymbol{B}=\begin{pmatrix}u&1\\v&3\\2&5\end{pmatrix}$，$\boldsymbol{C}=\begin{pmatrix}2&w\\1&3\\t&6\end{pmatrix}$，求满足$\boldsymbol{A}+\boldsymbol{B}=\boldsymbol{C}$的$x$，$y$，$u$，$v$，$w$，$t$.

第四节 逆 矩 阵

一、逆矩阵的概念

我们知道，在实数运算中，如果$ab=1$，称b为a的倒数，可记为$b=a^{-1}$，即有$aa^{-1}=1$. 对于n阶方阵$\boldsymbol{A}$，是否存在一个n阶矩阵$\boldsymbol{B}$，使得$\boldsymbol{AB}=\boldsymbol{BA}=\boldsymbol{I}$呢？

定义 4.4.1 对于n阶方阵$\boldsymbol{A}$，如果存在一个n阶矩阵$\boldsymbol{B}$，使得$\boldsymbol{AB}=\boldsymbol{BA}=\boldsymbol{I}$，则称$\boldsymbol{B}$是$\boldsymbol{A}$的**逆矩阵**，记为$\boldsymbol{B}=\boldsymbol{A}^{-1}$，并称方阵$\boldsymbol{A}$是可逆的.

注意：

（1）可逆矩阵一定是方阵；

（2）若矩阵$\boldsymbol{A}$可逆，则$\boldsymbol{A}$的逆矩阵是唯一的.

事实上，若设$\boldsymbol{B}$，$\boldsymbol{C}$均为$\boldsymbol{A}$的逆矩阵，则有

$$\boldsymbol{B}=\boldsymbol{IB}=(\boldsymbol{CA})\boldsymbol{B}=\boldsymbol{C}(\boldsymbol{AB})=\boldsymbol{CI}=\boldsymbol{C}\,.$$

【例 4-20】 设$\boldsymbol{A}=\begin{pmatrix}1&2\\2&3\end{pmatrix}$，$\boldsymbol{B}=\begin{pmatrix}-3&2\\2&-1\end{pmatrix}$，验证$\boldsymbol{B}$是$\boldsymbol{A}$的逆矩阵.

解 因为

$$\boldsymbol{AB}=\begin{pmatrix}1&2\\2&3\end{pmatrix}\begin{pmatrix}-3&2\\2&-1\end{pmatrix}=\begin{pmatrix}1&0\\0&1\end{pmatrix},\quad \boldsymbol{BA}=\begin{pmatrix}-3&2\\2&-1\end{pmatrix}\begin{pmatrix}1&2\\2&3\end{pmatrix}=\begin{pmatrix}1&0\\0&1\end{pmatrix},$$

即$\boldsymbol{AB}=\boldsymbol{BA}=\boldsymbol{I}$，所以$\boldsymbol{B}$是$\boldsymbol{A}$的逆矩阵.

二、逆矩阵的性质

性质 4.4.1 若方阵$\boldsymbol{A}$可逆，则$\boldsymbol{A}^{-1}$也可逆，且$(\boldsymbol{A}^{-1})^{-1}=\boldsymbol{A}$.

性质 4.4.2 若方阵$\boldsymbol{A}$可逆，则$\boldsymbol{A}^{\mathrm{T}}$也可逆，且$(\boldsymbol{A}^{\mathrm{T}})^{-1}=(\boldsymbol{A}^{-1})^{\mathrm{T}}$.

性质 4.4.3 若方阵$\boldsymbol{A}$可逆，$k\neq0$，则$k\boldsymbol{A}$也可逆，且$(k\boldsymbol{A})^{-1}=\frac{1}{k}\boldsymbol{A}^{-1}$.

性质 4.4.4 若n阶方阵$\boldsymbol{A}$与$\boldsymbol{B}$均可逆，则$\boldsymbol{AB}$也可逆，且$(\boldsymbol{AB})^{-1}=\boldsymbol{B}^{-1}\boldsymbol{A}^{-1}$.

三、可逆矩阵的判定

一般的，利用定义判别一个n阶方阵是否可逆是不方便的，下面介绍矩阵可逆的充要条件.

定理 4.4.1 n阶方阵$\boldsymbol{A}$可逆的充要条件是$|\boldsymbol{A}|\neq0$（$|\boldsymbol{A}|\neq0$时，称$\boldsymbol{A}$为非奇异矩阵；$|\boldsymbol{A}|=0$时，称$\boldsymbol{A}$为奇异矩阵）.

定理 4.4.2 若n阶方阵$\boldsymbol{A}$，$\boldsymbol{B}$满足$\boldsymbol{AB}=\boldsymbol{I}$，那么$\boldsymbol{A}$，$\boldsymbol{B}$均可逆，且$\boldsymbol{A}^{-1}=\boldsymbol{B}$，$\boldsymbol{B}^{-1}=\boldsymbol{A}$.

四、逆矩阵的求法

1. 定义法

【例 4-21】 求矩阵$\boldsymbol{A}=\begin{pmatrix}1&2\\0&1\end{pmatrix}$的逆矩阵.

解 因为$|\boldsymbol{A}|=\begin{vmatrix}1&2\\0&1\end{vmatrix}=1\neq0$，所以$\boldsymbol{A}$可逆．设$\boldsymbol{A}^{-1}=\begin{pmatrix}x_1&x_2\\x_3&x_4\end{pmatrix}$，则

$$AA^{-1}=\begin{pmatrix}1 & 2\\0 & 1\end{pmatrix}\begin{pmatrix}x_1 & x_2\\x_3 & x_4\end{pmatrix}=\begin{pmatrix}x_1+2x_3 & x_2+2x_4\\x_3 & x_4\end{pmatrix}=\begin{pmatrix}1 & 0\\0 & 1\end{pmatrix}.$$

由矩阵相等的定义，有

$$\begin{cases}x_1+2x_3=1\\x_2+2x_4=0\\x_3=0\\x_4=1\end{cases}\Rightarrow\begin{cases}x_1=1\\x_2=-2\\x_3=0\\x_4=1\end{cases}.$$

所以

$$A^{-1}=\begin{pmatrix}1 & -2\\0 & 1\end{pmatrix}.$$

2. 公式法（利用伴随矩阵求逆矩阵）

定义 4.4.2　n 阶方阵 A 的行列式 $|A|$ 的各个元素的代数余子式 A_{ij} 所构成的矩阵

$$\begin{pmatrix}A_{11} & A_{21} & \cdots & A_{n1}\\A_{12} & A_{22} & \cdots & A_{n2}\\\vdots & \vdots & \ddots & \vdots\\A_{1n} & A_{2n} & \cdots & A_{nn}\end{pmatrix}$$

称为矩阵 A 的**伴随矩阵**，记为 A^*，即

$$A^*=\begin{pmatrix}A_{11} & A_{21} & \cdots & A_{n1}\\A_{12} & A_{22} & \cdots & A_{n2}\\\vdots & \vdots & \ddots & \vdots\\A_{1n} & A_{2n} & \cdots & A_{nn}\end{pmatrix}.$$

【例 4-22】　设 $A=\begin{pmatrix}1 & 0 & 1\\2 & 1 & 0\\-3 & 2 & -5\end{pmatrix}$，求矩阵 A 的伴随矩阵 A^*.

解　按定义 4.4.2，因为

$$\begin{aligned}&A_{11}=-5,\ A_{12}=10,\ A_{13}=7,\\&A_{21}=2,\quad A_{22}=-2,\ A_{23}=-2,\\&A_{31}=-1,\ A_{32}=2,\quad A_{33}=1.\end{aligned}$$

所以

$$A^*=\begin{pmatrix}-5 & 2 & -1\\10 & -2 & 2\\7 & -2 & 1\end{pmatrix}.$$

定理 4.4.3　n 阶可逆方阵 A 的逆矩阵 $A^{-1}=\dfrac{1}{|A|}A^*$.

【例 4-23】　求矩阵 $A=\begin{pmatrix}1 & 0 & 0\\2 & 3 & 0\\5 & 6 & 4\end{pmatrix}$ 的逆矩阵.

解　因为 $|A|=12\neq 0$，所以 A^{-1} 存在.

$$A_{11}=12, A_{12}=-8, A_{13}=-3,$$
$$A_{21}=0, \quad A_{22}=4, \quad A_{23}=-6,$$
$$A_{31}=0, \quad A_{32}=0, \quad A_{33}=3.$$

所以

$$\boldsymbol{A}^{-1}=\frac{1}{|\boldsymbol{A}|}\boldsymbol{A}^{*}=\frac{1}{12}\begin{pmatrix}12 & 0 & 0\\ -8 & 4 & 0\\ -3 & -6 & 3\end{pmatrix}=\begin{pmatrix}1 & 0 & 0\\ -\frac{2}{3} & \frac{1}{3} & 0\\ -\frac{1}{4} & -\frac{1}{2} & \frac{1}{4}\end{pmatrix}.$$

通过上面的例子可以看出，利用定义和伴随矩阵求逆矩阵一般都比较麻烦，具体应用并非易事，我们将继续探索求逆矩阵的简易方法.

五、求解矩阵方程

有了逆矩阵的概念，我们就可以来讨论矩阵方程 $\boldsymbol{AX}=\boldsymbol{B}$ 的求解问题了．事实上，若 $\boldsymbol{A}$ 可逆，则 $\boldsymbol{A}^{-1}$存在，用 $\boldsymbol{A}^{-1}$左乘矩阵方程 $\boldsymbol{AX}=\boldsymbol{B}$ 两端，可得 $\boldsymbol{X}=\boldsymbol{A}^{-1}\boldsymbol{B}$.

同理，对矩阵方程 $\boldsymbol{XA}=\boldsymbol{B}$，$\boldsymbol{AXB}=\boldsymbol{C}$ 利用矩阵乘法的运算规律和逆矩阵的运算性质，通过在方程两边左乘或右乘相应矩阵的逆矩阵，可求得其解分别为 $\boldsymbol{X}=\boldsymbol{BA}^{-1}$，$\boldsymbol{X}=\boldsymbol{A}^{-1}\boldsymbol{CB}^{-1}$.

【例 4-24】 求解矩阵方程 $\boldsymbol{X}\begin{pmatrix}1 & 3\\ 5 & 2\end{pmatrix}=\begin{pmatrix}0 & 1\\ 1 & 0\end{pmatrix}$.

解 设 $\boldsymbol{A}=\begin{pmatrix}1 & 3\\ 5 & 2\end{pmatrix}$，$\boldsymbol{B}=\begin{pmatrix}0 & 1\\ 1 & 0\end{pmatrix}$，则原矩阵方程可改写为

$$\boldsymbol{XA}=\boldsymbol{B}.$$

若 $\boldsymbol{A}$ 可逆，用 $\boldsymbol{A}^{-1}$右乘上式，得

$$\boldsymbol{X}=\boldsymbol{BA}^{-1}.$$

易得出

$$|\boldsymbol{A}|=\begin{vmatrix}1 & 3\\ 5 & 2\end{vmatrix}=-13\neq 0.$$

所以 $\boldsymbol{A}^{-1}$存在，又因为 $\boldsymbol{A}^{*}=\begin{pmatrix}2 & -3\\ -5 & 1\end{pmatrix}$，所以

$$\boldsymbol{A}^{-1}=\frac{1}{|\boldsymbol{A}|}\boldsymbol{A}^{*}=-\frac{1}{13}\begin{pmatrix}2 & -3\\ -5 & 1\end{pmatrix}=\begin{pmatrix}-\frac{2}{13} & \frac{3}{13}\\ \frac{5}{13} & -\frac{1}{13}\end{pmatrix}.$$

于是

$$\boldsymbol{X}=\boldsymbol{BA}^{-1}=\begin{pmatrix}0 & 1\\ 1 & 0\end{pmatrix}\begin{pmatrix}-\frac{2}{13} & \frac{3}{13}\\ \frac{5}{13} & -\frac{1}{13}\end{pmatrix}=\begin{pmatrix}\frac{5}{13} & -\frac{1}{13}\\ -\frac{2}{13} & \frac{3}{13}\end{pmatrix}.$$

【例 4-25】 求解线性方程组 $\begin{cases}x_1+2x_2+3x_3=1\\ 2x_1+2x_2+x_3=2\\ 3x_1+4x_2+3x_3=5\end{cases}$.

解　设$\boldsymbol{A}=\begin{pmatrix}1&2&3\\2&2&1\\3&4&3\end{pmatrix}$，$\boldsymbol{X}=\begin{pmatrix}x_1\\x_2\\x_3\end{pmatrix}$，$\boldsymbol{B}=\begin{pmatrix}1\\2\\5\end{pmatrix}$，则原方程组可改写成矩阵方程

$$\boldsymbol{AX}=\boldsymbol{B}.$$

不难求得

$$\boldsymbol{A}^{-1}=\frac{1}{|\boldsymbol{A}|}\boldsymbol{A}^*=\begin{pmatrix}1&3&-2\\-\frac{3}{2}&-3&\frac{5}{2}\\1&1&-1\end{pmatrix}.$$

于是

$$\boldsymbol{X}=\boldsymbol{A}^{-1}\boldsymbol{B}=\begin{pmatrix}1&3&-2\\-\frac{3}{2}&-3&\frac{5}{2}\\1&1&-1\end{pmatrix}\begin{pmatrix}1\\2\\5\end{pmatrix}=\begin{pmatrix}-3\\5\\-2\end{pmatrix}.$$

所求线性方程组的解为

$$\begin{cases}x_1=-3\\x_2=5\\x_3=-2\end{cases}.$$

课堂练习 4-4

1. 求下列矩阵的逆矩阵.

(1) $\begin{pmatrix}1&2\\3&4\end{pmatrix}$；　(2) $\begin{pmatrix}1&1&1&1\\1&1&-1&-1\\1&-1&1&-1\\1&-1&-1&1\end{pmatrix}$.

2. 利用逆矩阵解下列方程.

(1) $\begin{pmatrix}2&-1&1\\3&2&0\\1&6&-2\end{pmatrix}\begin{pmatrix}x_1\\x_2\\x_3\end{pmatrix}=\begin{pmatrix}1\\2\\3\end{pmatrix}$；　(2) $\begin{cases}x_1-x_2-x_3=2\\2x_1-x_2-3x_3=1\\3x_1+2x_2-5x_3=0\end{cases}$.

习题 4-4

1. 填空题.

(1) 设$\boldsymbol{A}=\begin{pmatrix}1&0&0\\2&3&0\\5&6&4\end{pmatrix}$，则$\boldsymbol{A}^*=$（　　）.

(2) 设$\boldsymbol{A}=\begin{pmatrix}a&b\\c&d\end{pmatrix}$，当满足（　　）条件时，$\boldsymbol{A}$可逆.

（3）设$\boldsymbol{A}=\begin{pmatrix}-3 & 2\\ -2 & 2\end{pmatrix}$，则$\boldsymbol{A}^{-1}=$（　　）.

2. 选择题.

（1）若$\boldsymbol{A}$可逆，则$\boldsymbol{AX}=\boldsymbol{B}+\boldsymbol{C}$的解$\boldsymbol{X}=$（　　）.

A. 不存在　　B. $\boldsymbol{BA}^{-1}+\boldsymbol{CA}^{-1}$　　C. $\boldsymbol{A}^{-1}\boldsymbol{B}+\boldsymbol{A}^{-1}\boldsymbol{C}$　　D. $\boldsymbol{A}^{-1}\boldsymbol{B}+\boldsymbol{C}$

（2）若$\boldsymbol{X}\begin{pmatrix}3 & -2\\ 5 & -4\end{pmatrix}=\begin{pmatrix}-1 & 2\\ -5 & 6\end{pmatrix}$，则$\boldsymbol{X}=$（　　）.

A. $\begin{pmatrix}3 & -2\\ 5 & -4\end{pmatrix}$　　B. $\begin{pmatrix}3 & -2\\ -5 & 4\end{pmatrix}$　　C. $\begin{pmatrix}3 & 5\\ -2 & -4\end{pmatrix}$　　D. $\begin{pmatrix}3 & -5\\ -2 & 4\end{pmatrix}$

（3）n阶方阵$\boldsymbol{A}$可逆的充要条件是（　　）.

A. $\boldsymbol{A}\neq\boldsymbol{O}$　　B. $|\boldsymbol{A}|\neq 0$　　C. $|\boldsymbol{A}|<0$　　D. $|\boldsymbol{A}|>0$

3. 求下列矩阵的逆矩阵.

（1）$\begin{pmatrix}1 & 2\\ 2 & 5\end{pmatrix}$；　（2）$\begin{pmatrix}\sin x & -\cos x\\ \cos x & \sin x\end{pmatrix}$；　（3）$\begin{pmatrix}1 & 2 & 1\\ 3 & 4 & 2\\ 5 & -4 & 1\end{pmatrix}$；

（4）$\begin{pmatrix}1 & 2 & 3 & 4\\ 0 & 1 & 2 & 3\\ 0 & 0 & 1 & 2\\ 0 & 0 & 0 & 1\end{pmatrix}$；　（5）$\begin{pmatrix}1 & a & a^2 & a^3\\ 0 & 1 & a & a^2\\ 0 & 0 & 1 & a\\ 0 & 0 & 0 & 1\end{pmatrix}$；　（6）$\begin{pmatrix}3 & -2 & 0 & 1\\ 0 & 2 & 2 & 1\\ 1 & -2 & -3 & -2\\ 0 & 1 & 2 & 1\end{pmatrix}$.

4. 用逆矩阵解下列方程.

（1）$\begin{pmatrix}2 & 5\\ 1 & 3\end{pmatrix}\boldsymbol{X}=\begin{pmatrix}4 & -6\\ 2 & 1\end{pmatrix}$；　（2）$\begin{pmatrix}1 & 4\\ -1 & 2\end{pmatrix}\boldsymbol{X}\begin{pmatrix}2 & 0\\ -1 & 1\end{pmatrix}=\begin{pmatrix}3 & 1\\ 0 & -1\end{pmatrix}$；

（3）$\begin{pmatrix}0 & 1 & 0\\ 1 & 0 & 0\\ 0 & 0 & 1\end{pmatrix}\boldsymbol{X}\begin{pmatrix}1 & 0 & 0\\ 0 & 0 & 1\\ 0 & 1 & 0\end{pmatrix}=\begin{pmatrix}1 & -4 & 3\\ 2 & 0 & -1\\ 1 & -2 & 0\end{pmatrix}$.

5. 利用逆矩阵解下列线性方程组.

（1）$\begin{cases}x_1+2x_2+3x_3=1\\ 2x_1+2x_2+5x_3=2\\ 3x_1+5x_2+x_3=3\end{cases}$；　（2）$\begin{cases}x_1-x_2-x_3=2\\ 2x_1-x_2-3x_3=1\\ 3x_1+2x_2-5x_3=0\end{cases}$.

第五节　矩　阵　的　秩

一、矩阵的秩的概念

定义 4.5.1　在矩阵$\boldsymbol{A}$中，任意选定k行和k列，位于这些选定的行和列的交点上的k^2个元素按原来的相对次序所组成的k阶行列式，称为$\boldsymbol{A}$的一个k阶**子式**. 如果子式的值不为零，就称之为非零子式.

例如，在矩阵$\boldsymbol{A}=\begin{pmatrix}1 & 3 & 2 & 0\\ 2 & 0 & 6 & 5\\ 1 & 0 & 1 & 4\\ 0 & 0 & 0 & -1\end{pmatrix}$中，选第1、3行和第3、4列，它们交点上的元素所

构成的 2 阶行列式$\begin{vmatrix}2 & 0\\1 & 4\end{vmatrix}$就是一个 2 阶子式；又如选第 1、2、3 行和第 2、3、4 列，相应的 3 阶子式就是$\begin{vmatrix}3 & 2 & 0\\0 & 6 & 5\\0 & 1 & 4\end{vmatrix}$.

定义 4.5.2 设$\boldsymbol{A}$为$m\times n$矩阵，如果矩阵$\boldsymbol{A}$存在r阶不为零的子式，而任何$r+1$阶子式（若存在的话）皆为零，则称阶数r为矩阵$\boldsymbol{A}$的**秩**，记为$r(\boldsymbol{A})$，规定零矩阵的秩等于零.

显然，一个矩阵的秩是唯一的．由于矩阵$\boldsymbol{A}$的子式的阶数不超过$\boldsymbol{A}$的行数m和列数n，故$r(\boldsymbol{A})\leqslant\min(m, n)$．如果$r(\boldsymbol{A})=m$，称$\boldsymbol{A}$为行满秩矩阵；如果$r(\boldsymbol{A})=n$，称$\boldsymbol{A}$为列满秩矩阵．如果$\boldsymbol{A}$为$n$阶方阵，当$r(\boldsymbol{A})=n$时，称$\boldsymbol{A}$为**满秩方阵**；若$r(\boldsymbol{A})<n$，则称$\boldsymbol{A}$为**降秩方阵**.

【例 4-26】 求下列矩阵的秩.

(1) $\boldsymbol{A}=\begin{pmatrix}1 & 0 & 1\\2 & 1 & 0\\-3 & 2 & -5\end{pmatrix}$； (2) $\boldsymbol{B}=\begin{pmatrix}1 & 2 & 3 & 0\\0 & 1 & 2 & 1\\2 & 4 & 6 & 0\end{pmatrix}$.

解 (1) 因为$|\boldsymbol{A}|=\begin{vmatrix}1 & 0 & 1\\2 & 1 & 0\\-3 & 2 & -5\end{vmatrix}=2\neq0$，所以$r(\boldsymbol{A})=3$.

(2) $\boldsymbol{B}$有 4 个三阶子式，且

$$\begin{vmatrix}2 & 3 & 0\\1 & 2 & 1\\4 & 6 & 0\end{vmatrix}=0,\quad\begin{vmatrix}1 & 2 & 3\\0 & 1 & 2\\2 & 4 & 6\end{vmatrix}=0,\quad\begin{vmatrix}1 & 2 & 0\\0 & 1 & 1\\2 & 4 & 0\end{vmatrix}=0,\quad\begin{vmatrix}1 & 3 & 0\\0 & 2 & 1\\2 & 6 & 0\end{vmatrix}=0.$$

而二阶子式$\begin{vmatrix}1 & 2\\0 & 1\end{vmatrix}=1\neq0$，所以$r(\boldsymbol{B})=2$.

由此可以看到，按定义来计算一个矩阵的秩，需要计算很多个行列式，显然很麻烦．但下面这个矩阵，可以很容易看到它的秩是多少．

$$\boldsymbol{A}=\begin{pmatrix}1 & 2 & 3 & 6 & 9\\0 & 3 & 5 & 8 & 0\\0 & 0 & 1 & 3 & 7\\0 & 0 & 0 & 0 & 0\end{pmatrix}.$$

易知$r(\boldsymbol{A})=3$，3 也是$\boldsymbol{A}$的不全为零的行数．因为它有不全为零的阶梯状的 3 行，所以一定存在一个上三角的三阶子式不等于零，而大于三阶的子式一定都为零.

定义 4.5.3 如果矩阵的任一行从第一个元素起至该行的第一个非零元素所在的下方的元素全为零，且如果存在零行，零行位于矩阵的最下方，则称这样的矩阵为**阶梯形矩阵**.

如

$$\begin{pmatrix}3 & 0 & 1\\0 & 4 & 0\\0 & 0 & 1\end{pmatrix},\quad\begin{pmatrix}1 & 4 & 2 & 1\\0 & 9 & 0 & 3\\0 & 0 & 0 & 0\end{pmatrix},\quad\begin{pmatrix}1 & 3 & 2 & 2 & 1\\0 & 0 & 2 & 0 & 1\\0 & 0 & 0 & 3 & 1\end{pmatrix}$$

等矩阵都是阶梯形矩阵.

可以看出，阶梯形矩阵的秩就等于其非零行的行数.

二、矩阵的初等变换

在计算行列式时，利用行列式的性质可以将给定的行列式化为上（下）三角行列式，从而简化行列式的计算，把行列式的某些性质引用到矩阵上，会给我们研究矩阵带来很大的方便，这些性质反映到矩阵上就是矩阵的初等变换.

定义 4.5.4 矩阵的下列三种变换称为矩阵的**初等行变换**.

(1) 互换矩阵的两行（交换第 i，j 两行，记为 $r_i \leftrightarrow r_j$）；

(2) 用一个非零的数 k 乘矩阵的某一行（第 i 行乘以数 k，记为 kr_i）；

(3) 把矩阵的某一行的 k 倍加到另一行上去（第 j 行的 k 倍加到第 i 行，记为 r_i+kr_j）.

把定义中的“行”换成“列”，得矩阵的初等列变换的定义．（列记号用 c 表示）

矩阵的初等行变换与初等列变换统称为矩阵的初等变换.

定理 4.5.1 任意一个矩阵都可以由初等变换化成阶梯形矩阵.

定理 4.5.2 矩阵 $\boldsymbol{A}$ 经过初等变换变成矩阵 $\boldsymbol{B}$，它的秩不变，即 $r(\boldsymbol{A})=r(\boldsymbol{B})$.

三、用初等变换求矩阵的秩

由上面的定理可以得出矩阵秩的另一种求法，即将矩阵 $\boldsymbol{A}$ 通过初等变换化为阶梯形矩阵 $\boldsymbol{B}$，则矩阵 $\boldsymbol{A}$ 的秩就等于阶梯形矩阵 $\boldsymbol{B}$ 的非零行的行数.

【例 4-27】 求下列矩阵的秩.

(1) $\boldsymbol{A}=\begin{pmatrix}1&1&2&3\\1&2&3&5\\0&1&1&2\end{pmatrix}$；　(2) $\boldsymbol{A}=\begin{pmatrix}1&1&1&4\\1&-1&3&-2\\2&1&3&5\\3&1&5&4\end{pmatrix}$.

解 (1) $\boldsymbol{A}=\begin{pmatrix}1&1&2&3\\1&2&3&5\\0&1&1&2\end{pmatrix}\xrightarrow{r_2-r_1}\begin{pmatrix}1&1&2&3\\0&1&1&2\\0&1&1&2\end{pmatrix}\xrightarrow{r_3-r_2}\begin{pmatrix}1&1&2&3\\0&1&1&2\\0&0&0&0\end{pmatrix}$.

因为 $\boldsymbol{A}$ 化为阶梯形矩阵后只有两个非零行，所以 $r(\boldsymbol{A})=2$.

(2) $$\boldsymbol{A}=\begin{pmatrix}1&1&1&4\\1&-1&3&-2\\2&1&3&5\\3&1&5&4\end{pmatrix}\xrightarrow[r_4-3r_1]{\substack{r_2-r_1\\r_3-2r_1}}\begin{pmatrix}1&1&1&4\\0&-2&2&-6\\0&-1&1&-3\\0&-2&2&-8\end{pmatrix}$$

$$\xrightarrow{r_2\times\left(-\frac{1}{2}\right)}\begin{pmatrix}1&1&1&4\\0&1&-1&3\\0&-1&1&-3\\0&-2&2&-8\end{pmatrix}\xrightarrow[r_4+2r_2]{r_3+r_2}\begin{pmatrix}1&1&1&4\\0&1&-1&3\\0&0&0&0\\0&0&0&-2\end{pmatrix}$$

$$\xrightarrow{r_3\leftrightarrow r_4}\begin{pmatrix}1&1&1&4\\0&1&-1&3\\0&0&0&-2\\0&0&0&0\end{pmatrix}.$$

所以 $r(\boldsymbol{A})=3$.

四、用初等变换求逆矩阵

一般地，求 n 阶方阵 $\boldsymbol{A}$ 的逆矩阵，可通过构造一个 $n\times 2n$ 矩阵 $(\boldsymbol{A}|\boldsymbol{I})$，然后对 $(\boldsymbol{A}|\boldsymbol{I})$ 进行初等行变换，将它的左半部的矩阵 $\boldsymbol{A}$ 化为单位阵 $\boldsymbol{I}$，则它的右半部的 $\boldsymbol{I}$ 就同时化成了 $\boldsymbol{A}^{-1}$，即

$$(\boldsymbol{A}|\boldsymbol{I})\xrightarrow{\text{初等行变换}}(\boldsymbol{I}|\boldsymbol{A}^{-1})$$

【例 4-28】 设 $\boldsymbol{A}=\begin{pmatrix}1&1&1\\0&1&1\\1&0&1\end{pmatrix}$，利用初等变换求 $\boldsymbol{A}^{-1}$.

解 $$(\boldsymbol{A}|\boldsymbol{I})=\left(\begin{array}{ccc|ccc}1&1&1&1&0&0\\0&1&1&0&1&0\\1&0&1&0&0&1\end{array}\right)\xrightarrow{r_3-r_1}\left(\begin{array}{ccc|ccc}1&1&1&1&0&0\\0&1&1&0&1&0\\0&-1&0&-1&0&1\end{array}\right)$$

$$\xrightarrow{r_3+r_2}\left(\begin{array}{ccc|ccc}1&1&1&1&0&0\\0&1&1&0&1&0\\0&0&1&-1&1&1\end{array}\right)\xrightarrow[r_2-r_3]{r_1-r_2}\left(\begin{array}{ccc|ccc}1&0&0&1&-1&0\\0&1&0&1&0&-1\\0&0&1&-1&1&1\end{array}\right)=(\boldsymbol{I}|\boldsymbol{A}^{-1}).$$

所以

$$\boldsymbol{A}^{-1}=\begin{pmatrix}1&-1&0\\1&0&-1\\-1&1&1\end{pmatrix}.$$

利用矩阵的初等变换，还可以采用下述方法计算 $\boldsymbol{A}^{-1}\boldsymbol{B}$.

$$(\boldsymbol{A}|\boldsymbol{B})\xrightarrow{\text{初等行变换}}(\boldsymbol{I}|\boldsymbol{A}^{-1}\boldsymbol{B}).$$

【例 4-29】 求矩阵 $\boldsymbol{X}$，使 $\boldsymbol{AX}=\boldsymbol{B}$，其中

$$\boldsymbol{A}=\begin{pmatrix}1&2&3\\2&2&1\\3&4&3\end{pmatrix},\quad \boldsymbol{B}=\begin{pmatrix}2&5\\3&1\\4&3\end{pmatrix}.$$

解 若 $\boldsymbol{A}$ 可逆，则 $\boldsymbol{X}=\boldsymbol{A}^{-1}\boldsymbol{B}$.

$$(\boldsymbol{A}|\boldsymbol{B})=\left(\begin{array}{ccc|cc}1&2&3&2&5\\2&2&1&3&1\\3&4&3&4&3\end{array}\right)\xrightarrow[r_3-3r_1]{r_2-2r_1}\left(\begin{array}{ccc|cc}1&2&3&2&5\\0&-2&-5&-1&-9\\0&-2&-6&-2&-12\end{array}\right)$$

$$\xrightarrow[r_3-r_2]{r_1+r_2}\left(\begin{array}{ccc|cc}1&0&-2&1&-4\\0&-2&-5&-1&-9\\0&0&-1&-1&-3\end{array}\right)$$

$$\xrightarrow[r_2-5r_3]{r_1-2r_3}\left(\begin{array}{ccc|cc}1&0&0&3&2\\0&-2&0&4&6\\0&0&-1&-1&-3\end{array}\right)$$

$$\xrightarrow[r_3\times(-1)]{r_2\times\left(-\frac{1}{2}\right)}\left(\begin{array}{ccc|cc}1&0&0&3&2\\0&1&0&-2&-3\\0&0&1&1&3\end{array}\right).$$

所以

$$X=\begin{pmatrix}3 & 2\\ -2 & -3\\ 1 & 3\end{pmatrix}.$$

课堂练习 4-5

求下列矩阵的秩.

(1) $A=\begin{pmatrix}2 & 0 & 5 & 2\\ -2 & 4 & 1 & 0\end{pmatrix}$； (2) $B=\begin{pmatrix}1 & -2 & 3 & 5\\ 0 & 1 & 2 & 1\\ 1 & -1 & 5 & 6\end{pmatrix}$；

(3) $C=\begin{pmatrix}-1 & 1 & 4 & 0\\ 3 & -2 & 5 & -3\\ 2 & 0 & -6 & 4\\ 0 & 1 & 1 & 2\end{pmatrix}$.

习题 4-5

1. 填空题.

(1) 设 $A=\begin{pmatrix}-1 & 3 & -8 & 5\\ 1 & 0 & 9 & 1\\ 0 & -7 & 1 & -1\end{pmatrix}$，则由第 1、2 行，第 2、3 列构成的二阶子式为（ ）.

(2) 设 $A=\begin{pmatrix}0 & 2 & -1 & 3\\ 1 & 0 & 4 & 1\\ 0 & -2 & 1 & -1\end{pmatrix}$，则 $r(A)=$（ ）.

2. 将下列矩阵化为阶梯形矩阵.

(1) $\begin{pmatrix}1 & 1 & 1 & -1\\ -1 & -1 & 2 & 3\\ 2 & 2 & 5 & 0\end{pmatrix}$； (2) $\begin{pmatrix}2 & -1 & 3 & 1\\ 4 & -2 & 5 & 4\\ -4 & 2 & -6 & -2\\ 2 & -1 & 4 & 0\end{pmatrix}$.

3. 求下列矩阵的秩.

(1) $\begin{pmatrix}1 & 1 & 2\\ 1 & 2 & 3\\ 0 & 1 & 1\end{pmatrix}$； (2) $\begin{pmatrix}2 & 1 & -1 & 2\\ 1 & -1 & 2 & 3\\ -1 & 2 & 1 & 1\end{pmatrix}$；

(3) $\begin{pmatrix}1 & -1 & 2 & 1 & 0\\ 2 & -2 & 4 & 2 & 0\\ 3 & 0 & 6 & -1 & 1\\ 0 & 3 & 0 & 0 & 1\end{pmatrix}$； (4) $\begin{pmatrix}3 & 2 & 0 & 5 & 0\\ 3 & -2 & 3 & 6 & -1\\ 2 & 0 & 1 & 5 & -3\\ 1 & 6 & -4 & -1 & 4\end{pmatrix}$；

(5) $\begin{pmatrix} 1 & 0 & 1 & 1 & 0 & 1 & 1 \\ 1 & 1 & 0 & 1 & 1 & 0 & 0 \\ 1 & 0 & 1 & 2 & 1 & 0 & 1 \\ 2 & 1 & 1 & 3 & 2 & 0 & 1 \end{pmatrix}$； (6) $\begin{pmatrix} 1 & \lambda & -1 & 2 \\ 2 & -1 & \lambda & 5 \\ 1 & 10 & -6 & 1 \end{pmatrix}$，其中 λ 为参数.

第六节 高斯消元法

前面几节学习了矩阵的相关知识，本节介绍一种利用矩阵求解方程组的方法.

一、线性方程组的概念

线性方程组在实际工作中经常遇到，中学曾经学过二元或三元一次方程组，本节将研究线性方程组的一般情形，即含有 n 个未知量、m 个方程的线性方程组.

定义 4.6.1 形如

$$\begin{cases} a_{11}x_1+a_{12}x_2+\cdots+a_{1n}x_n=b_1 \\ a_{21}x_1+a_{22}x_2+\cdots+a_{2n}x_n=b_2 \\ \quad\vdots \\ a_{m1}x_1+a_{m2}x_2+\cdots+a_{mn}x_n=b_m \end{cases} \tag{4-5}$$

的方程组称为 n 元**线性方程组**，其中 $x_j(j=1,2,\cdots,n)$ 是**未知量**，$a_{ij}(i=1,2,\cdots,m;\ j=1,2,\cdots,n)$ 是**未知量的系数**，$b_i(i=1,2,\cdots,m)$ 是**常数项**.

特别地，当线性方程组（4 - 5）中的常数项 b_1、b_2、…、b_m 全为零时，方程组

$$\begin{cases} a_{11}x_1+a_{12}x_2+\cdots+a_{1n}x_n=0 \\ a_{21}x_1+a_{22}x_2+\cdots+a_{2n}x_n=0 \\ \quad\vdots \\ a_{m1}x_1+a_{m2}x_2+\cdots+a_{mn}x_n=0 \end{cases} \tag{4-6}$$

称为**齐次线性方程组**. 相应地，当常数项 b_1、b_2、…、b_m 不全为零时，方程组（4 - 5）称为**非齐次线性方程组**.

线性方程组（4 - 5）可用矩阵的形式来表示，即

$$\begin{pmatrix} a_{11} & a_{12} & \cdots & a_{1n} \\ a_{21} & a_{22} & \cdots & a_{2n} \\ \vdots & \vdots & \ddots & \vdots \\ a_{m1} & a_{m2} & \cdots & a_{mn} \end{pmatrix}\begin{pmatrix} x_1 \\ x_2 \\ \vdots \\ x_n \end{pmatrix}=\begin{pmatrix} b_1 \\ b_2 \\ \vdots \\ b_m \end{pmatrix}.$$

其中，$m\times n$ 矩阵 $\boldsymbol{A}=\begin{pmatrix} a_{11} & a_{12} & \cdots & a_{1n} \\ a_{21} & a_{22} & \cdots & a_{2n} \\ \vdots & \vdots & \ddots & \vdots \\ a_{m1} & a_{m2} & \cdots & a_{mn} \end{pmatrix}$ 称为方程组（4 - 5）的**系数矩阵**，$n\times 1$ 矩阵 $\boldsymbol{X}=\begin{pmatrix} x_1 \\ x_2 \\ \vdots \\ x_n \end{pmatrix}$，$m\times 1$ 矩阵 $\boldsymbol{B}=\begin{pmatrix} b_1 \\ b_2 \\ \vdots \\ b_m \end{pmatrix}$ 分别称为方程组（4 - 5）的**未知量矩阵**和**常数项矩阵**.

线性方程组（4 - 5）可以简记为 $\boldsymbol{AX}=\boldsymbol{B}$. 类似地，齐次线性方程组（4 - 6）可以简记为

$\boldsymbol{AX}=\boldsymbol{O}$.

实际上，线性方程组（4-5）的解只与系数矩阵$\boldsymbol{A}$和它的常数项矩阵$\boldsymbol{B}$有关，而与未知量用什么字母表示无关．为了研究的方便，我们把$\boldsymbol{A}$和$\boldsymbol{B}$写在一起，构成一个$m\times(n+1)$矩阵，即

$$\overline{\boldsymbol{A}}=(\boldsymbol{A}\vdots\boldsymbol{B})=\begin{pmatrix}a_{11}&a_{12}&\cdots&a_{1n}&b_1\\a_{21}&a_{22}&\cdots&a_{2n}&b_2\\\vdots&\vdots&\ddots&\vdots&\cdots\\a_{m1}&a_{m2}&\cdots&a_{mn}&b_m\end{pmatrix}$$

$\overline{\boldsymbol{A}}$称为线性方程组（4-5）的**增广矩阵**．

例如，线性方程组

$$\begin{cases}x_1-3x_2-2x_3-x_4=1\\3x_1-2x_2+4x_3+3x_4=0\\-x_1+2x_2-x_3-2x_4=2\end{cases}$$

的系数矩阵、未知量矩阵、常数项矩阵和增广矩阵分别是

$$\boldsymbol{A}=\begin{pmatrix}1&-3&-2&-1\\3&-2&4&3\\-1&2&-1&-2\end{pmatrix},\quad\boldsymbol{X}=\begin{pmatrix}x_1\\x_2\\x_3\\x_4\end{pmatrix},\quad\boldsymbol{B}=\begin{pmatrix}1\\0\\2\end{pmatrix}\text{和}\overline{\boldsymbol{A}}=\begin{pmatrix}1&-3&-2&-1&1\\3&-2&4&3&0\\-1&2&-1&-2&2\end{pmatrix}.$$

对于一个线性方程组，我们关注的问题是：方程组是否有解？若有解，则有多少个解？如何求出它的解？

二、高斯消元法

中学代数已介绍过二元、三元线性方程组的消元法——高斯消元法.

【例 4-30】 解线性方程组$\begin{cases}2x_1-x_2+2x_3=4\\x_1+x_2+2x_3=1\\4x_1+x_2+4x_3=2\end{cases}$.

解 交换第一、二两个方程，得同解方程组

$$\begin{cases}x_1+x_2+2x_3=1 & ①\\2x_1-x_2+2x_3=4 & ②\\4x_1+x_2+4x_3=2 & ③\end{cases}$$

②$-2\times$①，③$-4\times$①，得同解方程组

$$\begin{cases}x_1+x_2+2x_3=1 & ④\\-3x_2-2x_3=2 & ⑤\\-3x_2-4x_3=-2 & ⑥\end{cases}$$

[⑤$-$⑥]$\div 2$，得同解方程组

$$\begin{cases}x_1+x_2+2x_3=1 & ⑦\\-3x_2-2x_3=2 & ⑧\\x_3=2 & ⑨\end{cases}$$

至此消元过程完结，接下来是回代过程：

将⑨代入⑧，得 $x_2=-2$；再将 $x_2=-2$，$x_3=2$ 代入⑦，得 $x_1=-1$. 从而方程组有唯一解：$x_1=-1$，$x_2=-2$，$x_3=2$.

可以看出，在求解线性方程组的过程中，对方程组作下列三种变换不会影响线性方程组的解（方程组的同解变形）：

(1) 用一个非零常数 k 乘以某个方程的两端；

(2) 把某一个方程的 k 倍加到另一个方程上去；

(3) 交换两个方程的位置.

这三种变换和矩阵的初等行变换是一一对应的，也就是说对线性方程组的增广矩阵 $\overline{\mathbf{A}}$ 作初等行变换，不会影响线性方程组的解. 这样我们通过把线性方程组的增广矩阵 $\overline{\mathbf{A}}$ 实施初等行变换化为阶梯形矩阵，从而求出方程组的解，这就是求解的基本思路.

【例 4-31】 求解线性方程组

$$\begin{cases} x_1-3x_2-2x_3-x_4=6 \\ 3x_1-8x_2+x_3+5x_4=0 \\ -2x_1+x_2-4x_3+x_4=-12 \\ -x_1+4x_2-x_3-3x_4=2 \end{cases}.$$

解
$$\overline{\mathbf{A}}=\begin{pmatrix} 1 & -3 & -2 & -1 & 6 \\ 3 & -8 & 1 & 5 & 0 \\ -2 & 1 & -4 & 1 & -12 \\ -1 & 4 & -1 & -3 & 2 \end{pmatrix} \xrightarrow[r_4+r_1]{\substack{r_2-3r_1 \\ r_3+2r_1}} \begin{pmatrix} 1 & -3 & -2 & -1 & 6 \\ 0 & 1 & 7 & 8 & -18 \\ 0 & -5 & -8 & -1 & 0 \\ 0 & 1 & -3 & -4 & 8 \end{pmatrix}$$

$$\xrightarrow[r_4-r_2]{r_3+5r_2} \begin{pmatrix} 1 & -3 & -2 & -1 & 6 \\ 0 & 1 & 7 & 8 & -18 \\ 0 & 0 & 27 & 39 & -90 \\ 0 & 0 & -10 & -12 & 26 \end{pmatrix} \xrightarrow{\frac{1}{3}r_3} \begin{pmatrix} 1 & -3 & -2 & -1 & 6 \\ 0 & 1 & 7 & 8 & -18 \\ 0 & 0 & 9 & 13 & -30 \\ 0 & 0 & -10 & -12 & 26 \end{pmatrix}$$

$$\xrightarrow{r_3+r_4} \begin{pmatrix} 1 & -3 & -2 & -1 & 6 \\ 0 & 1 & 7 & 8 & -18 \\ 0 & 0 & -1 & 1 & -4 \\ 0 & 0 & -10 & -12 & 26 \end{pmatrix} \xrightarrow{-r_3} \begin{pmatrix} 1 & -3 & -2 & -1 & 6 \\ 0 & 1 & 7 & 8 & -18 \\ 0 & 0 & 1 & -1 & 4 \\ 0 & 0 & -10 & -12 & 26 \end{pmatrix}$$

$$\xrightarrow{r_4+10r_3} \begin{pmatrix} 1 & -3 & -2 & -1 & 6 \\ 0 & 1 & 7 & 8 & -18 \\ 0 & 0 & 1 & -1 & 4 \\ 0 & 0 & 0 & -22 & 66 \end{pmatrix} \xrightarrow{-\frac{1}{22}r_4} \begin{pmatrix} 1 & -3 & -2 & -1 & 6 \\ 0 & 1 & 7 & 8 & -18 \\ 0 & 0 & 1 & -1 & 4 \\ 0 & 0 & 0 & 1 & -3 \end{pmatrix}$$

$$\xrightarrow[r_3+r_4]{\substack{r_1+r_4 \\ r_2-8r_4}} \begin{pmatrix} 1 & -3 & -2 & 0 & 3 \\ 0 & 1 & 7 & 0 & 6 \\ 0 & 0 & 1 & 0 & 1 \\ 0 & 0 & 0 & 1 & -3 \end{pmatrix} \xrightarrow[r_2-7r_3]{r_1+2r_3} \begin{pmatrix} 1 & -3 & 0 & 0 & 5 \\ 0 & 1 & 0 & 0 & -1 \\ 0 & 0 & 1 & 0 & 1 \\ 0 & 0 & 0 & 1 & -3 \end{pmatrix}$$

$$\xrightarrow{r_1+3r_2} \begin{pmatrix} 1 & 0 & 0 & 0 & 2 \\ 0 & 1 & 0 & 0 & -1 \\ 0 & 0 & 1 & 0 & 1 \\ 0 & 0 & 0 & 1 & -3 \end{pmatrix}.$$

故方程组的解为

$$\begin{cases} x_1 = 2 \\ x_2 = -1 \\ x_3 = 1 \\ x_4 = -3 \end{cases}.$$

由上例可以看出，在求解线性方程组时，不需要考虑未知量，只需要对线性方程组的增广矩阵$\overline{A}$进行一系列的初等行变换，把它化为阶梯形矩阵，最后写出阶梯形矩阵所对应的阶梯形方程组，用逐次回代法求出其解．此种求解线性方程组的方法称为**高斯消元法**．

一般地，用高斯消元法求解线性方程组，线性方程组中未知数的个数与方程的个数不一定相等．对于方程的个数与未知数的个数不相等的方程组，高斯消元法也同样适用.

【例 4-32】 用高斯消元法求解线性方程组

$$\begin{cases} 2x_1 + x_2 - x_3 + 2x_4 = 2 \\ 4x_1 + 2x_2 - x_3 + x_4 = 1 \\ 8x_1 + 4x_2 - 3x_3 + 5x_4 = 5 \\ 2x_1 + x_2 - x_4 = -1 \end{cases}.$$

解 $$\overline{A} = \begin{pmatrix} 2 & 1 & -1 & 2 & 2 \\ 4 & 2 & -1 & 1 & 1 \\ 8 & 4 & -3 & 5 & 5 \\ 2 & 1 & 0 & -1 & -1 \end{pmatrix} \xrightarrow[r_4 - r_1]{\substack{r_2 - 2r_1 \\ r_3 - 4r_1}} \begin{pmatrix} 2 & 1 & -1 & 2 & 2 \\ 0 & 0 & 1 & -3 & -3 \\ 0 & 0 & 1 & -3 & -3 \\ 0 & 0 & 1 & -3 & -3 \end{pmatrix}$$

$$\xrightarrow[r_4 - r_2]{r_3 - r_2} \begin{pmatrix} 2 & 1 & -1 & 2 & 2 \\ 0 & 0 & 1 & -3 & -3 \\ 0 & 0 & 0 & 0 & 0 \\ 0 & 0 & 0 & 0 & 0 \end{pmatrix} \xrightarrow{r_1 + r_2} \begin{pmatrix} 2 & 1 & 0 & -1 & -1 \\ 0 & 0 & 1 & -3 & -3 \\ 0 & 0 & 0 & 0 & 0 \\ 0 & 0 & 0 & 0 & 0 \end{pmatrix}$$

$$\xrightarrow{\frac{1}{2}r_1} \begin{pmatrix} 1 & \frac{1}{2} & 0 & -\frac{1}{2} & -\frac{1}{2} \\ 0 & 0 & 1 & -3 & -3 \\ 0 & 0 & 0 & 0 & 0 \\ 0 & 0 & 0 & 0 & 0 \end{pmatrix}.$$

故方程组的同解方程组为

$$\begin{cases} x_1 + \frac{1}{2}x_2 - \frac{1}{2}x_4 = -\frac{1}{2} \\ x_3 - 3x_4 = -3 \end{cases}.$$

故方程组的解为

$$\begin{cases} x_1 = -\frac{1}{2} - \frac{1}{2}x_2 + \frac{1}{2}x_4 \\ x_3 = -3 + 3x_4 \end{cases}.$$

可以看出，只要 x_2，x_4 取定一组值，就可以得到原方程组的一组解．由于 x_2，x_4 可以任意取值，所以原方程组有无穷多组解．这时称 x_2，x_4 为**自由未知量**．

课堂练习 4-6

用高斯消元法求解下列方程组.

(1) $\begin{cases} x_1+2x_2+3x_3=-7 \\ 2x_1-x_2+2x_3=-8; \\ x_1+3x_2+x_3=3 \end{cases}$ (2) $\begin{cases} 2x_1-x_2+3x_3=3 \\ 3x_1+x_2-5x_3=0. \\ 4x_1-x_2+x_3=3 \end{cases}$

习题 4-6

1. 用高斯消元法求解下列方程组.

(1) $\begin{cases} 2x_1-3x_2+x_3-x_4=3 \\ 3x_1+x_2+x_3+x_4=0 \\ 4x_1-x_2-x_3-x_4=7 \\ -2x_1-x_2+x_3+x_4=-5 \end{cases}$; (2) $\begin{cases} x_1+3x_2+x_3+2x_4=4 \\ 3x_1+4x_2+2x_3-3x_4=6 \\ -x_1-5x_2+4x_3+x_4=11 \\ 2x_1+7x_2+x_3-6x_4=-5 \end{cases}$.

2. 用高斯消元法讨论下列方程组的解.

(1) $\begin{cases} x_1+x_2-2x_3=2 \\ 2x_1-3x_2+5x_3=1 \\ 4x_1-x_2+x_3=5 \\ 5x_1-x_3=7 \end{cases}$; (2) $\begin{cases} x_1+x_2+2x_3+x_4=5 \\ 2x_1+3x_2-x_3-2x_4=2. \\ 4x_1+5x_2+3x_3=7 \end{cases}$

第七节 线性方程组解的结构

一、线性方程组解的判定定理

定理 4.7.1 线性方程组（4-5）有解的充分必要条件是 $r(\boldsymbol{A})=r(\overline{\boldsymbol{A}})$.

(1) 当 $r(\boldsymbol{A})=n$ 时，线性方程组（4-5）有唯一解；

(2) 当 $r(\boldsymbol{A})<n$ 时，线性方程组（4-5）有无穷多解；

定理 4.7.1 告诉我们，若 $r(\boldsymbol{A})\neq r(\overline{\boldsymbol{A}})$，线性方程组（4-5）无解.

推论 对于齐次线性方程组（4-6）来说，其总是有解的，至少有零解，且

(1) 若 $r(\boldsymbol{A})=n$ 时，齐次线性方程组（4-6）只有零解；

(2) 若 $r(\boldsymbol{A})<n$ 时，齐次线性方程组（4-6）有非零解.

二、线性方程组求解举例

【例 4-33】 讨论线性方程组 $\begin{cases} x_1-x_2+5x_3-x_4=0 \\ x_1+x_2-2x_3+3x_4=0 \\ 3x_1-x_2+8x_3+x_4=0 \\ x_1+3x_2-9x_3+7x_4=0 \end{cases}$ 解的情况.

解 $\bar{\boldsymbol{A}}=\begin{pmatrix}1&-1&5&-1&0\\1&1&-2&3&0\\3&-1&8&1&0\\1&3&-9&7&0\end{pmatrix}\xrightarrow[r_4-r_1]{\substack{r_2-r_1\\r_3-3r_1}}\begin{pmatrix}1&-1&5&-1&0\\0&2&-7&4&0\\0&2&-7&4&0\\0&4&-14&8&0\end{pmatrix}$

$$\xrightarrow[r_4-2r_2]{r_3-r_2}\begin{pmatrix}1&-1&5&-1&0\\0&2&-7&4&0\\0&0&0&0&0\\0&0&0&0&0\end{pmatrix}\xrightarrow{\frac{1}{2}r_2}\begin{pmatrix}1&-1&5&-1&0\\0&1&-\frac{7}{2}&2&0\\0&0&0&0&0\\0&0&0&0&0\end{pmatrix}$$

$$\xrightarrow{r_1+r_2}\begin{pmatrix}1&0&\frac{3}{2}&1&0\\0&1&-\frac{7}{2}&2&0\\0&0&0&0&0\\0&0&0&0&0\end{pmatrix}.$$

最后一个矩阵对应的方程组为

$$\begin{cases}x_1+\dfrac{3}{2}x_3+x_4=0\\x_2-\dfrac{7}{2}x_3+2x_4=0\end{cases}.$$

即

$$\begin{cases}x_1=-\dfrac{3}{2}x_3-x_4\\x_2=\dfrac{7}{2}x_3-2x_4\end{cases}.$$

当 x_3，x_4 任意取定一组值，即 $\begin{pmatrix}x_3\\x_4\end{pmatrix}=\begin{pmatrix}c_1\\c_2\end{pmatrix}$ 时，由上述方程组得

$$\begin{pmatrix}x_1\\x_2\end{pmatrix}=\begin{pmatrix}-\dfrac{3}{2}c_1-c_2\\\dfrac{7}{2}c_1-2c_2\end{pmatrix}.$$

从而

$$\begin{pmatrix}x_1\\x_2\\x_3\\x_4\end{pmatrix}=\begin{pmatrix}-\dfrac{3}{2}c_1-c_2\\\dfrac{7}{2}c_1-2c_2\\c_1\\c_2\end{pmatrix}=\begin{pmatrix}-\dfrac{3}{2}c_1\\\dfrac{7}{2}c_1\\c_1\\0\end{pmatrix}+\begin{pmatrix}-c_2\\-2c_2\\0\\c_2\end{pmatrix}=c_1\begin{pmatrix}-\dfrac{3}{2}\\\dfrac{7}{2}\\1\\0\end{pmatrix}+c_2\begin{pmatrix}-1\\-2\\0\\1\end{pmatrix}.$$

由于 c_1，c_2 取值的任意性，可知方程组有无穷多解，既有零解（当 $c_1=c_2=0$ 时），又有非零解（当 $c_1\neq0$ 或 $c_2\neq0$ 时），而上式就是方程组的全部解．事实上

$$\begin{pmatrix} -\frac{3}{2} \\ \frac{7}{2} \\ 1 \\ 0 \end{pmatrix} \text{和} \begin{pmatrix} -1 \\ -2 \\ 0 \\ 1 \end{pmatrix}$$

均为方程的解．由此可知它们是构成方程组全部解的基础，我们称为**基础解系**（基础解系的严格定义要用到向量的线性无关概念，这里不再细述）．

一般地，**齐次线性方程组必有零解；若有非零解，一定存在基础解系，而基础解系的线性组合就为齐次线性方程组的通解；若仅有零解，零解也可视为通解**．

【例 4 - 34】 讨论线性方程组$\begin{cases} x_1-x_2+5x_3-x_4=2 \\ x_1+x_2-2x_3+3x_4=4 \\ 3x_1-x_2+8x_3+x_4=8 \\ x_1+3x_2-9x_3+7x_4=6 \end{cases}$的解的情况.

解 由例 4 - 33 可知

$$\bar{\boldsymbol{A}}=\begin{pmatrix} 1 & -1 & 5 & -1 & 2 \\ 1 & 1 & -2 & 3 & 4 \\ 3 & -1 & 8 & 1 & 8 \\ 1 & 3 & -9 & 7 & 6 \end{pmatrix} \longrightarrow \cdots \longrightarrow \begin{pmatrix} 1 & 0 & \frac{3}{2} & 1 & 3 \\ 0 & 1 & -\frac{7}{2} & 2 & 1 \\ 0 & 0 & 0 & 0 & 0 \\ 0 & 0 & 0 & 0 & 0 \end{pmatrix}.$$

最后一个矩阵对应的方程组为

$$\begin{cases} x_1+\frac{3}{2}x_3+x_4=3 \\ x_2-\frac{7}{2}x_3+2x_4=1 \end{cases}.$$

即

$$\begin{cases} x_1=3-\frac{3}{2}x_3-x_4 \\ x_2=1+\frac{7}{2}x_3-2x_4 \end{cases}.$$

取

$$\begin{pmatrix} x_3 \\ x_4 \end{pmatrix}=\begin{pmatrix} c_1 \\ c_2 \end{pmatrix},$$

由上述方程组，得

$$\begin{pmatrix} x_1 \\ x_2 \end{pmatrix}=\begin{pmatrix} 3-\frac{3}{2}c_1-c_2 \\ 1+\frac{7}{2}c_1-2c_2 \end{pmatrix}.$$

从而，有

$$\begin{pmatrix}x_1\\x_2\\x_3\\x_4\end{pmatrix}=\begin{pmatrix}3-\frac{3}{2}c_1-c_2\\1+\frac{7}{2}c_1-2c_2\\c_1\\c_2\end{pmatrix}=\begin{pmatrix}3\\1\\0\\0\end{pmatrix}+\begin{pmatrix}-\frac{3}{2}c_1\\\frac{7}{2}c_1\\c_1\\0\end{pmatrix}+\begin{pmatrix}-c_2\\-2c_2\\0\\c_2\end{pmatrix}=\begin{pmatrix}3\\1\\0\\0\end{pmatrix}+c_1\begin{pmatrix}-\frac{3}{2}\\\frac{7}{2}\\1\\0\end{pmatrix}+c_2\begin{pmatrix}-1\\-2\\0\\1\end{pmatrix}.$$

可以看出，$\begin{pmatrix}3\\1\\0\\0\end{pmatrix}$恰好是原方程组的一个解；$c_1\begin{pmatrix}-\frac{3}{2}\\\frac{7}{2}\\1\\0\end{pmatrix}+c_2\begin{pmatrix}-1\\-2\\0\\1\end{pmatrix}$是原方程组对应的齐次线性方程组的通解（由［例 4-33］可知）.

事实上，可以证明：**当非齐次线性方程组有解时，其通解由对应的齐次线性方程组的通解与该非齐次线性方程组的特解相加构成**.

这与常微分方程中非齐次线性微分方程解的结构完全相同.

【例 4-35】 当 λ 为何值时，线性方程组

$$\begin{cases}x_1+2x_2-x_3+3x_4=3\\2x_1-x_2+3x_3+x_4=1\\x_1+7x_2-6x_3+8x_4=\lambda\end{cases}$$

无解，有解？有解时求其全部解.

解 $$\overline{\boldsymbol{A}}=\begin{pmatrix}1&2&-1&3&3\\2&-1&3&1&1\\1&7&-6&8&\lambda\end{pmatrix}\xrightarrow[r_3-r_1]{r_2-2r_1}\begin{pmatrix}1&2&-1&4&3\\0&-5&5&-5&-5\\0&5&-5&5&\lambda-3\end{pmatrix}$$

$$\xrightarrow{r_3+r_2}\begin{pmatrix}1&2&-1&4&3\\0&-5&5&-5&-5\\0&0&0&0&\lambda-8\end{pmatrix}\xrightarrow{-\frac{1}{5}r_2}\begin{pmatrix}1&2&-1&4&3\\0&1&-1&1&1\\0&0&0&0&\lambda-8\end{pmatrix}.$$

由上面阶梯形矩阵知，当 $\lambda\neq 8$ 时，阶梯形矩阵最后一行对应的方程为 $0=\lambda-8\neq 0$，是矛盾方程，故方程组无解；

当 $\lambda=8$ 时，$r(\boldsymbol{A})=r(\overline{\boldsymbol{A}})=2$，方程组有解；因 $r(\boldsymbol{A})$ 小于未知量的个数 4，则方程组有无穷多组解．由阶梯形矩阵所对应的方程组

$$\begin{cases}x_1+2x_2-x_3+4x_4=3\\x_2-x_3+x_4=1\end{cases}$$

得出一般解

$$\begin{cases}x_1=1-x_3-2x_4\\x_2=1+x_3-x_4\end{cases}.$$

取

$$\begin{pmatrix}x_3\\x_4\end{pmatrix}=\begin{pmatrix}c_1\\c_2\end{pmatrix},$$

得

$$\begin{pmatrix}x_1\\x_2\end{pmatrix}=\begin{pmatrix}1-c_1-2c_2\\1+c_1-c_2\end{pmatrix}.$$

于是，得

$$\begin{pmatrix}x_1\\x_2\\x_3\\x_4\end{pmatrix}=\begin{pmatrix}1-c_1-2c_2\\1+c_1-c_2\\c_1\\c_2\end{pmatrix}=\begin{pmatrix}1\\1\\0\\0\end{pmatrix}+c_1\begin{pmatrix}-1\\1\\1\\0\end{pmatrix}+c_2\begin{pmatrix}-2\\-1\\0\\1\end{pmatrix}.$$

这就是当 $\lambda=8$ 时方程组的全部解.

【例 4-36】 如图 4-2 所示的网络是某市区的车流量，图中 A、B、C、D 是该市的四个道路交叉口，在网络中称作节点．节点之间的连线称作分支，表示道路．分支上箭头标明了流向，箭头旁的数字表示车流量. 试计算各节点的未知车流量.

解 网络流的基本假设是网络的总流入量等于总流出量，按图 4-2 写出 A、B、C、D 每个节点的流入量和流出量，便得到方程组

$$\begin{cases}300+500=x_1+x_2\\x_2+x_4=x_3+300\\100+400=x_4+x_5\\x_1+x_5=600\end{cases},$$

即

$$\begin{cases}x_1+x_2=800\\x_2-x_3+x_4=300\\x_4+x_5=500\\x_1+x_5=600\end{cases}.$$

则

$$\overline{A}=\begin{pmatrix}1&1&0&0&0&800\\0&1&-1&1&0&300\\0&0&0&1&1&500\\1&0&0&0&1&600\end{pmatrix}\xrightarrow{r_4-r_1}\begin{pmatrix}1&1&0&0&0&800\\0&1&-1&1&0&300\\0&0&0&1&1&500\\0&-1&0&0&1&-200\end{pmatrix}$$

$$\xrightarrow{r_4+r_2}\begin{pmatrix}1&1&0&0&0&800\\0&1&-1&1&0&300\\0&0&0&1&1&500\\0&0&-1&1&1&100\end{pmatrix}\xrightarrow{r_3\leftrightarrow r_4}\begin{pmatrix}1&1&0&0&0&800\\0&1&-1&1&0&300\\0&0&-1&1&1&100\\0&0&0&1&1&500\end{pmatrix}$$

$$\xrightarrow{-r_3}\begin{pmatrix}1&1&0&0&0&800\\0&1&-1&1&0&300\\0&0&1&-1&-1&-100\\0&0&0&1&1&500\end{pmatrix}\xrightarrow[r_3+r_4]{r_2-r_4}\begin{pmatrix}1&1&0&0&0&800\\0&1&-1&0&-1&-200\\0&0&1&0&0&400\\0&0&0&1&1&500\end{pmatrix}$$

$$\xrightarrow{r_2+r_3}\begin{pmatrix}1&1&0&0&0&800\\0&1&0&0&-1&200\\0&0&1&0&0&400\\0&0&0&1&1&500\end{pmatrix}\xrightarrow{r_1-r_2}\begin{pmatrix}1&0&0&0&1&600\\0&1&0&0&-1&200\\0&0&1&0&0&400\\0&0&0&1&1&500\end{pmatrix}.$$

解得

$$\begin{cases} x_1 = 600 - x_5 \\ x_2 = 200 + x_5 \\ x_3 = 400 \\ x_4 = 500 - x_5 \end{cases}.$$

取 $x_5 = c$，得

$$\begin{pmatrix} x_1 \\ x_2 \\ x_3 \\ x_4 \\ x_5 \end{pmatrix} = \begin{pmatrix} 600-c \\ 200+c \\ 400 \\ 500-c \\ c \end{pmatrix} = \begin{pmatrix} 600 \\ 200 \\ 400 \\ 500 \\ 0 \end{pmatrix} + c\begin{pmatrix} -1 \\ 1 \\ 0 \\ -1 \\ 1 \end{pmatrix}.$$

【例 4-37】（电路网络中电流的计算）如图 4-3 所示的网络电路，试计算回路的电流.

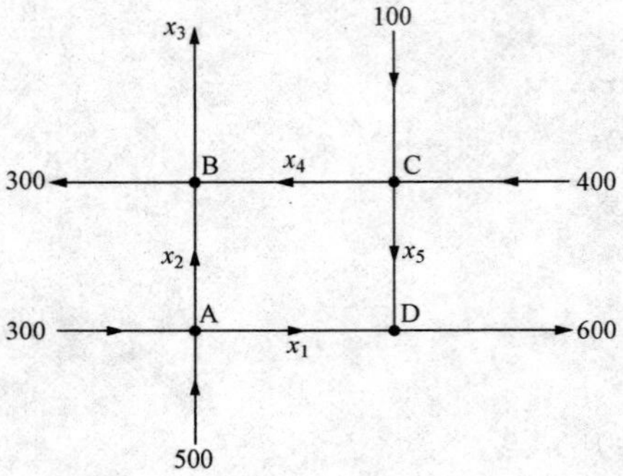

图 4-2

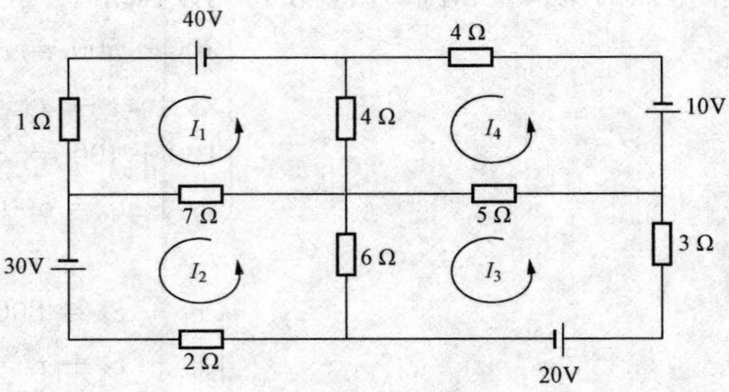

图 4-3

解 按图 4-3 中所选择的电流方向，写出 4 个回路中的电阻矩阵 $\boldsymbol{R}$.

$$\boldsymbol{R} = \begin{pmatrix} 1+7+4 & -7 & 0 & -4 \\ -7 & 7+2+6 & -6 & 0 \\ 0 & -6 & 5+6+3 & -5 \\ -4 & 0 & -5 & 4+4+5 \end{pmatrix} = \begin{pmatrix} 12 & -7 & 0 & -4 \\ -7 & 15 & -6 & 0 \\ 0 & -6 & 14 & -5 \\ -4 & 0 & -5 & 13 \end{pmatrix},$$

电动势向量 $\boldsymbol{V} = \begin{pmatrix} 40 \\ 30 \\ 20 \\ -10 \end{pmatrix}$，矩阵方程为 $\boldsymbol{R}\begin{pmatrix} I_1 \\ I_2 \\ I_3 \\ I_4 \end{pmatrix} = \boldsymbol{V}$，其增广矩阵为

$$\begin{pmatrix} 12 & -7 & 0 & -4 & 40 \\ -7 & 15 & -6 & 0 & 30 \\ 0 & -6 & 14 & -5 & 20 \\ -4 & 0 & -5 & 13 & -10 \end{pmatrix}.$$

经初等行变换后，可解得

$$I_1 = 11.43\text{A}, I_2 = 10.55\text{A}, I_3 = 8.04\text{A}, I_4 = 5.84\text{A}.$$

课堂练习 4-7

1. 解下列齐次线性方程组.

(1) $\begin{cases} x_1+2x_2+2x_3+x_4=0 \\ 2x_1+x_2-2x_3-2x_4=0 \\ x_1-x_2-4x_3-3x_4=0 \end{cases}$；　(2) $\begin{cases} x_1-2x_2+x_3=0 \\ 2x_1-3x_2+x_3=0 \\ 4x_1-3x_2-x_3=0 \\ x_1-x_3=0 \end{cases}$.

2. 解下列非齐次线性方程组.

(1) $\begin{cases} x_1-x_2=2 \\ x_2-x_3=-1 \\ -x_1+x_3=-1 \end{cases}$；　(2) $\begin{cases} x_1-x_2-x_3+x_4=0 \\ x_1-x_2+x_3-3x_4=2 \\ x_1-x_2-2x_3+3x_4=-1 \end{cases}$.

习题 4-7

1. 填空题.

(1) 齐次线性方程组有非零解的条件为________.

(2) 非齐次线性方程组有解的充分必要条件是________.

(3) 设 $r(\boldsymbol{A})$ 表示线性方程组 $\boldsymbol{AX}=\boldsymbol{B}$ 系数矩阵的秩，$r(\overline{\boldsymbol{A}})$ 表示其增广矩阵的秩，当 $r(\boldsymbol{A})$________ $r(\overline{\boldsymbol{A}})$ ________ n 时，方程组有解．(n 为未知数的个数)

(4) 若非齐次线性方程组增广矩阵经初等变换化为 $(0\quad 1\quad 0\quad -1\quad 1)$，那么该方程组的通解是________.

2. 选择题.

(1) 若齐次线性方程组 $\boldsymbol{AX}=\boldsymbol{O}$ 只有零解，则线性方程组 $\boldsymbol{AX}=\boldsymbol{B}$（　　）.

A. 只有唯一解　　B. 有无穷多解

C. 无解　　D. 解不能确定

(2) 以下结论正确的是（　　）.

A. 方程的个数小于未知量的个数的线性方程组一定有无穷多解

B. 方程的个数等于未知量的个数的线性方程组一定有唯一解

C. 方程的个数大于未知量的个数的线性方程组一定无解

D. A，B，C 都不对

(3) 齐次线性方程组 $\boldsymbol{A}_{3\times4}\boldsymbol{X}_{4\times1}=\boldsymbol{O}$（　　）.

A. 无解　　B. 有非零解

C. 只有零解　　D. 可能有解，也可能无解

(4) 线性方程组 $\boldsymbol{A}_{m\times n}\boldsymbol{X}=\boldsymbol{B}$ 有解的充分必要条件是（　　）.

A. $\boldsymbol{B}=\boldsymbol{O}$　　B. $m<n$

C. $m=n$　　D. $r(\boldsymbol{A})=r(\overline{\boldsymbol{A}})$

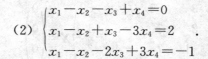

3. 解下列线性方程组.

(1) $\begin{cases} x_1+x_2+x_3+x_4=1 \\ 2x_1+x_2+3x_3+5x_4=-2; \\ x_1-x_2+3x_3+7x_4=-7 \end{cases}$　　(2) $\begin{cases} x_1+3x_2-x_3=0 \\ 3x_1-x_2+2x_3=0 \\ -2x_1+5x_2+x_3=0 \\ 3x_1+10x_2+x_3=0 \end{cases}$;

(3) $\begin{pmatrix} 1 & 1 & 1 & 2 \\ 2 & -1 & 3 & 8 \\ -3 & 2 & -1 & -9 \\ 0 & 1 & -2 & -3 \end{pmatrix}\boldsymbol{X}=\begin{pmatrix} 3 \\ 8 \\ -5 \\ -4 \end{pmatrix}$;　　(4) $\begin{pmatrix} 1 & -1 & -3 & 1 \\ 1 & -1 & 2 & -1 \\ 4 & -4 & 3 & -2 \\ 2 & -2 & -11 & 4 \end{pmatrix}\boldsymbol{X}=\begin{pmatrix} 1 \\ 3 \\ 6 \\ 0 \end{pmatrix}$;

(5) $\begin{pmatrix} 3 & -5 & 1 & -2 \\ 2 & 3 & -5 & 1 \\ -1 & 7 & -4 & 3 \\ 4 & 15 & -7 & 9 \end{pmatrix}\boldsymbol{X}=\begin{pmatrix} 0 \\ 0 \\ 0 \\ 0 \end{pmatrix}$.

4. 如图 4-4 所示为某城市部分单行街道的交通流量（每小时过车数），假设：

(1) 全部流入网络的流量等于全部流出网络的流量；

(2) 全部流入一个节点的流量等于全部流出此节点的流量.

试建立数学模型确定该交通网络未知部分的具体流量.

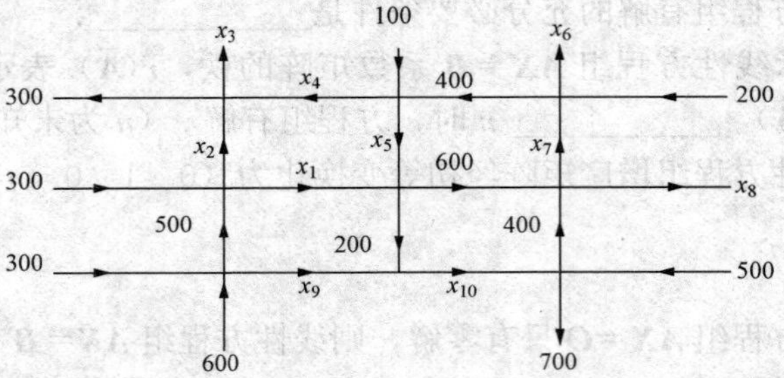

图 4-4

本 章 小 结

一、行列式

（一）行列式的概念

1. 二阶行列式

$\begin{vmatrix} a_{11} & a_{12} \\ a_{21} & a_{22} \end{vmatrix}$，表示数值 $a_{11}a_{22}-a_{12}a_{21}$.

2. 三阶行列式

$\begin{vmatrix} a_{11} & a_{12} & a_{13} \\ a_{21} & a_{22} & a_{23} \\ a_{31} & a_{32} & a_{33} \end{vmatrix}$，表示数值 $a_{11}a_{22}a_{33}+a_{12}a_{23}a_{31}+a_{13}a_{21}a_{32}$

$$-a_{11}a_{23}a_{32}-a_{12}a_{21}a_{33}-a_{13}a_{22}a_{31}$$

3. n 阶行列式

$$\boldsymbol{D}_n=\begin{vmatrix} a_{11} & a_{12} & \cdots & a_{1n} \\ a_{21} & a_{22} & \cdots & a_{2n} \\ \vdots & \vdots & \ddots & \vdots \\ a_{n1} & a_{n2} & \cdots & a_{nn} \end{vmatrix}$$

$$\boldsymbol{D}_n=a_{i1}A_{i1}+a_{i2}A_{i2}+\cdots+a_{in}A_{in}=\sum_{j=1}^{n}a_{ij}A_{ij},\quad i=1,2,\cdots,n$$

或

$$\boldsymbol{D}_n=a_{1j}A_{1j}+a_{2j}A_{2j}+\cdots+a_{nj}A_{nj}=\sum_{k=1}^{n}a_{kj}A_{kj},\quad j=1,2,\cdots,n.$$

其中 $A_{ij}=(-1)^{i+j}M_{ij}$ 为元素 a_{ij} 的**代数余子式**，M_{ij} 为元素 a_{ij} 的**余子式**，它是由行列式 $\boldsymbol{D}_n$ 中划去元素 a_{ij} 所在的行和列后余下的元素按原来的顺序构成的一个 $n-1$ 阶行列式.

（二）几个常用的特殊行列式

1. 上三角行列式

形如 $\begin{vmatrix} a_{11} & a_{12} & \cdots & a_{1n} \\ 0 & a_{22} & \cdots & a_{2n} \\ \vdots & \vdots & \ddots & \vdots \\ 0 & 0 & \cdots & a_{nn} \end{vmatrix}$ 的行列式．其特点是主对角线以下的元素全为零，主对角线以上的元素不全为零.

2. 下三角行列式

形如 $\begin{vmatrix} a_{11} & 0 & \cdots & 0 \\ a_{21} & a_{22} & \cdots & 0 \\ \vdots & \vdots & \ddots & \vdots \\ a_{n1} & a_{n2} & \cdots & a_{nn} \end{vmatrix}$ 的行列式．其特点是主对角线以上的元素全为零，主对角线以下的元素不全为零.

3. 对角行列式

形如 $\begin{vmatrix} a_{11} & 0 & \cdots & 0 \\ 0 & a_{22} & \cdots & 0 \\ \vdots & \vdots & \ddots & \vdots \\ 0 & 0 & \cdots & a_{nn} \end{vmatrix}$ 的行列式．其特点是非主对角线上的元素全为零（其中 a_{11}，a_{22}，…，a_{nn} 不全为零）.

$$\begin{vmatrix} a_{11} & a_{12} & \cdots & a_{1n} \\ 0 & a_{22} & \cdots & a_{2n} \\ \vdots & \vdots & \ddots & \vdots \\ 0 & 0 & \cdots & a_{nn} \end{vmatrix}=\begin{vmatrix} a_{11} & 0 & \cdots & 0 \\ a_{21} & a_{22} & \cdots & 0 \\ \vdots & \vdots & \ddots & \vdots \\ a_{n1} & a_{n2} & \cdots & a_{nn} \end{vmatrix}=\begin{vmatrix} a_{11} & 0 & \cdots & 0 \\ 0 & a_{22} & \cdots & 0 \\ \vdots & \vdots & \ddots & \vdots \\ 0 & 0 & \cdots & a_{nn} \end{vmatrix}=a_{11}a_{22}\cdots a_{nn}.$$

（三）行列式的性质

性质 4.2.1 行列式与它的转置行列式相等，即 $\boldsymbol{D}=\boldsymbol{D}^{\mathrm{T}}$.

性质 4.2.2 互换行列式的两行（列），行列式仅改变符号.

推论 1 若行列式中有两行（列）的对应元素完全相同，则此行列式等于零.

性质 4.2.3 行列式的某一行（列）的所有元素都乘以同一数λ，等于用数λ乘以此行列式．即

$$\begin{vmatrix} a_{11} & a_{12} & \cdots & a_{1n} \\ \vdots & \vdots & \ddots & \vdots \\ \lambda a_{i1} & \lambda a_{i2} & \cdots & \lambda a_{in} \\ \vdots & \vdots & \ddots & \vdots \\ a_{n1} & a_{n2} & \cdots & a_{nn} \end{vmatrix} = \lambda \begin{vmatrix} a_{11} & a_{12} & \cdots & a_{1n} \\ \vdots & \vdots & \ddots & \vdots \\ a_{i1} & a_{i2} & \cdots & a_{in} \\ \vdots & \vdots & \ddots & \vdots \\ a_{n1} & a_{n2} & \cdots & a_{nn} \end{vmatrix}$$

推论 2 行列式中某一行（列）上的所有元素的公因子可以提到行列式的外面．

推论 3 行列式中若有两行（列）元素对应成比例，则此行列式为零．

推论 4 行列式中若有一行（列）元素全为零，则此行列式为零．

性质 4.2.4 n 阶行列式等于任意一行（列）所有元素与其对应的代数余子式乘积之和．

性质 4.2.5 n 阶行列式中任意一行（列）的元素与另一行（列）的相应元素的代数余子式的乘积之和等于零．

性质 4.2.6 若行列式的某一行（列）的元素都是两数之和，设

$$\boldsymbol{D} = \begin{vmatrix} a_{11} & a_{12} & \cdots & a_{1n} \\ \vdots & \vdots & \ddots & \vdots \\ b_{i1}+c_{i1} & b_{i2}+c_{i2} & \cdots & b_{in}+c_{in} \\ \vdots & \vdots & \ddots & \vdots \\ a_{n1} & a_{n2} & \cdots & a_{nn} \end{vmatrix}$$

则

$$\boldsymbol{D} = \begin{vmatrix} a_{11} & a_{12} & \cdots & a_{1n} \\ \vdots & \vdots & \ddots & \vdots \\ b_{i1} & b_{i2} & \cdots & b_{in} \\ \vdots & \vdots & \ddots & \vdots \\ a_{n1} & a_{n2} & \cdots & a_{nn} \end{vmatrix} + \begin{vmatrix} a_{11} & a_{12} & \cdots & a_{1n} \\ \vdots & \vdots & \ddots & \vdots \\ c_{i1} & c_{i2} & \cdots & c_{in} \\ \vdots & \vdots & \ddots & \vdots \\ a_{n1} & a_{n2} & \cdots & a_{nn} \end{vmatrix}$$

性质 4.2.7 将行列式的某一行（列）的所有元素都乘以数 k 后加到另一行（列）的对应元素上，行列式的值不变．

（四）克莱姆法则

设 n 元线性方程组 $\begin{cases} a_{11}x_1 + a_{12}x_2 + \cdots + a_{1n}x_n = b_1 \\ a_{21}x_1 + a_{22}x_2 + \cdots + a_{2n}x_n = b_2 \\ \qquad \vdots \\ a_{n1}x_1 + a_{n2}x_2 + \cdots + a_{nn}x_n = b_n \end{cases}$ 的系数行列式 $\boldsymbol{D} =$ $\begin{vmatrix} a_{11} & a_{12} & \cdots & a_{1n} \\ a_{21} & a_{22} & \cdots & a_{2n} \\ \vdots & \vdots & \ddots & \vdots \\ a_{n1} & a_{n2} & \cdots & a_{nn} \end{vmatrix} \neq 0$，则线性方程组有且仅有唯一的一组解 $\begin{cases} x_1 = \dfrac{D_1}{D} \\ x_2 = \dfrac{D_2}{D} \\ \quad \vdots \\ x_n = \dfrac{D_n}{D} \end{cases}$，其中 $\boldsymbol{D}_j$ 是把 $\boldsymbol{D}$ 中第 j 列元素 a_{1j}，a_{2j}，…，a_{nj} 对应地换成常数项 b_1，b_2，…，b_n，而其余各列保持不变所得到的行列式．

二、矩阵

(一) 矩阵的有关概念

1. 矩阵的定义

由 $m\times n$ 个数排成的 m 行 n 列的矩形数表.

2. 同型矩阵

行数和列数均相等的矩阵.

3. 相等矩阵

对应元素均相等的同型矩阵.

4. 矩阵的转置

把矩阵 $\boldsymbol{A}$ 的行换成同序数的列得到的一个新矩阵，称为矩阵 $\boldsymbol{A}$ 的转置矩阵，记为 $\boldsymbol{A}^{\mathrm{T}}$.

5. 对称矩阵

$\boldsymbol{A}^{\mathrm{T}}=\boldsymbol{A}$ 的 n 阶矩阵.

(二) 几种特殊矩阵

1. 零矩阵

元素全为零的矩阵．用 $\boldsymbol{O}$ 来表示.

2. 行矩阵

只有一行的矩阵 $\boldsymbol{A}=(a_1 \quad a_2 \quad \cdots \quad a_n)$ $(n>1)$.

3. 列矩阵

只有一列的矩阵 $\boldsymbol{B}=\begin{pmatrix} b_1 \\ b_2 \\ \vdots \\ b_m \end{pmatrix}$ $(m>1)$.

4. 方阵

行数和列数相等的矩阵.

5. 三角矩阵

$$\boldsymbol{A}=\begin{pmatrix} a_{11} & a_{12} & \cdots & a_{1n} \\ 0 & a_{22} & \cdots & a_{2n} \\ \vdots & \vdots & \ddots & \vdots \\ 0 & 0 & \cdots & a_{nn} \end{pmatrix} \text{或} \boldsymbol{A}=\begin{pmatrix} a_{11} & 0 & \cdots & 0 \\ a_{21} & a_{22} & \cdots & 0 \\ \vdots & \vdots & \ddots & \vdots \\ a_{n1} & a_{n2} & \cdots & a_{nn} \end{pmatrix}.$$

6. 对角矩阵

$$\boldsymbol{A}=\begin{pmatrix} a_{11} & 0 & \cdots & 0 \\ 0 & a_{22} & \cdots & 0 \\ \vdots & \vdots & \ddots & \vdots \\ 0 & 0 & \cdots & a_{nn} \end{pmatrix}.$$

7. 单位矩阵

n 阶方阵 $\begin{pmatrix} 1 & 0 & \cdots & 0 \\ 0 & 1 & \cdots & 0 \\ \vdots & \vdots & \ddots & \vdots \\ 0 & 0 & \cdots & 1 \end{pmatrix}$，记为 $\boldsymbol{I}$.

（三）矩阵的运算

1. 矩阵的和

设矩阵 $\boldsymbol{A}=(a_{ij})_{m\times n}$，$\boldsymbol{B}=(b_{ij})_{m\times n}$，则 $\boldsymbol{A}+\boldsymbol{B}=(c_{ij})_{m\times n}=(a_{ij}+b_{ij})_{m\times n}$.

2. 矩阵的数乘

$\boldsymbol{A}=(a_{ij})_{m\times n}$，$\lambda$ 为常数，则 $\lambda\boldsymbol{A}=(\lambda a_{ij})_{m\times n}$.

3. 矩阵的乘法

设 $\boldsymbol{A}=(a_{ij})_{m\times s}$，$\boldsymbol{B}=(b_{ij})_{s\times n}$，定义 $\boldsymbol{AB}=(c_{ij})_{m\times n}$，其中

$$c_{ij}=a_{i1}b_{1j}+a_{i2}b_{2j}+\cdots+a_{is}b_{sj}=\sum_{k=1}^{s}a_{ik}b_{kj},(i=1,2,\cdots,m;j=1,2,\cdots,n).$$

4. 方阵的幂

设 $\boldsymbol{A}$ 是 n 阶方阵，k 是正整数，则规定 $\boldsymbol{A}^1=\boldsymbol{A}$，$\boldsymbol{A}^2=\boldsymbol{AA}$，…，$\boldsymbol{A}^k=\boldsymbol{A}^{k-1}\boldsymbol{A}$，称 $\boldsymbol{A}^k$ 为方阵 $\boldsymbol{A}$ 的 k 次幂.

（四）矩阵的运算满足的运算规律

1. 矩阵加法

（1）交换律 $\boldsymbol{A}+\boldsymbol{B}=\boldsymbol{B}+\boldsymbol{A}$；（2）结合律 $(\boldsymbol{A}+\boldsymbol{B})+\boldsymbol{C}=\boldsymbol{A}+(\boldsymbol{B}+\boldsymbol{C})$；

（3）$\boldsymbol{A}+\boldsymbol{O}=\boldsymbol{A}$（$\boldsymbol{O}$ 为零矩阵）.

2. 矩阵的数乘

设矩阵 $\boldsymbol{A}$、$\boldsymbol{B}$ 都是 $m\times n$ 矩阵，λ，μ 为数，则有

（1）$\lambda(\mu\boldsymbol{A})=(\lambda\mu)\boldsymbol{A}$；（2）$\lambda(\boldsymbol{A}+\boldsymbol{B})=\lambda\boldsymbol{A}+\lambda\boldsymbol{B}$；（3）$(\lambda+\mu)\boldsymbol{A}=\lambda\boldsymbol{A}+\mu\boldsymbol{A}$.

3. 矩阵的乘法

（1）$(\boldsymbol{AB})\boldsymbol{C}=\boldsymbol{A}(\boldsymbol{BC})$；（2）$(\boldsymbol{A}+\boldsymbol{B})\boldsymbol{C}=\boldsymbol{AC}+\boldsymbol{BC}$；

（3）$\boldsymbol{C}(\boldsymbol{A}+\boldsymbol{B})=\boldsymbol{CA}+\boldsymbol{CB}$；（4）$k(\boldsymbol{AB})=(k\boldsymbol{A})\boldsymbol{B}=\boldsymbol{A}(k\boldsymbol{B})$；

（5）$\boldsymbol{A}_{m\times n}\boldsymbol{I}_n=\boldsymbol{A}_{m\times n}$；$\boldsymbol{I}_m\boldsymbol{A}_{m\times n}=\boldsymbol{A}_{m\times n}$.

4. 矩阵的转置

（1）$(\boldsymbol{A}^{\mathrm{T}})^{\mathrm{T}}=\boldsymbol{A}$；（2）$(\boldsymbol{A}\pm\boldsymbol{B})^{\mathrm{T}}=\boldsymbol{A}^{\mathrm{T}}\pm\boldsymbol{B}^{\mathrm{T}}$；

（3）$(k\boldsymbol{A})^{\mathrm{T}}=k\boldsymbol{A}^{\mathrm{T}}$；（4）$(\boldsymbol{AB})^{\mathrm{T}}=\boldsymbol{B}^{\mathrm{T}}\boldsymbol{A}^{\mathrm{T}}$.

5. 方阵

（1）$\boldsymbol{I}^n=\boldsymbol{I}$；（2）$\boldsymbol{A}^k\boldsymbol{A}^l=\boldsymbol{A}^{k+l}$；（3）$(\boldsymbol{A}^k)^l=\boldsymbol{A}^{kl}$.

（五）逆矩阵

1. 逆矩阵的定义

对于 n 阶方阵 $\boldsymbol{A}$，如果存在一个 n 阶矩阵 $\boldsymbol{B}$，使得 $\boldsymbol{AB}=\boldsymbol{BA}=\boldsymbol{I}$，则称 $\boldsymbol{B}$ 是 $\boldsymbol{A}$ 的逆矩阵，记为 $\boldsymbol{B}=\boldsymbol{A}^{-1}$，此时称方阵 $\boldsymbol{A}$ 是可逆的.

2. 逆矩阵的性质

性质 4.4.1 若方阵 $\boldsymbol{A}$ 可逆，则 $\boldsymbol{A}^{-1}$ 也可逆，且 $(\boldsymbol{A}^{-1})^{-1}=\boldsymbol{A}$.

性质 4.4.2 若方阵 $\boldsymbol{A}$ 可逆，则 $\boldsymbol{A}^{\mathrm{T}}$ 也可逆，且 $(\boldsymbol{A}^{\mathrm{T}})^{-1}=(\boldsymbol{A}^{-1})^{\mathrm{T}}$.

性质 4.4.3 若方阵 $\boldsymbol{A}$ 可逆，$k\neq 0$，则 $k\boldsymbol{A}$ 也可逆，且 $(k\boldsymbol{A})^{-1}=\frac{1}{k}\boldsymbol{A}^{-1}$.

性质 4.4.4 若 n 阶方阵 $\boldsymbol{A}$ 与 $\boldsymbol{B}$ 均可逆，则 $\boldsymbol{AB}$ 也可逆，且 $(\boldsymbol{AB})^{-1}=\boldsymbol{B}^{-1}\boldsymbol{A}^{-1}$.

3. 可逆矩阵的判定

定理 4.4.1 n 阶方阵 $\boldsymbol{A}$ 可逆的充要条件是 $|\boldsymbol{A}|\neq 0$（$|\boldsymbol{A}|\neq 0$ 时，$\boldsymbol{A}$ 称为非奇异矩阵；

$|\boldsymbol{A}|=0$ 时，$\boldsymbol{A}$ 称为奇异矩阵).

定理 4.4.2 若 n 阶方阵 $\boldsymbol{A}$，$\boldsymbol{B}$ 满足 $\boldsymbol{AB}=\boldsymbol{I}$，那么 $\boldsymbol{A}$，$\boldsymbol{B}$ 均可逆，且 $\boldsymbol{A}^{-1}=\boldsymbol{B}$，$\boldsymbol{B}^{-1}=\boldsymbol{A}$.

4. 逆矩阵的求法

(1) 定义法；

(2) 公式法 $\boldsymbol{A}^{-1}=\frac{1}{|\boldsymbol{A}|}\boldsymbol{A}^*$.

(六) 矩阵的秩

1. k 阶子式

在矩阵 $\boldsymbol{A}$ 中，任意选定 k 行和 k 列，位于这些选定的行和列的交点上的 k^2 个元素按原来的相对次序所组成的 k 阶行列式，称为 $\boldsymbol{A}$ 的一个 k 阶子式. 如果子式的值不为零，就称为非零子式.

2. 矩阵秩的定义

设 $\boldsymbol{A}$ 为 $m\times n$ 矩阵，如果矩阵 $\boldsymbol{A}$ 存在 r 阶不为零的子式，而任何 $r+1$ 阶子式（若存在的话）皆为零，则称阶数 r 为矩阵 $\boldsymbol{A}$ 的**秩**，记为 $r(\boldsymbol{A})$，规定零矩阵的秩等于零.

3. 阶梯形矩阵

如果矩阵的任一行从第一个元素起至该行的第一个非零元素所在的下方全为零，且如果存在零行，零行位于矩阵的最下方，则称这样的矩阵为**阶梯形矩阵**.

4. 矩阵的初等行变换

(1) 互换矩阵的两行（交换第 i，j 两行，记为 $r_i\leftrightarrow r_j$）；

(2) 用一个非零的数 k 乘矩阵的某一行（第 i 行乘以数 k，记为 kr_i）；

(3) 把矩阵的某一行的 k 倍加到另一行上去（第 j 行的 k 倍加到第 i 行，记为 r_i+kr_j）.

5. 初等变换的两个定理

定理 4.5.1 任意一个矩阵都可以由初等变换化成阶梯形矩阵.

定理 4.5.2 矩阵 $\boldsymbol{A}$ 经过初等变换变成矩阵 $\boldsymbol{B}$，它的秩不变，即 $r(\boldsymbol{A})=r(\boldsymbol{B})$.

6. 用初等变换求矩阵的秩

将矩阵 $\boldsymbol{A}$ 通过初等变换化为阶梯形矩阵 $\boldsymbol{B}$，则矩阵 $\boldsymbol{A}$ 的秩就等于阶梯形矩阵 $\boldsymbol{B}$ 的非零行的行数.

(七) 用初等行变换求逆矩阵

一般地，求 n 阶方阵 $\boldsymbol{A}$ 的逆矩阵，可通过构造一个 $n\times 2n$ 矩阵 $(\boldsymbol{A}|\boldsymbol{I})$，然后对 $(\boldsymbol{A}|\boldsymbol{I})$ 进行初等行变换，将它的左半部的矩阵 $\boldsymbol{A}$ 化为单位阵 $\boldsymbol{I}$，则它的右半部的 $\boldsymbol{I}$ 就同时化成了 $\boldsymbol{A}^{-1}$，即

$$(\boldsymbol{A}|\boldsymbol{I})\xrightarrow{\text{初等行变换}}(\boldsymbol{I}|\boldsymbol{A}^{-1})$$

三、线性方程组

(一) 线性方程组的解法

高斯消元法

(1) 对线性方程组的增广矩阵施以初等行变换，将其化为阶梯形矩阵.

(2) 如果系数矩阵的秩与增广矩阵的秩不相等，表明方程组无解；如果相等，则表明有解，继续对阶梯形矩阵进行初等行变换，求出方程的解.

（二）线性方程组解的判定

定理 4.7.1 线性方程组（4-5）有解的充分必要条件是 $r(\boldsymbol{A})=r(\overline{\boldsymbol{A}})$.

（1）当 $r(\boldsymbol{A})=n$ 时，线性方程组（4-5）有唯一解；

（2）当 $r(\boldsymbol{A})<n$ 时，线性方程组（4-5）有无穷多解；

定理告诉我们，若 $r(\boldsymbol{A})\neq r(\overline{\boldsymbol{A}})$，线性方程组（4-5）无解.

推论 对于齐次线性方程组（4-6）来说，其总是有解的，至少有零解，且

（1）若 $r(\boldsymbol{A})=n$ 时，齐次线性方程组（4-6）只有零解；

（2）若 $r(\boldsymbol{A})<n$ 时，齐次线性方程组（4-6）有非零解.

（三）线性方程组解的结构

齐次线性方程组必有零解；若有非零解，一定存在基础解系，而基础解系的线性组合就为齐次线性方程组的通解；若仅有零解，零解也可视为通解.

当非齐次线性方程组有解时，其通解由对应的齐次线性方程组的通解与该非齐次线性方程组的特解构成.

自我检测四

1. 选择题.

（1）设行列式 $\boldsymbol{D}=\begin{vmatrix}1&2&5\\1&3&-2\\2&5&a\end{vmatrix}=0$，则 $a=$（　　）.

A. 2　　B. 3　　C. -2　　D. -3

（2）设 $\boldsymbol{A}$ 是 $k\times l$ 矩阵，$\boldsymbol{B}$ 是 $m\times n$ 矩阵，如果 $\boldsymbol{A}\boldsymbol{C}^{\mathrm{T}}\boldsymbol{B}$ 有意义，则矩阵 $\boldsymbol{C}$ 为（　　）矩阵.

A. $k\times m$　　B. $k\times n$　　C. $m\times l$　　D. $l\times m$

（3）设 $\boldsymbol{A}$、$\boldsymbol{B}$ 均为 n 阶矩阵，下列各式恒成立的是（　　）.

A. $\boldsymbol{AB}=\boldsymbol{BA}$　　B. $(\boldsymbol{AB})^{\mathrm{T}}=\boldsymbol{B}^{\mathrm{T}}\boldsymbol{A}^{\mathrm{T}}$

C. $(\boldsymbol{A}+\boldsymbol{B})^2=\boldsymbol{A}^2+2\boldsymbol{AB}+\boldsymbol{B}^2$　　D. $(\boldsymbol{A}+\boldsymbol{B})(\boldsymbol{A}-\boldsymbol{B})=\boldsymbol{A}^2-\boldsymbol{B}^2$

（4）设 $\boldsymbol{A}$ 是 n 阶方阵，下面各项正确的是（　　）.

A. $|-\boldsymbol{A}|=-|\boldsymbol{A}|$　　B. 若 $|\boldsymbol{A}|\neq 0$，则 $\boldsymbol{AX}=\boldsymbol{O}$ 有非零解

C. 若 $\boldsymbol{A}^2=\boldsymbol{A}$，则 $\boldsymbol{A}=\boldsymbol{E}$　　D. 若 $r(\boldsymbol{A})<n$，则 $|\boldsymbol{A}|=0$

（5）当 k 满足（　　）时，$\begin{cases}kx+ky+z=0\\2x+ky+z=0\\kx-2y+z=0\end{cases}$ 只有零解.

A. $k=2$ 或 $k=-2$　　B. $k\neq 2$

C. $k\neq -2$　　D. $k\neq 2$ 且 $k\neq -2$

（6）已知 $\boldsymbol{A}$ 的一个 k 阶子式不等于零，则 $r(\boldsymbol{A})$ 满足（　　）.

A. $r(\boldsymbol{A})>k$　　B. $r(\boldsymbol{A})\geqslant k$　　C. $r(\boldsymbol{A})=k$　　D. $r(\boldsymbol{A})\leqslant k$

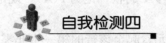

2. 填空题．

(1) $\begin{vmatrix} 1 & 1 & 1 \\ 3 & 1 & 4 \\ 8 & 9 & 5 \end{vmatrix} =$ (　　)；

(2) $\begin{pmatrix} 1 \\ 2 \\ 3 \end{pmatrix} (1 \quad 2 \quad 3) =$ (　　)；

(3) $\begin{pmatrix} 1 & 1 \\ 1 & 1 \end{pmatrix}^n =$ (　　)；

(4) 设 $\boldsymbol{A} = \begin{pmatrix} 1 & 3 & -1 & -2 \\ 2 & -1 & 2 & 3 \\ 3 & 2 & 1 & 1 \\ 1 & -4 & 3 & 5 \end{pmatrix}$，则 $r(\boldsymbol{A}) =$ (　　)；

(5) 设 $\boldsymbol{A} = \begin{pmatrix} 1 & 2 \\ 3 & 4 \end{pmatrix}$，$\boldsymbol{B} = \begin{pmatrix} 4 & 2 \\ k & 7 \end{pmatrix}$，若 $\boldsymbol{AB} = \boldsymbol{BA}$，则 $k =$ (　　)；

(6) 若 $\begin{pmatrix} 2 & 5 \\ 1 & 3 \end{pmatrix} \boldsymbol{X} = \begin{pmatrix} 4 & -6 \\ 2 & 1 \end{pmatrix}$，则 $\boldsymbol{X} =$ (　　)．

3. 计算题．

(1) 求行列式的值．

1) $\begin{vmatrix} 1 & 1 & 1 & 1 \\ 1 & 2 & 3 & 4 \\ 1 & 3 & 6 & 10 \\ 1 & 4 & 10 & 20 \end{vmatrix}$；　　2) $\begin{vmatrix} 2 & 3 & 4 & 5 \\ 3 & 4 & 5 & 2 \\ 4 & 5 & 2 & 3 \\ 5 & 2 & 3 & 4 \end{vmatrix}$；

3) $\begin{vmatrix} 2 & 3 & 3 & 3 \\ 3 & 2 & 3 & 3 \\ 3 & 3 & 2 & 3 \\ 3 & 3 & 3 & 2 \end{vmatrix}$；　　4) $\begin{vmatrix} 1 & 3 & 9 & 27 \\ 1 & 2 & 4 & 8 \\ 1 & 1 & 1 & 1 \\ 1 & 4 & 16 & 64 \end{vmatrix}$．

(2) 设 $3\boldsymbol{X} - \boldsymbol{AB} = \boldsymbol{X} + 2\boldsymbol{B}$，其中 $\boldsymbol{A} = \begin{pmatrix} 1 & 2 \\ 3 & 4 \end{pmatrix}$，$\boldsymbol{B} = \begin{pmatrix} 0 & 3 \\ 4 & -2 \end{pmatrix}$，求 $\boldsymbol{X}$．

(3) 已知 $\boldsymbol{A}^{-1} = \begin{pmatrix} 1 & 2 & 3 \\ 4 & 5 & 6 \\ 7 & 8 & 10 \end{pmatrix}$，求 $\boldsymbol{A}$．

(4) 利用初等行变换求矩阵 $\boldsymbol{A} = \begin{pmatrix} 0 & 2 & -1 \\ 1 & 1 & 2 \\ -1 & -1 & -1 \end{pmatrix}$ 的逆矩阵 $\boldsymbol{A}^{-1}$．

(5) 求下列矩阵的秩．

1) $\boldsymbol{A} = \begin{pmatrix} 1 & 2 & 0 & 0 & 1 \\ 0 & 6 & 2 & 4 & 10 \\ 1 & 11 & 3 & 6 & 16 \\ 1 & -19 & -7 & -14 & -34 \end{pmatrix}$；　　2) $\boldsymbol{B} = \begin{pmatrix} 2 & -5 & 3 & 1 \\ 1 & 3 & -1 & 2 \\ 0 & 11 & -5 & 3 \\ 4 & 1 & 1 & 5 \end{pmatrix}$．

（6）解下列线性方程组.

1） $\begin{cases} x_1-2x_2+3x_3=4 \\ 2x_1+x_2-3x_3=5 \\ -x_1+2x_2+2x_3=6 \\ 3x_1-3x_2+2x_3=7 \end{cases}$；

2） $\begin{cases} 2x_1-x_2+3x_3=3 \\ 3x_1+x_2-5x_3=0 \\ 4x_1-x_2-5x_3=-3 \\ x_1+3x_3-13x_3=-6 \end{cases}$；

3） $\begin{cases} x_1+2x_2+3x_3=8 \\ 2x_1+5x_2+9x_3=16 \\ 3x_1-4x_2-5x_3=32 \end{cases}$；

4） $\begin{cases} 3x_1+4x_2-4x_3+2x_4=-3 \\ 6x_1+5x_2-2x_3+3x_4=-1 \\ 9x_1+3x_2+8x_3+5x_4=9 \\ -3x_1-7x_2-10x_3+x_4=2 \end{cases}$；

5） $\begin{cases} x_1-x_2+5x_3-x_4=0 \\ x_1+x_2-2x_3+3x_4=0 \\ 3x_1-x_2+8x_3+x_4=0 \end{cases}$；

6） $\begin{cases} x_1-x_2-3x_3-x_4=0 \\ 2x_1-x_2-x_3+4x_4=0 \\ x_1-4x_3+5x_4=0 \end{cases}$；

7） $\begin{cases} 2x_1+x_2-x_3+x_4=1 \\ 3x_1-2x_2+x_3-3x_4=4 \\ x_1+4x_2-3x_3+5x_4=-2 \end{cases}$；

8） $\begin{cases} x_1+2x_2+3x_3-x_4=2 \\ 3x_1+2x_2+x_3-x_4=4 \\ x_1-2x_2-5x_3+x_4=0 \end{cases}$.

（7）问 λ 为何值时，方程组

$$\begin{cases} x_1+x_2+\lambda x_3=\lambda^2 \\ x_1+\lambda x_2+x_3=\lambda \\ \lambda x_1+x_2+x_3=1 \end{cases}$$

有唯一解？或有无穷多组解？

（8）设有线性方程组

$$\begin{pmatrix} 1 & 2 & 3 & -1 \\ -1 & 1 & 0 & 4 \\ 2 & 3 & 5 & \lambda \end{pmatrix}\begin{pmatrix} x_1 \\ x_2 \\ x_3 \\ x_4 \end{pmatrix}=\begin{pmatrix} \mu \\ 3-\mu \\ 1 \end{pmatrix},$$

问当 λ 和 μ 取何值时，此方程组有解？

第五章

概率论初步

我们的生活中很多事件都是随机发生的，比如彩票开奖的号码，天气的变化，电子器件的使用寿命等，在金融保险、物流运输等行业均需考虑事件发生的规律性，这正是概率论探讨的主要内容.

第一节　随机事件及其概率

一、随机事件

在自然界和人类社会生活中普遍存在着两类现象. 一类是在一定条件下必然出现的现象，称为**确定性现象**. 例如，抛在空中的铅球总要落向地面；异性电荷相互吸引，同性电荷相互排斥等. 另一类则是我们事先无法准确预知其结果的现象，称为**随机现象**. 例如，抛硬币，我们无法事先预知将出现正面还是反面；彩票投注，我们无法事先预知下期六合彩的开奖号码.

为了对随机现象的统计规律性进行研究，就需要对随机现象进行重复观察，我们把对随机现象的观察称为**随机试验**，简称为**试验**. 例如，观察某射击手对固定目标进行射击；抛一枚硬币三次，观察出现正面的次数；记录某市120急救电话一昼夜接到的呼叫次数等均为随机试验.

随机试验具有下列特点：

(1) 可重复性：试验可以在相同的条件下重复进行；

(2) 可观察性：试验结果可观察，所有可能的结果是明确的；

(3) 不确定性：每次试验出现的结果事先不能准确预知.

历史上，研究随机现象统计规律最著名的试验是投掷硬币的试验. 表5-1是历史上投掷硬币试验的记录.

表5-1　　**投掷硬币试验的记录**

试验者	投掷次数	正面次数	正面频率
德摩根	2048	1061	0.5181
蒲丰	4040	2048	0.5069
K. 皮尔逊	12 000	6019	0.5016
K. 皮尔逊	24 000	12 012	0.5005

试验表明：虽然每次投掷硬币事先无法准确预知将出现正面还是反面，但大量重复试验时，发现出现正面和反面的次数大致相等，即各占总试验次数的比例大致为0.5，并且随着

试验次数的增加，这一比例更加稳定地趋于 0.5.

尽管一个随机试验将要出现的结果是不确定的，但其所有可能结果是明确的，我们把随机试验的每一种可能的结果称为一个**样本点**，记为 ω，它们的全体构成的集合称为**样本空间**，记为 S（或 Ω）.

例如，(1) 在抛掷一枚硬币观察其出现正面或反面的试验中，有两个样本点：正面、反面．样本空间为 $S=\{$正面，反面$\}$.

(2) 在将一枚硬币抛掷三次，观察正面 H、反面 T 出现情况的试验中，有 8 个样本点．样本空间为 $S=\{HHH, THH, HTH, HHT, TTH, HTT, THT, TTT\}$.

(3) 在抛掷一枚骰子，观察其出现的点数的试验中，有 6 个样本点：1 点，2 点，3 点，4 点，5 点，6 点．样本空间可简记为 $S=\{1, 2, 3, 4, 5, 6\}$.

(4) 观察某电话交换台在一天内收到的呼叫次数，其样本点有无穷多个，则样本空间可简记为 $S=\{0, 1, 2, 3, \cdots, n, \cdots\}$.

在随机试验中，人们除了关心试验的结果本身外，往往还关心试验的结果是否具备某一指定的可观察的特征，概率论中将这一可观察的特征的一类结果称为**随机事件**，简称为**事件**，通常用大写字母 A，B，C 等表示．例如，在抛掷一枚骰子的试验中，我们也许会关心出现的点数是否为奇数，这里，“点数为奇数”就是一个随机事件，可以用 $A=\{1, 3, 5\}$ 表示；“点数小于 7”与“点数为 8”也分别可以用 B，C 表示，$B=\{1, 2, 3, 4, 5, 6\}$ 在试验中是必然发生的，称为**必然事件**（也可以用 S 表示），$C=\Phi$ 在试验中是不可能发生的，称为**不可能事件**．一般用 S（或 Ω）表示必然事件，用 Φ 表示不可能事件.

二、事件间的关系与运算

从上面例子看出，事件就是赋予了具体含义的结果的集合，事件就是样本点的集合，因此事件间的关系与运算可以按照集合之间的关系与运算来处理.

(1) $A\subset B$，称为事件 B 包含事件 A，或事件 A 包含于事件 B，或 A 是 B 的子事件，其含义为：事件 A 发生必然导致事件 B 发生.

例如，抛掷一枚骰子的试验中，“点数为奇数”用 $A=\{1, 3, 5\}$ 表示，“点数小于 6”用 $B=\{1, 2, 3, 4, 5\}$ 表示，则 $A\subset B$. A 发生必然导致事件 B 发生，反之不然.

显然，对于任何 A，有：$\Phi\subset A\subset S$ 成立.

(2) $A=B(A\subset B$ 且 $B\subset A)$，称为事件 A 与 B **相等**.

(3) $A\cup B=\{\omega|\omega\in A$ 或 $\omega\in B\}$，称为事件 A 与 B 的**和事件**，也记为 $A+B$，其含义为：事件 A 和事件 B 至少一个发生的事件.

(4) $A\cap B=\{\omega|\omega\in A$ 且 $\omega\in B\}$，称为事件 A 与 B 的**积事件**，也记为 AB，其含义为：事件 A 和事件 B 同时发生的事件.

(5) $A-B=\{\omega|\omega\in A$ 且 $\omega\notin B\}$，称为事件 A 与 B 的**差事件**，其含义为：事件 A 发生而事件 B 不发生的事件.

(6) $A\cap B=\Phi$，则称事件 A 与 B 是**互不相容的**（或互斥），其含义为：事件 A 和事件 B 不能同时发生.

(7) 若 $A\cap B=\Phi$，且 $A\cup B=S$，则称事件 A 与 B 互为**对立事件**，或事件 A 与 B 互为**逆事件**，记为 $A=\overline{B}$ 或 $\overline{A}=B$，其含义为：事件 A 和事件 B 不能同时发生，事件 A 不发生，事件 B 必然发生；事件 B 不发生，事件 A 必然发生．非 A 即 B，非 B 即 A.

例如，抛掷一枚骰子的试验中，不是出现奇数点，就是出现偶数点，“点数为奇数”用 $A=\{1, 3, 5\}$ 表示，“点数为偶数”用 $B=\{2, 4, 6\}$ 表示，则 $A=\overline{B}$. 抛硬币，不是出现正面，就是出现反面，“出现正面”与“出现反面”也是一个对立事件.

注意：

两个互为对立的事件一定是互斥事件；但互斥事件不一定是对立事件. 而且，互斥的概念适用于多个事件，但是对立概念只适用于两个事件.

事件的关系与运算可以用以下的维恩图（见图 5-1）表示.

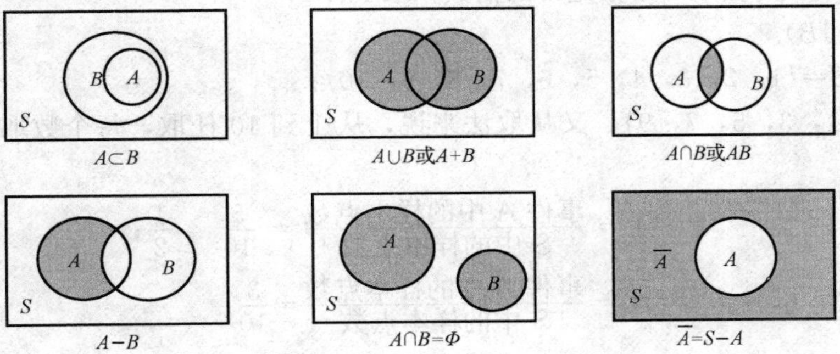

图 5-1

事件间的运算满足如下规律：

(1) 交换律：$A\cup B=B\cup A$；$AB=BA$；

(2) 结合律：$(A\cup B)\cup C=A\cup(B\cup C)$；$(AB)C=A(BC)$；

(3) 分配律：$(A\cup B)C=(AC)\cup(BC)$；$(AB)\cup C=(A\cup C)(B\cup C)$；

(4) 对偶律：$\overline{A\cup B}=\overline{A}\,\overline{B}$；$\overline{AB}=\overline{A}\cup\overline{B}$.

三、事件的概率

前面介绍了历史上抛硬币的随机试验，即重复多次试验观察出现正面的次数，用出现次数与重复次数的比率来度量出现正面可能性的大小，这个比率称为**频率**. 可以看出，虽然各自的频率不相同，但是它们都有一个特点，试验次数越多，频率越接近 0.5，我们就把 0.5 称为抛硬币出现正面的概率.

定义 5.1.1 在相同的条件下，重复地做 n 次试验，当 n 很大时，若事件 A 发生的频率稳定在某一确定的常数 p 附近，则把常数 p 称为事件 A 的**概率**，记为 $P(A)=p$.

如抛硬币出现正面的概率为 0.5，事件“出现正面”记为 A，则 $P(A)=0.5$.

说明：

频率和概率都是用来度量随机事件发生的可能性大小，而频率是试验值，概率为理论值. 很多时候，常把概率近似用频率来表示.

用试验的方法寻找概率是相当困难的，比如抛掷一枚骰子去观察出现偶数点的概率，抛硬币出现正反面做了成千上万次才得出一个较近似的结果，所以用试验的方法来找概率是困难的. 但这个试验，我们知道所有的可能出现结果总数，总数为 6，每点出现的可能性相同，“出现偶数点”记为 A，事件 $A=\{2, 4, 6\}$，含有的结果总数为 3，那么 $P(A)=\dfrac{3}{6}$吗? 下面定理给予了回答.

定理 5.1.1 （古典概型概率公式）如果一个试验，样本空间 S 中的样本点总数 n，而且每个样本点出现的可能性相同，而事件 A 中的样本点数为 m，则事件 A 的概率为

$$P(A)=\frac{\text{事件 } A \text{ 中的样本点数}}{S \text{ 中的样本点数}}=\frac{m}{n}.$$

【例 5-1】 从 1 到 10 这十个自然数中任取一个数，计算

（1）随机试验的样本空间；

（2）设事件 A 为任取一个数是奇数，求 $P(A)$；

（3）设事件 B 为任取一个数是 3 的倍数，求 $P(B)$；

（4）$P(A\cup B)$.

解 （1）$S=\{1, 2, 3, 4, 5, 6, 7, 8, 9, 10\}$；

（2）$A=\{1, 3, 5, 7, 9\}$，又从取法来说，从 1 到 10 任取，每个数取到的可能性相同，因此

$$P(A)=\frac{\text{事件 } A \text{ 中的样本点数}}{S \text{ 中的样本点数}}=\frac{5}{10}=\frac{1}{2};$$

（3）$B=\{3, 6, 9\}$，$P(B)=\dfrac{\text{事件 } B \text{ 中的样本点数}}{S \text{ 中的样本点数}}=\dfrac{3}{10}$；

（4）$A\cup B=\{1, 3, 5, 6, 7, 9\}$，因此 $P(A\cup B)=\dfrac{6}{10}=\dfrac{3}{5}$.

【例 5-2】 某厂生产出 100 件产品中有 95 件正品和 5 件次品，现任取 5 件进行检验，求恰有 1 件次品的概率是多少，至少有 1 件是次品的概率是多少？

解 在这里把 100 件产品看成不同产品，100 件产品中任选 5 件不同的选法有 C_{100}^5 种，每种不同选法得到不同的 5 件产品的结果（样本点），全部不同选法就组成了样本空间．设 A 表示事件“5 件中恰有 1 件次品”，那么 A 中应该有 4 件正品 1 件次品，要在 95 件正品和 5 件次品的产品中取得 4 件正品 1 件次品有 $C_{95}^4C_5^1$ 不同的方法，因此

$$P(A)=\frac{C_{95}^4C_5^1}{C_{100}^5}=\frac{\dfrac{95\times 94\times 93\times 92}{4!}\times 5}{\dfrac{100\times 99\times 98\times 97\times 96}{5!}}\approx 0.21.$$

设 B 表示事件“5 件中至少有 1 件是次品”，直接来看有很多种情况，这时往往从对立面来看是比较简单的．$\bar{B}$ 为“5 件中没有 1 件是次品”，也就是“5 件中全是正品”，于是

$$P(\bar{B})=\frac{C_{95}^5}{C_{100}^5}=\frac{\dfrac{95\times 94\times 93\times 92\times 91}{5!}}{\dfrac{100\times 99\times 98\times 97\times 96}{5!}}\approx 0.77,$$

则

$$P(B)=1-P(\bar{B})\approx 1-0.77=0.23.$$

【例 5-3】 已知盒中有 2 颗红球和 3 颗白球，分别求按下面两种方法取出的 2 颗都是白球的概率：

（1）每次随机地取出一颗，检验后放回，再随机取一颗（这种随机取法称为放回抽样），共取两次；

（2）每次随机地取出一颗，检验后不放回，再随机取一颗（这种随机取法称为不放回抽样），共取两次.

解 (1) 由于是放回抽样，每次都是在 5 颗球中抽取，球看成不同的，因此每次抽取有 5 种不同的方法，抽 2 次，就有 5^2 种不同的方法，每种不同方法得到不同的结果，因此样本空间中的样本点总数为 5^2. 设事件 A 为“2 颗都是白球”，则第一次和第二次均抽白球，由于每次有 3 颗白球，每次选择白球有 3 种方法，两次均选白球就有 3^2 种方法，所以事件 A 含有的样本点个数有 3^2 个，$P(A)=\frac{3^2}{5^2}=\frac{9}{25}=0.36$.

(2) 由于是不放回抽样，抽第一次是在 5 颗球中抽一个颗，第二次是在 4 颗球中抽一颗，不同的抽取方法有 5×4 种，样本空间中的样本点总数为 5×4. 设事件 A 为“2 颗都是白球”，则第一次和第二次均抽白球，第一次有 3 颗白球可以抽，由于是不放回，第二次只有 2 颗白球可以抽，因此第一次有 3 种不同方法抽得白球，第二次只有 2 种不同方法抽得白球，两次均抽到白球有 3×2 种方法，所以 A 含有的样本点个数有 3×2 个，故

$$P(A)=\frac{3\times2}{5\times4}=0.3.$$

课堂练习 5-1

1. 用字母表示事件.

三名选手射击，设 A_i($i=1$，2，3) 表示第 i 名选手击中目标，用 A_i($i=1$，2，3) 表示下列事件：

(1) 前两名选手击中；

(2) 前两名选手击中，第三名选手未击中；

(3) 第三名选手未击中；

(4) 至少一名选手击中；

(5) 至少两名选手击中；

(6) 仅有两名选手击中；

(7) 没有选手击中.

2. 写出样本空间：

(1) 在 3 以内的自然数中随机选择 2 个数字；

(2) 重复抛硬币 2 次.

习题 5-1

1. 填空题.

(1) 设 A，B，C 是三个随机事件，则 A，B，C 至少有两个发生可表示为________.

(2) 掷一颗骰子，A 表示“出现奇数点”，B 表示“点数不大于 3”，则 $A-B$ 表示________，AB 表示________，$A+B$ 表示________.

(3) 设 A，B 为两个随机事件，$P(A)=0.6$，$P(A-B)=0.2$，则 $P(\overline{AB})=$________.

(4) 设 A，B，C 是三个随机事件，$P(A)=P(B)=P(C)=\frac{1}{4}$，$P(AC)=\frac{1}{6}$，$P(AB)=P(BC)=0$，则 A，B，C 至少有一个发生的概率为________.

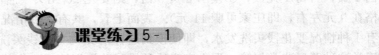

(5) 设事件A，B都不发生的概率为0.3，且$P(A)+P(B)=0.8$，则A，B中至少有一个不发生的概率为________.

(6) 掷二枚骰子，出现的点数之和等于3的概率为________.

2. 计算题.

(1) 袋中装有5个白球，3个黑球．从中一次任取两个，求取到的两个球颜色不同的概率.

(2) 10把钥匙中有3把能把门锁打开．现任取两把，求能打开门的概率.

(3) 彩票中奖率问题. 购买某电脑彩票的人，需要从1，2，3，…，32中选择7个数字（不重复）下注，如选中的数字与当期开奖机随机开出的7个数字相同（顺序可以不同），则他就中一等奖，试求某人购买了一注彩票而中一等奖的概率.

(4) 摸球中奖问题. 每逢集市，在街上总有人在人流密集的地方设摊摸奖，其规则是：在黑布袋里有6个白乒乓球与6个黄乒乓球，玩家随便从黑布袋中摸出6个球．若：①摸出6黄或6白可得100元钱；②摸出5黄1白或5白1黄，可得10元钱；③摸出4黄2白或4白2黄，可得1元钱；④摸出3黄3白，则要花20元买一瓶洗发水（估计一瓶洗发水的价格在9元左右，即庄家可赚11元）. 表面上看，共有7种情况，竟有6种情况可获奖，而只有1种情况要花钱买洗发水，即使摸到这种情况就当花钱买洗发水了，人们有了这种心理，感觉这种赌局非常划算，那么究竟这种摸球赌局划算吗？为什么？

(5) 一间宿舍住有6个同学，求他们中有4个人的生日在同一个月份的概率.

第二节 概率的基本性质与事件的独立性

一、概率的基本性质

随机事件的概率具有如下性质：

(1) 对任一事件A，有$0\leqslant P(A)\leqslant 1$. 特别地，$P(S)=1$，$P(\Phi)=0$.

(2) 对任一事件A，有$P(\overline{A})=1-P(A)$.

(3) 对任意两个事件A、B，有$P(A\cup B)=P(A)+P(B)-P(AB)$（见图5-2）.

特别地，如果$AB=\Phi$，即A，B互斥，则$P(A\cup B)=P(A)+P(B)$，这个结论可以推广到有限个事件的情形：如果A_1，A_2，…，A_n两两互斥，则

$$P(A_1\cup A_2\cup\cdots\cup A_n)=P(A_1)+P(A_2)+\cdots+P(A_n).$$

(4) 对任意两个事件A，B，有$P(A-B)=P(A)-P(AB)$（见图5-3）.

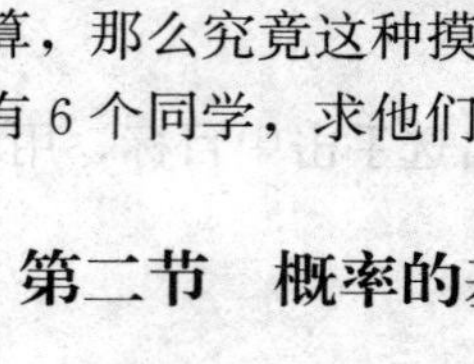

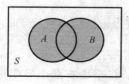

图5-2

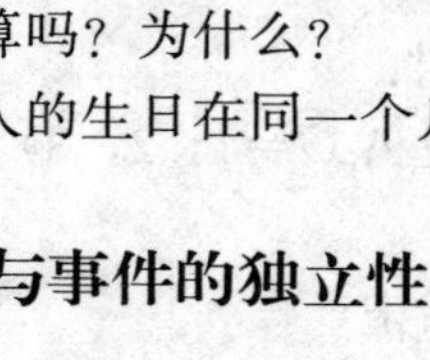

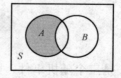

图5-3

(5) 若$A\subset B$，则$P(A)\leqslant P(B)$，$P(B-A)=P(B)-P(A)$.

【例5-4】 某社区有50%的住户订了报纸，65%的住户订了杂志，报纸和杂志都订的有30%，问至少订了报纸或者杂志其中之一的住户所占百分比？杂志和报纸都没有订的占多大比例？在订报纸的住户中，订杂志的有多大比例？

解 设事件 A 为“订报纸”，事件 B 为“订杂志”，那么事件 $A\cup B$ 为“至少订报纸或者杂志其中之一”，$\overline{A\cup B}$为“杂志和报纸都没有订”．由题目知

$$P(A)=0.5,\quad P(B)=0.65,\quad P(AB)=0.3,$$

从而

$$P(A\cup B)=P(A)+P(B)-P(AB)=0.85,\quad P(\overline{A\cup B})=1-P(A\cup B)=0.15.$$

订报纸的住户占50%，两种都订的住户占30%，所以订报纸的住户中，订杂志的比例为$\frac{30\%}{50\%}=60\%$，这和总体订杂志的用户比例不同.

二、条件概率

［例5-4］中求在订报纸的住户中订杂志的人的比例，也就是已知事件 A 已经发生，求在 A 已经发生的条件下事件 B 出现的概率，称为事件 B 在事件 A 已发生的条件下的**条件概率**，记为 $P(B|A)$.

如［例5-4］中，在订报纸的住户中，订杂志的概率可以记为 $P(B|A)=60\%$；同样地，$P(A|B)$表示在订杂志的住户中，订报纸的概率，则有 $P(A|B)=\frac{30\%}{65\%}\approx 46.2\%$.

由条件概率的定义可知，$P(B|A)$ 表示事件 A、B 同时发生占事件 A 发生的情况比例；$P(A|B)$ 表示事件 A、B 同时发生占事件 B 发生情况的比例，这正是条件概率与通常概率的区别，如图5-4和图5-5所示.

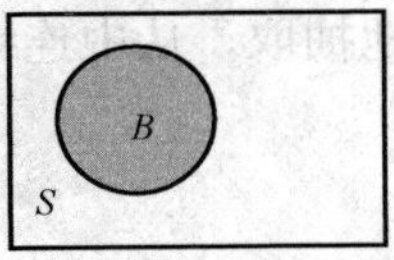

图5-4

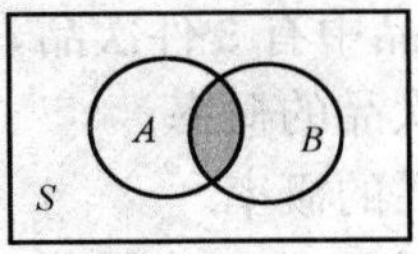

图5-5

$$P(B)=\frac{B\text{ 中的样本点个数}}{S\text{ 中的样本点个数}},$$

$$P(B|A)=\frac{AB\text{ 中样本点个数}}{A\text{ 中样本点个数}}=\frac{\dfrac{AB\text{ 中样本点个数}}{S\text{ 中样本点总数}}}{\dfrac{A\text{ 中样本点个数}}{S\text{ 中样本点总数}}}=\frac{P(AB)}{P(A)}.$$

定理5.2.1 （条件概率计算公式）$P(A|B)=\frac{P(AB)}{P(B)}$；$P(B|A)=\frac{P(AB)}{P(A)}$，这里 $P(A)$，$P(B)$ 均大于0.

上面公式可以改写为

$$P(AB)=P(B)P(A|B)=P(A)P(B|A),$$

称为**概率乘法公式**.

【例5-5】 10件产品中有3件次品，从中任意抽取2件，已知取到的2件中至少有1件是次品，求两件都是次品的概率.

解 设事件 A 为“至少有1件是次品”，事件 B 为“两件都是次品”，则

$$P(A)=\frac{C_3^2+C_3^1C_7^1}{C_{10}^2}=\frac{24}{45}=\frac{8}{15},\quad P(AB)=P(B)=\frac{C_3^2}{C_{10}^2}=\frac{3}{45}=\frac{1}{15},$$

$$P(B|A)=\frac{P(AB)}{P(A)}=\frac{\frac{1}{15}}{\frac{8}{15}}=\frac{1}{8}.$$

【例 5-6】 某单位联欢抽奖，总人数 1000 人，每人一个奖券号码，抽奖分两轮进行，不放回抽取，第一轮抽二等奖，人数 100 名，第二轮抽一等奖 50 名，问在第一轮未抽中的员工中，中一等奖的概率为多少？

解 用 A_1 表示“全体员工中，中一等奖”，A_2 表示“全体员工中，中二等奖”，所以 $P(A_1|\overline{A_2})$表示“第一轮未抽中二等奖的条件下，中一等奖”的概率．由于按轮次不放回抽取，且 $A_1A_2=\Phi$，故 $A_1\overline{A_2}=A_1$，而 $P(A_2)=\frac{100}{1000}=\frac{1}{10}$，

$$P(A_1)=\frac{50}{1000}=\frac{1}{20},\quad P(A_1|\overline{A_2})=\frac{P(A_1\overline{A_2})}{P(\overline{A_2})}=\frac{P(A_1)}{1-P(A_2)}=\frac{\frac{1}{20}}{1-\frac{1}{10}}=\frac{1}{18}.$$

另解

$$P(A_1|\overline{A_2})=\frac{\text{一等奖人数}}{\text{第二轮抽奖参加人数}}=\frac{50}{1000-100}=\frac{1}{18},$$

同上结论.

在求条件概率时，有时候根据题目意思直接计算概率远比生搬硬套公式来得简便.

【例 5-7】 10 件产品中有 3 件次品，做不放回地抽取，从中连续抽取 2 件．求

(1) 第二次才抽得次品的概率；

(2) 第二次抽得次品的概率.

解 (1) 设事件 A 为“第一次抽得正品”，事件 B 为“第二次抽得次品”，则 $P(AB)$ 为要求概率．因为

$$P(A)=\frac{C_7^1}{C_{10}^1}=\frac{7}{10},\quad P(B|A)=\frac{C_3^1}{C_9^1}=\frac{1}{3},$$

根据概率乘法公式 $P(AB)=P(A)P(B|A)$，故

$$P(AB)=P(A)P(B|A)=\frac{7}{10}\times\frac{1}{3}=\frac{7}{30}.$$

(2)“第二次抽得次品”分两种情况：一种是第一次抽得正品，一种是第一次抽得次品，这两种情况是互斥的．

$$P(B)=P(S\cap B)=P((A\cup\overline{A})\cap B)=P(AB\cup\overline{A}B)=P(AB)+P(\overline{A}B),$$

$$P(\overline{A}B)=P(\overline{A})P(B|\overline{A})=\frac{C_3^1}{C_{10}^1}\times\frac{C_2^1}{C_9^1}=\frac{1}{15}$$

则

$$P(B)=P(AB)+P(\overline{A}B)=\frac{7}{30}+\frac{1}{15}=\frac{3}{10}.$$

类似地，如果事件 A 的发生分为 n 种情况，分别记为 B_1，B_2，…，B_n，且它们两两互斥，已知每种情况发生的概率为 $P(B_i)$，每种情况下事件 A 发生的条件概率为$P(A|B_i)$，则

$$P(A)=P(S\cap A)=P(\bigcup_{i=1}^{n}B_i\cap A)=P(\bigcup_{i=1}^{n}B_iA)=\sum_{i=1}^{n}P(B_iA),$$

而

$$P(AB_i) = P(B_i)P(A|B_i),$$

故

$$P(A) = \sum_{i=1}^{n} P(B_iA) = \sum_{i=1}^{n} P(B_i)P(A|B_i),$$

此公式称为**全概率公式**.

【例 5-8】 某厂有甲、乙、丙三个车间均生产同一产品，生产的产品分别占总量的 30%，20%，50%，正品率分别为 90%，95%，80%.

(1) 求这家工厂产品的正品率.

(2) 如从全部产品中任抽一件为正品，问这件正品是哪个车间生产的可能性最大.

解 (1) 事件 A="产品是正品"，B_1，B_2，B_3 分别表示"产品由甲、乙、丙三个车间生产"，则 $P(B_1)=0.3$，$P(B_2)=0.2$，$P(B_3)=0.5$. 又知 $P(A|B_1)=0.9$，$P(A|B_2)=0.95$，$P(A|B_3)=0.8$，由全概率公式，有

$$P(A) = \sum_{i=1}^{3} P(B_iA) = \sum_{i=1}^{3} P(B_i)P(A|B_i) = 0.3\times 0.9 + 0.2\times 0.95 + 0.5\times 0.8 = 0.86.$$

(2) 用 $P(B_1|A)$，$P(B_2|A)$，$P(B_3|A)$ 分别表示取得的正品是甲、乙、丙三个车间生产的，题目要求计算出 $P(B_1|A)$，$P(B_2|A)$，$P(B_3|A)$.

由条件概率公式

$$P(B_i|A) = \frac{P(B_iA)}{P(A)} (i = 1,2,3),$$

而由乘法公式 $P(AB_i)=P(B_i)P(A|B_i)(i=1, 2, 3)$，故

$$P(B_i|A) = \frac{P(B_iA)}{P(A)} = \frac{P(B_iA)}{\sum\limits_{i=1}^{3} P(B_iA)} = \frac{P(B_i)P(A|B_i)}{\sum\limits_{i=1}^{3} P(B_i)P(A|B_i)} (i = 1,2,3).$$

由题目给出条件及 (1) 计算出的结论，得到

$$P(B_1|A) = \frac{P(B_1A)}{P(A)} = \frac{0.3\times 0.9}{0.86} = \frac{27}{86};$$

$$P(B_2|A) = \frac{P(B_2A)}{P(A)} = \frac{0.2\times 0.95}{0.86} = \frac{19}{86};$$

$$P(B_3|A) = \frac{P(B_3A)}{P(A)} = \frac{0.5\times 0.8}{0.86} = \frac{40}{86}.$$

所以正品由丙车间生产出来的概率较大.

此题是已知试验出现了"正品"事件，探讨"正品"事件出现的原因，通过概率的乘法公式和全概率公式就可以求出.

一般地，如果事件 A 一共分为 n 种情况发生，记为 B_1，B_2，…，B_n，且它们两两互斥，已知每种情况发生的概率 $P(B_i)$，每种情况下事件 A 发生的条件概率大小为 $P(A|B_i)$，则事件 A 发生因为事件 B_i 发生导致的概率为

$$P(B_i|A) = \frac{P(B_iA)}{P(A)} = \frac{P(B_iA)}{\sum\limits_{i=1}^{n} P(B_iA)} = \frac{P(B_i)P(A|B_i)}{\sum\limits_{i=1}^{n} P(B_i)P(A|B_i)} \quad (i = 1,2,\cdots,n),$$

此公式称为**贝叶斯公式**.

【例 5-9】 要抽查某班级体育达标情况，其中男生占 60%，女生占 40%，男生不达标的比例为 5%，女生不达标的比例为 3%.

（1）总体不达标率是多少？

（2）已知被抽查了一名同学不达标，问这名同学是男生的几率和女生的几率分别是多大？

解 （1）事件 A＝“体育不达标”，B_1，B_2 分别表示“男生”，“女生”，则由全概率公式得到

$$P(A)=\sum_{i=1}^{3}P(B_iA)=\sum_{i=1}^{2}P(B_i)P(A|B_i)=0.6\times0.05+0.4\times0.03=0.042.$$

（2）$P(B_1|A)=\dfrac{P(B_1A)}{P(A)}=\dfrac{0.6\times0.05}{0.042}=\dfrac{5}{7}$；$P(B_2|A)=\dfrac{P(B_2A)}{P(A)}=\dfrac{0.4\times0.03}{0.042}=\dfrac{2}{7}$

三、事件的独立性

有时候，我们会通过比较数据去发掘事件发生的关系，比如一个社区里面订阅报纸和订阅杂志是否相关．在［例 5-4］中，已知某社区有 50%的住户订了报纸，65%的住户订了杂志，报纸和杂志都订的有 30%，可以推断出所有订了报纸的住户中，订了杂志比例为 $\dfrac{30\%}{50\%}=60\%$，这与整体订杂志的比率不同，说明订报纸客户中订了杂志的人偏少，“订报纸”影响了“订杂志”的比率．同理，“订杂志”影响了“订报纸”的比率．因此，“订报纸”和“订杂志”是相互影响的.

一般地，如果事件 A 已经发生的条件下事件 B 出现的概率 $P(B|A)$ 与 $P(B)$ 不相等，则称事件 A 发生对事件 B 发生产生了影响；反之，如果 $P(B|A)=P(B)$，事件 A 发生不对事件 B 发生产生影响．如果事件 A 发生对事件 B 发生不产生影响，事件 B 发生对事件 A 发生不产生影响，即 $P(B|A)=P(B)$，$P(A|B)=P(A)$，则称事件 A 与事件 B **相互独立**.

定理 5.2.2 事件 A 与事件 B 相互独立的充要条件为 $P(AB)=P(A)P(B)$.

推论 1 如果事件 A 发生对事件 B 发生不产生影响，那么事件 B 对事件 A 也不产生影响．(事件 A 发生对事件 B 发生不产生影响，则事件 A 与事件 B 相互独立).

证明 事件 A 发生对事件 B 发生不产生影响，即 $P(B|A)=P(B)$，那么由概率的乘法公式

$$P(AB)=P(A)P(B|A),$$

把

$$P(B|A)=P(B)$$

代入乘法公式，得

$$P(AB)=P(A)P(B).$$

又由

$$P(AB)=P(A)P(B|A)=P(B)P(A|B),$$

则

$$P(AB)=P(A)P(B)=P(B)P(A|B),$$

即

$$P(A|B)=P(A).$$

推论 2 若事件 A 与 B 相互独立，则事件 $\overline{A}$ 与 B，A 与 $\overline{B}$，$\overline{A}$ 与 $\overline{B}$ 也都相互独立.

【例 5-10】 甲乙两台车床工作相互独立，已知甲车床出故障的概率为 0.02，乙车床出故障的概率为 0.1，求两台车床至少一台工作正常（未出故障）的概率.

解 事件 A={甲工作正常}，B={乙工作正常}，即是求 $P(A\cup B)$. 由概率性质

$$P(A\cup B)=P(A)+P(B)-P(AB).$$

而由于 A 与 B 相互独立，$P(AB)=P(A)P(B)=0.98\times 0.9$，于是

$$P(A\cup B)=0.98+0.9-0.98\times 0.9=0.998.$$

另解 $P(A\cup B)=1-P(\overline{A}\overline{B})=1-0.02\times 0.1=0.998$.

课堂练习 5-2

1. 某厂有甲、乙、丙三个车间均生产同一产品，生产的产品分别占总量的 10%，20%，70%，正品率分别为 95%，85%，90%.

(1) 求这家工厂产品正品率.

(2) 如从全部产品中任抽一件为正品，问这件正品是哪个车间生产的可能性最大.

2. 长期统计资料得知，某地区在四月份下雨的概率为 0.25，刮风的概率为 0.2，既刮风又下雨的概率为 0.1，问：

(1) 下雨、刮风两者独立吗，为什么?

(2) 在下雨条件下刮风的概率.

(3) 在刮风条件下下雨的概率.

(4) 下雨、刮风两者至少一个出现的概率.

习题 5-2

1. 加工某种零件，需经过三道工序，假定第一、二、三道工序的次品率分别为 0.2、0.1、0.1，并且任何一道工序是否出次品与其他各道工序无关. 求该种零件的次品率.

2. 甲乙丙三台车床工作相互独立，已知甲车床出故障的概率为 0.02，乙车床出故障的概率为 0.1，丙车床出故障的概率为 0.15，求三台车床至少一台工作正常（未出故障）的概率.

3. 一幢大楼有 3 层，1 层到 2 层有两部自动扶梯，2 层到 3 层有一部自动扶梯，各扶梯正常工作的概率为 0.9，且互不影响，则因自动扶梯不正常不能用它们从一楼到三楼的概率为多少?

4. 设 10 件产品中有 4 件不合格品，从中任取 2 件，已知所取 2 件产品中有 1 件不合格，求另一件也是不合格品的概率?

5. 某厂的产品，80%按甲工艺加工，20%按乙工艺加工，两种工艺加工出来的产品的合格率分别为 0.8 与 0.9. 现从该厂的产品中有放回地取 5 件来检验，求其中最多有一件次品的概率.

6. 深夜，一辆出租车被牵扯进一起交通事故，该市有两家出租车公司——红色的出租车公司与蓝色的出租车公司，它们的市场占有率分别是 15%与 85%. 据现场目击证人说肇事的出租车是红色的. 经过测试证人的辨认能力，测得他辨认的正确率为 80%，于是警察

认定红色的出租车有较大嫌疑，请问警察的认定对红色的出租车公平吗？为什么？

7. 有 2 个工人各负责 3 台机床，如果一个小时内这些机床不需要人照顾的概率如表 5-2所示，试问如何分配这 6 台机床给工人比较合理？

表 5-2　　6 台机床一小时内不需要工人照顾的概率

编号	1	2	3	4	5	6
不需要照顾概率	0.79	0.82	0.93	0.61	0.54	0.77

第三节　离散型随机变量及其分布列

一、随机变量

前面提到随机试验的结果可以用文字描述，比如抛硬币的样本空间 $S=\{$正面，反面$\}$，有的时候也用字母来表示（如第一节抛硬币 H 表示正面、T 表示反面），或用一个变量的取值（实数）来表示.

【例 5-11】 抛硬币试验 $S=\{$正面，反面$\}$ 可以用一个变量 ξ 的取值来表示，令

$$\xi=\xi(\omega)=\begin{cases}0, & \text{当 } \omega=\text{正面}\\ 1, & \text{当 } \omega=\text{反面}\end{cases},$$

则 ξ 是定义在 S 上的函数（为一变量）. 由于试验前不能预料出现正面还是反面，因而 ξ 是取 0 还是 1 具有随机性，因此称 ξ 为随机变量，那么样本空间 S 可以记为 $\{\xi|\xi=0$或$\xi=1\}$.

定义 5.3.1 设 S 是样本空间，对于其中的每一个样本点 ω，变量 ξ 都有一个确定的实数值 $\xi(\omega)$ 与之对应，称 ξ 为定义在 S 上的一个**随机变量**. 通常用大写字母 ξ，η 或 X，Y，Z 来表示随机变量.

【例 5-12】 用随机变量表示"丢骰子得到的点数小于 5"的事件.

解 用 ξ 表示"丢骰子得到的点数"，点数小于 5 的事件可以表示为

$$\{\xi|1\leqslant\xi<5,\xi\in Z\}.$$

【例 5-13】 用随机变量表示 10086 热线在一个小时内接到的呼叫次数构成的样本空间 S，并表示出"呼叫次数小于 5 次"事件.

解 用 ξ 表示"呼叫次数"，则样本空间 S 可以表示为：$\{\xi|\xi=0，1，2，3，\cdots，\xi\in N\}$. 那么"呼叫次数 ξ 小于 5 次"可以表示为 $\{\xi|\xi=0，1，2，3，4\}$ 或 $\{\xi|\xi<5，\xi\in N\}$.

如上面几个例子，随机变量的所有可能的取值为有限个，或者为可列无限多个（即像自然数那么一个一个可排列出的无限多个），这种随机变量称为**离散型随机变量**.

二、离散型随机变量的分布列

由于离散型随机变量的全部取值可以一一排列出来，因此我们可以通过表 5-3 方便地表示出事件的概率分布情况.

表 5-3　　随机变量 ξ 的分布列

ξ	ξ_1	ξ_2	…	ξ_k	…
p_i	p_1	p_2	…	p_k	…

该表称为**随机变量ξ的分布列**，其中 $p_k=P\{\xi=\xi_k\}$.

上面抛硬币试验随机变量ξ的分布列如表 5-4 所示.

【例 5-14】 ξ表示“丢骰子得到的点数”，写出随机变量ξ的分布列，求$P\{\xi\leqslant 4\}$.

解 ξ的分布列如表 5-5 所示.

表 5-4 抛硬币试验随机变量ξ的分布列

ξ	0	1
p_i	0.5	0.5

表 5-5 ［例 5-14］随机变量ξ的分布列

ξ	1	2	3	4	5	6
p_i	$\frac{1}{6}$	$\frac{1}{6}$	$\frac{1}{6}$	$\frac{1}{6}$	$\frac{1}{6}$	$\frac{1}{6}$

$$P\{\xi\leqslant 4\}=\sum_{i=1}^{4}P\{\xi=i\}=1-\sum_{i=5}^{6}P\{\xi=i\}=\frac{2}{3}.$$

【例 5-15】 已知盒中 2 个红球 3 个白球，随机抽两个，用ξ表示“抽出的红球个数”，写出随机变量ξ的分布列.

解 首先考虑ξ的取值，然后考虑ξ的取值的概率.ξ的取值为 0，1，2，它们的概率分别为

$$P\{\xi=0\}=\frac{C_3^2}{C_5^2}=0.3,\quad P\{\xi=1\}=\frac{C_3^1C_2^1}{C_5^2}=0.6,\quad P\{\xi=2\}=\frac{C_2^2}{C_5^2}=0.1.$$

ξ的分布列如表 5-6 所示.

通过以上例子可以看出，随机变量ξ的分布列具有以下性质：$p_k\geqslant 0$；$\sum_k p_k=1$.

三、常见的离散型分布

1. 退化分布

若离散随机变量ξ满足$P\{\xi=a\}=1$（a 为常数），则称ξ服从**退化分布**.

2. 两点分布

定义 5.3.2 若随机变量ξ的分布列如表 5-7 所示．则称随机变量ξ服从**两点分布**（p 为参数）．特别地，若$a=0$，$b=1$，则称ξ服从 0—1 分布，记作$\xi\sim B(1,\ p)$．如抛硬币随机变量ξ服从两点分布，且服从 0—1 分布，记为$\xi\sim B(1,\ 0.5)$.

表 5-6 ［例 5-15］随机变量ξ的分布列

ξ	0	1	2
p_i	0.3	0.6	0.1

表 5-7 随机变量ξ的特殊分布列（一）

ξ	a	b
p_i	$1-p$	p

3. 二项分布

定义 5.3.3 如果一随机试验在相同条件下可以重复进行 n 次，每次试验都是独立的，且每次试验的可能结果只有两个，即 A 发生或$\overline{A}$ 发生，且每次试验中 $P(A)=p$ 保持不变，则称这 n 次重复的试验为**n 重贝努利试验**.

如在相同条件下，重复 n 次抛硬币的试验，每次抛硬币只出现两种结果“正面”或“反面”，就是 n 重的贝努利试验；相同条件下同一人重复 n 次射击靶心，每次射击只出现“中”或“不中”两种结果，也是 n 重的贝努利试验．对于 n 重的贝努利试验，事件 A 出现 k 次的概率计算可以通过两步完成：第一步 把 n 次试验分为两组，即 k 次与 $n-k$ 次，方法共有 C_n^k 种；第二步 让分组好的 k 次试验事件 A 均发生，$n-k$ 次试验事件 A 均不发生，方法共有

$p^k(1-p)^{n-k}$种．由乘法原理，对于 n 重的贝努利试验，事件 A 出现 k 次的概率为

$$C_n^k p^k(1-p)^{n-k} \quad (k=0,1,2,\cdots,n).$$

【例 5-16】 对于重复 5 次的抛硬币的贝努利试验，若用 ξ 表示出现正面的次数，写出随机变量 ξ 的分布列.

解 首先考虑 ξ 的取值，然后考虑 ξ 的取值的概率．ξ 的取值为 0，1，2，3，4，5. 若记 A 为"抛硬币出现正面"，则 $P(A)=0.5$ 保持不变；若 $\xi=i(i=0，1，\cdots，5)$，即出现 i 次正面，则 5 次中出现 i 次正面，$5-i$ 次反面，因此

$$P\{\xi=i\}=C_5^i(0.5)^i(1-0.5)^{5-i}(i=0,1,\cdots,5).$$

分布列如表 5-8 所示.

表 5-8　［例 5-16］随机变量 ξ 的分布列

ξ	0	1	2	3	4	5
p_i	$(1-0.5)^5$	$C_5^1(0.5)^1(1-0.5)^4$	$C_5^2(0.5)^2(1-0.5)^3$	$C_5^3(0.5)^3(1-0.5)^2$	$C_5^4(0.5)^4(1-0.5)^1$	$(0.5)^5$

一般地，n 重贝努利试验，每次试验中 $P(A)=p$ 保持不变，则出现事件 A 的次数 ξ 的分布列如表 5-9 所示.

表 5-9　出现事件 A 的次数 ξ 的分布列

ξ	0	1	2	…	k	…	n
p_i	$(1-p)^n$	$C_n^1p^1(1-p)^{n-1}$	$C_n^2p^2(1-p)^{n-2}$	…	$C_n^kp^k(1-p)^{n-k}$	…	p^n

可见，$P\{\xi=k\}=C_n^kp^k(1-p)^{n-k}$为 $[p+(1-p)]^n$ 按二项式定理展开的各项，称随机变量 ξ 服从**二项分布**，记为$\xi\sim B(n，p)$．特别地，$n=1$ 时，就是 $0-1$ 分布.

【例 5-17】 工厂里有 5 台机床分别独立工作，每台机床正常工作的概率为 0.9，求 5 台机床中至少 3 台机床工作正常的概率是多大？至少一台工作正常的几率是多大？

解 用 ξ 表示工作正常的机床台数，记 A 为"机床正常工作"，则"5 台机床分别独立工作"相当于 5 重贝努利试验，其中 $P(A)=0.9$ 保持不变，则$\xi\sim B(5，0.9)$．

$$P\{\xi\geqslant 3\}=P\{\xi=3\}+P\{\xi=4\}+P\{\xi=5\}=\sum_{i=3}^{5}C_5^i 0.9^i 0.1^{5-i}=0.991\,44,$$

$$P\{\xi\geqslant 1\}=1-P\{\xi=0\}=1-0.1^5=0.999\,99.$$

在计算二项分布 $P\{\xi=k\}=C_n^kp^k(1-p)^{n-k}$时，如 n 和 k 都比较大，导致计算量比较大，而有如下数学式子成立 $\lim\limits_{n\to+\infty}C_n^kp^k\ (1-p)^{n-k}=\dfrac{\lambda^k}{k!}e^{-\lambda}$，其中 $\lambda=np$. 因此在实际计算中，如果 np 不太大（即 p 较小），当 $n\geqslant 10$，$p\leqslant 0.1$ 就可以用近似公式

$$C_n^kp^k(1-p)^{n-k}\approx\frac{\lambda^k}{k!}e^{-\lambda},\quad 其中\ \lambda=np.$$

定义 5.3.4 如果随机变量 ξ 可能的取值为 0，1，2，…，它的分布列如表 5-10 所示.

表 5-10　随机变量 ξ 的特殊分布列（二）

ξ	0	1	2	…	k	…
p_i	$e^{-\lambda}$	$\lambda e^{-\lambda}$	$\dfrac{\lambda^2}{2!}e^{-\lambda}$	…	$\dfrac{\lambda^k}{k!}e^{-\lambda}$	…

即 $P\{\xi=k\}=\frac{\lambda^k}{k!}e^{-\lambda}(k\in\mathbf{N})$，其中 $\lambda>0$ 为常数，则称 ξ 服从**泊松分布**，记为 $\xi\sim\pi(\lambda)$.

在实际中，在一段时间间隔内某电话交换台收到的呼叫数，某医院的病人数量，火车站台的候车人数，机器出现的故障数，自然灾害发生的次数等近似服从泊松分布．泊松分布的概率值可以查附录 A. 由上面近似公式可知，当 $n\geqslant 10$，$p\leqslant 0.1$，二项分布可以用参数 $\lambda=np$ 的泊松分布近似.

【例 5-18】 某火车站台的候车人数 $\xi\sim\pi(2)$，求至少有 1 人在火车站台的候车人数概率.

解 $P\{\xi\geqslant 1\}=1-P\{\xi<1\}=1-P\{\xi=0\}=1-e^{-2}$.

【例 5-19】 某公司生产一种产品 100 件，根据历史生产记录知报废率为 0.01，问现在 100 件产品经检验废品数小于 3 的概率.

解 用 ξ 表示废品数，$P\{\xi<3\}=P\{\xi=0\}+P\{\xi=1\}+P\{\xi=2\}$．而 $\xi\sim B(100, 0.01)$，因为 $n\geqslant 10$，$p\leqslant 0.1$，所以把二项分布用参数 $\lambda=np=100\times 0.01=1$ 的泊松分布近似，查附录 A 得：

$$P\{\xi<3\}=P\{\xi=0\}+P\{\xi=1\}+P\{\xi=2\}\approx\sum_{k=0}^{2}\frac{1}{k!}e^{-1}\approx 0.919\,698.$$

课堂练习 5-3

1. 已知盒中有 3 个红球 2 个白球，随机抽两个，用 ξ 表示"抽出的红球个数"，写出随机变量 ξ 的分布列.

2. 对于重复 3 次的抛硬币的贝努利试验，若用 X 表示出现正面的次数，写出随机变量 X 的分布列.

3. 一家商店采用科学管理，由商店过去的销售记录知道，某种商品每月的销售数量 X 可以用 $\lambda=5$ 的泊松分布来描述，为了以 95% 以上的把握保证不脱销，问商店在月底至少需要进该商品多少件?

习题 5-3

1. 盒内有 12 个乒乓球，其中 9 个是新球，3 个是旧球．采取不放回抽取，每次取 1 个，直到取到新球为止．求抽取次数 X 的概率分布列.

2. 一电话交换台每分钟接到呼唤次数 X 服从 $\lambda=3$ 的泊松分布，那么每分钟接到呼唤次数 X 大于 10 的概率为多大?

3. 设离散型随机变量 X 的分布律为 $P(X=k)=\frac{A}{2+k}(k=0, 1, 2, 3)$，求

(1) 参数 A.

(2) $P(X<3)$.

4. 在人寿保险事业中，假如一个投保人能活到 70 岁的概率为 0.6，现有三个人投保，求

(1) 全部活到 70 岁的概率.

（2）有两个活到 70 岁的概率.

（3）有一个活到 70 岁的概率.

（4）都活不到 70 岁的概率.

5. 车间中有 6 名工人在各自独立地工作，已知每个人在 1 小时内有 12 分钟需用小吊车．求

（1）在同一时刻需用小吊车人数的最可能值是多少？

（2）若车间中仅有 2 台小吊车，则因小吊车不够而耽误工作的概率是多少？

6. 某公司生产一种产品 500 件，根据历史生产记录知报废率为 0.001，问现在 500 件产品经检验废品数小于 3 的概率.

7. 产品装箱问题．某厂生产的电子元件次品率为 0.03，对装箱后出厂的产品，工厂承诺 90%的箱内装有 100 件以上的正品，那么工厂为了履行这个承诺，每箱至少应装多少件产品？（提示：用赋值法，用泊松分布表去计算）

第四节　连续型随机变量及分布函数

上节提到随机变量的可能取值为有限个或者可列无限多个，有的随机变量的取值是在一个区间上的任意一个值，如“测量某地的气温”，“测量某型号零件的尺寸”“某型号显象管的寿命”“某省高考体检时每个考生的体重”等，它们的取值可以充满某个区间，这样的随机变量称为连续型随机变量.

一、连续型随机变量及其分布函数

定义 5.4.1　对于随机变量 ξ，若存在一个非负可积函数 $f(x)$，使得对任意实数 a，b $(a<b)$，有 $P\{a<\xi\leqslant b\}=\int_a^b f(x)\mathrm{d}x$，则称 ξ 为**连续型随机变量**，称 $f(x)$ 为随机变量 ξ 的**概率密度函数**，简称**密度函数**或**概率密度**，如图 5-6 所示.

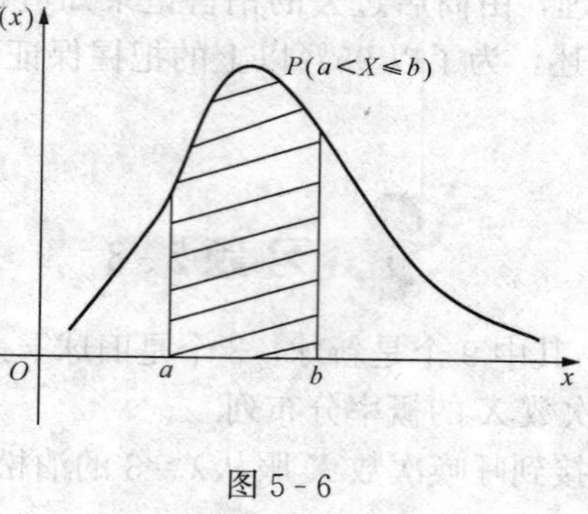

图 5-6

密度函数 $f(x)$ 具有下列性质：

（1）$f(x)\geqslant 0$.

（2）$P\{-\infty<\xi<+\infty\}=\int_{-\infty}^{+\infty}f(x)\mathrm{d}x=1$.

（3）$P\{\xi=b\}=\lim\limits_{a\to b}\int_a^b f(x)\mathrm{d}x=0$.（由几何意义可知）

由（3）知，连续型随机变量任取某一数值 c 的概率为零，即 $P\{X=c\}=0$．因此对于连

续型随机变量，有

$$P\{a<\xi\leqslant b\}=P\{a<\xi<b\}=P\{a\leqslant\xi\leqslant b\}=P\{a\leqslant\xi<b\}=\int_a^b f(x)\mathrm{d}x.$$

定义 5.4.2　设 ξ 为连续型随机变量，事件 $\{\xi\leqslant x\}$ 对应的概率 $P\{\xi\leqslant x\}$ 称为 ξ 的**分布函数**.

显然，分布函数以变量 x 为自变量，可记此函数为 $F(x)$，则

$$F(x)=P\{\xi\leqslant x\}=\int_{-\infty}^{x} f(t)\mathrm{d}t.$$

二、常见的两种连续型随机变量

定义 5.4.3　设随机变量 ξ 的密度函数为

$$f(x)=\begin{cases}\dfrac{1}{b-a}, & x\in(a,b)\\ 0, & 其他\end{cases},$$

则称 ξ 服从区间 $(a,\ b)$ 上的**均匀分布**，记为 $\xi\sim U(a,\ b)$，如图 5-7 所示.

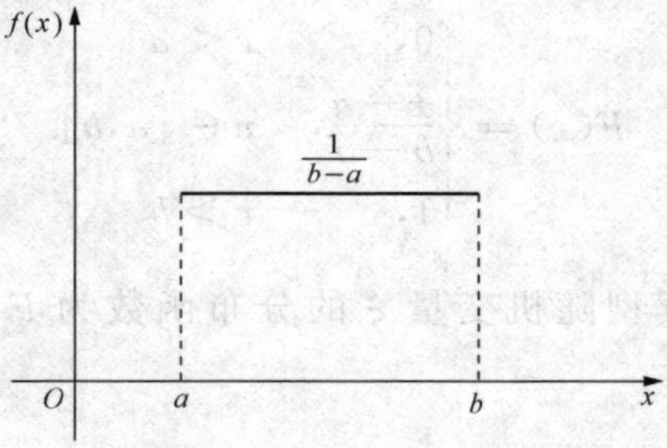

图 5-7

在实际问题中，有很多均匀分布的例子，例如乘客在公共汽车站的候车时间，近似计算中的舍入误差等.

设随机变量 $\xi\sim U(a,\ b)$，则对任意区间 $[c,\ d]\subset[a,\ b]$，有

$$P\{c<\xi<d\}=\int_c^d \frac{1}{b-a}\mathrm{d}x=\frac{d-c}{b-a}.$$

这表明，ξ 落在 $[a,\ b]$ 内任一小区间 $[c,\ d]$ 上取值的概率与该小区间的长度成正比，而与小区间 $[c,\ d]$ 的位置无关，这就是均匀分布的概率意义.

【例 5-20】　某路公交车的班次是 5 分钟一班，乘客在某车站候车，等待时间 ξ 不超过 3 分钟的概率是多大？求等待时间 ξ 的分布函数.

解　因为在一个车站候车时间 ξ 服从均匀分布，ξ 的取值最小是 0，最大是 5，因此

$$\xi\sim U(0,5).$$

概率密度函数为

$$f(x)=\begin{cases}\dfrac{1}{5-0}, & x\in(0,5)\\ 0, & x\notin(0,5)\end{cases}.$$

而

$$P\{\xi<3\}=\int_0^3 \frac{1}{5}\mathrm{d}x=\frac{3}{5},$$

由分布函数的定义

$$F(x)=P\{\xi\leqslant x\}=\int_{-\infty}^{x}f(t)\mathrm{d}t,$$

当 $x<0$ 时，$F(x)=P\{\xi\leqslant x\}=\int_{-\infty}^{x}f(t)\mathrm{d}t=\int_{-\infty}^{x}0\mathrm{d}t=0.$

当 $0\leqslant x\leqslant 5$ 时，$F(x)=P\{\xi\leqslant x\}=\int_{-\infty}^{x}f(t)\mathrm{d}t=\int_{-\infty}^{0}0\mathrm{d}t+\int_{0}^{x}\frac{1}{5}\mathrm{d}t=\frac{x}{5}.$

当 $x>5$ 时，$F(x)=P\{\xi\leqslant x\}=\int_{-\infty}^{x}f(t)\mathrm{d}t=\int_{-\infty}^{0}0\mathrm{d}t+\int_{0}^{5}\frac{1}{5}\mathrm{d}t+\int_{5}^{x}0\mathrm{d}t=1.$

故

$$F(x)=\begin{cases}0, & x<0\\ \dfrac{x}{5}, & 0\leqslant x\leqslant 5.\\ 1, & x>5\end{cases}$$

一般地，均匀分布的分布函数为

$$F(x)=\begin{cases}0, & x<a\\ \dfrac{x-a}{b-a}, & x\in[a,b].\\ 1, & x>b\end{cases}$$

【例 5 - 21】 已知连续型随机变量 ξ 的分布函数为 $F(x)=\begin{cases}0, & x\leqslant 0\\ 1-\mathrm{e}^{-x}, & x>0\end{cases}$，求 $P\{-1<\xi\leqslant 2\}$；$P\{2<\xi<3\}$.

解 $P\{-1<\xi\leqslant 2\}=P\{\xi\leqslant 2\}-P\{\xi\leqslant -1\}=F(2)-F(-1)=1-\mathrm{e}^{-2}-0=1-\mathrm{e}^{-2}$，

$P\{2<\xi<3\}=P\{\xi<3\}-P\{\xi\leqslant 2\}=F(3)-F(2)=1-\mathrm{e}^{-3}-(1-\mathrm{e}^{-2})=\mathrm{e}^{-2}-\mathrm{e}^{-3}.$

【例 5 - 22】 某半导体元件的寿命 ξ 近似服从密度函数为 $f(x)=\begin{cases}2\mathrm{e}^{-2x}, & x\geqslant 0\\ 0, & x<0\end{cases}$ 分布，求 $P\{0<\xi\leqslant 1\}$；$P\{-1<\xi\leqslant 2\}$；ξ 的分布函数.

解 据密度函数定义，有

$$P\{0<\xi\leqslant 1\}=\int_{0}^{1}f(x)\mathrm{d}x=\int_{0}^{1}2\mathrm{e}^{-2x}\mathrm{d}x=-\mathrm{e}^{-2x}\Big|_{0}^{1}=1-\mathrm{e}^{-2};$$

$$P\{-1<\xi\leqslant 2\}=\int_{-1}^{2}f(x)\mathrm{d}x=\int_{-1}^{0}0\mathrm{d}x+\int_{0}^{2}2\mathrm{e}^{-2x}\mathrm{d}x=\int_{0}^{2}2\mathrm{e}^{-2x}\mathrm{d}x=-\mathrm{e}^{-2x}\Big|_{0}^{2}=1-\mathrm{e}^{-4}.$$

当 $x<0$ 时，$F(x)=P\{\xi\leqslant x\}=\int_{-\infty}^{x}f(t)\mathrm{d}t=\int_{-\infty}^{x}0\mathrm{d}t=0.$

当 $x\geqslant 0$ 时，$F(x)=P\{\xi\leqslant x\}=\int_{-\infty}^{x}f(t)\mathrm{d}t=\int_{-\infty}^{0}0\mathrm{d}t+\int_{0}^{x}2\mathrm{e}^{-2t}\mathrm{d}t=-\mathrm{e}^{-2t}\Big|_{0}^{x}=1-\mathrm{e}^{-2x}.$

故

$$F(x)=\begin{cases}0, & x<0\\ 1-\mathrm{e}^{-2x}, & x\geqslant 0\end{cases}.$$

定义 5.4.4 若随机变量 ξ 的密度函数为（见图 5-8）

$$f(x)=\begin{cases}\lambda e^{-\lambda x}, & x\geqslant 0\\ 0, & x<0\end{cases},$$

其中 $\lambda>0$，称 ξ 服从参数为 λ 的**指数分布**，记为 $\xi\sim E(\lambda)$．

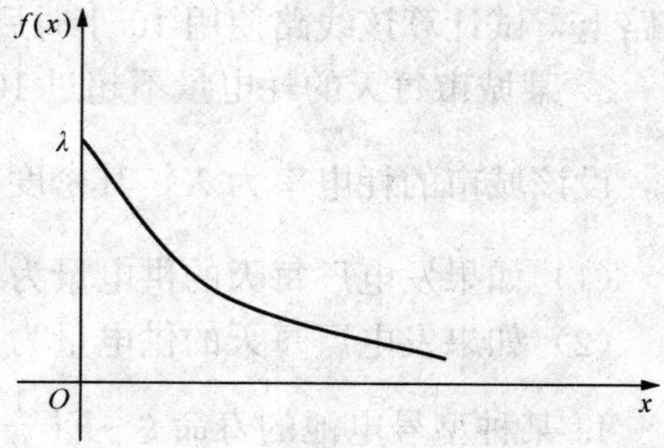

图 5-8

在实际中，电子元件和动物的寿命等近似服从于指数分布，其分布函数为

$$F(x)=\begin{cases}0, & x<0\\ 1-e^{-\lambda x}, & x\geqslant 0\end{cases}.$$

【例 5-23】 已知某电器的寿命（单位：年）$\xi\sim E(\lambda)$，那么该电器如果用了 10 年未坏的概率是多大？在已知该种电器用了 10 年未坏的条件下，再用 10 年未坏的概率是多大？它们一样吗？

解 题目即求 $P\{\xi>10\}$ 与 $P\{\xi>20|\xi>10\}$.

由密度函数定义，有

$$P\{\xi>10\}=\int_{10}^{+\infty}f(t)\,dt=\int_{10}^{+\infty}\lambda e^{-\lambda t}\,dt=-e^{-\lambda t}\Big|_{10}^{+\infty}=e^{-10\lambda}.$$

$$P\{\xi>20|\xi>10\}=\frac{P\{\xi>20\}}{P\{\xi>10\}}=\frac{\int_{20}^{+\infty}\lambda e^{-\lambda x}\,dx}{\int_{10}^{+\infty}\lambda e^{-\lambda x}\,dx}=\frac{-e^{-\lambda x}\Big|_{20}^{+\infty}}{-e^{-\lambda x}\Big|_{10}^{+\infty}}=\frac{e^{-20\lambda}}{e^{-10\lambda}}=e^{-10\lambda}.$$

所以两个概率是相等的，也就是从寿命上说，用了 10 年未坏的电器与该电器新买时是差不多的.

课堂练习 5-4

1. 某路公交车的班次是 10 分钟一班，乘客在某车站候车，等待时间 ξ 超过 4 分钟的概率是多大？求等待时间 ξ 的分布函数.

2. 某半导体元件的寿命 $X\sim E(3)$，求 $P\{0<X\leqslant 3\}$；$P\{-1<X\leqslant 3\}$；X 的分布函数.

习题 5-4

1. 某种电子元件的寿命 ξ 是随机变量，其概率密度为

$$f(x)=\begin{cases}\dfrac{C}{x^2}, & x\geqslant 100\\ 0, & x<100\end{cases}.$$

求

（1）常数 C.

（2）若将 3 个这种元件串联在一条线路上，试计算该线路使用 150 小时后仍能正常工作的概率.

2. 某半导体元件的寿命 $X\sim E(0.2)$，求 X 的分布函数；若将 2 个这种元件串联在一条线路上，试计算该线路使用 10 小时后仍能正常工作的概率.

3. 某城市每天的耗电量不超过 100 万 kWh，每天的耗电量与百万 kWh 的比值称为耗电率，设该城市的耗电率为 X，其密度函数为 $f(x)=\begin{cases}12\ (1-x^2), & 0<x<1\\ 0, & \text{其他}\end{cases}$，问

（1）如果发电厂每天的供电量为 80 万 kWh，任意一天供电量不足的概率为多少？

（2）如果发电厂每天的供电量为 90 万 kWh，任意一天供电量不足的概率为多少？

4. 某种型号电池的寿命 $\xi \sim E\left(\frac{1}{2}\right)$，试求下列事件的概率：

（1）一节电池寿命大于 4 年.

（2）一节电池寿命为 1 至 3 年.

（3）5 节电池的寿命至少有 2 节电池寿命大于 4 年.

第五节　随机变量的数字特征

一、离散型随机变量的数学期望与方差

引例　甲乙丙三名射击选手分别射击 10 次，所中环数成绩如表 5-11 所示.

表 5-11　　三名射手成绩表

甲	6	7	8	9	10	3	5	4	1	2
乙	7	6	5	7	6	5	7	6	6	5
丙	8	6	4	8	6	4	8	6	6	4

问从射击准确度来说，哪名选手的水平更高？

从表 5-11 看出，甲射击成绩为平均 5.5 环，乙射击成绩为平均 6 环，丙射击成绩为平均 6 环．从平均数角度看，乙丙的水平较高；从稳定性角度看，甲射击的环数偏离平均数最大，丙次之，乙最小．可见从稳定性的角度看，乙较稳定．综上，乙的水平较高.

为了反映出随机变量在概率意义上的平均数与偏离平均数的程度的大小（离散性反应稳定性），我们介绍如下概念.

定义 5.5.1　如果离散型随机变量 ξ 的分布列如表 5-12 所示.

表 5-12　　离散型随机变量 ξ 的分布列

ξ	ξ_1	ξ_2	…	ξ_k	…
p_i	p_1	p_2	…	p_k	…

则称

$$E(\xi) = \sum_{i=1}^{\infty} \xi_i p_i$$

为离散型随机变量 ξ 的**数学期望**，$D(\xi) = \sum_{i=1}^{\infty}[\xi_i - E(\xi)]^2 p_i = E[\xi - E(\xi)]^2$ 称为离散型随机变量 ξ 的**方差**.

注意：

期望就是随机变量在概率加权上的平均数，方差就是随机变量偏离平均数的平方在概率

加权上的平均数，代表了随机变量取值与平均数的偏离程度.

【例 5 - 24】 抛硬币试验随机变量 ξ 的分布列如表 5 - 13 所示.

$$E(\xi)=\sum_{i=1}^{2}\xi_i p_i=0\times 0.5+1\times 0.5=0.5;$$

$$D(\xi)=\sum_{i=1}^{2}[\xi_i-E(\xi)]^2 p_i=(0-0.5)^2\times 0.5+(1-0.5)^2\times 0.5=0.25.$$

若 $\xi\sim B(1,\ p)$，即如表 5 - 14 所示.

表 5 - 13　ξ 的分布列（一）

ξ	0	1
p_i	0.5	0.5

表 5 - 14　$\xi\sim B(1,\ p)$ 时 ξ 的分布列

ξ	0	1
p_i	$1-p$	p

则

$$E(\xi)=\sum_{i=1}^{2}\xi_i p_i=0\times(1-p)+1\times p=p;$$

$$D(\xi)=\sum_{i=1}^{2}[\xi_i-E(\xi)]^2 p_i=(0-p)^2\times(1-p)+(1-p)^2\times p=p-p^2.$$

【例 5 - 25】 如果随机变量 ξ 的分布列如表 5 - 15 所示.

表 5 - 15　ξ 的分布列（二）

ξ	0	1	2
p_i	0.3	0.5	0.2

则

$$\begin{aligned}E(\xi)&=\sum_{i=1}^{3}\xi_i p_i\\&=0\times 0.3+1\times 0.5+2\times 0.2=0.9;\end{aligned}$$

$$\begin{aligned}D(\xi)&=\sum_{i=1}^{3}[\xi_i-E(\xi)]^2 p_i\\&=(0-0.9)^2\times 0.3+(1-0.9)^2\times 0.5+(2-0.9)^2\times 0.2=0.49.\end{aligned}$$

二、连续型随机变量的数学期望与方差

定义 5.5.2 设连续型随机变量 ξ 的密度函数为 $f(x)$，称

$$E(\xi)=\int_{-\infty}^{+\infty}xf(x)\mathrm{d}x$$

为连续型随机变量 ξ 的**数学期望**.

$$D(\xi)=\int_{-\infty}^{+\infty}[x-E(\xi)]^2 f(x)\mathrm{d}x=E[\xi-E(\xi)]^2$$

称为连续型随机变量 ξ 的**方差**.

【例 5 - 26】 设 $\xi\sim U(a,\ b)$，即 ξ 在 $(a,\ b)$ 上均匀分布，求 $E(\xi)$，$D(\xi)$.

解 ξ 在 $(a,\ b)$ 上均匀分布，ξ 的密度函数为

$$f(x)=\begin{cases}\dfrac{1}{b-a}, & a<x<b,\\0, & \text{其他}\end{cases}$$

故

$$E(\xi)=\int_{-\infty}^{+\infty}xf(x)\mathrm{d}x=\int_{-\infty}^{a}xf(x)\mathrm{d}x+\int_{a}^{b}xf(x)\mathrm{d}x+\int_{b}^{+\infty}xf(x)\mathrm{d}x$$

$$=0+\int_{a}^{b}\frac{x}{b-a}\mathrm{d}x+0=\int_{a}^{b}\frac{x}{b-a}\mathrm{d}x=\frac{1}{b-a}\cdot\frac{x^2}{2}\bigg|_a^b=\frac{a+b}{2}.$$

这个结果是显然的．因为ξ在（a，b）上均匀分布，它取值的平均值当然应该在(a, b)的中间，也就是$\frac{a+b}{2}$.

$$D(\xi)=\int_{-\infty}^{+\infty}[x-E(\xi)]^2f(x)\mathrm{d}x=\int_{a}^{b}\left[x-\frac{a+b}{2}\right]^2\frac{1}{b-a}\mathrm{d}x=\frac{(b-a)^2}{12}.$$

【例 5-27】 设$\xi\sim E(\lambda)$，即ξ服从指数分布，求$E(\xi)$，$D(\xi)$.

解 因$\xi\sim E(\lambda)$，ξ的密度函数为$f(x)=\begin{cases}\lambda \mathrm{e}^{-\lambda x}, & x\geqslant 0\\ 0, & x<0\end{cases}$，故

$$E(\xi)=\int_{-\infty}^{+\infty}xf(x)\mathrm{d}x=\int_{-\infty}^{0}xf(x)\mathrm{d}x+\int_{0}^{+\infty}xf(x)\mathrm{d}x=\int_{0}^{+\infty}x\lambda\mathrm{e}^{-\lambda x}\mathrm{d}x$$

$$=\int_{0}^{+\infty}-x\mathrm{d}\mathrm{e}^{-\lambda x}=-x\mathrm{e}^{-\lambda x}\bigg|_0^{+\infty}+\int_{0}^{+\infty}\mathrm{e}^{-\lambda x}\mathrm{d}x=0+\frac{\mathrm{e}^{-\lambda x}}{-\lambda}\bigg|_0^{+\infty}=\frac{1}{\lambda}.$$

$$D(\xi)=\int_{-\infty}^{+\infty}[x-E(X)]^2f(x)\mathrm{d}x=\int_{0}^{+\infty}[x-E(X)]^2f(x)\mathrm{d}x$$

$$=\int_{0}^{+\infty}\left(x-\frac{1}{\lambda}\right)^2\lambda\mathrm{e}^{-\lambda x}\mathrm{d}x=\frac{1}{\lambda^2}.$$

因此，对于指数分布来说，只要知道ξ的期望或方差就可以知道其密度函数.

三、数学期望与方差的性质

(1) $E(C)=C$；$D(C)=0$（C为常数).

(2) $E(C\xi)=CE(\xi)$；$D(C\xi)=C^2D(\xi)$.

(3) 当ξ，η为任意两个随机变量时，$E(\xi+\eta)=E(\xi)+E(\eta)$；

当ξ，η为两个独立随机变量时，$D(\xi+\eta)=D(\xi)+D(\eta)$.

(4) $D(\xi)=E[\xi^2]-(E(\xi))^2$.

证明 $D(\xi)=E[\xi-E(\xi)]^2=E[\xi^2-2E(\xi)\xi+(E(\xi))^2]$，由于在求方差时，期望$E(\xi)$看成常数，所以

$$D(\xi)=E[\xi^2-2E(\xi)\xi+(E(\xi))^2]=E[\xi^2]-E[2E(\xi)\xi]+E[(E(\xi))^2]$$

$$=E[\xi^2]-2E(\xi)E[\xi]+(E(\xi))^2=E[\xi^2]-(E(\xi))^2.$$

【例 5-28】 设随机变量$\xi\sim B(n, p)$，求$E(\xi)$，$D(\xi)$.

解 随机变量ξ表示n重贝努利试验出现事件A的次数，每次试验事件A发生的概率$P(A)=p$保持不变．而n重的贝努利试验可以看作n次独立试验，每次试验出现的次数记为$\xi_i(i=1, 2, \cdots, n)$，则$\xi=\sum\limits_{i=1}^{n}\xi_i$，$\xi_i$服从0—1分布，且$\xi_i(i=1, 2, \cdots, n)$相互独立，

$$E(\xi_i)=p(i=1,2,\cdots,n),D(\xi_i)=p-p^2(i=1,2,\cdots,n).$$

故

$$E(\xi)=E\left(\sum_{i=1}^{n}\xi_i\right)=\sum_{i=1}^{n}E(\xi_i)=np,D(\xi)=D\left(\sum_{i=1}^{n}\xi_i\right)=\sum_{i=1}^{n}D(\xi_i)=n(p-p^2).$$

【例 5-29】 设随机变量 $\xi \sim \pi\ (\lambda)$，即 ξ 服从泊松分布，求 $E(\xi)$，$D(\xi)$.

解　ξ 服从泊松分布，即 $P\{\xi=k\}=\dfrac{\lambda^k}{k\,!}\mathrm{e}^{-\lambda}$ $(k\in N)$，则

$$E(\xi)=\sum_{i=1}^{\infty}\xi_i p_i=\sum_{k=0}^{\infty}k\frac{\lambda^k}{k\,!}\mathrm{e}^{-\lambda}=\lambda\mathrm{e}^{-\lambda}\sum_{k=1}^{\infty}\frac{\lambda^{k-1}}{(k-1)\,!},$$

由于等式 $\displaystyle\sum_{k=0}^{\infty}\frac{\lambda^k}{k\,!}=\mathrm{e}^{\lambda}$ 恒成立，故有

$$E(\xi)=\lambda\mathrm{e}^{-\lambda}\sum_{k=1}^{\infty}\frac{\lambda^{k-1}}{(k-1)\,!}=\lambda\mathrm{e}^{-\lambda}\mathrm{e}^{\lambda}=\lambda.$$

$$\begin{aligned}E(\xi^2)&=\sum_{i=1}^{\infty}\xi_i^2 p_i=\sum_{k=0}^{\infty}k^2\frac{\lambda^k}{k\,!}\mathrm{e}^{-\lambda}=\lambda\mathrm{e}^{-\lambda}\sum_{k=1}^{\infty}\frac{k\lambda^{k-1}}{(k-1)\,!}\\&=\lambda\mathrm{e}^{-\lambda}\sum_{k=1}^{\infty}\frac{(k-1+1)\lambda^{k-1}}{(k-1)\,!}\\&=\lambda\mathrm{e}^{-\lambda}\sum_{k=1}^{\infty}\frac{(k-1)\lambda^{k-1}+\lambda^{k-1}}{(k-1)\,!}\\&=\lambda\mathrm{e}^{-\lambda}\left(\sum_{k=1}^{\infty}\frac{\lambda^{k-1}}{(k-2)\,!}+\sum_{k=1}^{\infty}\frac{\lambda^{k-1}}{(k-1)\,!}\right)\\&=\lambda\mathrm{e}^{-\lambda}\left(\lambda\sum_{k=2}^{\infty}\frac{\lambda^{k-2}}{(k-2)\,!}+\sum_{k=1}^{\infty}\frac{\lambda^{k-1}}{(k-1)\,!}\right)\\&=\lambda\mathrm{e}^{-\lambda}(\lambda\mathrm{e}^{\lambda}+\mathrm{e}^{\lambda})=\lambda^2+\lambda.\end{aligned}$$

故

$$D(\xi)=E[\xi^2]-(E(\xi))^2=\lambda^2+\lambda-\lambda^2=\lambda.$$

【例 5-30】 一家商店既售卖产品又输出劳务，每天售卖产品的个数 X_1 服从泊松分布，$X_1\sim\pi(180)$，每天输出劳务的次数 X_2 也服从泊松分布，$X_2\sim\pi(60)$，每售出一件产品商店赚 2 元，每输出一次劳务商店赚 20 元，求商店收入 Y 的期望 $E(Y)$.

解　$Y=2X_1+20X_2$，则

$$E(Y)=E(2X_1+20X_2)=2E(X_1)+20E(X_2),$$

由例 5-29 结论（若 $X\sim\pi(\lambda)$，则 $E(X)=D(X)=\lambda$），于是

$$E(X_1)=180,\quad E(X_2)=60,$$

$$E(Y)=2E(X_1)+20E(X_2)=2\times180+20\times60=1560\text{ 元}.$$

课堂练习 5-5

1. 如果随机变量 ξ 的分布列如表 5-16 所示，求 ξ 的期望与方差.

表 5-16　　ξ 的分布列（三）

ξ	0	1	2
p_i	0.3	0.6	0.1

2. 一家商店销售两种甲乙商品，每天销售甲产品的个数 X_1 服从泊松分布，$X_1\sim\pi$

(120)，每天销售乙产品的个数 X_2 也服从泊松分布，$X_2 \sim \pi(150)$，每售出一件甲产品商店赚 10 元，每售出一件乙产品商店赚 5 元，求商店收入 Y 的期望 $E(Y)$.

习题 5-5

1. 某企业经营一种新产品，如大批经销，在销路好时可获利 100 万元，销路差时亏损 20 万元；如小批试销，在销路好时可获利 40 万元，销路差时也无亏损. 销路好与销路差的概率均为 0.5，问如何决策？

2. 某盒中有 2 个白球和 3 个黑球，10 个人依次摸球，每人摸出 2 个球，然后放回盒中，下一个人再摸，求 10 个人总共摸到白球数的数学期望.

3. 最近在超市购物取消了分币，顾客付款时，出现不足一角时采用四舍五入精确到一角，超市这样做对顾客公平吗？

4. 按规定，某车站每天 8：00～9：00，9：00～10：00 都恰有一辆客车到站，但到站的时间是随机的，且两者到站的时间相互独立，其规律如表 5-17 所示. 旅客 8：20 到站，求他候车时间的数学期望。

表 5-17 客车时刻表

到站时刻	8：10	8：30	8：50
	9：10	9：30	9：50
概率	$\frac{1}{6}$	$\frac{3}{6}$	$\frac{2}{6}$

5. 某保险公司有 2500 个同一年龄同一社会阶层的人参加了人寿保险，在一年里每个人死亡的概率为 0.0001，每个参加保险的人一年付 120 元保险费，而在死亡时家属可以领取 20 000 元保险费，求保险公司的收益期望.

6. 一民航送客车载有 20 位旅客自机场开出，沿途有 10 个车站可以下车，如到达一个车站没有旅客下车就不停车. 以 X 表示停车的次数，求 $E(X)$（设每位旅客在各个车站下车是等可能的，并设每个旅客是否下车相互独立）.

第六节 正 态 分 布

前面介绍了连续型随机变量及其分布，正态分布是连续型随机变量中最基本、最重要的一种分布. 经验表明，一个随机变量如果是众多的、互不相干的、不分主次的偶然因素作用结果之和，它就服从或近似服从正态分布.

一、正态分布

定义 5.6.1 设随机变量 ξ 的密度函数为

$$f(x)=\frac{1}{\sqrt{2\pi}\sigma}\mathrm{e}^{-\frac{(x-\mu)^2}{2\sigma^2}},\quad x\in(-\infty,+\infty),$$

则称 ξ 服从参数为 μ，σ 的**正态分布**，记为 $\xi \sim N(\mu,\sigma^2)$.

正态分布 $N(\mu,\sigma^2)$ 的分布曲线如图 5-9 所示，曲线对称于直线 $x=\mu$，并在 $x=\mu$ 处达到最大值 $\frac{1}{\sqrt{2\pi}\sigma}$；当 $x\to\pm\infty$ 时，$f(x)\to 0$，所以 x 轴为其渐近线.

由图 5-10 和图 5-11 可以发现正态曲线特点：当参数 σ 不变，仅改变 μ，分布曲线的形状不变，只是沿着 x 轴平行移动（见图 5-10）；当参数 μ 的值不变，而改变 σ 的值时，则曲线的对称轴不变而曲线的形状随之变化：σ 越小，曲线在中心部分的峰值越大，由于分布曲线与 x 轴之间的面积恒等于 1，所以曲线在两侧必然很快地趋近于 x 轴，从而曲线越陡峭；反之，σ 越大，则曲线的峰值越小，曲线越平坦（见图 5-11）.

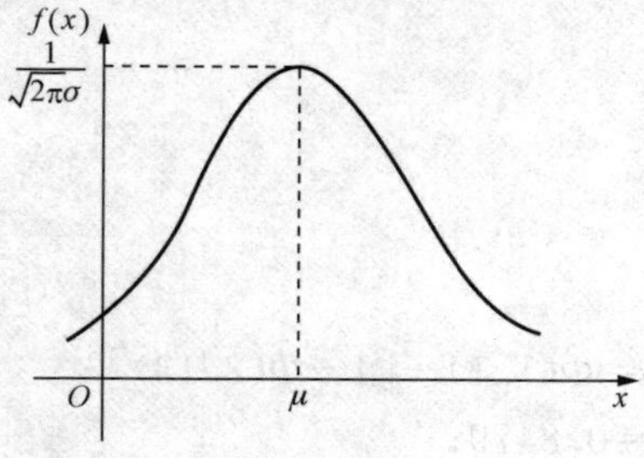

图 5-9

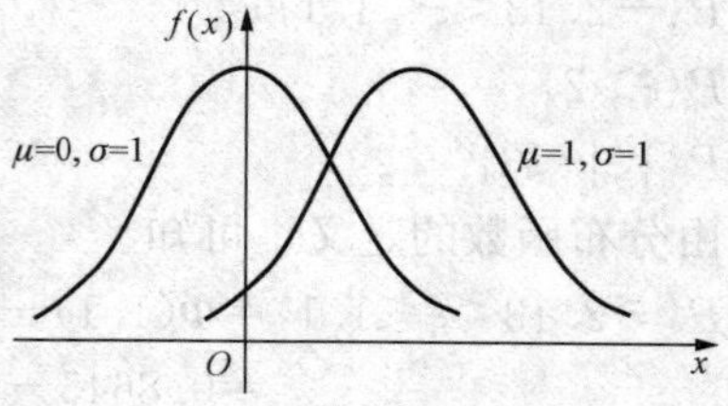

图 5-10

其实，若 $\xi \sim N(\mu, \sigma^2)$，可以通过连续型随机变量的定义计算出 $E(\xi)=\mu$，$D(\xi)=\sigma^2$，从图 5-9 中可以得出正态分布曲线在平均数 $\xi=\mu$ 处达到最大值，也就是说服从正态分布的随机变量在平均数附近的可能性最大.

在现实生活中，很多随机变量都服从或近似地服从正态分布．例如长度测量误差；某一地区同年龄人群的身高、体重、肺活量等；一定条件下生长的小麦的株高、穗长、单位面积产量等；正常生产条件下各种产品的质量指标（测量零件尺寸的误差、纤维的纤度、电容器的电容量）；某地某月的平均气温、平均湿度、降雨量等.

二、标准正态分布

定义 5.6.2　设随机变量 ξ 的密度函数为

$$\varphi(x)=\frac{1}{\sqrt{2\pi}}\mathrm{e}^{-\frac{x^2}{2}},\quad x\in(-\infty,+\infty),$$

称 ξ 服从**标准正态分布**，记为 $\xi \sim N(0, 1)$.

标准正态分布的分布函数为

$$\Phi(x)=P\{\xi\leqslant x\}=\int_{-\infty}^{x}f(t)\,\mathrm{d}t=\int_{-\infty}^{x}\frac{1}{\sqrt{2\pi}}\mathrm{e}^{-\frac{t^2}{2}}\,\mathrm{d}t.$$

详见图 5-12 与附录 B（标准正态分布表）.

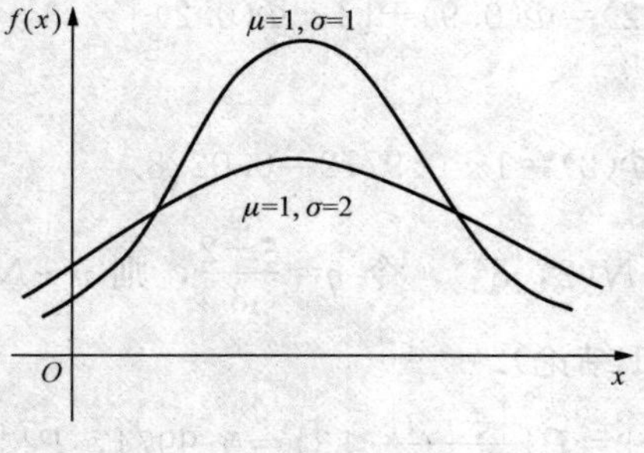

图 5-11

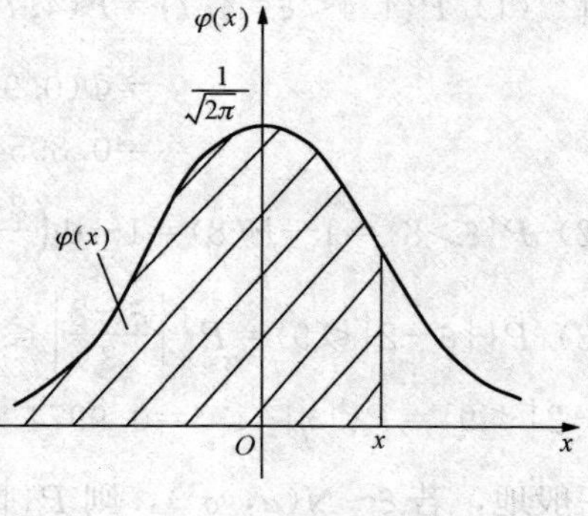

图 5-12

由标准正态分布表可以看出，给出的分布函数$\Phi(x)$中$x>0$，$\Phi(0)=0.5$，$\Phi(3.09)\approx 1$，根据图形对称性有如下计算规则：

(1) 若$x<0$，则得$\Phi(x)=1-\Phi(-x)$.

(2) $P\{a<\xi<b\}=P\{\xi<b\}-P\{\xi\leqslant a\}=\Phi(b)-\Phi(a)$.

(3) $P\{|\xi|<a\}=P\{\xi<a\}-P\{\xi\leqslant -a\}=\Phi(a)-\Phi(-a)=2\Phi(a)-1$，其中$a>0$.

【例 5-31】 若$\xi\sim N(0,1)$，求

(1) $P\{-2.13<\xi<1.1\}$；

(2) $P\{\xi>2\}$；

(3) $P\{|\xi|<3\}$.

解 由分布函数的定义，可知

(1) $P\{-2.13<\xi<1.1\}=\Phi(1.1)-\Phi(-2.13)=\Phi(1.1)-[1-\Phi(2.13)]$
$=0.8645-1+0.9834=0.8479$；

(2) $P\{\xi>2\}=1-\Phi(2)=1-0.9772=0.0228$；

(3) $P\{|\xi|<3\}=2\Phi(3)-1=0.9987\times 2-1=0.9974$；

从［例 5-31］看出，$\xi\sim N(0,1)$时，$P\{|\xi|<3\}=0.9974$，从而$P\{|\xi|>3\}=0.0026$，$\{|\xi|>3\}$为小概率事件，所以通常认为若$\xi\sim N(0,1)$，则X落在$[-3,3]$内，而把其余取值忽略掉.

三、一般正态分布

定理 5.6.1 设随机变量$\xi\sim N(\mu,\sigma^2)$，则ξ的分布函数为

$$F(x)=P\{\xi\leqslant x\}=\int_{-\infty}^{x}f(t)\mathrm{d}t=\int_{-\infty}^{x}\frac{1}{\sqrt{2\pi}\sigma}\mathrm{e}^{-\frac{(t-\mu)^2}{2\sigma^2}}\mathrm{d}t.$$

为了求$F(x)$的函数值，可以通过变量置换，将$F(x)$化为标准形式.

令$\eta=\dfrac{\xi-\mu}{\sigma}$，则$\eta\sim N(0,1)$，即

$$F(x)=P\{\xi<x\}=P\left\{\frac{\xi-\mu}{\sigma}<\frac{x-\mu}{\sigma}\right\}=P\left\{\eta<\frac{x-\mu}{\sigma}\right\}=\Phi\left(\frac{x-\mu}{\sigma}\right).$$

【例 5-32】 设随机变量$\xi\sim N(2,3^2)$，求

(1) $P\{1.4<\xi<4.7\}$；

(2) $P\{\xi>8\}$；

(3) $P\{|\xi-2|<9\}$.

解 (1) $P\{1.4<\xi<4.7\}=F(4.7)-F(1.4)=\Phi\left(\dfrac{4.7-2}{3}\right)-\Phi\left(\dfrac{1.4-2}{3}\right)$
$=\Phi(0.9)-\Phi(-0.2)=\Phi(0.9)-[1-\Phi(0.2)]$
$=0.3954$.

(2) $P\{\xi>8\}=1-F(8)=1-\Phi\left(\dfrac{8-2}{3}\right)=1-\Phi(2)=1-0.9772=0.0228$.

(3) $P\{|\xi-2|<9\}=P\left\{\left|\dfrac{\xi-2}{3}\right|<3\right\}$，又$\xi\sim N(2,3^2)$，令$\eta=\dfrac{\xi-2}{3}$，则$\eta\sim N(0,1)$，$P\{|\xi-2|<9\}=P\{|\eta|<3\}=0.9974$（由例 5-31 结论）.

一般地，若$\xi\sim N(\mu,\sigma^2)$，则$P\{|\xi-\mu|<3\sigma\}=P\{\dfrac{|\xi-\mu|}{\sigma}<3\}=0.9974$，$P\{|\xi-\mu|>$

$3\sigma\}=0.0026$，　$\{|\xi-\mu|>3\sigma\}$ 为小概率事件．故通常认为若 $\xi\sim N(\mu,\ \sigma^2)$，则 ξ 落在 $[\mu-3\sigma,\ \mu+3\sigma]$ 内，而把其余取值忽略掉，此称为 **3σ 原则.**

【例 5-33】 某零件的标准尺寸为 10cm，某机器生产出该零件尺寸 ξ，服从数学期望为 10，方差为 4 的正态分布，已知误差在 0.1 内为合格，求机器生产零件合格率多大?

解 若 $\xi\sim N(\mu,\ \sigma^2)$，则 $E(\xi)=\mu$，$D(\xi)=\sigma^2$，于是 $\mu=10$，$\sigma=2$；

$$\begin{aligned}P\{|\xi-10|<0.1\}&=P\{9.9<\xi<10.1\}\\&=F(10.1)-F(9.9)=\Phi\left(\frac{10.1-10}{2}\right)-\Phi\left(\frac{9.9-10}{2}\right)\\&=\Phi(0.05)-\Phi(-0.05)=2\Phi(0.05)-1=0.0398.\end{aligned}$$

课堂练习 5-6

1. 设 $\xi\sim N(2,\ 3^2)$，求

(1) $P\{-2.5<\xi<2\}$.

(2) $P\{|\xi-5|>3\}$.

(3) $P\{|\xi-2|<6\}$.

2. 某零件的标准尺寸为 10cm，某机器生产出该零件尺寸 X，服从数学期望为 10，方差为 0.1 的正态分布，已知误差在 0.1 内为合格，求机器生产零件合格率多大?

习题 5-6

1. 某批钢材的强度 $\xi\sim N(200,\ 18^2)$，现从中任取一件，求

(1) 取出的钢材强度不低于 180 的概率.

(2) 若要以 99%的概率保证强度不低于 150，问这批钢材是否合格?

2. 某种电池的寿命（单位：h）是一个随机变量 X，且 $X\sim N(300,\ 35^2)$. 求

(1) 这样的电池寿命在 250h 以上的概率.

(2) 求 a，使电池寿命在 $(300-a,\ 300+a)$ 内的概率不小于 0.9.

3. 超产奖金问题. 某生产企业根据以往的统计资料可知，每个工人每月装配的产品件数 X 服从正态分布 $\xi\sim N(1000,\ 50^2)$. 现企业拟实行计件超产奖，使 5%的工人获得超产奖，问定额标准每月应是多少件，可使超过定额标准的工人获奖?

4. 某城市男子的身高 $X\sim N(170,\ 36)$，问如何选择公共汽车车门的高度使男子与车门碰头的机会小于 0.01?

5. 某人去乘火车有两条路可走：第一条路较短，但交通拥挤，所需时间服从正态分布 $X\sim N(40,\ 10^2)$；第二条路较长，但意外阻塞较少，所需时间服从正态分布 $X\sim N(50,\ 4^2)$，求

(1) 若动身时离火车开车时间只有 60 分钟，应走哪条线路?

(2) 若动身时离火车开车时间只有 45 分钟，应走哪条线路?

6. 某用人单位计划招聘考试，共有 526 人报名应考，假设报考者的考试成绩 X 服从正态分布，即 $X\sim N(\mu,\ \sigma^2)$，根据考试结果的统计，90 分以上的考生有 12 名，60 分以下的

考生有 83 名，试估计参数 μ，σ 的值.

本 章 小 结

一、概率的计算公式

1. 古典概型概率公式

一般地，如果一个试验，我们知道样本空间 S 中的样本点总数为 n（n 为有限值），每个样本点出现的可能性相同，事件 A 中的样本点数为 m，则事件 A 的概率为

$$P(A)=\frac{\text{事件 }A\text{ 中的样本点数}}{S\text{ 中的样本点数}}=\frac{m}{n}.$$

2. 条件概率计算公式

$$P(A|B)=\frac{P(AB)}{P(B)};\quad P(B|A)=\frac{P(AB)}{P(A)}.$$

3. 概率乘法公式

$$P(AB)=P(B)P(A|B)=P(A)P(B|A).$$

4. 全概率公式

$$P(A)=\sum_{i=1}^{n}P(B_iA)=\sum_{i=1}^{n}P(B_i)P(A|B_i).$$

其中事件 A 一共分为 n 种情况发生，记为 B_1，B_2，…，B_n，且它们两两互斥.

5. 贝叶斯公式

$$P(B_i|A)=\frac{P(B_iA)}{P(A)}=\frac{P(B_iA)}{\sum\limits_{i=1}^{n}P(B_iA)}=\frac{P(B_i)P(A|B_i)}{\sum\limits_{i=1}^{n}P(B_i)P(A|B_i)}(i=1,2,\cdots,n).$$

二、事件的独立性

1. 事件 A 与事件 B 相互独立的**定义表达式**

$$P(B|A)=P(B),\quad P(A|B)=P(A).$$

2. 事件 A 与事件 B 相互独立的**充要条件**

$$P(AB)=P(A)P(B).$$

三、随机变量

1. 设 S 是样本空间，对于其中的每一个样本点 ω，变量 X 都有一个确定的实数值 $X(\omega)$ 与之对应，称 X 为定义在 S 上的**随机变量**.

2. 离散的随机变量

如表 5 - 3 所示的表格称为**随机变量 X 的分布列**，其中 $p_k=P\{\xi=\xi_k\}$.

ξ 的分布列具有以下性质：$p_k\geqslant 0$ 且 $\sum\limits_{k}p_k=1$.

3. 连续的随机变量

对于随机变量 ξ，若存在一个非负可积函数 $f(x)$，使得对任一实数 a，$b(a<b)$，有 $P\{a<\xi\leqslant b\}=\int_a^b f(x)\mathrm{d}x$，则称 ξ 为**连续型随机变量**，称 $f(x)$ 为随机变量的**概率密度函数**，简称**密度函数**或**概率密度**.

$$P\{-\infty<\xi<+\infty\}=\int_{-\infty}^{+\infty}f(x)\mathrm{d}x=1,$$

$$P\{a<\xi\leqslant b\}=P\{a<\xi<b\}=P\{a\leqslant\xi\leqslant b\}=P\{a\leqslant\xi<b\}=\int_a^b f(x)\mathrm{d}x.$$

4. 连续型随机变量 ξ 的**分布函数**

$$F(x)=P\{\xi\leqslant x\}=\int_{-\infty}^{x}f(t)\mathrm{d}t.$$

四、期望与方差

1. 定义

(1) 离散型随机变量 ξ 的期望与方差.

期望 $$E(\xi)=\sum_{i=1}^{\infty}\xi_i p_i;$$

方差 $$D(\xi)=\sum_{i=1}^{\infty}[\xi_i-E(\xi)]^2 p_i=E[\xi-E(\xi)]^2.$$

期望就是随机变量在概率加权上的平均数，方差就是随机变量偏离平均数的平方在概率加权上的平均数.

(2) 连续型随机变量 ξ 的期望与方差.

期望 $E(\xi)=\int_{-\infty}^{+\infty}xf(x)\mathrm{d}x$，$f(x)$ 为变量 ξ 的密度函数.

方差 $D(\xi)=\int_{-\infty}^{+\infty}[x-E(\xi)]^2 f(x)\mathrm{d}x=E[\xi-E(\xi)]^2$.

2. 性质

(1) $E(C)=C$；$D(C)=0$（C 为常数）.

(2) $E(C\xi)=CE(\xi)$；$D(C\xi)=C^2D(\xi)$.

(3) $E(\xi+\eta)=E(\xi)+E(\eta)$，$\xi$，$\eta$ 为任意两个随机变量；ξ，η 相互独立时，$E(\xi\cdot\eta)=E(\xi)\cdot E(\eta)$.

(4) $D(\xi+\eta)=D(\xi)+D(\eta)$，$\xi$，$\eta$ 为两个独立随机变量.

(5) $D(\xi)=E(\xi^2)-(E(\xi))^2$.

五、正态分布

1. 一个随机变量如果是众多的、互不相干的、不分主次的偶然因素作用结果之和，它就服从或近似服从正态分布，记为 $\xi\sim N(\mu,\sigma^2)$，ξ 的密度函数为

$$f(x)=\frac{1}{\sqrt{2\pi}\sigma}\mathrm{e}^{-\frac{(x-\mu)^2}{2\sigma^2}},\quad x\in(-\infty,+\infty).$$

2. 正态分布曲线的特点

当参数 σ 不变，仅改变 μ，分布曲线的形状不变，只是沿着 x 轴平行移动（见图5-10）. 当参数 μ 的值不变，而改变 σ 的值时，则曲线的对称轴不变而曲线的形状随之变化：σ 越小，曲线在中心部分的峰值越大，由于分布曲线与 x 轴之间的面积恒等于 1，所以曲线在两侧必然很快地趋近与 x 轴，从而曲线越陡峭；反之，σ 越大，则曲线的峰值越小，曲线越平坦（见图 5-11）.

3. 3σ 原则

若 $\xi\sim N(\mu,\sigma^2)$，则 ξ 落在 $[\mu-3\sigma,\mu+3\sigma]$ 内，其余值忽略不计.

4. 标准正态分布

标准正态分布　$\xi \sim N(0, 1)$（$\mu=0$，$\sigma=1$ 时的正态分布）

标准正态分布的分布函数　$\Phi(x)=P\{\xi \leqslant x\}=\int_{-\infty}^{x} f(t)\mathrm{d}t=\int_{-\infty}^{x} \frac{1}{\sqrt{2\pi}}\mathrm{e}^{-\frac{t^2}{2}}\mathrm{d}t.$

5. 在 $\xi \sim N(\mu, \sigma^2)$ 中，令 $\eta=\frac{\xi-\mu}{\sigma}$，则 $\eta \sim N(0, 1)$.

6. 标准正态分布与正态分布表的使用

六、常用分布汇总表

常用分布汇总表见表 5 - 18.

表 5 - 18　　常用分布汇总表

序号	分布列或密度函数		均值	方差
1	退化分布	$P\{\xi=a\}=1$	a	0
2	两点分布 $\xi \sim B(1,p)$	$P(\xi=k)=p^k(1-p)^{n-k}$ $k=0,1$	p	$p(1-p)$
3	二项分布 $\xi \sim B(n,p)$	$P(\xi=k)=C_n^k p^k(1-p)^{n-k}$ $k=0,1,\cdots,n$	np	$np(1-p)$
4	泊松分布 $\xi \sim \pi(\lambda)$	$p\{\xi=k\}=\frac{\lambda^k}{k!}\mathrm{e}^{-\lambda}(k\in N)$	λ	λ
5	均匀分布 $\xi \sim U(a,b)$	$f(x)=\begin{cases}\frac{1}{b-a}, & x\in[a,b]\\ 0, & x\notin[a,b]\end{cases}$	$\frac{a+b}{2}$	$\frac{(b-a)^2}{12}$
6	指数分布 $\xi \sim E(\lambda)$	$f(x)=\begin{cases}\lambda \mathrm{e}^{-\lambda x}, & x\geqslant 0\\ 0, & x<0\end{cases}$	$\frac{1}{\lambda}$	$\frac{1}{\lambda^2}$
7	正态分布 $\xi \sim N(\mu,\sigma^2)$	$f(x)=\frac{1}{\sqrt{2\pi}\sigma}\mathrm{e}^{-\frac{(x-\mu)^2}{2\sigma^2}}, x\in(-\infty,+\infty)$	μ	σ^2
8	标准正态分布 $\xi \sim N(0,1)$	$f(x)=\frac{1}{\sqrt{2\pi}}\mathrm{e}^{-\frac{x^2}{2}}, x\in(-\infty,+\infty)$	0	1

自我检测五

1. 选择题.

(1) 设甲，乙两人进行象棋比赛，考虑事件 $A=$｛甲胜乙负｝，则 $\overline{A}$ 为（　）.

A. ｛甲负乙胜｝　　B. ｛甲乙平局｝

C. ｛甲负｝　　D. ｛甲负或平局｝

(2) 甲，乙两人射击，A，B 分别表示甲，乙射中目标，则 $\overline{AB}$ 表示（　）.

A. 两人都没射中　　B. 两人没有都射中

C. 两人都射中　　D. 都不对

(3) 随机地掷一骰子两次，则两次出现的点数之和等于 8 的概率为（　）.

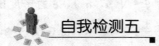

A. $\frac{1}{12}$　　B. $\frac{1}{9}$　　C. $\frac{5}{36}$　　D. $\frac{1}{18}$

(4) 某小区 65%居民订晚报，40%订青年报，30%两报均订，随机抽一户．则至少订一种报的概率为（　　）.

A. 0.90　　B. 0.85　　C. 0.8　　D. 0.75

(5) 市场上某商品来自两个工厂，它们市场占有率分别为 60%和 40%，有两人各自买一件．则买到的来自不同工厂的概率为（　　）.

A. 0.5　　B. 0.24　　C. 0.48　　D. 0.3

(6) 6 本中文书，4 本外文书放在书架上，则 4 本外文书放在一起的概率（　　）.

A. $\frac{4!6!}{10!}$　　B. $\frac{7}{10}$　　C. $\frac{4!7!}{10!}$　　D. $\frac{2}{5}$

(7) A，B 的概率均大于零，且 A，B 对立，则下列不成立的为（　　）.

A. A，B 互不相容　　B. A，B 独立

C. A，B 不独立　　D. $\overline{A}\overline{B}$ 互不相容

(8) 设 $P(A)=a$，$P(B)=b$，$P(A+B)=c$，则 $P(A\overline{B})$ 为（　　）.

A. $a-b$　　B. $c-b$　　C. $a(1-b)$　　D. $b-a$

(9) 某人射击中靶概率为$\frac{3}{4}$，如果直到命中为止，则射击次数为 3 的概率为（　　）.

A. $\left(\frac{3}{4}\right)^3$　　B. $\left(\frac{3}{4}\right)^2\cdot\frac{1}{4}$　　C. $\left(\frac{1}{4}\right)^2\cdot\frac{3}{4}$　　D. $\left(\frac{1}{4}\right)^3$

(10) 若事件 A，B 满足 $P(A)+P(B)>1$，则 A 与 B 一定（　　）.

A. 不相互独立　　B. 相互独立　　C. 互不相容　　D. 不互斥

(11) 某小组共 9 人，分得一张观看亚运会的入场券，组长将一张写有“得票”字样和 8 张写有“不得票”字样的纸签混合后让大家依次各抽一张，以决定谁得入场券，则(　　).

A. 第 1 个抽签者得“得票”的概率最大

B. 第 5 个抽签者得“得票”的概率最大

C. 每个抽签者得“得票”的概率相等

D. 最后抽签者得“得票”的概率最小

(12) 设随机变量 X 的密度函数为 $f(x)=\begin{cases}4x^3, & 0\leqslant x\leqslant 1\\ 0, & \text{其他}\end{cases}$，则使 $P\{x>a\}=P\{x<a\}$ 成立的常数 a 等于（　　）.

A. $\frac{1}{\sqrt[4]{2}}$　　B. $\sqrt[4]{2}$　　C. $\frac{1}{2}$　　D. $1-\frac{1}{\sqrt[4]{2}}$

(13) 某型号收音机晶体管的寿命 ξ（单位：h）的密度函数为

$$f(x)=\begin{cases}0, & x\leqslant 1000\\ \frac{1000}{x^2}, & x>1000\end{cases}.$$

装有 5 个这种晶体管的收音机在使用的前 1500h 内正好有 2 个需要更换的概率是（　　）.

A. $\frac{1}{3}$　　B. $\frac{40}{243}$　　C. $\frac{8}{243}$　　D. $\frac{2}{3}$

(14) 设 X 的分布列如表 5-19 所示（分布函数 $F(x)=P\{X\leqslant x\}$），则 $F(2)=$（　　）.

表 5-19 **X 的分布列**

X	0	1	2	3
P	0.1	0.3	0.4	0.2

A. 0.2 B. 0.4 C. 0.8 D. 1

(15) 随机变量ξ的密度函数为$f(x)=\begin{cases}2x, & x\in(0, A)\\0, & 其他\end{cases}$，则常数$A=$（ ）.

A. $\frac{1}{4}$ B. $\frac{1}{2}$ C. 1 D. 2

(16) 设随机变量X的密度函数为$f(x)=\begin{cases}cx^4, & x\in[0, 1]\\0, & 其他\end{cases}$，则常数$c=$（ ）.

A. $\frac{1}{5}$ B. $\frac{1}{4}$ C. 4 D. 5

(17) X服从参数$\lambda=\frac{1}{9}$的指数分布，则$P\{3<X<9\}=$（ ）.

A. $F\left(\frac{9}{9}\right)-F\left(\frac{3}{9}\right)$ B. $\frac{1}{9}\left(\frac{1}{\sqrt[3]{e}}-\frac{1}{e}\right)$

C. $\frac{1}{\sqrt[3]{e}}-\frac{1}{e}$ D. $\int_3^9 e^{-\frac{x}{9}}dx$

(18) ξ服从正态分布$N(\mu, \sigma^2)$，其概率密度函数$f(x)=$（ ）.

A. $\frac{1}{\sqrt{2\pi}}e^{-\frac{(x-\mu)^2}{\sigma^2}}$ B. $\frac{1}{\sigma\sqrt{2\pi}}e^{-\frac{(x-\mu)^2}{(2\sigma)^2}}$ C. $\frac{1}{\sigma\sqrt{2\pi}}e^{-\frac{(x-\mu)^2}{2\sigma^2}}$ D. $\frac{\mu}{\sigma\sqrt{2\pi}}e^{-\frac{(x-\mu)^2}{2\sigma^2}}$

(19) 每张奖券中尾奖的概率为$\frac{1}{10}$，某人购买了20张号码杂乱的奖券，设中尾奖的张数为X，则X服从（ ）分布.

A. 二项 B. 泊松 C. 指数 D. 正态

(20) 设服从正态分布$N(0, 1)$的随机变量X其密度函数为$\varphi(x)$，则$\varphi(0)=$（ ）.

A. 0 B. $\frac{1}{\sqrt{2\pi}}$ C. 1 D. $\frac{1}{2}$

(21) 设$\xi\sim N(0, 1)$，$\Phi(x)$是ξ的分布函数，则$\Phi(0)=$（ ）.

A. 1 B. 0 C. $\frac{1}{\sqrt{2\pi}}$ D. $\frac{1}{2}$

(22) 随机变量$X\sim N(0, 4)$，则$P\{X<1\}=$（ ）.

A. $\int_0^1 \frac{e^{-\frac{x^2}{8}}}{2\sqrt{2\pi}}dx$ B. $\int_0^1 \frac{e^{-\frac{x^2}{4}}}{4}dx$ C. $\frac{e^{-\frac{1}{2}}}{\sqrt{2\pi}}$ D. $\int_{-\infty}^{\frac{1}{2}} \frac{e^{-\frac{x^2}{2}}}{\sqrt{2\pi}}dx$

(23) 一电话交换台每分钟接到呼唤次数ξ服从$\lambda=3$的泊松分布，那么每分钟接到呼唤次数ξ大于10的概率是（ ）.

A. $\frac{3^{10}}{10!}e^{-3}$ B. $\sum_{k=11}^{\infty}\frac{3^k}{k!}e^{-3}$ C. $\sum_{k=10}^{\infty}\frac{3^k}{k!}e^{-3}$ D. 都不对

(24) 设$X\sim N(\mu, \sigma^2)$，则不正确的是（ ）.

A. 密度函数以$x=\mu$为对称轴的钟形曲线

B. σ越大，曲线越陡峭

C. σ越小，曲线越陡峭

D. $F(\mu)=\frac{1}{2}$

2. 计算与应用题．

(1) 在一次乒乓球比赛中设立奖金1000元．比赛规定：谁先胜3盘，谁获得全部奖金．设甲、乙二人的球技相当，现已打了3盘，甲2胜1负，由于某特殊原因必须中止比赛．问这1000元应如何分配才算公平？

(2) 一汽车沿一街道行使，需要通过三个均设有红绿灯信号灯的路口，各个路口信号灯的指示相互独立，若红或绿两种信号灯显示的时间相等，以X表示该汽车未遇红灯而连续通过的路口数，求1) X的概率分布．2) $E(X)$．

(3) 甲乙两台机床同生产一种零件，分别测量两台机床生产零件的尺寸（单位：mm），其概率分布如表5-20所示．

表5-20　测量两台机床生产零件的尺寸的概率分布

测量结果	8	9	10	11	12
概率（甲）	0.05	0.2	0.5	0.2	0.05
概率（乙）	0.15	0.2	0.3	0.2	0.15

问哪台机床生产较稳定？

(4) 产品质检问题．一企业对生产的产品采用A和B两种方式进行质量检验，每种检验方式单独检验时，方式A与方式B检验的正确概率分别为95%与96%，在方式A检验错误的条件下，方式B正确的概率为90%，试求

1) 两种方式同时使用，至少有一种检验正确的概率．

2) 在方式B检验错误的条件下，方式A检验正确的概率．

(5) 一箱产品共100件，其中次品件数从0到2是等可能的．开箱检验时，从中随机抽取10件，如果发现有次品，则认为该箱产品不合要求而拒收．求

1) 该箱产品通过验收的概率．

2) 若已知该箱产品已通过验收，求其中确实没有次品的概率．

(6) 司机通过某高速路收费站等候的时间X(单位：min) 服从$\lambda=\frac{1}{5}$的指数分布，求

1) 求司机在该收费站等候超过10min的概率；

2) 若该司机一个月通过收费站2次，用Y表示等候时间超过10min的次数，写出Y的分布律，并求$P\{Y\geqslant 1\}$．

(7) 某用人单位计划招聘人员155名，录取办法按考生考试成绩由高到低依次录用．共有526人报名应考，假设报考者的考试成绩X服从正态分布，即$X\sim N(\mu, \sigma^2)$．根据考试结果的统计，90分以上的考生有12名，60分以下的考生有83名，试问某应聘考生成绩为77分，他能否被录取？

第六章　数理统计初步

数理统计是应用数学的又一个重要分支，它是以概率论为理论基础的．这里的“统计”指的是对收集的数据用概率论的方法进行分析，有别于一般意义上的“统计”．数理统计的基本思想是，从全体研究对象中抽取部分个体进行试验，利用概率论的理论对所得数据进行处理，从而获得对研究对象统计规律的推测．这种思想的实现称为统计推断．统计推断是数理统计的核心，它包括两类问题：统计估计和假设检验．本章主要介绍这两类问题的一些初步知识.

第一节　数理统计的基本概念

一、总体与样本

在数理统计中，我们把所研究对象的全体称为**总体**，总体中每个元素称为**个体**．例如，某大学一年级的男学生是一个总体，每一个一年级的男学生是一个个体；某手机中装配的锂电池是一个总体，每只锂电池是一个个体．在实际中我们所要研究的往往是总体中个体的某项指标．例如对于男学生这一总体，我们只研究男学生的身高这一数量指标；对于锂电池这一总体，我们要研究的是电池的寿命这一数量指标．因此，总体可以与表示这个数量指标的全体数值等同起来，它们的取值具有随机性．这样，总体就可以看做一个随机变量 ξ 的全体取值，每个个体便是一个试验观察值，而 ξ 的分布规律完整地表达这个总体的统计特性.

通过部分推断总体，需要从总体中随机抽取部分个体进行统计分析，于是，我们把从总体中抽取出的一部分个体构成的集合称为来自总体的**样本**，样本中个体对应的一组具体数据称为样本的一组观察值．所取出的样本的个数称为**样本容量**，总体中所含个体的数量称为**总体容量**，取得样本的过程称为**抽样**.

例如，某大学一年级的男学生共有 500 名，为了对他们的身高进行调查，从中抽取了 10 名学生进行测量，得到数据如下（单位：cm）：

172　173　165　180　168　183　178　175　170　169

这里，个体是每名学生的身高 ξ_i，总体是由 500 名学生的身高所组成的集合 ξ，从总体中抽取的这 10 名学生的身高数据组成一个样本，样本容量为 10，上面的 10 个身高数据是样本的一组观察值.

二、统计量

样本 ξ_1，ξ_2，…，ξ_n 是从总体中随机抽取的，是总体的代表和反映，是进行统计分析和推断的依据．但是只有样本本身往往不能提供有效的信息．例如，为了比较两个城市居民的身高状况，从两个城市中各抽取 1000 名居民测量其身高，如果只是按一定的顺序把这两组的 1000 名居民身高罗列出来，分析者会觉得不得要领，难以比较．如果利用这些身高数据列出各个城市中最高者、最矮者、平均身高等，这样即省时，又能清楚地显示了样本的概况，从而能够有效地比较出这两个城市居民的身高状况．也就是说，为了了解总体，需要对样本进行“加工”，提取出其中有益的信息．所谓对样本进行“加工”，就是针对不同的统计问题构造出某些不含未知参数的样本函数，这样的样本函数称为统计量．

定义 6.1.1 设 ξ_1，ξ_2，…，ξ_n 为来自总体 ξ 的一组样本，$f(\xi_1, \xi_2, \cdots, \xi_n)$ 为不含任何未知参数的一个连续函数，则称 $f(\xi_1, \xi_2, \cdots, \xi_n)$ 为一个**统计量**．

按定义 6.1.1，统计量是一个随机变量，它完全由样本所确定．例如，设总体 $\xi \sim N(\mu, \sigma^2)$，其中 μ 已知，σ^2 未知，ξ_1，ξ_2，…，ξ_n 为 ξ 的一组样本，则 $\sum_{i=1}^{n}(\xi_i-\mu)^2$ 是一个统计量，而 $\sum_{i=1}^{n}\left(\frac{\xi_i-\mu}{\sigma}\right)^2$ 不是统计量．

下面是几个常用的统计量．

(1) 样本均值

$$\bar{\xi}=\frac{1}{n}\sum_{i=1}^{n}\xi_i.$$

(2) 样本方差

$$S^2=\frac{1}{n-1}\sum_{i=1}^{n}(\xi_i-\bar{\xi})^2.$$

(3) 样本标准差

$$S=\sqrt{S^2}=\sqrt{\frac{1}{n-1}\sum_{i=1}^{n}(\xi_i-\bar{\xi})^2}.$$

(4) 样本 k 阶原点矩

$$A_k=\frac{1}{n}\sum_{i=1}^{n}\xi_i^k.$$

【例 6-1】 在某工厂生产的轴承中随机的抽取 10 只，测得其重量如下（单位：kg）：

2.36　2.42　2.38　2.34　2.40　2.42　2.39　2.43　2.39　2.37

求样本均值，样本方差和样本标准差．

解 样本均值为

$$\bar{\xi}=\frac{2.36+2.42+\cdots+2.37}{10}=2.39;$$

样本方差和样本标准差分别为

$$S^2=\frac{1}{10-1}[2.36^2+2.42^2+\cdots+2.37^2-10\times 2.39^2]=0.000\,822\,2;$$

$$S=\sqrt{0.000\,822\,2}=0.028\,67.$$

三、正态总体的抽样分布

统计量是在样本的基础上构造出来的，统计量是随机变量的函数，统计量的分布又称为抽样分布．要估计或推断总体的性质，必须先求出统计量的分布，下面介绍来自正态总体的几个重要的统计量的分布．

1. 样本均值$\bar{\xi}$的分布和U统计量

定理 6.1.1 设总体$\xi\sim N(\mu,\sigma^2)$，ξ_1，ξ_2，…，ξ_n是总体ξ的一组样本，则统计量$\bar{\xi}$服从均值为μ，方差为$\frac{\sigma^2}{n}$的正态分布，即$\bar{\xi}\sim N\left(\mu,\ \frac{\sigma^2}{n}\right)$.

如果对一个给定的正态总体$\xi\sim N(\mu,\sigma^2)$的样本均值$\bar{\xi}\sim N\left(\mu,\ \frac{\sigma^2}{n}\right)$做“标准化”变换，即可得到一个新的统计量

$$U=\frac{\bar{\xi}-\mu}{\sigma/\sqrt{n}},$$

显然，统计量U服从标准正态分布，即$U=\frac{\bar{\xi}-\mu}{\sigma/\sqrt{n}}\sim N(0,1)$.

2. χ^2分布（卡方分布）

定义 6.1.2 设随机变量$\xi\sim N(0,1)$，ξ_1，ξ_2，…，ξ_n为来自总体ξ的一组样本，则称统计量

$$\chi^2=\xi_1^2+\xi_2^2+\cdots+\xi_n^2$$

服从自由度为n（自由度可理解为统计量中独立变量的个数）的$\boldsymbol{\chi^2}$**分布**，记为$\chi^2\sim\chi^2(n)$.

χ^2分布的密度函数的图形随自由度n的不同而不同（见图 6-1），当$n\to\infty$时，其图形接近于正态分布.

设$\chi^2(n)$是服从自由度为n的χ^2分布，对于给定的$\alpha(0<\alpha<1)$，满足

$$P\{\chi^2(n)>\lambda\}=\alpha$$

的点λ，称为自由度为n的χ^2分布的α水平上**侧分位数**，记为$\chi_\alpha^2(n)$. α表示图 6-2 所示的阴影部分的面积．对于不同的α及n的值已制成表格，可查看附录 C.

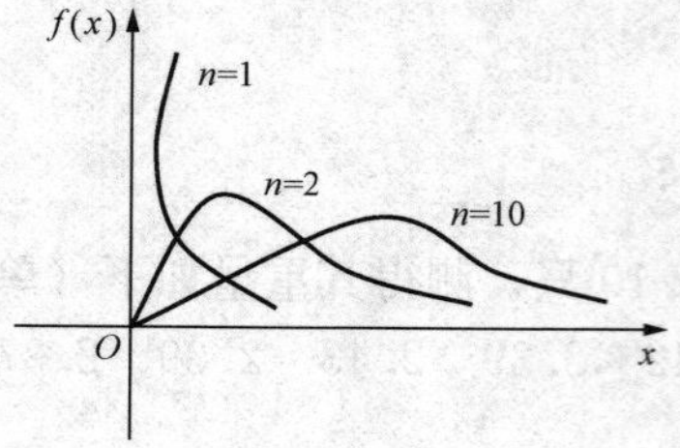

图 6-1

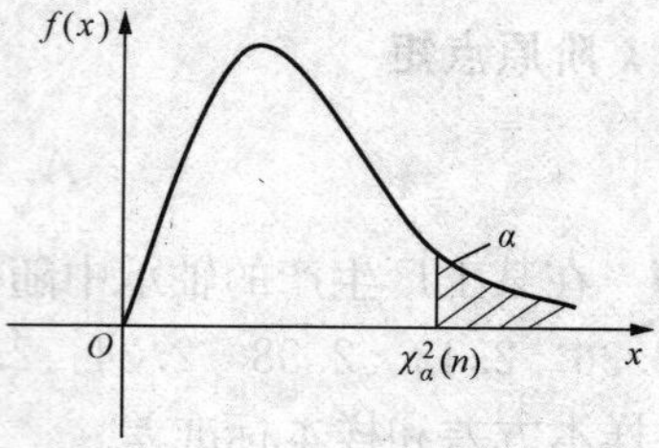

图 6-2

【例 6-2】 已知$\xi\sim\chi^2(10)$，求满足$P\{\xi>\lambda_1\}=0.05$，$P\{\xi<\lambda_2\}=0.1$的λ_1，λ_2.

解 $n=10$，$\alpha=0.05$，查附录 C 可得$\lambda_1=\chi_{0.05}^2(10)=18.307$.

由$p\{\xi<\lambda_2\}=1-P\{\xi\geqslant\lambda_2\}=0.1$，有$P\{\xi\geqslant\lambda_2\}=0.9$，查附录 C 可得$\lambda_2=4.865$.

3. t分布

定义 6.1.3 设随机变量ξ、η相互独立，且$\xi\sim N(0,1)$，$\eta\sim\chi^2(n)$，则称统计量$T=\frac{\xi}{\sqrt{\eta/n}}$服从自由度为$n$的$\boldsymbol{t}$**分布**，记为$T\sim t(n)$.

t分布的密度函数的图形关于y轴对称，与正态分布曲线类似，随自由度n的不同而不同，当n越大时，其图形就越接近于标准正态分布曲线.

对于给定的$\alpha(0<\alpha<1)$，称满足条件$P\{|t(n)|>\lambda\}=\alpha$的实数$\lambda$为自由度为$n$的$t$分布的$\alpha$水平**双侧分位数**，记为$t_{\alpha/2}(n)$（见图6-3）．显然，有

$$P\{|t(n)|>t_{\alpha/2}(n)\}=\frac{\alpha}{2},P\{|t(n)|<-t_{\alpha/2}(n)\}=\frac{\alpha}{2}.$$

【例6-3】 设随机变量$T\sim t(10)$，求$\alpha=0.05$的双侧分位数．

解 查附录D可知，$t_{0.05/2}(10)=2.2281$，即

$$P\{|T(10)|<2.2281\}=0.95\text{ 或 }P\{|T(10)|>2.2281\}=0.05.$$

这表示对于自由度为10的随机变量T，它大于2.2281（或小于－2.2281）这事件的概率等于0.025．

4. F分布

定义6.1.4 设X和Y是两个相互独立的随机变量，且$X\sim\chi^2(n_1)$，$Y\sim\chi^2(n_2)$，则称统计量$F=\dfrac{X/n_1}{Y/n_2}$为服从第一自由度为n_1，第二自由度为n_2的**F分布**，记为$F\sim F(n_1,n_2)$．

由定义可知，若$F\sim F(n_1,n_2)$，则$\dfrac{1}{F}=\dfrac{Y/n_2}{X/n_1}\sim F(n_2,n_1)$．

F分布的密度函数的图形随自由度n_1、n_2而变化，当n_1、n_2增大时，分布曲线趋于对称，n_1、n_2为极大时，趋于正态分布曲线．

对于给定的$\alpha(0<\alpha<1)$，称满足条件$P\{F>\lambda\}=\alpha$所确定的实数λ称为自由度为n_1和n_2的F分布的α水平上侧分位数，记为$F_\alpha(n_1,n_2)$（见图6-4）．

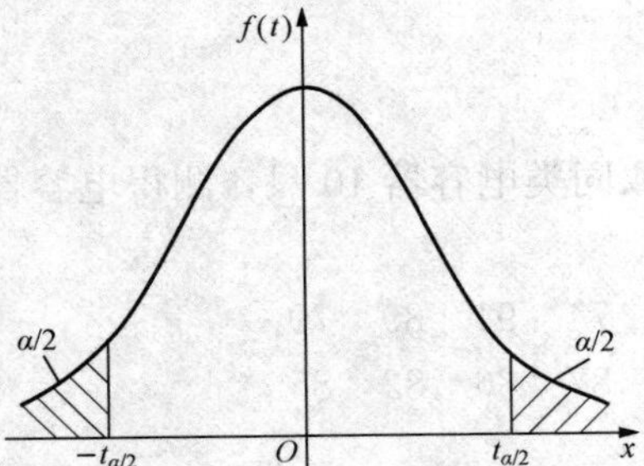

图6-3

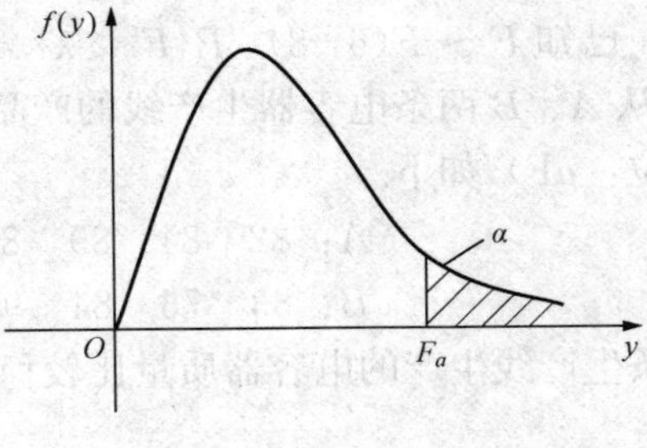

图6-4

【例6-4】 设$F\sim F(12,20)$，求满足$P\{F>\lambda_1\}=0.05$和$P\{F<\lambda_2\}=0.05$的λ_1，λ_2．

解 $P\{F>\lambda_1\}=0.05$，查附录E可得$\lambda=F_{0.05}(12,20)=2.28$．

对于$P\{F<\lambda_2\}$无法直接查表得到，通过变换有

$$P\{F<\lambda_2\}=P\left\{\frac{1}{F}>\frac{1}{\lambda_2}\right\}=0.05.$$

因为$F\sim F(12,20)$，所以$\dfrac{1}{F}\sim F(20,12)$，查附录E得$\dfrac{1}{\lambda_2}=2.54$，$\lambda_2=0.3943$．

课堂练习6-1

1. 设X_1，X_2，…，X_n为取自正态总体$N(\mu,\sigma^2)$的样本，其中μ和σ^2为未知参数，

指出下列各表达式中哪些是统计量.

(1) $\frac{1}{n}\sum_{i=1}^{n}(X_i-\mu)$.　(2) $\max_{1\leqslant i\leqslant n}\{X_i\}$.　(3) $\sum_{i=1}^{n}(X_i/\sigma)^2$.　(4) $\frac{1}{n-1}\sum_{i=1}^{n}X_i^2$.

2. 查表求下列各值.

(1) $\chi^2_{0.75}(13)$.　(2) $\chi^2_{0.25}(28)$.　(3) $t_{0.10}(9)$.　(4) $F_{0.05}(6,18)$.

习题 6-1

1. 从某总体中抽取一个容量为 5 的样本，测得样本值为

417.3　418.1　419.4　420.1　421.5

求样本均值和样本方差.

2. 某工厂生产滚珠，从某天的产品中随机抽取 6 个，测得直径如下（单位：mm）：

14.70　14.90　15.32　15.21　15.91　15.34

试求该滚珠直径的样本均值以及样本方差.

3. 查表计算下列各题中的 λ 的值.

(1) 已知 $\xi\sim\chi^2(24)$，$P\{\xi>\lambda\}=0.10$.

(2) 已知 $\xi\sim\chi^2(21)$，$P\{\xi<\lambda\}=0.025$.

(3) 已知 $T\sim t(4)$，$P\{|T|<\lambda\}=0.99$.

(4) 已知 $T\sim t(4)$，$P\{T>\lambda\}=0.99$.

(5) 已知 $F\sim F(8,9)$，$P\{F>\lambda\}=0.05$.

(6) 已知 $F\sim F(6,8)$，$P\{F<\lambda\}=0.95$.

4. 从 A、B 两条电容器生产线的产品中，各抽取同类电容器 10 只，测得电容器的电容量（单位：μF）如下.

A：82　84　89　85　80　79　74　91　89　79

B：83　76　84　90　86　81　87　86　82　85

试问哪条生产线生产的电容器质量比较稳定？

第二节　参　数　估　计

数理统计的任务就是由样本构造适当的统计量，对总体分布做出合理的推断．在实际问题中，我们往往对于随机变量的类型已经知道，只不过不知道其确切的参数形式，即总体的参数未知．例如，根据经验，某厂生产的灯泡的使用寿命服从正态分布，但它的两个参数 μ 及 σ^2 有一个或两个未知，需要对它们进行估计．这类由样本所构成的统计量对总体的某些参数做出恰当估计的问题，称为参数估计问题；反之如果总体的分布类型是未知的，就是非参数估计问题．本节主要讨论前者.

一、点估计

【例 6-5】 设某种型号电池的使用寿命服从正态分布 $N(\mu,\sigma^2)$，其中 μ 和 σ^2 是未知参数，今随机检测 5 只电池，检测其使用寿命（单位：h）为

10.50　10.31　10.21　10.78　10.65

试对这种电池的平均寿命及其稳定性作出合理的估计.

解 对于正态分布，其参数μ为数学期望，它反映了随机变量（寿命）的平均取值；参数σ^2为方差，它反映了随机变量的波动程度，故该问题就是要估计总体的这两个参数．而样本的均值$\bar{\xi}$和S^2能较好地反映总体期望μ和总体方差σ^2，所以用$\bar{\xi}$和S^2分别作为μ和σ^2的估计，记

$$\hat{\mu}=\bar{\xi}=\frac{1}{n}\sum_{i=1}^{n}\xi_i,\quad \hat{\sigma}^2=S^2=\frac{1}{n-1}\sum_{i=1}^{n}(\xi_i-\xi)^2.$$

将 5 个样本观察值代入上式就得到

$$\hat{\mu}=\bar{\xi}=\frac{1}{5}(10.25+10.31+10.21+10.78+10.65)=10.49,$$

$$\hat{\sigma}^2=S^2=\frac{1}{4}[(10.50-10.49)^2+(10.31-10.49)^2+(10.21-10.49)^2+(10.78-10.49)^2+(10.56-10.49)^2]=0.055\ 15.$$

定义 6.2.1 由取自总体的样本$\xi_1, \xi_2, \cdots, \xi_n$构造一个统计量$\hat{\theta}(\xi_1, \xi_2, \cdots, \xi_n)$用来估计总体的未知参数$\theta$，称$\hat{\theta}$为$\theta$的**估计量**．设$\xi_1, \xi_2, \cdots, \xi_n$是一组样本观察值，则称

$$\hat{\theta}(\xi_1, \xi_2, \cdots, \xi_n)$$

为未知参数θ的**点估计值**，仍记为$\hat{\theta}$．它可以作为未知参数的一个近似值.

结合上面的定义知，点估计的问题就归纳为求待估参数θ的估计量$\hat{\theta}(\xi_1, \xi_2, \cdots, \xi_n)$的问题．现介绍常用的两种点估计的方法：矩估计和极大似然估计.

1. 矩估计法

设$\xi_1, \xi_2, \cdots, \xi_n$为来自总体$\xi$的一组样本，且$E(\xi)$和$D(\xi)$都存在．对于任意的正数$\varepsilon>0$，有$\lim\limits_{n\to\infty}P(|\bar{\xi}-E(\xi)|\geqslant\varepsilon)=0$，也就是说当$n$很大时，样本均值$\bar{\xi}$就会很接近总体的均值$E(\xi)$，因此用$\bar{\xi}$估计$E(\xi)$是很有说服力的．这就启发我们想到了用样本$k$阶矩$A_k=\frac{1}{n}\sum\limits_{i=1}^{n}\xi_i^k$作为相应的总体$k$阶矩$E(\xi^k)$的估计量．这种估计方法就称为矩估计法，其实施步骤如下.

(1) 求总体的矩$\alpha_1=E(\xi)$，$\alpha_2=E(\xi^2)$，并将待估计参数表示成矩的函数

$$\theta_1=h_1(\alpha_1, \alpha_2),\ \theta_2=h_2(\alpha_1, \alpha_2).$$

(2) 用样本矩$A_1=\frac{1}{n}\sum\limits_{i=1}^{n}\xi_i$, $A_2=\frac{1}{n}\sum\limits_{i=1}^{n}\xi_i^2$代替$\alpha_1$和$\alpha_2$得到矩估计量

$$\hat{\theta}_1=h_1(A_1, A_2),\ \hat{\theta}_2=h_2(A_1, A_2).$$

【例 6-6】 求总体期望μ和方差σ^2的矩估计.

解 因为$\mu=E(\xi)=\alpha_1$, $\sigma^2=D(\xi)=E(\xi^2)-[E(\xi)]^2=\alpha_2-\alpha_1^2$，于是$\mu$和$\sigma^2$的矩估计为

$$\hat{\mu}=A_1=\bar{\xi},\ \hat{\sigma}^2=A_2-A_1^2=\frac{1}{n}\sum_{i=1}^{n}\xi_i^2-\bar{\xi}^2=\frac{1}{n}\sum_{i=1}^{n}(\xi_i-\bar{\xi})^2=S_0^2.$$

该结果对于任何总体（只要期望和方差都存在）都适用.

【例 6-7】 从一大批垫圈中任意抽取 12 个，测得它们的厚度如下（单位：cm）.

0.120	0.123	0.124	0.129	0.126	0.123
0.132	0.129	0.128	0.123	0.127	0.121

试估计这批垫圈的平均厚度和方差.

解 因为$\xi=\frac{1}{12}(0.120+0.123+\cdots+0.121)=0.1254$，所以

$$\hat{E}(\xi)=\bar{\xi}=0.1254.$$

$$\hat{\sigma}^2=\frac{1}{12}\sum_{i=1}^{n}(\xi_i-\bar{\xi})^2$$

$$=\frac{1}{12}[(0.120-0.1254)^2+(0.123-0.1254)^2+\cdots+(0.121-0.1254)^2]$$

$$\approx 0.000\,014\,668\approx 0.000\,015,$$

所以该批垫圈的平均厚度约为 0.1254cm，方差约为 0.000 015cm.

【例 6-8】 试用矩估计法估计某一批产品的不合格率 p（用 A 表示产品不合格这一事件）.

解 我们从一批产品 X 中随机抽取容量为 n 的一组样本 X_1，X_2，…，X_n，这里

$$X_i=\begin{cases}1,\text{第 } i \text{ 次抽样为不合格品}\\0,\text{第 } i \text{ 次抽样为合格品}\end{cases}.$$

于是有

$$P(X_i=1)=p,\ P(X_i=0)=1-p(i=1,2,\cdots,n),$$

由于 X 服从两点分布，所以 $\hat{E}(X)=p$，从而不合格率的估计量为

$$\hat{p}=E(X)=\frac{1}{n}\sum_{i=1}^{n}X_i=\frac{m}{n},$$

其中 m 为事件 A 在 n 次独立试验中出现的次数，这就是说，在 n 次独立试验中，用事件 A 出现的频率$\frac{m}{n}$作为事件 A 出现的概率 p 的估计量.

2. 极大似然估计法

极大似然估计是又一个常用的点估计方法．它的依据思想是“概率最大的事件是最可能发生”的原理.

【例 6-9】 在一个箱子中装有一、二等品两种零件，已知这两个等级零件的数量之比为 4∶1，但不知是一等品多还是二等品多，即是说从中任取一件为一等品的概率 p 可能为$\frac{1}{5}$，也可能为$\frac{4}{5}$．今从中有放回地抽取 3 个零件，其中恰有 2 个一等品，从直觉上可以回答这两箱零件一等品的概率应为$\frac{4}{5}$，下面我们通过概率计算来分析这个判断.

由于是有放回地抽取 3 个零件，出现一等品的数目 X 服从二项分布，所以

$$P(x,p)=C_3^x p^x(1-p)^{3-x},\ x=0,1,2,3.$$

于是抽取 3 个零件，恰有 2 个一等品的概率为 $P(2,p)=C_3^2p^2(1-p)$.

当 $p=\frac{1}{5}$时，则 $P\left(2,\frac{1}{5}\right)=C_3^2\cdot\left(\frac{1}{5}\right)^2\cdot\frac{4}{5}=\frac{12}{125}$；

当 $p=\frac{4}{5}$时，则 $P\left(2,\frac{4}{5}\right)=C_3^2\cdot\left(\frac{4}{5}\right)^2\cdot\frac{1}{5}=\frac{48}{125}$.

显然，$P\left(2,\ \frac{1}{5}\right)<P\left(2,\ \frac{4}{5}\right)$. 这说明，当箱中一等品的数量多时有放回地抽取 3 个恰好出现 2 个一等品的概率比箱中二等品数量多时抽取 3 个恰好出现 2 个一等品的概率大得多. 换言之，使 $x=2$ 的样本来自 $p=\frac{4}{5}$ 的总体的可能性比来自 $p=\frac{1}{5}$ 的总体的可能性大得多，从而估计一等品率 $\hat{p}=\frac{4}{5}$ 更为合理.

定义 6.2.2　设 x_1，x_2，…，x_n 是来自总体 X 的一组样本观察值，如果当未知参数 θ 取 $\hat{\theta}$ 时，$(x_1,\ x_2,\ \cdots,\ x_n)$ 被取到的概率最大，则称 $\hat{\theta}$ 为 θ 的**极大似然估计**. 其具体求法如下：

(1) 求似然函数 $L(x_1,\ x_2,\ \cdots,\ x_n;\ \theta)$. 若总体为离散型分布，其分布列为

$$P\{X=x_i\}=p(x_i,\ \theta),\ i=1,\ 2,\ \cdots,$$

其中 θ 为未知参数，对给定的样本观察值 $(x_1,\ x_2,\ \cdots,\ x_n)$，令

$$L(x_1,\ x_2,\ \cdots,\ x_n;\ \theta)=\prod_{i=1}^{n}p(x_i,\ \theta).$$

若总体为连续型分布，其概率密度函数为 $f(x,\ \theta)$，其中 θ 为未知参数，对给定的样本观察值 $(x_1,\ x_2,\ \cdots,\ x_n)$，令

$$L(x_1,\ x_2,\ \cdots,\ x_n;\ \theta)=\prod_{i=1}^{n}f(x_i,\ \theta).$$

显然，似然函数 $L(x_1,\ x_2,\ \cdots,\ x_n;\ \theta)$ 反映了样本观察值被取到的概率.

(2) 求 $L(x_1,\ x_2,\ \cdots,\ x_n;\ \theta)$ 的最大值点 $\hat{\theta}$. 若似然函数 L 是 θ 的可微函数，则最大值 θ 必满足似然方程 $\frac{\mathrm{d}L}{\mathrm{d}\theta}=0$，由于 L 为乘积函数，而 L 与 $\ln L$ 在同一处取得最大值，所以通过对数似然方程 $\frac{\mathrm{d}\ln L}{\mathrm{d}\theta}=0$ 求解 $\hat{\theta}$ 比上式要方便得多.

【例 6-10】　设一批产品的废品率是 p，从中随机抽取 100 件产品，发现有 10 件废品，用极大似然估计法估计 p.

解　设第 i 次抽取结果用 x_i 表示，即 $x_i=\begin{cases}1, & \text{第 } i \text{ 次取得废品}\\ 0, & \text{第 } i \text{ 次取得正品}\end{cases}$，则

$$P(X=x_i)=p^{x_i}(1-p)^{1-x_i}(x_i=0,1).$$

于是似然函数为

$$L=\prod_{i=1}^{n}p^{x_i}(1-p)^{1-x_i}=p^{\sum\limits_{i=1}^{n}x_i}(1-p)^{n-\sum\limits_{i=1}^{n}x_i},$$

$$\ln L=\left(\sum_{i=1}^{n}x_i\right)\ln p+\left(n-\sum_{i=1}^{n}x_i\right)\ln(1-p),$$

令 $\frac{\mathrm{d}\ln L}{\mathrm{d}p}=0$，得 $\hat{p}=\frac{1}{n}\sum\limits_{i=1}^{n}x_i=\overline{X}$，即 p 的极大似然估计值为 $\overline{X}$.

此题中若取 $n=100$，总废品数为 $\sum\limits_{i=1}^{n}x_i=10$，故 $\hat{p}=\frac{10}{100}=0.1$.

【例 6-11】　设 ξ_1，ξ_2，…，ξ_n 为来自正态总体 $N(\mu,\ \sigma^2)$ 的样本观察值，试求未知参

数 μ 和 σ^2 的极大似然估计值.

解 似然函数为

$$L=\prod_{i=1}^{n}\left(\frac{1}{\sqrt{2\pi}\sigma}\cdot e^{-\frac{(\xi_i-\mu)^2}{2\sigma^2}}\right)=\left(\frac{1}{\sqrt{2\pi}\sigma}\right)^n\cdot e^{-\frac{1}{2\sigma^2}\sum_{i=1}^{n}(\xi_i-\mu)^2}.$$

两边取自然对数得

$$\ln L=-n\ln(\sqrt{2\pi}\sigma)-\frac{1}{2\sigma^2}\sum_{i=1}^{n}(\xi_i-\mu)^2=-n\ln\sqrt{2\pi}-\frac{n}{2}\ln\sigma^2-\frac{1}{2\sigma^2}\sum_{i=1}^{n}(\xi_i-\mu)^2,$$

从而得对数似然方程

$$\begin{cases}\dfrac{\partial\ln L}{\partial\mu}=\dfrac{1}{\sigma^2}\sum\limits_{i=1}^{n}(\xi_i-\mu)=0\\ \dfrac{\partial\ln L}{\partial\sigma^2}=-\dfrac{n}{2\sigma^2}+\dfrac{1}{2(\sigma^2)^2}\sum\limits_{i=1}^{n}(\xi_i-\mu)^2=0\end{cases}.$$

得

$$\begin{cases}\hat{\mu}=\dfrac{1}{n}\sum\limits_{i=1}^{n}\xi_i\\ \hat{\sigma}^2=\dfrac{1}{n}\sum\limits_{i=1}^{n}(\xi_i-\bar{\xi})^2\end{cases}.$$

于是得到 μ 和 σ^2 的极大似然估计值分别为 $\hat{\mu}=\bar{\xi}$, $\hat{\sigma}^2=S_0^2$.

由结果可见，对于正态总体而言，参数 μ 和 σ^2 的矩估计与极大似然估计是一样的，但并不是任何参数的矩估计和极大似然估计都是一样的.

3. 估计量的评估标准

对于同一参数，用不同的估计方法可能会得到不同的估计量，这就涉及估计量好坏的问题．下面介绍两个估计量的评估标准.

(1) 无偏性．由于估计量是一个随机变量，其取值会在一定范围内波动，自然希望估计量能围绕着待估参数的真值 θ 波动.

定义 6.2.3 如果估计量 $\hat{\theta}(\xi_1,\xi_2,\cdots,\xi_n)$ 对任何 θ 满足 $E(\hat{\theta})=\theta$, 则称参数 $\hat{\theta}$ 为未知参数 θ 的**无偏估计**.

【例 6-12】 证明样本均值 $\bar{\xi}$ 是总体期望 $\mu=E(\xi)$ 的无偏估计.

证明 $E(\bar{\xi})=E\left(\frac{1}{n}\sum_{i=1}^{n}\xi_i\right)=\frac{1}{n}\sum_{i=1}^{n}E(\xi_i)=\frac{1}{n}\sum_{i=1}^{n}\mu=\mu$, 故 $\bar{\xi}$ 是 μ 的无偏估计.

同样也可以证明样本均值 $S^2=\frac{1}{n-1}\sum_{i=1}^{n}(\xi_i-\bar{\xi})^2$ 是总体 ξ 的方差 $D(\xi)$ 的无偏估计.

【例 6-13】 某厂生产一种螺钉，从一批该型号的螺钉中抽取 10 只，测得它们的外径尺寸与规定的尺寸（单位：μm）偏差如下.

$$3\quad -2\quad 2\quad 1\quad 4\quad 5\quad 3\quad 4\quad -2\quad 2$$

试估计该批螺钉的数学期望和样本标准差.

解 样本均值 $\bar{x}$ 和样本方差 S^2 是总体期望 $E(\xi)$ 和总体方差 $D(\xi)$ 的无偏估计量，

$$\hat{E}(\xi)=\bar{x}=\frac{1}{10}(3-2+2+1+4+5+3+4-2+2)=2(\mu\text{m}),$$

$$\hat{D}(\xi)=S^2=\frac{1}{10-1}\sum_{i=1}^{n}(x_i-2)^2=5.778(\mu\text{m}^2),$$

$$S=\sqrt{5.778}=2.404(\mu\text{m})$$

即该批螺钉外径尺寸偏差ξ的数学期望$E(\xi)$约为2μm，ξ的标准差约为2.404μm.

(2) 有效性．一个参数会有多个估计量都具有无偏性，如上例中已经证明$\hat{\mu}_0=\bar{\xi}$是μ的一个无偏估计，显然$\hat{\mu}_1=\xi_1$也是μ的一个无偏估计，这就产生了哪一个无偏估计更优的问题．

定义 6.2.4 如果两个估计量$\hat{\theta}_1$和$\hat{\theta}_2$都是未知参数的无偏估计，且$D(\hat{\theta}_1)<D(\hat{\theta}_2)$，则称$\hat{\theta}_1$比$\hat{\theta}_2$有效．这就是说围绕着$\theta$波动的估计量$\hat{\theta}$波动幅度越小越有效．

如［例 6-13］中，$\hat{\mu}_0=\bar{\xi}$和$\hat{\mu}_1=\xi_1$都是总体期望μ的无偏估计，但

$$D(\hat{\mu}_0)=D(\bar{\xi})=\frac{\sigma^2}{n}<\sigma^2=D(\xi_1)=D(\hat{\mu}_1),$$

所以$\hat{\mu}_0$比$\hat{\mu}_1$有效.

一般地，在参数θ的各种无偏估计量中，方差越小，相对地越有效.

二、区间估计

在参数的点估计中，估计值与待估参数的真值仍有误差，因此需要研究估计值的精确性与可靠性．我们希望能按一定的可靠程度估计出参数的一个范围，而且范围越小越好，这就是参数的区间估计问题.

定义 6.2.5 设θ为总体的一个未知参数，对于给定的$\alpha(0<\alpha<1)$及样本确定的两个统计量$\hat{\theta}_1=\hat{\theta}_1(\xi_1,\xi_2,\cdots,\xi_n)$和$\hat{\theta}_2=\hat{\theta}_2(\xi_1,\xi_2,\cdots,\xi_n)$($\hat{\theta}_1<\hat{\theta}_2$)，满足

$$P\{\hat{\theta}_1<\theta<\hat{\theta}_2\}=1-\alpha,$$

则称$(\hat{\theta}_1,\hat{\theta}_2)$是参数$\theta$的置信度为$1-\alpha$的**置信区间**．$\hat{\theta}_1$和$\hat{\theta}_2$分别称为**置信下限**和**置信上限**，$1-\alpha$称为**置信度**.

1. 正态总体期望μ的区间估计

(1) 正态总体方差σ^2已知，求μ的置信区间.

设ξ_1，ξ_2，…，ξ_n为来自总体$N(\mu,\sigma^2)$的一个样本，$\bar{\xi}=\frac{1}{n}\sum_{i=1}^{n}\xi_i$是$\mu$的一个统计量．已知$\bar{\xi}\sim N\left(\mu,\frac{\sigma^2}{n}\right)$，$U\sim\frac{\bar{\xi}-\mu}{\sigma/\sqrt{n}}\sim N(0,1)$.

对于给定的$\alpha(0<\alpha<1)$，查正态分布表可得$U_{\alpha/2}$，使得

$$P\left\{\left|\frac{\bar{\xi}-\mu}{\sigma/\sqrt{n}}\right|<U_{\alpha/2}\right\}=1-\alpha,$$

即

$$P\left\{-U_{\alpha/2}<\frac{\bar{\xi}-\mu}{\sigma/\sqrt{n}}<U_{\alpha/2}\right\}=1-\alpha,$$

$$P\left\{\bar{\xi}-U_{\alpha/2}\frac{\sigma}{\sqrt{n}}<\mu<\bar{\xi}+U_{\alpha/2}\frac{\sigma}{\sqrt{n}}\right\}=1-\alpha.$$

从而得到μ的置信度为$1-\alpha$的置信区间为$\left(\bar{\xi}-U_{\alpha/2}\frac{\sigma}{\sqrt{n}},\ \bar{\xi}+U_{\alpha/2}\frac{\sigma}{\sqrt{n}}\right)$.

【例 6-14】 设总体 $\xi \sim N(\mu, 12^2)$，ξ_1，ξ_2，…，ξ_{100} 为总体容量为 100 的样本，$\bar{\xi}=80$，求样本均值 μ 的置信度为 95%的置信区间.

解 已知 $\bar{\xi}=80$，$\sigma=12$，$n=100$，$1-\alpha=0.95$，查正态分布表得 $U_{\alpha/2}=U_{0.025}=1.96$，所以 μ 的置信区间为 $\left(80-1.96\times\frac{12}{\sqrt{100}}, 80+1.96\times\frac{12}{\sqrt{100}}\right)$，即 μ 的置信度为 95%的置信区间为（77.6，82.4）.

【例 6-15】 已知某厂生产的滚珠直径情况有 $\xi \sim N(\mu, 0.06)$，从某天生产的滚珠中随机抽取 6 个，测得直径（单位：mm）为

14.6　15.1　14.9　14.8　15.2　15.1

求 μ 的置信度为 95%的置信区间.

解 由已知 $\bar{\xi}=\frac{1}{6}(14.6+15.1+\cdots+15.1)=14.95$，$\sigma=\sqrt{0.06}$，$n=6$，$1-\alpha=0.95$，

查正态分布表得 $U_{\alpha/2}=U_{0.025}=1.96$，代入 $\left(\bar{\xi}-U_{\alpha/2}\frac{\sigma}{\sqrt{n}}, \bar{\xi}+U_{\alpha/2}\frac{\sigma}{\sqrt{n}}\right)$ 得 μ 的置信度为 95%的置信区间为（14.75，15.15）.

（2）正态总体方差 σ^2 未知，求 μ 的置信区间.

若 σ^2 未知，自然地用 σ^2 的估计量 S^2 代替 σ^2，取统计量 $\frac{\bar{\xi}-\mu}{S/\sqrt{n}}$，且可以证明

$$\frac{\bar{\xi}-\mu}{S/\sqrt{n}} \sim t(n-1).\quad\text{（证明从略）}$$

类似上面的推导可以得到 μ 的置信度为 $1-\alpha$ 的置信区间为

$$\left(\bar{\xi}-t_{\alpha/2}(n-1)\frac{S}{\sqrt{n}}, \bar{\xi}+t_{\alpha/2}(n-1)\frac{S}{\sqrt{n}}\right).$$

【例 6-16】 在［例 6-15］中，若滚珠直径的方差 σ^2 未知，试用同样的数据求 μ 的置信度为 95%的置信区间.

解 由已知 $\bar{\xi}=\frac{1}{6}(14.6+15.1+\cdots+15.1)=14.95$，

$$S=\sqrt{\frac{1}{n-1}\sum_{i=1}^{n}(\xi_i-\bar{\xi})^2}=\sqrt{\frac{1}{5}[(14.6-14.95)^2+\cdots+(15.1-14.95)^2]}=0.226,$$

查附录 D 得 $t_{\alpha/2}(n-1)=t_{0.025}(5)=2.5706$，代入 $\left(\bar{\xi}-t_{\alpha/2}(n-1)\frac{S}{\sqrt{n}}, \bar{\xi}+t_{\alpha/2}(n-1)\frac{S}{\sqrt{n}}\right)$ 得 μ 的置信度为 95%的置信区间为（14.713，15.187）.

由［例 6-15］和［例 6-16］的结果可以发现，由同一组样本观察值，按同样的置信度，对 μ 做的置信区间会因为 σ^2 是否已知而不一样. 这是因为当 σ^2 已知时，所掌握的信息要多一些，在其他条件相同的情况下，对 μ 的估计精度自然要高一些，这就表现为 μ 的置信区间长度要小一些. 反之，σ^2 未知时，对 μ 的估计精度降低，从而导致 μ 的置信区间长度增加.

2. 正态总体方差 σ^2 的区间估计

在实际应用中，例如当考虑生产的稳定性和产品的精度问题时，需要对总体方差 σ^2 进行区间估计.

以 S^2 为基础构造统计量 $\chi^2=\frac{(n-1)S^2}{\sigma^2}$，可以证明 $\chi^2=\frac{(n-1)S^2}{\sigma^2}\sim\chi^2(n-1)$，

对于给定的 $\alpha(0<\alpha<1)$，查自由度为 $n-1$ 的 χ^2 分布，使

$$P\left\{\lambda_1<\frac{(n-1)S^2}{\sigma^2}<\lambda_2\right\}=1-\alpha,$$

可得 $$\lambda_1=\chi^2_{1-\alpha/2}(n-1),\lambda_1=\chi^2_{\alpha/2}(n-1),$$

于是有 $$P\left\{\chi^2_{1-\alpha/2}(n-1)<\frac{(n-1)S^2}{\sigma^2}<\chi^2_{\alpha/2}(n-1)\right\}=1-\alpha,$$

化简得 $$P\left\{\frac{(n-1)S^2}{\chi^2_{\alpha/2}(n-1)}<\sigma^2<\frac{(n-1)S^2}{\chi^2_{1-\alpha/2}(n-1)}\right\}=1-\alpha,$$

即 σ^2 的置信度为 $1-\alpha$ 的置信区间为

$$\left(\frac{(n-1)S^2}{\chi^2_{\alpha/2}(n-1)},\frac{(n-1)S^2}{\chi^2_{1-\alpha/2}(n-1)}\right).$$

【例 6-17】 从一批火箭推力装置中任取 5 个进行试验，它们的燃烧时间（单位：s）如下.

54.9　42.1　50.7　55.7　66.0

试求这批装置燃烧时间标准差 σ 的置信度为 0.90 的置信区间.

解 由已知 $$\bar{\xi}=\frac{1}{5}(54.9+42.1+50.7+55.3+66.0)=53.8,$$

$$S^2=\frac{1}{5-1}\sum_{i=1}^{5}(\xi_i-53.8)^2=74.7,$$

查附录 C 得

$$\chi^2_{1-\alpha/2}(n-1)=\chi^2_{0.95}(4)=0.711,\chi^2_{\alpha/2}(n-1)=\chi^2_{0.05}(4)=9.488,$$

于是得 σ^2 的置信区间为（31.37，418.57），所以 σ 的置信区间为（5.60，20.46）. 即这批装置燃烧时间的标准差落在 5.60s 到 20.46s 之间的概率为 0.90.

课堂练习 6-2

1. 设总体服从参数为 λ 的指数分布，试求未知参数 λ 的矩估计和极大似然估计.

2. 设总体服从 $[0,\theta]$ 区间上的均匀分布，试由样本观察值 ξ_1，ξ_2，…，ξ_n 求未知参数 θ 的矩估计和极大似然估计.

3. 试证明样本均值 $S^2=\frac{1}{n-1}\sum_{i=1}^{n}(\xi_i-\bar{\xi})^2$ 是总体 ξ 的方差 $D(\xi)$ 的无偏估计.

4. 某课程命题的初衷，使成绩 $\xi\sim N(\mu,13.5^2)$，μ 为待估参数．考完后抽查其中 10 份试卷的成绩为

74　95　81　43　62　52　86　78　74　67

试求该课程的平均成绩 μ 置信度为 0.95 的置信区间.

5. 某种灯泡寿命服从正态分布，今测试 10 个灯泡，测得 $\overline{X}=1500h$，$S^2=20^2$，求 σ^2 置信度为 0.95 的置信区间.

习 题 6-2

1. 设某种灯泡寿命 ξ 服从正态分布 $N(\mu,\sigma^2)$，其中 μ 与 σ^2 未知，从这批灯泡中随机抽

取4只，测得寿命（单位：h）：1456，1523，1387，1654. 试用点估计法估计这批灯泡寿命的数学期望和方差.

2. 已知从一批数据中，抽测其中200个，经分组整理后如表6-1所示.

表6-1 抽测结果表

数据（x_i）	10	20	30	40	50	60	70	80	合计
频数（n_i）	5	18	32	51	46	30	14	4	200

试求这批数据的均方差μ及方差σ^2的估计值.

3. 设总体ξ有分布函数

$$p(x)=\begin{cases}\sqrt{\theta}x^{\sqrt{\theta}-1}, & 0\leqslant x\leqslant 1,\\ 0, & \text{其他}\end{cases}$$

其中$\theta>0$为待估参数，试求θ的矩估计和极大似然估计.

4. 某水域由于工业排水而受污染，现对捕获的10条样鱼测得蛋白质中含汞浓度（%）为

0.213　0.228　0.167　0.766　0.054　0.037　0.266　0.135　0.095　0.101

若生活在该水域的鱼的蛋白质含汞浓度$\xi\sim N(\mu,\sigma^2)$. 试求$\mu=E(\xi)$，$\sigma^2=D(\xi)$的无偏估计.

5. 某厂生产的产品，其长度X（单位：cm）看成是服从正态分布，其中方差$\sigma^2=0.05$，现从某天生产的产品中随机抽取6件，测得长度如下.

14.70　15.32　14.91　14.90　15.32　15.21

试估计该产品长度的平均值（置信度为0.95）.

6. 随机地从一批钉子中抽取16枚，测得其长度（单位：cm）为

2.14　2.13　2.10　2.15　2.13　2.12　2.13　2.10

2.15　2.15　2.14　2.10　2.13　2.11　2.14　2.11

若钉子长分布为正态分布，试对下面情况分别求出总体期望μ的置信度为0.90的置信区间：

（1）已知$\sigma=0.01$cm.

（2）σ未知.

7. 对快艇的速度进行6次独立实验，测得最大速度值（单位：m/s）如下.

30　38　27　37　31　35

当置信度为0.98时，求

（1）最大艇速均值的置信区间.

（2）最大艇速方差的置信区间.

8. 某工厂为试制某种塑料制品，而采用一种新工艺，将制品的硬度看成服从$N(\mu,\sigma^2)$的总体，现从制品中抽取容量为20的样本，测得硬度的样本方差$S^2=1.5$，求新工艺试制品硬度方差的置信区间（$\alpha=0.05$）.

第三节　假设检验

数理统计中，统计推断可以分为统计估计和假设检验. 上一节中介绍了统计的参数估计问题，本节将介绍统计的假设检验问题. 假设检验是工业生产中产品验收、质量鉴定等实际

问题中常用的统计方法.

一、假设检验的基本思想

1. 假设检验的基本概念

对总体的概率分布或分布参数做某种“假设”，根据抽样得到的样本观察值，运用数理统计的分析方法，检验这种“假设”是否正确，从而决定接受或拒绝“假设”，这就是假设检验的问题.

【例 6-18】 某工厂生产一种电子元件，在正常生产情况下，电子元件的使用寿命 ξ（单位：h）服从正态分布 $N\sim(2500, 110^2)$. 某日从该工厂生产的一批电子元件中随机抽取 16 个，测的样本均值 $\bar{\xi}=2435(\text{h})$，假定电子元件使用寿命的方差不变，是否可以认为该日生产的这批电子元件使用寿命的均值 $\mu=2500(\text{h})$？

解 因为电子元件的使用寿命 $\xi\sim N(\mu, \sigma^2)$，且 $\sigma=\sigma_0=110$，由题意可知所讨论的问题是检验如下两个假设

$$H_0: \mu=\mu_0=2500;\ H_1: \mu\neq\mu_0.$$

这里把假设 H_0 称为**原假设**，假设 H_1 称为**备选假设**. 检验的目的就是要在原假设 H_0 与备选假设 H_1 二者之中做出选择：如果认为原假设 H_0 是正确的，则接受 H_0；如果认为原假设 H_0 是不正确的，则拒绝 H_0 而接受备选假设 H_1.

为此，首先给定一个临界概率 α（通常 α 取较小的值，如 0.05 或 0.01），α 称为显著性水平. 然后，在原假设 H_0 成立的条件下，确定数值 k，使随机事件 $|\bar{\xi}-\mu_0|>k$ 的概率等于 α，即 $P(|\bar{\xi}-\mu_0|>k)=\alpha$.

考虑统计量

$$U=\frac{\bar{\xi}-\mu}{\sigma_0/\sqrt{n}}\sim N(0, 1),$$

于是，有

$$P(|U|>U_{\alpha/2})=P\left(\frac{|\bar{\xi}-\mu_0|}{\sigma_0/\sqrt{n}}>U_{\alpha/2}\right)=P\left(|\bar{\xi}-\mu_0|>\frac{\sigma_0}{\sqrt{n}}U_{\alpha/2}\right)=\alpha.$$

由此，取 $k=\frac{\sigma_0}{\sqrt{n}}U_{\alpha/2}$ 时，有 $P(|\bar{\xi}-\mu_0|>k)=\alpha$ 成立，这里称 $U_{\alpha/2}$ 为**临界值**.

对于给定的显著性水平 $\alpha=0.05$，则 $U_{\alpha/2}=U_{0.025}=1.96$，从而有

$$P(|U|>1.96)=P\left(\frac{|\bar{\xi}-\mu_0|}{\sigma_0/\sqrt{n}}>1.96\right)=0.05.$$

因为 $\alpha=0.05$ 很小，所以事件 $|U|>1.96$ 是小概率事件. 根据小概率事件不可能原理，可以认为在原假设 H_0 成立的条件下，这样的事件实际上是不可能发生的.

将抽样数据代入统计量中 U 有

$$|U|=\frac{|2435-2500|}{110/\sqrt{16}}\approx 2.36>1.96,$$

上式表明小概率事件竟然在一次实验中发生了，因此，说明抽样检查结果与原假设 H_0 不相符合，即样本均值 $\bar{\xi}$ 与假设的总体均值 μ_0 之间存在显著性差异. 所以应当拒绝 H_0 而接受备选假设 H_1，即认为该日产的这批电子元件使用寿命的均值 $\mu\neq 2500(\text{h})$.

如果取显著性水平 $\alpha=0.01$，则 $U_{\alpha/2}=U_{0.005}=2.58$，计算可得抽样的检查结果是

$$|U|=\frac{|2435-2500|}{110/\sqrt{16}}\approx 2.36<2.58,$$

则小概率事件$|U|>2.58$没有发生，所以没有理由拒绝原假设H_0，就应当接受H_0，即可以认为该日生产的这批电子元件使用寿命的均值$\mu=2500$(h). 当然，为了慎重起见，也可以做进一步的检查，再做出决定．可见，假设检验的结论与选取的显著性水平α是密切相关.

上述假设检验所使用的推理方法是：为了检验原假设H_0是否成立，不妨先假设H_0成立，然后运用数理统计的分析方法考察由此将导致什么结果．如果导致小概率事件竟然在一次实验中发生了，则应当认为这是“不合理”的现象，表明原假设H_0很可能不成立，从而拒绝H_0；相反，如果没有导致上述“不合理”现象的发生，则没有理由拒绝H_0. 其思想是根据小概率事件的实际不可能性原理来推断的．但小概率多小算小呢？这并没有统一的标准，往往根据实际情况人为决定或不同的行业有不同的标准.

2. 假设检验的一般步骤

（1）根据实际问题提出原假设H_0和备选假设H_1.

（2）构造适当的统计量，并在原假设H_0成立的条件下确定该统计量的分布.

（3）对于给定的显著性水平α，由统计量的分布查表，确定统计量对应于α的临界值.

（4）根据样本观测值计算统计量的观察值，并与临界值比较，从而对拒绝或接受原假设H_0做出判断.

通过该过程可以发现，无论显著性水平α如何小（只要不等于零），小概率事件仍有出现的可能，只是它发生的概率不超过α而已，所以我们利用小概率原则否定H_0有可能会犯错误．如果原假设H_0是正确的，但却错误地拒绝了H_0，即“弃真错误”，称为第一类错误. 由于仅当考虑的小概率事件A发生时才拒绝H_0，所以犯这类错误的概率$P(A|H_0)=\alpha$. 若原假设H_0是不正确的，却错误地接受了H_0，即“取伪错误”，称为第二类错误，犯第二类错误的概率记为β.

我们自然希望α、β都尽量小，一般地，当取定显著性水平α后，样本容量n越大，β就越小.

二、单正态总体参数的假设检验

设ξ_1，ξ_2，…，ξ_n为来自总体$N(\mu,\ \sigma^2)$的一个样本，样本均值与样本方差分别为

$$\bar{\xi}=\frac{1}{n}\sum_{i=1}^{n}\xi_i,\ S^2=\frac{1}{n-1}\sum_{i=1}^{n}(\xi_i-\bar{\xi})^2,$$

检验关于未知参数μ或σ^2的某些假设.

1. 正态总体均值$\mu=\mu_0$的假设检验

（1）如果已知$\sigma=\sigma_0$，则选取统计量为$U=\dfrac{\bar{\xi}-\mu_0}{\sigma_0/\sqrt{n}}\sim N(0,\ 1)$，在显著性水平$\alpha$下$H_0$的拒绝域为$|U|>U_{\alpha/2}$，这种检验称为$U$**检验**.

（2）如果σ未知，则选取统计量$T=\dfrac{\bar{\xi}-\mu_0}{S/\sqrt{n}}\sim t(n-1)$，在显著性水平$\alpha$下$H_0$的拒绝域为$|T|>t_{\alpha/2}(n-1)$，这种检验称为$t$**检验**.

【例 6-19】 某工厂用自动包装机包装葡萄糖，规定每袋质量为500g. 现在抽取10袋，

测得各袋的质量（单位：g）为

495 510 505 498 503 492 502 505 497 506

设每袋葡萄糖的质量服从正态分布 $N(\mu, \sigma^2)$，问下列两种情况包装机工作是否正常？（取显著性水平 $\alpha=0.05$）

（1）已知 $\sigma=5$(g).

（2）σ 未知.

解 计算得$\bar{\xi}=501.3$，$S\approx5.62$. 因为包装机工作正常时，总体均值 μ 应为 500g，于是

$$H_0: \mu = 500;\ H_1: : \mu \neq 500.$$

（1）取统计量

$$U=\frac{\bar{\xi}-\mu_0}{\sigma_0/\sqrt{n}}\sim N(0,1),$$

由观察值计算 $$U=\frac{501.3-500}{5/\sqrt{10}}\approx 0.822.$$

查附录 B 得临界值 $U_{\alpha/2}=U_{0.025}=1.96$，因为 $|U|<U_{0.025}$，所以在显著性水平 $\alpha=0.05$ 下，接受原假设 H_0，即认为包装机工作正常.

（2）选统计量 $T=\dfrac{\bar{\xi}-\mu_0}{S/\sqrt{n}}\sim t(n-1)$，由观察值计算 $T=\dfrac{501.3-500}{5.62/\sqrt{10}}\approx0.731$. 查附录 D 得临界值 $t_{\alpha/2}(n-1)=t_{0.025}(9)=2.26$，因为 $|T|<t_{0.025}(9)$，所以在显著性水平 $\alpha=0.05$ 下，接受原假设 H_0，即认为包装机工作正常.

【例 6-20】 某乐器厂生产合金弦线，其抗拉强度服从均值 $\mu_0=10\ 560$ 的正态分布，现从一批产品中抽取 10 根，测得抗拉强度为

10670 10776 10666 10554 10581 10668 10623 10557 10512 10707

试问这批产品的抗拉强度有无显著变化（$\alpha=0.05$）？

解 计算得$\bar{\xi}=10\ 631.4$，$S^2\approx6560.44$. 由题意要检验的假设是

$$H_0: \mu=\mu_0=10\ 560;\ H_1: \mu\neq 10\ 560.$$

选取统计量 $T=\dfrac{\bar{\xi}-\mu_0}{S/\sqrt{n}}\sim t(n-1)$，由观察值计算 $T=\dfrac{10\ 630.4-10\ 560}{\sqrt{6560.44}/\sqrt{10}}\approx2.785.$

查附录 D 得临界值 $t_{\alpha/2}(n-1)=t_{0.025}(9)=2.26$，因为 $|T|>t_{0.025}(9)$，所以在显著性水平 $\alpha=0.05$ 下，应拒绝原假设 H_0，即认为这批产品的抗拉强度均值 μ 有明显变化.

2. 正态总体方差 $\sigma=\sigma_0^2$ 的假设检验

如果已知 $\mu=\mu_0$，则选取统计量为

$$\chi_1^2=\frac{1}{\sigma_0^2}\sum_{i=1}^{n}(\xi_i-\mu_0)^2\sim\chi^2(n),$$

在显著性水平 α 下 H_0 的拒绝域为 $\chi_1^2>\chi_{\alpha/2}^2(n)$ 或 $\chi_1^2<\chi_{1-\alpha/2}^2(n)$；

如果 μ 未知，则选取统计量

$$\chi_2^2=\frac{(n-1)S^2}{\sigma_0^2}\sim\chi^2(n-1),$$

在显著性水平 α 下 H_0 的拒绝域为 $\chi_2^2>\chi_{\alpha/2}^2(n-1)$ 或 $\chi_2^2<\chi_{1-\alpha/2}^2(n-1)$，这种检验称为 χ^2 检验.

【例 6-21】 在［例 6-19］中，下列两种情况能否认为每袋葡萄糖质量的方差 $\sigma^2 \leqslant 5^2$（取显著性水平 $\alpha=0.05$）？

（1）已知每袋葡萄糖的平均质量为 500g.

（2）μ 未知.

解 要检验的假设是 $H_0: \sigma \leqslant 5^2$；$H_1: \sigma^2 > 5^2$.

（1）已知 $\mu=500$，则选取统计量 $\chi_1^2=\frac{1}{\sigma_0^2}\sum_{i=1}^{n}(\xi_i-\mu_0)^2 \sim \chi^2(n)$，由观察值计算得 $\chi_1^2=\frac{1}{5}\sum_{i=1}^{10}(\xi_i-500)^2=12.04$.

查附录 C 得 $\chi_\alpha^2(n)=\chi_{0.05}^2(10)=18.3$，因为 $\chi_1^2<\chi_{0.05}^2(10)$，所以在显著性水平 $\alpha=0.05$ 下，接受原假设 H_0，即认为每袋葡萄糖质量的方差 $\sigma^2 \leqslant 5^2$.

（2）未知 μ，则选取统计量 $\chi_2^2=\frac{(n-1)S^2}{\sigma_0^2} \sim \chi^2(n-1)$，由观察值计算得 $S^2=\frac{1}{n-1}\sum_{i=1}^{n}(\xi_i-\bar{\xi})^2 \approx 31.566$，$\chi_2^2=\frac{(10-1)\times 31.566}{5^2} \approx 11.36$.

查附录 C 得 $\chi_\alpha^2(n-1)=\chi_{0.05}^2(9)=16.9$，因为 $\chi_2^2<\chi_{0.05}^2(9)$，所以在显著性水平 $\alpha=0.05$ 下，接受原假设 H_0，即认为每袋葡萄糖质量的方差 $\sigma^2 \leqslant 5^2$.

课堂练习 6-3

1. 假设检验的基本思想是什么？

2. 已知某产品的主要零件，其长度（单位：mm）$\xi \sim N(\mu, \sigma^2)$，已知其标准值 $\mu_0=32.05$，$\sigma^2=(1.1)^2$. 现从中抽取 6 件，测得它们的长度为

32.56　29.66　31.64　30.00　31.87　31.03

试问这批零件的长度是否符合要求（取显著性水平 $\alpha=0.05$）.

3. 设某厂生产的铜丝折断力服从正态分布．现从产品中随机地抽取 10 根铜丝检查其折断力（单位：N）如下.

292　289　286　285　284　286　285　285　286　298

问在显著性水平 0.05 下能否认为该厂生产的铜丝折断力的方差为 16.

习题 6-3

1. 从某批零件中抽取 5 个对其长度进行测量，得数据如下（单位：mm）.

54.2　52.8　54.0　53.7　53.5

设零件长度 $\xi \sim N(55, 1.2^2)$，若方差不改变，问在 $\alpha=0.05$ 下，总体均值有无显著改变？

2. 欧洲健康成年人血液中的钙水平服从期望为 9.5mg/dl，方差为 0.4^2 的正态分布，现有一家妇产医院对首次前来做产前体检的 180 名孕妇进行测量，测得其平均钙水平为 9.57mg/dl，问对于显著性水平 $\alpha=0.01$，孕妇的钙水平与普通健康人的是否有所差异？

3. 电子厂生产的某种电子元件的平均使用寿命为 3000h. 采用新技术试制一批这种电子

元件，抽样检查 20 个，测得电子元件使用寿命的样本均值$\bar{x}=3100\text{h}$，样本标准差 $S=170$. 设电子元件使用寿命服从正态分布，问试制的这批电子元件的平均使用寿命是否有显著提高(取显著性水平 $\alpha=0.01$)？

4. 杀虫剂 DDT 中毒会引起全身发抖和惊厥．为了研究 DDT 的中毒情况，研究人员给几只小白鼠食用一定剂量的 DDT，然后测量小白鼠神经系统中的带电特征以说明 DDT 中毒后如何引起发抖和惊厥的．这里一个重要的变量 ξ：就是小白鼠受到刺激后要恢复到正常所需要的时间．已知随机变量 ξ 服从正态分布，并测量四只小白鼠恢复到正常所需的时间如下(单位：s).

$$1.6 \quad 1.7 \quad 1.9 \quad 1.8$$

如果研究人员宣称小白鼠受到刺激恢复到正常所需要的总体平均时间为 1.95s，问该研究人员的观点是否可信（取显著性水平 $\alpha=0.05$)？

5. 某种钢管直径服从正态分布，今从一批产品中抽取 10 根，测得它们的直径（单位：mm）分别为

$$578 \quad 572 \quad 570 \quad 568 \quad 572 \quad 570 \quad 572 \quad 590 \quad 570 \quad 584$$

问可否相信这批钢管直径的方差为 64（取显著性水平 $\alpha=0.05$).

本 章 小 结

本章在概率论的基础上介绍了数理统计的基本概念和方法，它包括了统计问题的科学提法和解决统计问题的基本思想.

一、数理统计的基本概念

1. 总体与样本

所研究对象的全体称为总体；从总体中抽取出的一部分个体构成的集合称为来自总体的样本，样本中个体对应的一组具体数据称为样本的一组观察值.

2. 统计量

设 ξ_1，ξ_2，…，ξ_n 为来自总体 ξ 的一组样本，$f(\xi_1, \xi_2, \cdots, \xi_n)$ 为不含任何未知参数的一个连续函数，则称 $f(\xi_1, \xi_2, \cdots, \xi_n)$ 为一个统计量.

3. 几个常用的统计量

样本均值 $\bar{\xi}=\dfrac{1}{n}\sum\limits_{i=1}^{n}\xi_i$；

样本方差 $S^2=\dfrac{1}{n-1}\sum\limits_{i=1}^{n}(\xi_i-\bar{\xi})^2$；

样本标准差 $S=\sqrt{S^2}=\sqrt{\dfrac{1}{n-1}\sum\limits_{i=1}^{n}(\xi_i-\bar{\xi})^2}$；

样本 k 阶原点矩 $A_k=\dfrac{1}{n}\sum\limits_{i=1}^{n}\xi_i^k$.

4. 正态总体的抽样分布

正态总体是适用性极强的总体，正态分布优良的性质及由它派生出来的 χ^2 分布、t 分布和 F 分布都是建立在统计方法的基础上的.

（1）设总体$\xi \sim N(\mu, \sigma^2)$，$\xi_1$，$\xi_2$，…，$\xi_n$是总体$\xi$的一组样本，则统计量$\bar{\xi}$服从均值为$\mu$，方差为$\frac{\sigma^2}{n}$的正态分布，即$\bar{\xi} \sim N\left(\mu, \frac{\sigma^2}{n}\right)$. 而统计量$U$服从标准正态分布，即$U=\frac{\bar{\xi}-\mu}{\sigma/\sqrt{n}} \sim N(0, 1)$.

（2）χ^2分布. 设随机变量$\xi \sim N(0, 1)$，ξ_1，ξ_2，…，ξ_n为来自总体ξ的一组样本，则称统计量

$$\chi^2 = \xi_1^2 + \xi_2^2 + \cdots + \xi_n^2$$

服从自由度为n（自由度可理解为统计量中独立变量的个数）的χ^2分布，记为$\chi^2 \sim \chi^2(n)$.

设$\chi^2(n)$是服从自由度为n的χ^2分布，对于给定的$\alpha(0<\alpha<1)$，满足

$$P\{\chi^2(n) > \lambda\} = \alpha$$

的点λ，称为自由度为n的χ^2分布的α水平上侧分位数，记为$\chi_\alpha^2(n)$.

（3）t分布. 设随机变量ξ、η相互独立，且$\xi \sim N(0, 1)$，$\eta \sim \chi^2(n)$，则称统计量$T=\frac{\xi}{\sqrt{\eta/n}}$服从自由度为$n$的$t$分布，记为$T \sim t(n)$.

对于给定的$\alpha(0<\alpha<1)$，称满足条件$P\{|t(n)| > \lambda\} = \alpha$的实数$\lambda$为自由度为$n$的$t$分布的$\alpha$水平双侧分位数，记为$t_{\alpha/2}(n)$. 显然有

$$P\{|t(n)| > t_{\alpha/2}(n)\} = \frac{\alpha}{2},\ P\{|t(n)| < -t_{\alpha/2}(n)\} = \frac{\alpha}{2}.$$

（4）F分布. 设X和Y是两个相互独立的随机变量，且$X \sim \chi^2(n_1)$，$Y \sim \chi^2(n_2)$，则称统计量$F=\frac{X/n_1}{Y/n_2}$为服从第一自由度为n_1，第二自由度为n_2的F分布，记为$F \sim F(n_1, n_2)$.

对于给定的$\alpha(0<\alpha<1)$，称满足条件$P\{F>\lambda\}=\alpha$所确定的实数λ称为自由度为n_1和n_2的F分布的α水平上侧分位数，记为$F_\alpha(n_1, n_2)$.

二、参数估计

参数的点估计是总体未知参数进行统计分析的最直接的手段，矩估计和极大似然估计是两个常用的点估计方法．而置信区间犹如撒向未知参数的“网”，它以未知参数的点估计为核心，构造置信区间的上下限，让人们以$1-\alpha$的概率相信未知参数已成为“网”中的“鱼”.

1. 矩估计

用样本k阶矩$A_k = \frac{1}{n}\sum_{i=1}^{n} \xi_i^k$作为相应的总体$k$阶矩$E(\xi^k)$的估计量的估计方法称为矩估计法．其实施步骤为

（1）求总体的矩$\alpha_1 = E(\xi)$，$\alpha_2 = E(\xi^2)$，并将待估计参数表示成矩的函数

$$\theta_1 = h_1(\alpha_1, \alpha_2),\ \theta_2 = h_2(\alpha_1, \alpha_2).$$

（2）用样本矩$A_1 = \frac{1}{n}\sum_{i=1}^{n} \xi_i$，$A_2 = \frac{1}{n}\sum_{i=1}^{n} \xi_i^2$代替$\alpha_1$和$\alpha_2$得到矩估计量

$$\hat{\theta}_1 = h_1(A_1, A_2),\ \hat{\theta}_2 = h_2(A_1, A_2).$$

2. 极大似然估计

极大似然估计依据的思想是“概率最大的事件是最可能发生”的原理. 其具体求法

如下.

(1) 求似然函数 $L(x_1, x_2, \cdots, x_n; \theta)$.

若总体为离散型分布，其分布列为

$$P\{X = x_i\} = p(x_i, \theta),\ i = 1, 2, \cdots$$

其中 θ 为未知参数，对给定的样本观察值 $(x_1, x_2, \cdots, x_n)$，令

$$L(x_1, x_2, \cdots, x_n; \theta) = \prod_{i=1}^{n} p(x_i, \theta).$$

若总体为连续型分布，其概率密度函数为 $f(x, \theta)$，其中 θ 为未知参数，对给定的样本观察值 $(x_1, x_2, \cdots, x_n)$，令

$$L(x_1, x_2, \cdots, x_n; \theta) = \prod_{i=1}^{n} f(x_i, \theta).$$

(2) 求 $L(x_1, x_2, \cdots, x_n; \theta)$ 的最大值点 $\hat{\theta}$：通过对数似然方程 $\frac{\mathrm{d}\ln L}{\mathrm{d}\theta}=0$ 求解 $\hat{\theta}$.

3. 区间估计

(1) 正态总体方差 σ^2 已知，μ 的置信度为 $1-\alpha$ 的置信区间为

$$\left(\bar{\xi}-U_{\alpha/2}\frac{\sigma}{\sqrt{n}}, \bar{\xi}+U_{\alpha/2}\frac{\sigma}{\sqrt{n}}\right).$$

(2) 正态总体方差 σ^2 未知，μ 的置信度为 $1-\alpha$ 的置信区间为

$$\left(\bar{\xi}-t_{\alpha/2}(n-1)\frac{S}{\sqrt{n}}, \bar{\xi}+t_{\alpha/2}(n-1)\frac{S}{\sqrt{n}}\right).$$

(3) 正态总体方差 σ^2 的置信度为 $1-\alpha$ 的置信区间为

$$\left(\frac{(n-1)S^2}{\chi^2_{\alpha/2}(n-1)}, \frac{(n-1)S^2}{\chi^2_{1-\alpha/2}(n-1)}\right).$$

三、假设检验

假设检验是效仿反证法的思想，将要判断的结论先作为假设承认，如果这一假设导致小概率事件的发生，便有了否定这个结论的理由．它也是以参数的点估计为核心，构造一个有分布的统计量，以该统计量的小概率区域作为原假设的拒绝域.

1. 正态总体均值 $\mu=\mu_0$ 的假设检验

(1) 已知 $\sigma=\sigma_0$，则选取统计量为 $U=\frac{\bar{\xi}-\mu_0}{\sigma_0/\sqrt{n}}\sim N(0, 1)$，在显著性水平 α 下 H_0 的拒绝域为 $|U|>U_{\alpha/2}$，这种检验称为 U 检验.

(2) σ 未知，则选取统计量 $T=\frac{\bar{\xi}-\mu_0}{S/\sqrt{n}}\sim t(n-1)$，在显著性水平 α 下 H_0 的拒绝域为 $|T|>t_{\alpha/2}(n-1)$，这种检验称为 t 检验.

2. 正态总体方差 $\sigma=\sigma_0^2$ 的假设检验

(1) 已知 $\mu=\mu_0$，则选取统计量为

$$\chi_1^2=\frac{1}{\sigma_0^2}\sum_{i=1}^{n}(\xi_i-\mu_0)^2\sim\chi^2(n),$$

在显著性水平 α 下 H_0 的拒绝域为 $\chi_1^2>\chi^2_{\alpha/2}(n)$ 或 $\chi_1^2<\chi^2_{1-\alpha/2}(n)$；

(2) μ 未知，则选取统计量

$$\chi_2^2=\frac{(n-1)S^2}{\sigma_0^2}\sim\chi^2(n-1),$$

在显著性水平 α 下 H_0 的拒绝域为 $\chi_2^2>\chi_{\alpha/2}^2(n-1)$ 或 $\chi_2^2<\chi_{1-\alpha/2}^2(n-1)$，这种检验称为 χ^2 检验.

自我检测六

1. 填空题.

(1) 设随机变量 ξ、η 相互独立，且 $\xi\sim N(0,1)$，$\eta\sim\chi^2(10)$，则称统计量 $T=\frac{\xi}{\sqrt{\eta/10}}$ 服从自由度为 10 的________布.

(2) 查表可得 $\chi_{0.90}^2(40)=$________；$t_{0.10}(9)=$________.

(3) 设总体服从参数为 λ 的指数分布，则未知参数 λ 的矩估计量为________.

(4) 设有来自正态总体 $\xi\sim N(\mu,0.9^2)$ 容量为 9 的简单随机样本，样本均值 $\bar{\xi}=5$，则未知参数 μ 的置信度为 0.95 的置信区间是________.

(5) U 检验和 t 检验都是关于________的假设检验.

(6) 设 X_1，X_2，…，X_n 为来自正态总体 $N(\mu,\sigma^2)$ 的样本，σ^2 未知，现要检验假设 $H_0:\mu=\mu_0$ 时，则应选取的统计量是________.

2. 选择题.

(1) 设 X_1，X_2，…，X_n 为来自正态总体 $N(\mu,\sigma^2)$ 的样本，其中 μ 和 σ^2 为未知参数，则下列表达式是统计量的是（　　）.

(A) $\sum\limits_{i=1}^{n}X_i-n\mu$　　B. $X_1-\overline{X}$　　C. $\sum\limits_{i=1}^{n}\left(\frac{X_i}{\sigma}\right)^2$　　D. $\sum\limits_{i=1}^{n}\frac{(X-\overline{X})^2}{\sigma^2}$

(2) 设总体服从区间 $[1,\theta]$ 的均匀分布 $(\theta>1)$，2，2，3，3，5 为取自该总体的样本观察值，则 θ 的矩估计值为（　　）.

A. 1　　B. 3　　C. 5　　D. 7

(3) 设区间 $(\hat{\mu}_1,\hat{\mu}_2)$ 为总体期望 μ 置信度为 95%的置信区间，则下列说法中正确的是（　　）.

A. $(\hat{\mu}_1,\hat{\mu}_2)$ 平均含总体 95%的值　　B. $(\hat{\mu}_1,\hat{\mu}_2)$ 平均含样本 95%的值

C. 95%的期望值会落在 $(\hat{\mu}_1,\hat{\mu}_2)$ 内　　D. $(\hat{\mu}_1,\hat{\mu}_2)$ 有 95%的机会包含 μ

(4) 设总体 $\xi\sim N(\mu,\sigma^2)$，σ^2 已知，ξ_1，ξ_2，…，ξ_n 为取自总体 ξ 的样本观察值，现在显著性水平 $\alpha=0.01$ 下接受了 $H_0:\mu=\mu_0$. 若将 α 改为 0.05 时，那么下列结论中正确的是（　　）.

A. 必拒绝 H_0　　B. 必接受 H_0

C. 犯第一类错误的概率变大　　D. 犯第三类错误的概率变大

3. 计算题.

(1) 设从总体中抽取了一组样本的数据为

9.8　10.3　9.9　10.1　10.4　9.7　9.8　10.0

求样本均值、样本方差及样本标准差.

(2) 设 X_1，X_2，…，X_n 为取自总体 X 的样本，X 的密度函数为

$$p(x)=\begin{cases}\dfrac{2x}{\theta^2}, & 0\leqslant x\leqslant\theta \\ 0, & 其他\end{cases}.$$

试求 θ 的矩估计和极大似然估计.

(3) 设某信息台在上午 8 时到 9 时之间接到的呼叫次数服从参数为 λ 的泊松分布，现收集到 42 个数据如表 6-1 所示。

表 6-1　　收集到的数据

接到呼叫 k 次	0	1	2	3	4	5
k 次呼叫的频数	7	10	12	8	3	2

试由此数据求 λ 的极大似然估计值.

(4) 某厂生产的螺杆直径服从正态分布 $N(\mu, \sigma^2)$，从当日生产的产品中随机抽取 5 只，测得直径（单位：mm）为

21.4　22.0　22.3　21.5　21.8

1) 若 $\sigma=0.2$，试求直径期望的置信度为 95% 的置信区间.

2) 若 σ 未知，试求直径期望的置信度为 99% 的置信区间.

(5) 为了得到某种新型塑料抗压力的资料，对 10 个试验件做压力试验（单位：1000N/cm^2），得到数据为

49.3　48.6　47.5　48.0　51.2　45.6　47.7　49.5　46.0　50.6

若试验数据服从正态分布，试以 0.95 的置信度估计：

1) 该种塑料平均抗压力的置信区间.

2) 该种塑料抗压力方差的置信区间.

(6) 已知某炼铁厂的铁水含碳量在正常情况下服从正态分布 $N(4.55, 0.108^2)$，现从更换设备后炼出的铁水中抽取 5 炉铁水，其含碳量分别为

4.48　4.44　4.46　4.50　4.40

设方差没有改变，问新设备对总体的期望有无显著影响（取显著性水平 $\alpha=0.01$）.

(7) 某食品厂生产一种罐头，今在一天的批量中，随机抽测其中 5 个，测得防腐剂含量（单位：mg）为

1.95　1.73　2.03　1.81　1.79

设罐头中防腐剂含量 $\xi\sim N(\mu, \sigma^2)$，μ 为待验参数，$\mu_0=2$ 为 μ 的标准值，σ^2 为未知参数．试问在显著性水平 $\alpha=0.10$ 下，这一天生产的罐头中防腐剂的含量是否合格.

(8) 某钢绳厂生产的一种专用钢绳，已知其折断力 $\xi\sim N(\mu, \sigma^2)$，μ 为未知参数，σ^2 为待验参数，$\sigma_0^2=16$ 是 σ^2 的标准值．今抽查其中 10 根，测得其折断力（单位：kg）为

289　286　285　284　286　285　285　286　298　292

试问这批钢绳折断力的波动性有无显著变化（取显著性水平 $\alpha=0.05$）.

第七章 数值计算方法简介

计算方法是研究数学问题的数值解及其理论的一个数学分支．随着计算机的发展与普及，继试验方法、理论方法之后，科学计算已经成为科学实践的第三种手段．它在物理、力学、化学、生命科学、天文学、经济科学及社会科学等领域中得到广泛的应用，成为不可缺少的重要工具．

“计算方法”是一门应用性很强的基础课，它以数学问题为对象，研究适用于科学计算与工程计算的数值计算方法及相关理论，它是程序设计和对数值结果进行分析的依据和基础，是一门与计算机使用密切结合的实用性很强的数学课程．

构建一个完整的数值算法，包含以下环节：

（1）提出数值问题（即对对象建立数学模型）．

（2）构思处理数值问题的基本思想（即提出理论）．

（3）列出计算公式．

（4）设计程序框图．

（5）编制源程序并调试．

（6）做出算法的误差分析．

第一节　误　　差

一、误差的来源

对各种数据的处理或运算，误差是不可避免的．一个量或数据的真实值和我们算出的值往往不相等，其差称为误差，引起误差的原因是多方面的．

（1）从实际问题转化为数学问题，即建立数学模型时，对被描述的实际问题进行了抽象和简化，忽略了一些次要因素，这样建立的数学模型虽然具有“精确”、“完美”的外衣，其实只是客观现象的一种近似，这种数学模型与实际问题之间出现的误差称为**模型误差**．

（2）在实际问题中，各种已知量（初始数据）多半是通过观测实验得到的．如电压、电流、温度、长度等，而观测难免不带误差，这种误差称为**观测误差**．

（3）在计算中常常遇到只有通过无限过程才能得到的结果，但在实际计算时，只能用有限过程来计算，这种误差称为**截断误差**．

（4）在数值计算中，遇到的数据可能位数很多，也可能是无穷小数，如$\sqrt{2}$，$\frac{1}{3}$等，但计算时只能对有限位数进行运算，因而往往要进行四舍五入，这样产生的误差称为**舍入误差**．

由以上误差来源的分析可以看到：误差是不可避免的，要求绝对准确、绝对严格实际上是办不到的．问题是怎样尽量设法减少误差，提高精度．在四种误差中，前两种误差是客观存在的，后两种是由计算方法所引起的．本课程主要涉及后两种误差.

二、绝对误差与绝对误差限

定义 7.1.1　设 x^* 为准确值，x 是 x^* 的一个近似值，称 $e_x=x-x^*$ 为近似值 x 的**绝对误差**，简称**误差**.

由于 x^* 一般是未知的，因此 e_x 也无法计算，但对于具体问题的近似数，依其来源一般可估计出 $|e_x|$ 的一个上界 ε_x，即

$$|e_x|=|x-x^*|\leqslant\varepsilon_x.$$

ε_x 称为近似值 x 的**绝对误差限**，简称**误差限**．x^* 与 x 的关系经常表示为 $x=x^*\pm\varepsilon_x$.

例如，用毫米刻度的直尺测量一长度为 x^* 的物体，测得其长度的近似值为 $x=123\text{mm}$，由于直尺以毫米为刻度，所以其误差不超过 0.5mm，即 $|x^*-123|\leqslant 0.5$.

从这个不等式我们不能得出准确值 x^* 等于多少，但可以知道 x^* 的范围为

$$122.5\leqslant x^*\leqslant 123.5.$$

显然，绝对误差限不足以表示近似值的好坏．如，有 $x_1=100\pm1$，$x_2=1000\pm1$，精确值 $x_1^*=100$ 的绝对误差限与 $x_2^*=1000$ 的绝对误差限相同．显然，100 的误差为 1 与 1000 的误差为 1 相比较，后者比前者精确.

三、相对误差与相对误差限

定义 7.1.2　绝对误差与精确值之比 $\beta_x=\dfrac{x-x^*}{x^*}=\dfrac{e_x}{x^*}$ 称为 x^* 的**相对误差**.

相对误差说明了绝对误差 e_x 与 x^* 本身比较所占的比值．一般说来，$|\beta_x|$ 越小，x 的精度越高．但相对误差和绝对误差一样，由于 x^* 总是难以求得的，故只能估计它的范围，因此引入相对误差限的概念.

如果 $|\beta_x|=\left|\dfrac{\varepsilon_x}{x^*}\right|\leqslant\delta_x$ （$x^*\neq0$），称 δ_x 为 x 的**相对误差限**．实际上使用较多的计算公式通常为 $\delta_x=\dfrac{|\varepsilon_x|}{x}$.

四、有效数字

一个近似数，只有附加上绝对误差限或相对误差限后，才知道其精度，这给数值计算带来麻烦．因此人们希望所写出近似数本身就能表示它的准确程度，于是引进有效数字的概念．

定义 7.1.3　如果从精确数 x^* 中，用四舍五入原则截取的近似数 x 的末位到第一位非零数字一共有 p 位，则称 x 是具有 p 位有效数字的近似数.

如 $\sqrt{3}$ 的近似值，若取 $x_1=1.73$，则 x_1 有 3 位有效数字；若取 $x_2=1.74$，则 x_2 只有 2 位有效数字，因为它没有遵循四舍五入原则.

说明：

在讲了有效数字之后，我们规定今后写出的数都应该是有效数字.

【例 7-1】　写出下列各数具有 5 位有效数字的近似值.

233.489；　　0.002 347 11；　　9.000 024.

解 这些数具有五位有效数字的近似值分别是：

$$233.49;\quad 0.002\,347\,1;\quad 9.0000.$$

注意：

$x=9.000\,024$ 的 5 位有效数字近似值是 9.0000，而不是 9. 因为 9 只有 1 位有效数字.

五、数值计算中应注意的几个问题

1. 要避免除数绝对值远远小于被除数绝对值的除法

2. 要避免两相近数相减

在数值计算中，两相近数相减有效数字会严重损失．如 $x=532.65$，$y=532.52$ 都具有 5 位有效数字，但 $x-y=0.13$ 只有 2 位有效数字．这说明必须尽量避免出现这类运算．最好是改变计算方法，防止这种现象产生．当 x_1 和 x_2 很接近时，则 $\lg x_1-\lg x_2=\lg\dfrac{x_1}{x_2}$，右边算式有效数字就不损失；当 x 很大时，利用 $\sqrt{x+1}-\sqrt{x}=\dfrac{1}{\sqrt{x+1}+\sqrt{x}}$计算.

3. 要防止大数“吃掉”小数

在数值运算中的数有时数量级相差很大，而计算机数位有限，如不注意就可能出现大数“吃掉”小数的现象，影响计算结果的可靠性.

例如，某计算机字长许可表示十进制的 7 位有效数字，现进行 $1\,234\,567+0.123\,456\,7$ 的加法运算，若计算时没有位数限制，则和当然是 1 234 567.123 456 7. 现在的问题是计算机只能表示 7 位有效数字，于是只得将小数点后的 7 位数字删掉，而只保留其整数部分，得和值 123 456 7. 这样，在相加过程中，大数就把小数“吃掉”了.

4. 简化计算步骤，减少运算次数

同样一个计算问题，如果能减少运算次数，不但可节省计算机的计算时间，还能减少舍入误差．这是数值计算必须遵守的原则，也是“计算方法”要研究的重要内容.

例如，计算 x^{31} 的值．若将 x 的值逐个相乘，那么要做 30 次乘法，但若写成

$$x^{31}=x\cdot x^2\cdot x^4\cdot x^8\cdot x^{16}$$

只要做 4 次乘法运算就可以了.

课堂练习 7-1

1. 指出下列各数是几位有效数字.

$x_1=4.865$；　　$x_2=4.087\,65$；　　$x_3=0.086\,75$；

$x_4=69.4720$；　　$x_5=0.000\,056$；　　$x_6=5.6$.

2. 将下列各数四舍五入成 5 位有效数字.

$x_1=2.345\,67$；　　$x_2=3.156\,90$；　　$x_3=4.003\,200$；

$x_4=0.000\,876\,572$.

习题 7-1

1. 求近似数 $x_1=56.234$，$x_2=0.002\,56$ 的绝对误差限.

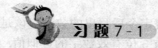

2. 求$\sqrt[3]{50}$的近似值 x，使 $\delta_x \leqslant 0.01\%$.

3. 求$\sqrt{1001}-\sqrt{1000}$的近似值，计算过程中取 4 位有效数字.

第二节　一元非线性方程的解法

数值计算中经常会使用同一种运算模式对前次运算的结果进行重复运算，这就是我们说的迭代法．本节中所讲的二分法、切线法、弦截法都是使用了迭代法．非线性方程 $f(x)=0$ 的根的分布可能很复杂，可以根据方程本身的特点，用数值分析的方法，判断根存在的区间，利用计算机反复迭代寻找根的近似值.

一、逐步搜索法与二分法

设连续函数 $f(x)$ 在 $[a,b]$ 上连续，且 $f(a)$ 与 $f(b)$ 的符号异号，则方程 $f(x)=0$ 在 (a,b) 内有根.

不妨假定 $f(a)<0$，从 $x_0=a$ 出发，按预定步长 h（比如可以取步长值为区间长度的 N 等分段：$h=\dfrac{b-a}{N}$；N 为正整数)，一步一步向右跨．每跨一步进行一次根的“搜索”，即检查在点 $x_k=a+kh$ 上函数值 $f(x_k)$ 的符号，一旦发现 $f(a)$ 与 $f(x_k)$ 的值异号，即 $f(x_k)>0$，那么 $f(x)$ 在 $[a,b]$ 上的根已经缩小在区间 $[x_{k-1},x_k]$ 里，如图 7-1 所示．

特别地，有可能 $f(x_k)=0$，就得到根．当步长$h=x_k-x_{k-1}$小于误差限时，根的近似值可以是区间 $[x_{k-1},x_k]$ 中的任意值.

【例 7-2】 设方程 $f(x)=x^3-x-1=0$，利用逐步搜索法确定一个有根的区间.

解　易知 $f(0)<0$，$f(2)>0$，则方程在区间 $(0,2)$ 内至少有一个根．从 $x=0$ 出发，取 $h=0.5$ 为步长向右进行搜索，列表 7-1 如下．

表 7-1　　**从 $x=0$ 出发，$h=0.5$，向右搜索**

x	0	0.5	1	1.5	2
$f(x)$	−	−	−	+	+

不难看出，方程在 (1，1.5) 内必有一个根.

如果实际问题中根的误差限是 0.5，那么 1 到 1.5 之间的任意值都可以是方程的根；如果实际问题中根的误差限更小，那么我们可以对区间 (1，1.5) 再实施更小步长的逐步搜索法确定一个有根的更小区间，直到满足根的误差限.

设函数 $f(x)$ 在 $[a,b]$ 上连续，严格单调，且 $f(a)\cdot f(b)<0$. 为确定起见，设 $f(a)>0$，$f(b)<0$，如图 7-2 所示，则方程 $f(x)=0$ 在 (a,b) 内一定只有一个根．二分法的基本思想是：用二等分区间的方法，通过判断函数 $f(x)$ 的符号，逐步将有根区间缩小，使在足够小的区间内，方程有且仅有一个根，具体步骤是（见图 7-2)：

第一步　用区间中点 $x_0=\dfrac{a+b}{2}$平分 $[a,b]$ 为两个区间，计算函数值 $f(x_0)$，根据 $f(x_0)$的值进行讨论.

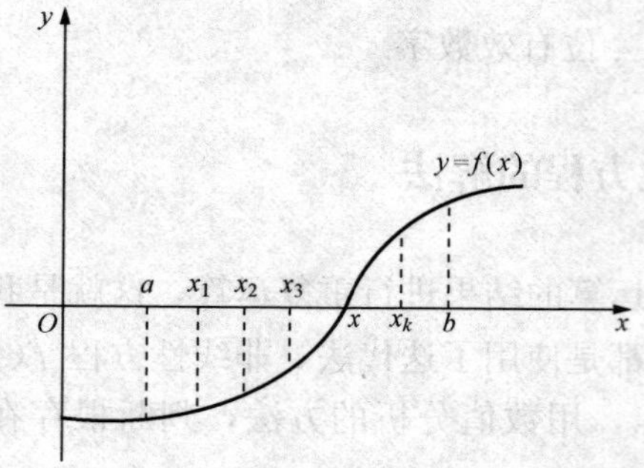

图 7-1

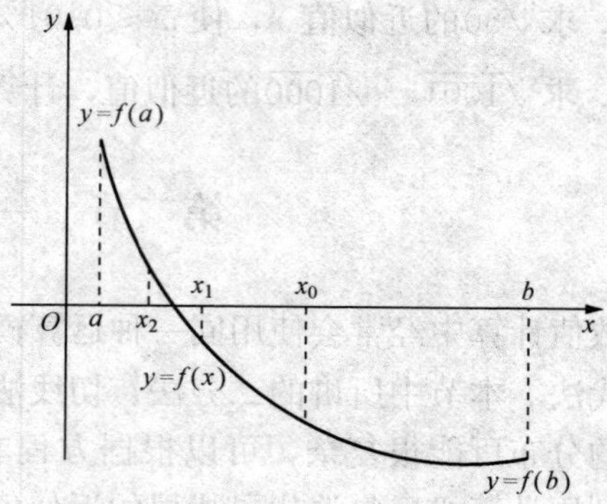

图 7-2

第二步　若 $|f(x_0)|<\varepsilon$（ε 是预先给定的精度），则 $x_0=\dfrac{b+a}{2}$ 就是所求的近似值，计算停止.

第三步　若 $|f(x_0)|\geqslant\varepsilon$，由 $f(x_0)$ 的符号形成新的有根区间 $[a_1, b_1]$.

当 $f(x_0)<0$ 时，取 $a_1=a$，$b_1=x_0=\dfrac{b+a}{2}$；当 $f(x_0)>0$ 时，取 $a_1=x_0=\dfrac{b+a}{2}$，$b_1=b$. 这时，有 $[a, b]\supset[a_1, b_1]$，且 $b_1-a_1=\dfrac{b-a}{2}$. 对此新的有根区间 $[a_1, b_1]$，重复上述过程，仅当出现第一种情况时，计算停止，这样便得到一系列有根区间：

$$[a, b]\supset[a_1, b_1]\supset[a_2, b_2]\supset\cdots\supset[a_k, b_k].$$

区间会越分越小，其中每一个区间的长度都是前一个区间长度的一半，最后一个区间的长度为

$$b_k-a_k=\frac{b-a}{2^k}.$$

显然，有 $f(a_k)\cdot f(b_k)<0$，当 $k\to\infty$ 时，$\dfrac{b-a}{2^k}\to 0$.

如取最后一个区间的中点 x_k 作为 $f(x)=0$ 的根的近似值，即

$$x_k=\frac{a_k+b_k}{2},$$

且有误差估计式

$$|x_k-x^*|\leqslant\frac{b-a}{2^{k+1}},$$

其中 x^* 为根的确定值.

【例 7-3】　求方程 $x^3-x-1=0$ 在区间 $[1, 1.5]$ 内的实根，精确到小数点后两位.

解　参照表 7-2，求得 $k\geqslant 6$，所以至少需要二分 6 次，才能得到满足精度要求的近似值. 取 $[1, 1.5]$ 的中点 $x_0=1.25$ 将区间二等分，求得 $f(1.25)<0$，它与 $f(1)$ 同号. 取 $a_1=1.25$，$b_1=1.5$，再将区间 $[1.25, 1.5]$ 二等分，如此继续，即得计算结果如表 7-2 所示，解出的 $x^*\approx 1.3242\approx 1.32$ 即满足精度要求.

表 7-2　　　　　　　　　　　**计　算　结　果**

k	a_k	b_k	x_k	$f(x_k)$
0	1	1.5	1.25	－
1	1.25	1.5	1.375	＋
2	1.25	1.375	1.3125	－
3	1.3125	1.375	1.3438	＋
4	1.3125	1.3438	1.3282	＋
5	1.3125	1.3282	1.3204	－
6	1.3204	1.3282	1.3243	－

二分法的优点是程序简单，对函数 $f(x)$ 的限制条件少，但收敛的速度较慢，不能求重根、复根．因此，一般在求方程近似根时，不单独使用二分法，常被用来为其他方法求方程近似根时提供初值．

用计算机迭代的程序框图如图 7-3 所示．

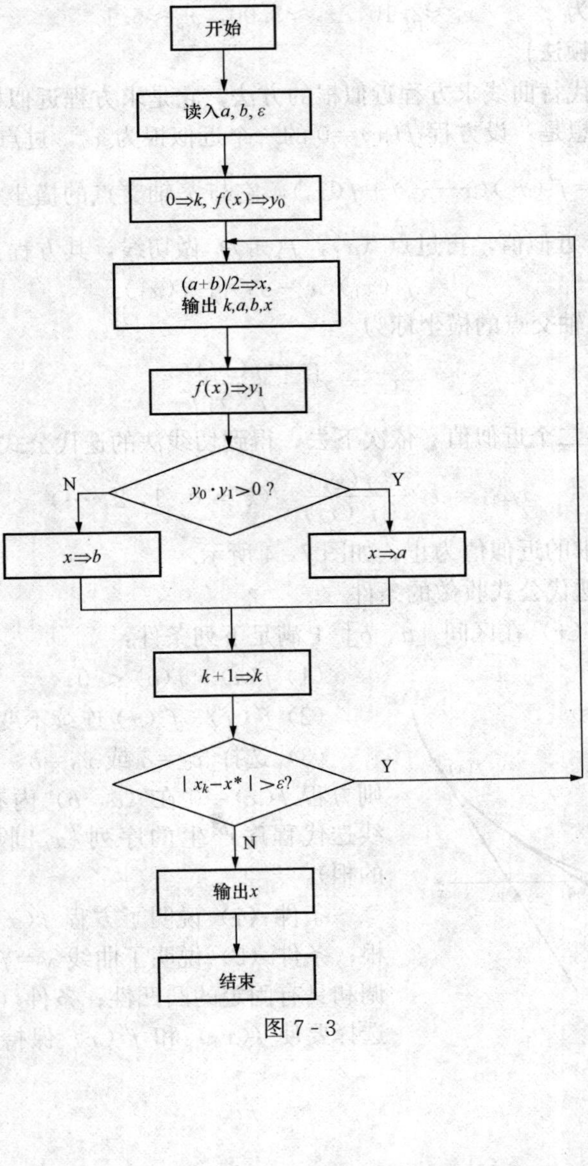

图 7-3

【例 7-4】 求方程 $x^3-11.1x^2+38.79x-41.769=0$ 的三个根.

解 设 $f(x)=x^3-11.1x^2+38.79x-41.769$，由于 $f(0)=-41.769$，$f(10)\approx 236.1$，可知方程有解在区间 [0，10] 内，将区间 [0，10] 等分成三等份：[0，3.33]、[3.33，6.67]、[6.67，10].

$$f(0)=-41.769,\quad f(3.33)\approx 1.24,\quad f(6.67)\approx 19.87,\quad f(10)\approx 236.1.$$

因此 [0，3.33] 内至少有一个根．将 [3.33，6.67] 再分成两个区间 [3.33，5] 和 [5，6.67]．因为

$$f(3.33)\approx 1.24,\quad f(5)\approx -0.32,\quad f(6.67)\approx 19.87.$$

所以 [3.33，5] 和 [5，6.67] 内各有一个根，因此找到了三个有单根的区间：[0，3.33]、[3.33，5]、[5，6.67].

$$f(0)=-41.769,\quad f(3.33)\approx 1.24,\quad f(5)\approx -0.32,\quad f(6.67)\approx 19.87.$$

对分各单根区间，得各分点函数值

$$f(1.66)\approx -3.39,\quad f(4.17)\approx -0.52,\quad f(5.84)\approx 5.36.$$

依次类推，结果为　　$x_1\approx 2.10$，$x_2\approx 3.90$，$x_3\approx 5.1$.

二、切线法（牛顿法）

切线法是用切线代替曲线求方程近似根的方法，它是求方程近似根的有效方法之一.

切线法的基本思想是：设方程 $f(x)=0$ 的一个近似根为 x_0，过点 $(x_0, f(x_0))$ 做曲线的切线，其方程为 $y=f'(x_0)(x-x_0)+f(x_0)$，它与 x 轴交点的横坐标为 $x_1=x_0-\dfrac{f(x_0)}{f'(x_0)}$，取 x_1 作为根的第一个近似值，再过点 $(x_1, f(x_1))$ 做切线，其方程为

$$y=f'(x_1)(x-x_1)+f(x_1).$$

令 $y=0$，得切线与 x 轴交点的横坐标为

$$x_2=x_1-\frac{f(x_1)}{f'(x_1)}.$$

取 x_2 作为根的第二个近似值．依次下去，得到切线法的迭代公式为

$$x_{k+1}=x_k-\frac{f(x_k)}{f'(x_k)}\quad (k=0, 1, 2, \cdots) \tag{7-1}$$

直到求得满足精度要求的近似值为止，如图 7-4 所示.

下面给出切线法迭代公式收敛的条件.

定理 7.2.1 设 $f(x)$ 在区间 $[a, b]$ 上满足下列条件：

(1) $f(a)\cdot f(b)<0$；

(2) $f'(x)$、$f''(x)$ 连续不变号；

(3) 选择 $x_0=a$ 或 $x_0=b$，使 $f(x_0)\cdot f''(x)>0$.

则方程 $f(x)=0$ 在 (a, b) 内有唯一的实根 x^*，切线迭代程序产生的序列 $\{x_k\}$ 收敛于 x^*（x^* 为方程的根).

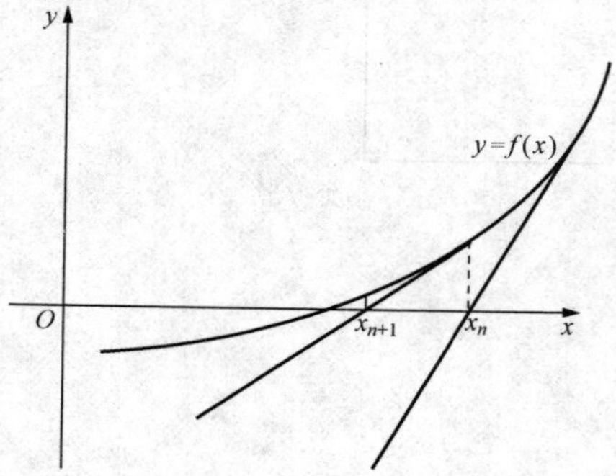

图 7-4

条件 (1) 说明了方程 $f(x)=0$ 在 (a, b) 内有根；条件 (2) 说明了曲线 $y=f(x)$ 在 $[a, b]$ 上单调和具有固定的凸凹性；条件 (3) 说明初始值 x_0 的选择要使 $f(x_0)$ 和 $f''(x)$ 保持同号，那么由迭代公

式得到的根序列 x_0，x_1，x_2，…，x_n，…收敛于 x^*．

【例 7-5】 用牛顿法求方程 $x-\sin x=0.5$ 在［1，2］内的根，使其精度达 0.0001.

解 设 $f(x)=x-\sin x-0.5$，则在［1，2］上，

$$f'(x)=1-\cos x>0,\quad f''(x)=\sin x>0$$

因为 $f(1)=-0.34<0$，$f(2)=0.591>0$，为使 $f(x_0)\cdot f''(x)>0$，取 $x_0=2$，得到牛顿迭代公式为

$$x_{k+1}=x_k-\frac{x_k-\sin x_k-0.5}{1-\cos x_k}.$$

计算结果如表 7-3 所示（$x^*\approx 1.4973$）.

【例 7-6】 用牛顿法求方根 $\sqrt{c}\,(c>0)$ 的迭代公式，并计算 $\sqrt{135.607}$，使其精确到小数后 5 位.

解 作函数 $f(x)=x^2-c$，则 $f(x)=0$ 的算术根就是 $\sqrt{c}$，由迭代公式得

$$x_{k+1}=x_k-\frac{x_k^2-c}{2x_k}=\frac{1}{2}\left(x_k+\frac{c}{x_k}\right).$$

可以证明，这个迭代公式对任意初值 $x_0>0$ 都是收敛的．

利用上式，可以求 $\sqrt{135.607}$．取 $x_0=12$，计算结果如表 7-4 所示，其精确值应是 $\sqrt{135.607}=11.645\,041\,8\cdots$.

表 7-3 ［例 7-5］计算结果

k	x_k
0	2
1	1.5829
2	1.5009
3	1.4973
4	1.4973

表 7-4 ［例 7-6］计算结果

k	x_k
0	12
1	11.650 291 67
2	11.645 043 0
3	11.645 041 35

从上述两个例子可以看出，牛顿法的收敛速度是相当快的．一般说，如果 x_k 有 m 位有效数，则 x_{k+1} 大致有 $2m$ 位有效数．

注意：

牛顿法对于初值的选择是很重要的，如果 x_0 取得偏离所求的根较远，就有可能使迭代发散或增加迭代次数．一般可用二分法求出一个较好的初值，然后再用牛顿法迭代三、四次，就能获得较满意的结果.

如果函数 $f(x)$ 不满足定理 7.2.1 的条件，特别是迭代初值 x_0 偏离方程的根 x^* 较远时，则迭代序列 $\{x_n\}$ 可能不收敛于 x^*，此时称牛顿迭代法失败.

三、弦截法

牛顿法虽然收敛速度较快，但需要计算函数的导数 $f'(x)$，如果函数 $f(x)$ 比较复杂，就会带来一些不便．因此，我们要考虑一种能避开求导运算的迭代公式.

由导数定义知，函数 $f(x)$ 在点 x_0 处的导数 $f'(x_0)=\lim\limits_{x\to x_0}\dfrac{f(x)-f(x_0)}{x-x_0}$，考虑用平均变

化率$\frac{f(x)-f(x_0)}{x-x_0}$近似代替导数值 $f'(x_0)$，即相当于用曲线弦的斜率近似代替了切线的斜率，得到迭代公式

$$x_{k+1}=x_k-\frac{f(x_k)}{f(x_k)-f(x_0)}(x_k-x_0)\quad (k=0,1,2,\cdots) \tag{7-2}$$

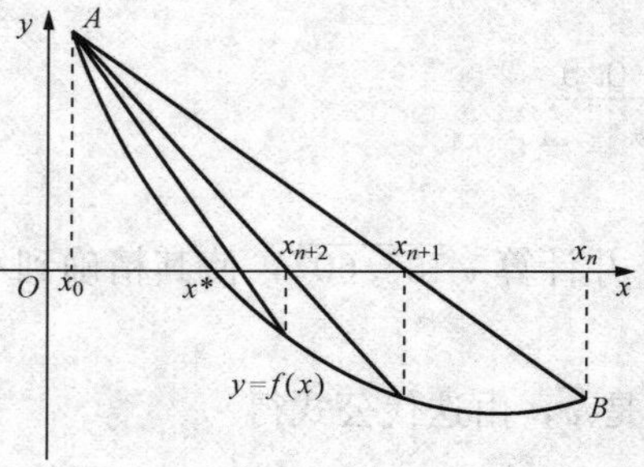

图 7-5

按照这个公式进行迭代计算的方法称为**弦截法**．其几何意义如下（见图 7-5）：按弦截法的迭代公式求得的 x_{n+1} 为弦 AB 与 x 轴交点的横坐标．再以点 $(x_{n+1},f(x_{n+1}))$ 和点 A 相连做弦，交 x 轴于 x_{n+2}．如此继续，不断做出的弦与 x 轴的交点就会逼近方程 $f(x)=0$ 的根 x^*．

对于由弦截法产生的近似根序列，我们不加证明地给出下面的一个收敛的充分条件．

定理 7.2.2 若函数 $f(x)$ 在区间 $[a,b]$ 上存在二阶导数，且满足下列条件：

（1）$f(a)\cdot f(b)<0$；

（2）对任意的 $x\in[a,b]$，$f'(x)\neq 0$，$f''(x)$ 不变号；

（3）x_0 是两个端点 a、b 中满足条件 $f(x_0)\cdot f''(x_0)>0$ 的一个，x_n 为另一个．

则由弦截法的迭代公式所得到的迭代序列$\{x_n\}$一定收敛于方程 $f(x)=0$ 在区间 $[a,b]$ 上的根 x^*．

由上述定理可知，弦截法的迭代公式中 x_0 是取 a、b 中函数值与 $f''(x_0)$ 同号的那个，所以，除了图 7-5 的情况外，还可能有如图 7-6 所示的三种迭代收敛的情况．

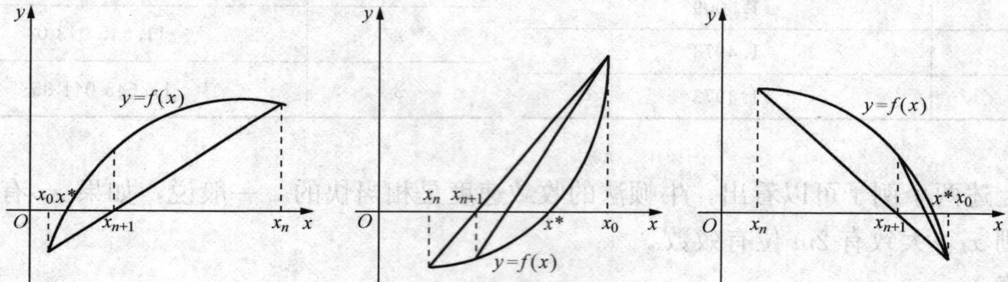

图 7-6

【例 7-7】 用弦截法求方程 $x^3-x-1=0$ 在 $[1,2]$ 上的根，要求近似根的精度为 10^{-3}．

解 $f'(x)=3x^2-1$，$f''(x)=6x$，在区间 $[1,2]$ 上 $f'(x)>0$，$f''(x)>0$．所以函数在该区间是凹增的．图像属于如图 7-6（b）所示的情况．令 k 为迭代次数的计数符号，x_k 为近似根的逼近序列，利用公式

$$x_{k+1}=x_k-\frac{f(x_k)}{f(x_k)-f(x_0)}(x_k-x_0)$$

取 $x_0=1$，$x_k=2$，得到近似根的序列如表 7-5 所示．

当 $k=9$ 时，得到的 x_9 与 x_8 之差

$$|x_9-x_8|=1.32428-1.323684=0.0006$$

满足题意要求的精度 10^{-3}，所以方程的根为 1.324 28.

比较弦截法与牛顿法可知，虽然弦截法收敛的速度较慢，但计算中避免了求导运算.

表 7-5　　近似根的序列

k	x_k	k	x_k
0	2	5	1.311 281
1	1	6	1.318 989
2	1.166 667	7	1.322 283
3	1.253 112	8	1.323 684
4	1.293 437	9	1.324 28

习题 7-2

1. 分别设计牛顿法和弦截法的算法框图.

2. 分别用二分法和牛顿法求下列方程在所给区间上的根，要求近似根的精度为 10^{-2}.

(1) $x^3+x^2-3x-3=0$，[1，2]；　　(2) $e^x+10x-2=0$，[0，1].

3. 用弦截法求下列方程在所给区间上的根，要求近似根的精度为 10^{-4}.

(1) $x^3-3x-1=0$，[0，2]；　　(2) $xe^x-1=0$，[0，1].

4. 用牛顿法推导求开方 $\sqrt{C}(C>0)$ 的迭代公式，并求 $\sqrt{115}$ 的近似值，要求近似根的精度为 10^{-6}.

第三节　插　值　法

在生产和工程中经常会出现这样的问题：由实验或者测量得到某一函数 $y=f(x)$ 在 $n+1$ 个点 x_0，x_1，x_2，…，x_n 处的值 y_0，y_1，y_2，…，y_n. 即如表 7-6 所示，

表 7-6　　$y=f(x)$ 在不同点处的值

x	x_0	x_1	…	x_n
y	y_0	y_1	…	y_n

这种表格形式的函数，就无法求出不在表格中的点的函数值，也无法进一步研究函数的性质. 下面我们用插值方法解决这类问题.

一、插值函数的概念

构造一个简单函数 $p(x)$，使得 $y=f(x)\approx p(x)$，$y_i=f(x_i)=p(x_i)$ ($i=0$，1，2，…，n)，这类问题称为插值问题，$p(x)$ 称为**插值函数**. 由于代数多项式是最简单并且便于计算的函数，我们经常采用多项式作为插值函数. 当然也可以采用三角多项式和有理分式等作为插值函数.

设 $y=f(x)$ 在 $[a，b]$ 上有定义，并且已知它在 $[a，b]$ 上的 $n+1$ 个点 $a=x_0<x_1<$

$x_2<\cdots<x_n=b$ 处的函数值分别为 y_0，y_1，y_2，…，y_n. 求一个代数多项式

$$L(x)=a_0+a_1x+a_2x^2+a_3x^3+\cdots+a_nx^n,$$

其中 a_i 为实数，且 $L(x_i)=y_i$（$i=0$，1，2，…，n）. 称 $L(x)$ 为函数 $y=f(x)$ 的**插值多项式**，x_0，x_1，x_2，…，x_n 称为**插值节点**，$[a, b]$ 称为**插值区间**，关系式 $L(x_i)=y_i$ 称为**插值条件**，当 $L(x)$ 是分段多项式时，就是分段插值（见图 7-7）.

插值法是古老而实用的数值计算方法．一千多年前，我国古代科学家用观测方法确定“日月五星”的方位，然后再用插值法确定其他时刻的位置．到了今天，随着计算机的普遍应用，插值法的应用已经扩展到航空、造船、精密机械设计等各个领域.

二、拉格朗日插值

1. 线性插值

如果已知函数 $y=f(x)$ 的两个插值节点 x_0 和 x_1 处的函数值 $y_0=f(x_0)$ 和 $y_1=f(x_1)$，一个很自然的想法就是用经过点（x_0，y_0）和（x_1，y_1）的直线 $y=L_1(x)$（它是一个多项式函数）来近似代替函数 $y=f(x)$. 从几何意义上讲，就是用曲线的弦近似代替曲线（见图 7-8）.

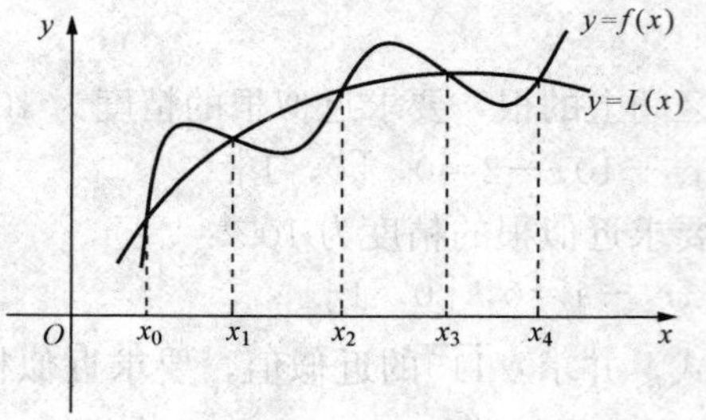

图 7-7

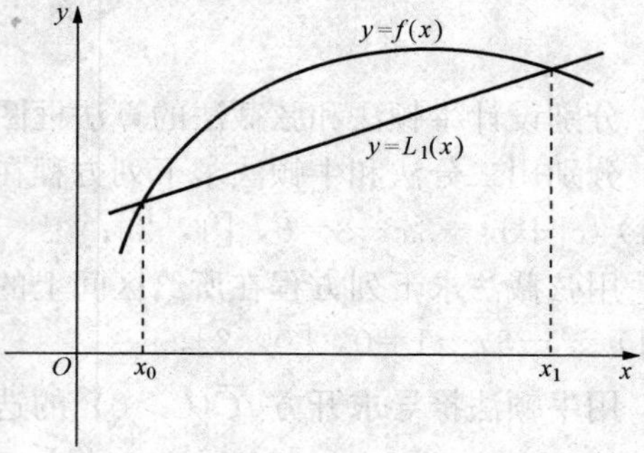

图 7-8

由点斜式求得直线 $y=L_1(x)$ 的方程为

$$y=y_0+\frac{y_1-y_0}{x_1-x_0}(x-x_0),$$

整理，得

$$L_1(x)=y_0+\frac{y_1-y_0}{x_1-x_0}(x-x_0)=\frac{x-x_1}{x_0-x_1}y_0+\frac{x-x_0}{x_1-x_0}y_1,$$

这就是线性插值公式或者一次插值公式.

若令

$$l_0(x)=\frac{x-x_1}{x_0-x_1},\quad l_1(x)=\frac{x-x_0}{x_1-x_0},$$

则线性插值公式可以写成

$$L_1(x)=y_0l_0(x)+y_1l_1(x) \tag{7-3}$$

$l_0(x)$，$l_1(x)$ 称为**线性插值基函数**．可以这样理解，插值函数是基函数的线性组合，基函数是满足下列条件的线性函数：

$$l_0(x_0)=1,\quad l_0(x_1)=0;$$
$$l_1(x_0)=0,\quad l_1(x_1)=1.$$

【例 7-8】 已知 $\sqrt{100}=10$，$\sqrt{121}=11$，$\sqrt{144}=12$，用线性插值计算 $\sqrt{115}$.

解　取接近 115 的两点 100 和 121 为插值节点，即 $x_0=100$，$x_1=121$；$y_0=10$，$y_1=11$. 代入线性插值公式，得

$$\sqrt{115}\approx L_1(115)=\frac{115-121}{100-121}\times 10+\frac{115-100}{121-100}\times 11\approx 10.714\,29.$$

与精确值 $\sqrt{115}=10.723\,805\cdots$ 比较，这个结果有三位有效数字.

2. 抛物插值

当两个插值节点相隔太远时，由插值函数 $L_1(x)$ 代替函数 $f(x)$ 得到的误差肯定很大. 为减小误差，可考虑用三个点作为插值节点，用二次多项式作为插值函数.

如果函数 $y=f(x)$ 的三个插值节点 x_0、x_1 和 x_2 处的函数值为 $y_0=f(x_0)$、$y_1=f(x_1)$ 和 $y_2=f(x_2)$，则可以考虑用经过三个点 (x_0, y_0)、(x_1, y_1) 和 (x_2, y_2) 的抛物线，也就是用一个二次多项式函数 $L_2(x)$ 来近似代替函数 $y=f(x)$. 从几何意义上讲，就是用抛物线近似代替曲线（见图 7-9）.

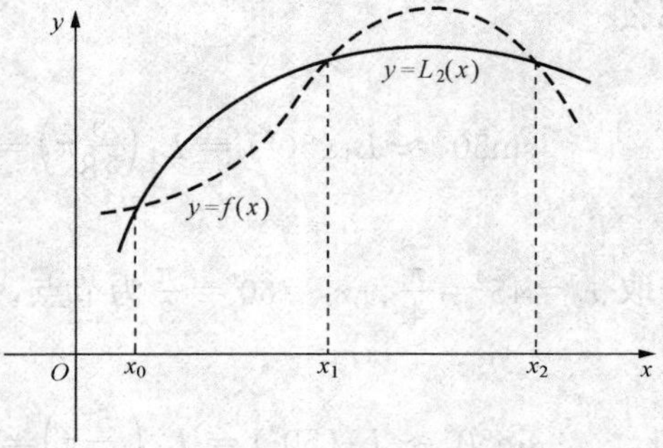

图 7-9

插值条件如下：

$$L_2(x_0)=y_0,\quad L_2(x_1)=y_1,\quad L_2(x_2)=y_2.$$

仿照线性插值由基函数线性组合的办法，设三个插值节点的二次多项式插值函数一般形式为

$$L_2(x)=y_0 l_0(x)+y_1 l_1(x)+y_2 l_2(x),$$

其中基函数 $l_i(x)$ $(i=0, 1, 2)$ 都是二次多项式（我们构造的 L_2 就是二次多项式，而 y_i 都是常数），并且满足条件：

$$l_0(x_0)=1,\quad l_0(x_1)=0,\quad l_0(x_2)=0;$$
$$l_1(x_0)=0,\quad l_1(x_1)=1,\quad l_1(x_2)=0;$$
$$l_2(x_0)=0,\quad l_2(x_1)=0,\quad l_2(x_2)=1.$$

先考虑 $l_0(x)$. 因为 $l_0(x)$ 是以 x_1、x_2 为零点的二次式，它一定能够写成一般形式

$$l_0(x)=A(x-x_1)(x-x_2),$$

其中 A 是待定系数. 将 $l_0(x_0)=1$ 代入，得

$$A=\frac{1}{(x_0-x_1)(x_0-x_2)},$$

所以，有

$$l_0(x)=\frac{(x-x_1)(x-x_2)}{(x_0-x_1)(x_0-x_2)}.$$

同理，可得

$$l_1(x)=\frac{(x-x_0)(x-x_2)}{(x_1-x_0)(x_1-x_2)},\quad l_2(x)=\frac{(x-x_0)(x-x_1)}{(x_2-x_0)(x_2-x_1)},$$

即所求的二项式函数为

$$L_2(x)=\sum_{i=0}^{2} l_i(x)y_i \tag{7-4}$$

称之为**抛物插值**或**二次插值**.

【例 7-9】 已知特殊角 30°，45°，60°的正弦函数值分别为$\frac{1}{2}$，$\frac{\sqrt{2}}{2}$及$\frac{\sqrt{3}}{2}$，分别用一次插值、二次插值函数近似替代 $\sin x$，并用此近似式求出 $\sin 50°$的值.

解 （1）一次插值.

若取 $x_0=30°=\frac{\pi}{6}$、$x_1=45°=\frac{\pi}{4}$为节点，由 $L_1(x)=y_0+\frac{y_1-y_0}{x_1-x_0}(x-x_0)$，得

$$L_1(x)=\frac{1}{2}+\frac{\frac{\sqrt{2}}{2}-\frac{1}{2}}{\frac{\pi}{4}-\frac{\pi}{6}}\times\left(x-\frac{\pi}{6}\right).$$

那么

$$\sin 50°\approx L_1(50°)=L_1\left(\frac{5}{18}\pi\right)=\frac{1}{2}+\frac{\frac{\sqrt{2}}{2}-\frac{1}{2}}{\frac{\pi}{4}-\frac{\pi}{6}}\times\left(\frac{5}{18}\pi-\frac{\pi}{6}\right)\approx 0.776\ 14.$$

若取 $x_0=45°=\frac{\pi}{4}$、$x_1=60°=\frac{\pi}{3}$为节点，由 $L_1(x)=y_0+\frac{y_1-y_0}{x_1-x_0}(x-x_0)$，得

$$\sin 50°\approx L_1(50°)=L_1\left(\frac{5}{18}\pi\right)=\frac{\sqrt{2}}{2}+\frac{\frac{\sqrt{3}}{2}-\frac{\sqrt{2}}{2}}{\frac{\pi}{3}-\frac{\pi}{4}}\times\left(\frac{5}{18}\pi-\frac{\pi}{4}\right)\approx 0.760\ 08.$$

（2）二次插值．取三个节点做抛物插值，有

$$\begin{aligned}L_2(x)&=y_0l_0(x)+y_1l_1(x)+y_2l_2(x)\\&=\frac{1}{2}\cdot\frac{\left(x-\frac{\pi}{4}\right)\left(x-\frac{\pi}{3}\right)}{\left(\frac{\pi}{6}-\frac{\pi}{4}\right)\left(\frac{\pi}{6}-\frac{\pi}{3}\right)}+\frac{\sqrt{2}}{2}\cdot\frac{\left(x-\frac{\pi}{6}\right)\left(x-\frac{\pi}{3}\right)}{\left(\frac{\pi}{4}-\frac{\pi}{6}\right)\left(\frac{\pi}{4}-\frac{\pi}{3}\right)}+\\&\quad\frac{\sqrt{3}}{2}\cdot\frac{\left(x-\frac{\pi}{6}\right)\left(x-\frac{\pi}{4}\right)}{\left(\frac{\pi}{3}-\frac{\pi}{6}\right)\left(\frac{\pi}{3}-\frac{\pi}{4}\right)}.\end{aligned}$$

计算得

$$\sin 50°\approx L_2(50°)=L_2\left(\frac{5}{18}\pi\right)\approx 0.765\ 43.$$

我们把上述三个结果进行比较，查表取 $\sin 50°$的五位有效数字的值 0.766 04. 则它们的误差分别为

$$|\sin 50°-L_1(50°)|\leqslant 0.010\ 10;\quad |\sin 50°-L_1(50°)|\leqslant 0.005\ 96;$$
$$|\sin 50°-L_2(50°)|\leqslant 0.000\ 61.$$

显然，二次插值要比一次插值更精确；而一次插值中，选择 45°，60°两点做插值点要比选择 30°，45°两点做插值点精确，这是因为插值点 50°在区间［45°，60°］内，这种插值称为**内插**，否则称为**外插**．一般说来，内插要比外插精度高.

3. 拉格朗日插值

设有 $n+1$ 个节点的函数表（见表 7-7）如下.

表 7-7　**$n+1$ 个节点的函数表**

x	x_0	x_1	x_2	…	x_n
y	y_0	y_1	y_2	…	y_n

做次数不超过 n 次的多项式 $L_n(x)$，使得

$$L_n(x_i)=y_i \quad (i=0,1,2,\cdots,n).$$

从几何上说，就是通过 $n+1$ 个点 $(x_i,\ y_i)$ $(i=0,1,2,\cdots,n)$ 做一条 n 次曲线 $y=L_n(x)$. 类似于抛物插值，我们可以求出 $L_n(x)$ 为

$$L_n(x)=\sum_{i=0}^{n} l_i(x)\cdot y_i \tag{7-5}$$

其中

$$l_i(x)=\frac{(x-x_0)(x-x_1)\cdots(x-x_{i-1})(x-x_{i+1})\cdots(x-x_n)}{(x_i-x_0)(x_i-x_1)\cdots(x_i-x_{i-1})(x_i-x_{i+1})\cdots(x_i-x_n)} \quad (i=0,1,2,\cdots,n)$$

称 $l_i(x)$ 为**拉格朗日插值基函数**. $l_i(x)$ 具有如下性质

$$l_i(x_j)=\delta_{ij}=\begin{cases}1,\ i=j\\0,\ i\neq j\end{cases} \quad (i,j=0,1,2,\cdots,n).$$

拉格朗日插值多项式的优点是形式对称，含义直观，便于在计算机上实现，但公式复杂，手算不可取.

【例 7-10】 已知函数 $y=f(x)$ 的数据 $f(0)=2$，$f(1)=-1$，$f(2)=4$，$f(3)=3$，试求其拉格朗日插值多项式.

解 令 $x_0=0$，$x_1=1$，$x_2=2$，$x_3=3$，则 $y_0=2$，$y_1=-1$，$y_2=4$，$y_3=3$，且 $n=3$，所以

$$\begin{aligned}P_3(x)=&\ 2\times\frac{(x-1)(x-2)(x-3)}{(0-1)(0-2)(0-3)}+(-1)\times\frac{(x-0)(x-2)(x-3)}{(1-0)(1-2)(1-3)}+\\&4\times\frac{(x-0)(x-1)(x-3)}{(2-0)(2-1)(2-3)}+3\times\frac{(x-0)(x-1)(x-2)}{(3-0)(3-1)(3-2)}\\=&-\frac{1}{3}(x-1)(x-2)(x-3)-\frac{1}{2}x(x-2)(x-3)\\&-2x(x-1)(x-3)+\frac{1}{2}x(x-1)(x-2)\\=&-\frac{7}{3}x^3+11x^2-\frac{35}{3}x+2.\end{aligned}$$

习题 7-3

1. 已知 $\sqrt{100}=10$，$\sqrt{121}=11$，$\sqrt{144}=12$，用抛物插值求 $\sqrt{115}$.
2. 已知 $\sqrt{100}=10$，$\sqrt{121}=11$，求 $\sqrt{115}$ 的近似值，并与上题比较误差.
3. 给出函数 $f(x)=\lg x$ 的值如表 7-8 所示，试用拉格朗日差值法求 lg4.01 的值.

表 7-8　**函数 $f(x)=\lg x$ 的值**

x	4.0002	4.0104	4.0233	4.0294
$f(x)$	0.602 081 7	0.603 187 7	0.604 582 4	0.605 240 4

4. 已知 sin0. 32＝0. 314 567，sin0. 34＝0. 333 487，sin0. 36＝0. 352 274，分别用线性插值和抛物插值计算 sin0. 3367 的值.

第四节 数 值 积 分

许多实际问题常常需要计算定积分 $\int_a^b f(x)\mathrm{d}x$ 的值，由微积分学基本原理知，若被积函数 $f(x)$ 在区间 $[a, b]$ 上连续，只要能找到 $f(x)$ 的一个原函数 $F(x)$，便可利用牛顿－莱布尼兹公式 $\int_a^b f(x)\mathrm{d}x = F(b) - F(a)$ 求得积分值.

但是在实际问题中，往往遇到如下困难，而不能使用牛顿－莱布尼兹公式.

(1) 找不到初等函数表示的原函数，或者说不定积分无法进行，如 $\frac{\sin x}{x}$，e^{-x^2}，$\frac{1}{\ln x}$，$\sqrt{1+x^3}$ 等.

(2) 虽然找到了原函数，但因表达式过于复杂而不便于计算.

(3) $f(x)$ 是由测量或计算得到的列表函数，即给出的 $f(x)$ 是一张数据表.

由于以上种种困难，有必要研究积分的数值计算问题.

一、插值型求积分公式

插值型求积分的基本思想是：对于定积分 $I=\int_a^b f(x)\mathrm{d}x$，找一个简单函数 $L_n(x)$（一般指 n 次多项式）来近似代替 $f(x)$，即

$$I \approx \int_a^b L_n(x)\mathrm{d}x,$$

使问题得到简化.

设给定一组节点 $a=x_0<x_1<\cdots<x_n=b$，且已知 $f(x)$ 在这些节点上的值为 $f(x_k)$，$(k=0, 1, 2, \cdots, n)$，则可做拉格朗日插值多项式 $L_n(x)$，于是 $f(x)\approx L_n(x)$. 由于 $L_n(x)$ 是代数多项式，其原函数容易求得，所以可以取 $\int_a^b L_n(x)\mathrm{d}x$ 作为 $I=\int_a^b f(x)\mathrm{d}x$ 的近似值. 即

$$\int_a^b L_n(x)\mathrm{d}x \approx \int_a^b f(x)\mathrm{d}x \tag{7-6}$$

式 (7-6) 称为**插值型求积分公式**.

当 $n=1$ 时，即在 $[a, b]$ 上只给出二个节点（正好是端点）$x_0=a$，$x_1=b$，对应函数值为 $f(a)$ 及 $f(b)$，得到 $f(x)$ 的线性插值函数 $L_1(x)$，这时

$$L_1(x) = f(a) + \frac{f(b)-f(a)}{b-a}(x-a).$$

于是

$$\int_a^b f(x)\mathrm{d}x \approx \int_a^b L_n(x)\mathrm{d}x = \int_a^b \left[f(a) + \frac{f(b)-f(a)}{b-a}(x-a)\right]\mathrm{d}x = \frac{b-a}{2}[f(a)+f(b)],$$

即

$$\int_a^b f(x)\mathrm{d}x \approx \frac{b-a}{2}[f(a)+f(b)] \tag{7-7}$$

公式（7-7）称为**梯形公式**.

当 $n=2$ 时，即在 $[a, b]$ 上，给定三个节点 $x_0=a$，x_1，$x_2=b$，对应的函数值为 $f(a)$，$f(x_1)$，$f(b)$. 构造二次插值函数 $L_2(x)$，于是

$$\int_a^b f(x)\mathrm{d}x \approx \int_a^b L_2(x)\mathrm{d}x.$$

特例，若取区间的中点 $x_1=\dfrac{a+b}{2}$，由抛物插值多项式，有

$$\int_a^b f(x)\mathrm{d}x \approx \frac{b-a}{6}\left[f(a)+4f\left(\frac{a+b}{2}\right)+f(b)\right] \tag{7-8}$$

公式（7-8）称为**辛普生公式或抛物线公式**.

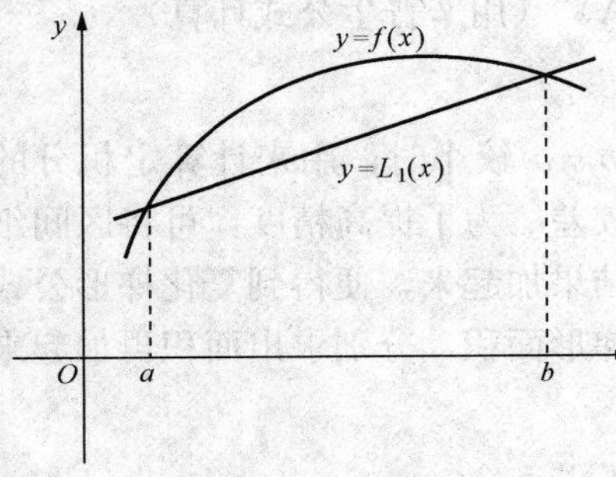

图 7-10

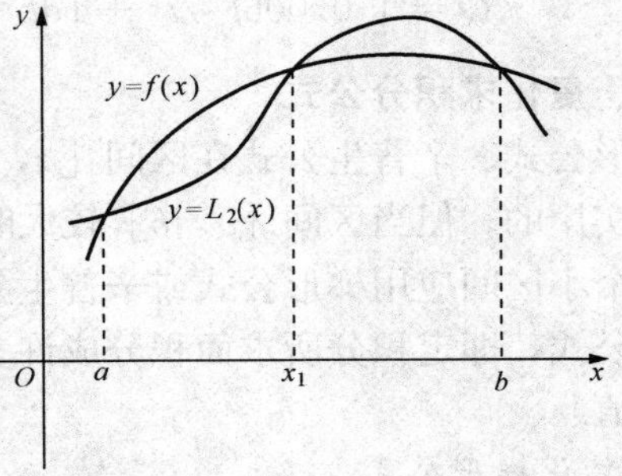

图 7-11

【例 7-11】 分别用梯形公式和辛普生公式计算 $I=\int_{0.5}^1 \sqrt{x}\mathrm{d}x$.

解 用梯形公式，有

$$I \approx \frac{1-0.5}{2}[f(0)+f(1)] = 0.426\,78.$$

用辛普生公式，有

$$I=\int_{0.5}^1 \sqrt{x}\mathrm{d}x \approx \frac{1-0.5}{6}[\sqrt{0.5}+4\sqrt{0.75}+1] \approx 0.430\,93.$$

实际上，I 的精确值为 $0.430\,96\cdots$. 不难看出，用辛普生公式计算比用梯形公式计算结果更准确.

【例 7-12】 分别用梯形公式和辛普生公式计算

$$I=\int_0^1 \frac{x\mathrm{e}^x}{(1+x)^2}\mathrm{d}x \quad （精确到 10^{-4}）.$$

解 用梯形公式

$$I \approx \frac{1-0}{2}[f(0)+f(1)] = \frac{1}{2}\left[0+\frac{\mathrm{e}}{(1+1)^2}\right]$$
$$\approx \frac{1}{2}\times 0.6796 = 0.3398.$$

用辛普生公式

$$I=\int_a^b f(x)\mathrm{d}x \approx \frac{1-0}{6}\left[f(0)+4f\left(\frac{0+1}{2}\right)+f(1)\right]$$

$$= \frac{1}{6}\left[0 + 4 \times \frac{0.5e^{0.5}}{1.5^2} + \frac{e}{2^2}\right]$$

$$\approx \frac{1}{6}[4 \times 0.3664 + 0.6796]$$

$$= 0.3575.$$

实际上，I 的精确值为 0.359 14….

【例 7-13】 设导线在时刻 t（单位：s）的电流强度为 $i(t) = 0.006t(\sqrt{t^2+1})$，求在时间间隔 [1，4]s 内流过导线横截面的电量 $Q(t)$（单位：A）.

解 由电流强度和电量的关系 $i=\frac{dQ}{dt}$，得在 [1，4]s 内流过导线横截面的电量 $Q(t)$ 为

$$Q = \int_1^4 0.006t\sqrt{t^2+1}\,dt \approx 0.1345\ \text{(A)}\quad \text{（用辛普生公式计算）}.$$

二、复化求积分公式

梯形公式、辛普生公式在区间 $[a, b]$ 的长度 $b-a$ 较小时，用来计算定积分的近似值是简单实用的；但当区间 $[a, b]$ 较大时，精度会较差．为了提高精度，可将区间细分，然后在每个小区间应用梯形公式或辛普生公式，将其结果加起来，便得到复化梯形公式或复化辛普生公式，即定积分所求面积分成许多小的曲边梯形面积，分别求出面积再加起来得到总的面积值.

1. 复化梯形公式

将区间 $[a, b]$ 等分，设步长 $h=\frac{b-a}{n}$，则节点 $x_k=a+kh$（$k=0, 1, 2, \cdots, n$），对每个小区间应用梯形公式，然后相加，则得

$$\int_a^b f(x)dx \approx \frac{b-a}{2n}\{[f(x_0)+f(x_1)]+[f(x_1)+f(x_2)]+\cdots+[f(x_{n-1})+f(x_n)]\}$$

即

$$\int_a^b f(x)dx \approx \frac{h}{2}\left[f(a) + 2\sum_{k=1}^{n-1} f(x_k) + f(b)\right] \tag{7-9}$$

式（7-9）称为**复化梯形公式**.

2. 复化辛普生公式

将区间 $[a, b]$ 分成 $2n$ 等分，则步长 $h=\frac{b-a}{2n}$，节点 $x_k=a+kh$（$k=0, 1, 2, \cdots, 2n$），在区间 $[x_k, x_{k+2}]$（$k=0, 2, 4, \cdots, 2n-2$）上应用辛普生公式，然后相加，可得

$$\begin{aligned}\int_a^b f(x)dx &\approx \frac{2h}{6}\{[f(x_0)+4f(x_1)+f(x_2)]+[f(x_2)+4f(x_3)+f(x_4)] \\ &\quad +\cdots+[f(x_{2n-2})+4f(x_{2n-1})+f(x_{2n})]\} \\ &= \frac{h}{3}\{f(a)+2[(f(x_2)+f(x_4)+\cdots+f(x_{2n-2})] \\ &\quad +4[f(x_1)+f(x_3)+\cdots+f(x_{2n-1})]+f(b)\}\end{aligned} \tag{7-10}$$

公式（7-10）称为**复化辛普生公式**.

【例 7-14】 利用表 7-9 的数据计算定积分 $I = \int_0^1 \frac{4}{1+x^2}dx$.

解 这个问题有很明显的答案.

$$I=\int_0^1 \frac{4}{1+x^2}\mathrm{d}x = 4\arctan x\big|_0^1=\pi\approx 3.14159.$$

现在用复化求积公式进行计算.

(1) 用复化梯形公式时，$n=8$

$$I=\int_0^1 \frac{4}{1+x^2}\mathrm{d}x\approx\frac{1}{8}\left[\frac{f(0)}{2}+f\left(\frac{1}{8}\right)+f\left(\frac{1}{4}\right)+f\left(\frac{3}{8}\right)+f\left(\frac{1}{2}\right)+f\left(\frac{5}{8}\right)+f\left(\frac{3}{4}\right)+f\left(\frac{7}{8}\right)+\frac{f(1)}{2}\right]$$

$$=3.13899.$$

表 7-9 ［例 7-14］数据

x_k	$f(x_k)$
0	4.000 00
$\frac{1}{8}$	3.938 46
$\frac{1}{4}$	3.764 70
$\frac{3}{8}$	3.506 85
$\frac{1}{2}$	3.200 00
$\frac{5}{8}$	2.876 40
$\frac{3}{4}$	2.560 00
$\frac{7}{8}$	2.565 49
1	2.000 00

(2) 用复化辛普生公式时，由 $2n=8$，得 $n=4$，$h=\frac{b-a}{2n}=\frac{1}{8}$，于是

$$I=\int_0^1 \frac{4}{1+x^2}\mathrm{d}x\approx\frac{1}{3}\times\frac{1}{8}\left\{f(0)+2\left[f\left(\frac{1}{4}\right)+f\left(\frac{1}{2}\right)+f\left(\frac{3}{4}\right)\right]+4\left[f\left(\frac{1}{8}\right)+f\left(\frac{3}{8}\right)+f\left(\frac{5}{8}\right)+f\left(\frac{7}{8}\right)\right]+f(1)\right\}$$

$$=3.14159.$$

由此可见，复化辛普生公式是一种精度很高的求积分公式.

如果认为用复化辛普生公式求积分值还不够精确的话，还可以应用变步长梯形公式．按题设的精度要求，将区间逐次分半进行计算，再利用两次计算的结果来判断误差大小．若符合精度要求，就停止计算，否则将区间再分半，继续进行计算，直到达到精度要求．用计算机循环迭代很容易实现.

习题 7-4

1. 画草图说明梯形公式和辛普生公式的几何意义.
2. 用梯形公式和辛普生公式计算积分.

(1) $\int_{\frac{1}{2}}^1 \sqrt{x}\,\mathrm{d}x$；　　(2) $\int_0^1 \frac{x}{4+x^2}\mathrm{d}x$.

3. 用复化梯形公式和复化辛普生公式计算积分.

(1) $\int_0^1 \frac{1}{\sqrt{4-x^2}}\mathrm{d}x$；　　(2) $\int_0^1 x\mathrm{e}^x\mathrm{d}x$.

4. 设某产品在 t 时刻的总产量变化率为 $f(t)=100+12t-0.6t^2$（单位：h），求 $t=2$ 到 $t=4$ 这两个小时的总产量.

第五节 常微分方程的数值解法

本节着重讨论微分方程中最简单的一类问题——一阶方程的初值问题

$$\begin{cases} y'=f(x,y) \\ y(x_0)=y_0 \end{cases},\quad a\leqslant x\leqslant b \tag{7-11}$$

的几个常用的数值解法.

所谓数值解法，就是寻求方程（7-11）的解 $y(x)$ 在一系列离散点 $a=x_0<x_1<\cdots<x_n=b$ 上的近似值 y_0，y_1，y_2，…，y_n.

相邻两个节点的间距 $h_i=x_{i+1}-x_i$ 称为**步长**，一般总取常数，即 $h_i=h$，这时节点为 $x_i=x_0+ih$（$i=0$，1，2，…，n）.

初值问题（7-11）的数值解法的基本特点是：求解过程顺着节点排列的次序一步步地向前推进，即按递推公式由已知的 y_0，y_1，y_2，…，y_i，求出 y_{i+1}. 所以，以下介绍的两种方法实质上就是建立这种递推公式. 以下假设方程（7-11）的解存在且唯一.

一、欧拉折线法

设微分方程（7-11）的解为 $y=y(x)$，则初始条件 $y(x_0)=y_0$ 表示积分曲线从 $P_0(x_0$，$y_0)$ 点出发，并且在 $P_0(x_0$，$y_0)$ 处的切线斜率为 $f(x_0$，$y_0)$. 因此，可以设想积分曲线 $y=y(x)$ 在 $x=x_0$ 附近可用切线近似地代替（见图 7-12).

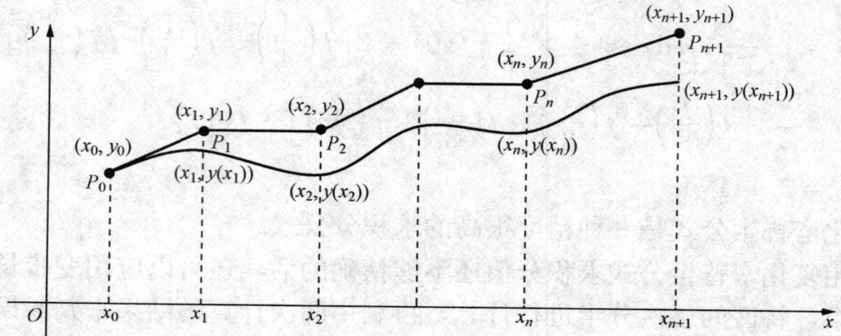

图 7-12

切线方程为

$$y=y_0+f(x_0,y_0)(x-x_0).$$

取切线与直线 $x=x_1$ 的交点 $P_1(x_1$，$y_1)$ 的纵坐标 y_1 为 $y(x_1)$ 的近似值，则

$$y(x_1)\approx y_1,\ y_1=y_0+f(x_0,y_0)(x_1-x_0).$$

于是，得到一种获得 $y(x_1)$ 近似值的方法.

重复上述方法，当 $x=x_2$ 时，得到 $y(x_2)$ 的近似值为

$$y(x_1)+f(x_1,y(x_1))h.$$

其中 $y(x_1)$ 是未知的，所以用上述作为 $y(x_2)$ 的近似值虽然合理，但不可行，因此只能取 y_1 近似代替 $y(x_1)$，也就是用 $y_1+f(x_1$，$y_1)h$ 作为 $y(x_2)$ 的近似值，记为 y_2，即

$$y_2=y_1+f(x_1,y_1)h.$$

亦即自 P_1 点，以 $f(x_1$，$y_1)h$ 为斜率的直线 P_1P_2（见图 7-12）交于 P_2 点（$x=x_2$)，以 P_2 点的纵坐标 y_2 作为 $y(x_2)$ 的近似值，不断重复这种方法. 一般地，设已推进到 P_i 点，过 P_i 点以斜率 $f(x_i$，$y_i)$ 引射线，该射线与 $x=x_{i+1}$ 交于 P_{i+1} 点，此 P_{i+1} 点的纵坐标就作为 $y(x_{i+1})$ 的近似值，即

$$y_{i+1}=y_i+hf(x_i,y_i) \qquad (7-12)$$

这就是著名的**欧拉公式**.

因此，对于方程（7-11），由初值 y_0，反复使用欧拉公式，即能逐步求出 $y(x_1)$，$y(x_2)$，$y(x_3)$，…，$y(x_n)$，的近似值 y_1，y_2，y_3，…，y_n. 欧拉折线法是最古老的一种数值解法，它体现了数值方法的基本思想，但由于计算精度很差，因此产生了下面的改进欧拉法.

二、改进欧拉法

为了构造精度较高的数值解法，我们对初值问题（7-11）再作些分析，对 $y'=f(x, y)$ 等式两边在 $[x_i, x_{i+1}]$ 上取积分，得

$$\int_{x_i}^{x_{i+1}} y'\mathrm{d}x=\int_{x_i}^{x_{i+1}} f(x, y(x))\mathrm{d}x,$$

即

$$y(x_{i+1})-y(x_i)=\int_{x_i}^{x_{i+1}} f(x, y(x))\mathrm{d}x,$$

从而

$$y(x_{i+1})=y(x_i)+\int_{x_i}^{x_{i+1}} f(x, y(x))\mathrm{d}x \tag{7-13}$$

再借助数值积分，给出 $\int_{x_i}^{x_{i+1}} f(x, y(x))\mathrm{d}x$ 一种近似求法，则由式（7-13）又可构造出一种求 $y(x_{i+1})$ 的数值方法.

用矩形法计算，就是用小的矩形面积近似替代小的曲边梯形面积，即

$$\int_{x_i}^{x_{i+1}} f(x, y(x))\mathrm{d}x\approx f(x_i, y(x_i))h.$$

将其中的 $y(x_i)$ 用 y_i 代替，则由式（7-13），有

$$y(x_{i+1})\approx y_i+hf(x_i, y_i).$$

于是，又得到求 $y(x_{i+1})$ 近似值的欧拉公式

$$y_{i+1}=y_i+hf(x_i, y_i).$$

我们知道用矩形法做数值积分是不太准确的，因此也再一次说明欧拉公式是相当粗糙的. 较之矩形公式精度高一些的是梯形法，即用小的直边梯形面积近似代替小的曲边梯形面积.

$$\int_{x_i}^{x_{i+1}} f(x, y(x))\mathrm{d}x\approx \frac{h}{2}[f(x_i, y(x_i))+f(x_{i+1}, y(x_{i+1}))].$$

将此结果代入式（7-13），并用 y_i、y_{i+1} 代替 $y(x_i)$、$y(x_{i+1})$，即得

$$y_{i+1}=y_i+\frac{h}{2}[f(x_i, y_i)+f(x_{i+1}, y_{i+1})] \tag{7-14}$$

公式（7-14）是一个 y_{i+1} 的隐式方程，直接由（7-14）求出 y_{i+1} 所费计算量太大. 因此，在实际计算时，可将欧拉公式与公式（7-14）联合使用，即先用欧拉公式由 (x_i, y_i) 得出 $y(x_{i+1})$ 的一个粗糙近似值 $\tilde{y}_{i+1}$，称之为**预测值**，即

$$\tilde{y}_{i+1}=y_i+hf(x_i, y_j).$$

然后对这个 $\tilde{y}_{i+1}$ 用公式（7-14）将它较正为较准确的值 y_{i+1}，称之为**校正值**，即

$$y_{i+1}=y_i+\frac{h}{2}[f(x_i, y_i)+f(x_{i+1}, \tilde{y}_{i+1})].$$

这样建立起来的校正系统称为**改进的欧拉公式**，即

$$\begin{cases} \tilde{y}_{i+1} = y_i + hf(x_i, y_i) \\ y_{i+1} = y_i + \dfrac{h}{2}[f(x_i, y_i) + f(x_{i+1}, \tilde{y}_{i+1})] \end{cases} \tag{7-15}$$

公式（7-15）还可以表示为

$$\begin{cases} y_{i+1} = y_i + \dfrac{h}{2}(k_1 + k_2) \\ k_1 = f(x_i, y_i) \\ k_2 = f(x_{i+1}, y_i + hk_1) \end{cases} \tag{7-16}$$

为便于编制程序上机计算，还可将式（7-15）改写成下列形式

$$\begin{cases} y_p = y_i + hf(x_i, y_i) \\ y_q = y_i + hf(x_{i+1}, y_p) \\ y_{i+1} = \dfrac{1}{2}(y_p + y_q) \end{cases} \tag{7-17}$$

【例 7-15】 用改进欧拉法求解初值问题

$$\begin{cases} y' = -2xy \\ y(0) = 1 \end{cases}, \quad 0 \leqslant x \leqslant 1.2,$$

取步长 $h=0.2$.

解 这个方程的准确解为 $y(x)=\mathrm{e}^{-x^2}$，可用来检验近似解的准确程度.

由改进欧拉公式（7-17），得

$$\begin{cases} y_p = y_i(1 - 0.4x_i) \\ y_q = y_i - 0.4(x_i + 0.2)y_p \\ y_{i+1} = \dfrac{1}{2}(y_p + y_q) \end{cases}$$

计算结果列于表 7-10 中.

表 7-10 **[例 7-15] 计 算 结 果**

x_i	y_i	$y(x_i)$
0	1.000 000	1.000 000
0.2	0.960 000	0.960 789
0.4	0.850 944	0.852 144
0.6	0.697 093	0.697 676
0.8	0.528 675	0.527 792
1.0	0.372 187	0.367 879
1.2	0.244 155	0.236 928

习题 7-5

1. 用改进欧拉公式解初值问题

$$\begin{cases} y' = x + y \\ y(0) = 1 \end{cases}, \quad 0 < x < 1,$$

取步长 $h=0.1$ 计算，并与准确解 $y=-x-1+2e^x$ 相比较.

2. 用改进欧拉法解

$$\begin{cases} y' = x^2 + x - y, \\ y(0) = 0 \end{cases} \quad 0 < x < 1,$$

取步长 $h=0.1$，计算 $y(0.5)$.

本 章 小 结

一、基本概念

1. 绝对误差与绝对误差限

设 x^* 为准确值，x 是 x^* 的一个近似值，称 $e_x=x-x^*$ 为近似值 x 的绝对误差，简称误差.

$|e_x|=|x-x^*|\leqslant\varepsilon_x$ 中的 ε_x 称为近似值 x 的绝对误差限，简称误差限.

2. 相对误差与相对误差限

绝对误差与精确值之比 $\beta_x=\dfrac{x-x^*}{x^*}=\dfrac{e_x}{x^*}$ 称为 x^* 的相对误差.

如果 $|\beta_x|=\left|\dfrac{\varepsilon_x}{x^*}\right|\leqslant\delta_x(x^*\neq0)$，称 δ_x 为 x 的相对误差限.

3. 有效数字

如果从精确数 x^* 中，用四舍五入原则截取的近似数 x 的末位到第一位非零数字一共有 p 位，则称 x 是具有 p 位有效数字的近似数.

二、一元非线性方程 $f(x)=0$ 的数值求解方法

1. 牛顿切线法迭代计算公式

$$x_{k+1} = x_k - \frac{f(x_k)}{f'(x_k)} \quad (k=0,1,2,\cdots).$$

2. 弦截法迭代计算公式

$$x_{k+1} = x_k - \frac{f(x_k)}{f(x_k)-f(x_0)}(x_k - x_0).$$

3. 二分法公式

$x_k=\dfrac{a_k+b_k}{2}$，其中的 a_k，b_k 满足 $b_k-a_k=\dfrac{b-a}{2^k}$.

其中牛顿切线法收敛速度最快，弦截法其次，二分法最慢.

三、插值

1. 线性插值公式

已知函数 $y=f(x)$ 的两个插值节点 x_0 和 x_1 处的函数值 $y_0=f(x_0)$ 和 $y_1=f(x_1)$，则线性插值公式为

$$L_1(x) = y_0 l_0(x) + y_1 l_1(x),$$

其中 $l_0(x)$，$l_1(x)$ 为线性插值基函数. 基函数是满足下列条件的线性函数：$l_0(x_0)=1$，$l_0(x_1)=0$；$l_1(x_0)=0$，$l_1(x_1)=1$.

2. 抛物插值

如果函数 $y=f(x)$ 的三个插值节点 x_0、x_1 和 x_2 处的函数值为 $y_0=f(x_0)$、$y_1=f(x_1)$ 和 $y_2=f(x_2)$，则抛物插值为

$$L_2(x)=\sum_{i=0}^{2}l_i(x)y_i,$$

其中基函数

$$l_0(x)=\frac{(x-x_1)(x-x_2)}{(x_0-x_1)(x_0-x_2)},\quad l_1(x)=\frac{(x-x_0)(x-x_2)}{(x_1-x_0)(x_1-x_2)},$$

$$l_2(x)=\frac{(x-x_0)(x-x_1)}{(x_2-x_0)(x_2-x_1)}.$$

3. 拉格朗日插值

插值多项式为 $L_n(x)=\sum\limits_{i=0}^{n}l_i(x)\cdot y_i$，其中基函数

$$l_i(x)=\frac{(x-x_0)(x-x_1)\cdots(x-x_{i-1})(x-x_{i+1})\cdots(x-x_n)}{(x_i-x_0)(x_i-x_1)\cdots(x_i-x_{i-1})(x_i-x_{i+1})\cdots(x_i-x_n)}\quad(i=0,1,2,\cdots,n).$$

特别地，$n=1$ 时为线性插值基函数；$n=2$ 时为抛物插值基函数.

四、数值积分中的插值型积分公式

1. 梯形公式

$$\int_a^b f(x)\mathrm{d}x\approx\frac{b-a}{2}[f(a)+f(b)].$$

2. 辛普生公式

$$\int_a^b f(x)\mathrm{d}x\approx\frac{b-a}{6}\left[f(a)+4f\left(\frac{a+b}{2}\right)+f(b)\right].$$

五、常微分方程初值问题的数值解法

1. 欧拉折线法

$$y_{i+1}=y_i+hf(x_i,y_i)\quad\text{（欧拉公式）}.$$

2. 改进欧拉法

$$\begin{cases}y_{i+1}=y_i+\dfrac{h}{2}(k_1+k_2)\\k_1=f(x_i,y_i)\\k_2=f(x_{i+1},y_i+hk_1)\end{cases}.$$

自我检测七

1. 填空题.

(1) 计算方法是研究数学问题的__________和其理论的一个数学分支.

(2) 3.1415 有______位有效数字；0.0038 有______位有效数字.

(3) π 具有 3 位有效数字的近似值是______；π 具有 5 位有效数字的近似值是______.

2. 用区间二分法求方程 $x^3-2x^2-4x-7=0$ 在［3，4］内的根，精确到 10^{-3}.

3. 已知 sin0.32=0.314 567，sin0.34=0.333 487，sin0.36=0.352 274，分别用线性插

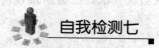

值与抛物插值求 $\sin 0.3367$ 的近似值.

4. 用梯形公式及辛普生公式计算积分 $\int_0^1 \frac{1}{1+x}dx$.

5. 用复化梯形公式及复化辛普生公式计算 $\int_0^1 \sqrt{1+x^2}dx$ $(n=8)$ 的近似值.

6. 用改进欧拉法解

$$\begin{cases} y'=y-\dfrac{2x}{y},\ 0<x<1, \\ y(0)=1 \end{cases}$$

取步长 $h=0.1$，计算 $y(0.5)$.

第八章　复数与复变函数

自变量为复数的函数就是复变函数．本章在复数知识的基础上给出复变函数及映射的概念，并在复平面上讨论复变函数的极限与连续性.

第一节　复　　数

一、复数的概念

大家知道，在实数范围内负数没有平方根．为了解决此类问题，人们引入一个新数 i，并规定：$i^2=-1$；i 和实数在一起，可以按实数的四则运算法则进行运算．显然，i 不是实数，称其为**虚数单位**.

设 a，b 为两个任意实数，形如 $a+b\mathrm{i}$ 的数，称为**复数**，记为 $z=a+b\mathrm{i}$. 实数 a 和 b 分别称为复数 z 的**实部**和**虚部**，记为 $a=\mathrm{Re}(z)$，$b=\mathrm{lm}(z)$.

当 $b=0$ 时，复数 $z=a$ 为实数；当 $b\neq 0$ 时，复数 $z=a+b\mathrm{i}$ 称为**虚数**；当 $a=0$，$b\neq 0$ 时，复数 $z=b\mathrm{i}$ 称为**纯虚数**.

对两个复数 $z_1=a_1+b_1\mathrm{i}$ 和 $z_2=a_2+b_2\mathrm{i}$：当 $a_1=a_2$，$b_1=b_2$ 时，称 z_1、z_2 为**相等的复数**；当 $a_1=a_2$，$b_1=-b_2$ 时，称 z_1、z_2 互为**共轭复数**．z_1 的共轭复数记为$\overline{z_1}$，则 $z_2=\overline{z_1}$.

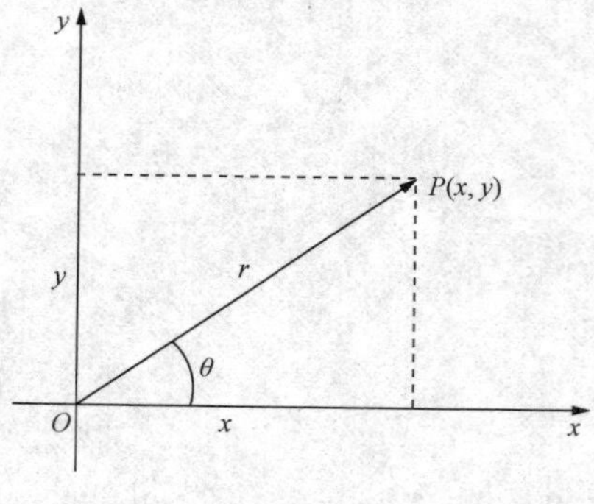

图 8 - 1

二、复数的几何表示

复数 $z=x+y\mathrm{i}$ 的实部 x 和虚部 y 构成的有序数对 (x, y) 与平面直角坐标系 xOy 中的点 $P(x, y)$ 一一对应，因此每一个复数都能用平面直角坐标系中的点表示，如图 8 - 1 所示.

表示实数 x 的点都在 x 轴上，称 x 轴为**实轴**；表示纯虚数 $y\mathrm{i}$ 的点都在 y 轴（不含原点）上，称 y 轴为**虚轴**．当平面 xOy 用来表示复数时称为**复平面**.

连结线段 OP，规定原点 O 为起点，P 为终点，得到向量$\overrightarrow{OP}$，则复数 $z=x+y\mathrm{i}$ 与向量$\overrightarrow{OP}$相对应.

向量$\overrightarrow{OP}$的长度$|OP|$称为复数 $z=x+y\mathrm{i}$ 的**模**，用$|z|$或r 表示，即$|x+y\mathrm{i}|=\sqrt{x^2+y^2}$. 由 x 轴正半轴到向量$\overrightarrow{OP}$所形成的角称为复数 $z=x+y\mathrm{i}$ 的**幅角**，用 θ 表示．$\theta\in[-\pi, \pi)$ 时称为**幅角主值**．如复数 $z=1$ 的幅角主值为 0，$z=2\mathrm{i}$ 的幅角主值为$\frac{\pi}{2}$.

x，$y\neq 0$ 时，复数 $z=x+y\mathrm{i}$ 的幅角主值 θ 可通过 $\tan\theta=\frac{y}{x}$和点 (x, y) 所在象限确定.

【例 8-1】 求复数 $z=1-\mathrm{i}$ 的模和幅角主值.

解 因为 $x=1$，$y=-1$，所以 $r=\sqrt{x^2+y^2}=\sqrt{2}$，$\tan\theta=\dfrac{y}{x}=-1$，而点（1，−1）在第四象限，所以 $z=1-\mathrm{i}$ 的幅角主值为 $-\dfrac{\pi}{4}$.

三、复数的三种形式及运算

1. 复数的代数形式

$z=x+y\mathrm{i}$❶ 称为复数的**代数形式**，其运算遵从于多项式运算法则.

设有复数 $z_1=x_1+y_1\mathrm{i}$ 和 $z_2=x_2+y_2\mathrm{i}$，规定

（1）$z_1\pm z_2=(x_1+y_1\mathrm{i})\pm(x_2+y_2\mathrm{i})=(x_1\pm x_2)+(y_1\pm y_2)\mathrm{i}$；

（2）$z_1\cdot z_2=(x_1+y_1\mathrm{i})\cdot(x_2+y_2\mathrm{i})=(x_1x_2-y_1y_2)+(x_1y_2+x_2y_1)\mathrm{i}$；

（3）$\dfrac{z_1}{z_2}=\dfrac{x_1+y_1\mathrm{i}}{x_2+y_2\mathrm{i}}=\dfrac{(x_1+y_1\mathrm{i})\ (x_2-y_2\mathrm{i})}{(x_2+y_2\mathrm{i})\ (x_2-y_2\mathrm{i})}=\dfrac{(x_1x_2+y_1y_2)+(x_2y_1-x_1y_2)\mathrm{i}}{x_2^2+y_2^2}$

$$=\frac{x_1x_2+y_1y_2}{x_2^2+y_2^2}+\frac{x_2y_1-x_1y_2}{x_2^2+y_2^2}\mathrm{i}(z_2\neq0).$$

称 $z_1\pm z_2$、$z_1\cdot z_2$、$\dfrac{z_1}{z_2}$ 为复数 z_1 与 z_2 的和（差）、积、商.

显然，对 $z=x+y\mathrm{i}$ 而言，$z+\bar{z}=2x$，$z\cdot\bar{z}=x^2+y^2$.

两个复数的和与差也可通过向量的运算求得.

设复数 $z_1=x_1+y_1\mathrm{i}$ 对应向量 $\overrightarrow{OP_1}$，$z_2=x_2+y_2\mathrm{i}$ 对应向量 $\overrightarrow{OP_2}$，如图 8-2 所示．以向量 $\overrightarrow{OP_1}$、$\overrightarrow{OP_2}$ 为邻边做平行四边形，则对角线 OP 对应的向量 $\overrightarrow{OP}$ 表示复数 z_1+z_2，对角线 P_2P_1 对应的向量 $\overrightarrow{P_2P_1}$ 表示复数 z_1-z_2.

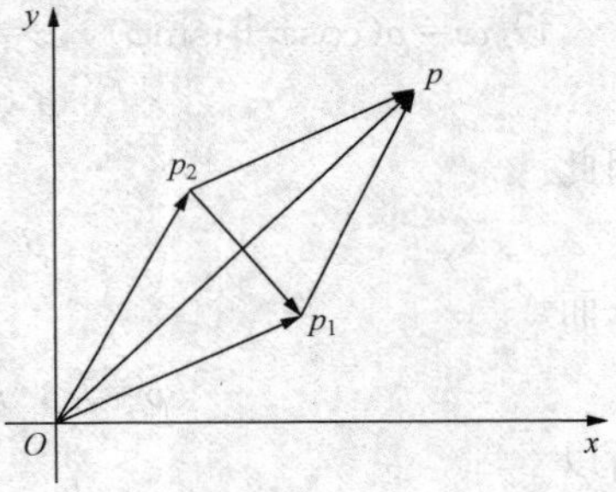

图 8-2

2. 复数的三角形式

因为复数 $z=x+y\mathrm{i}$ 可用向量 $\overrightarrow{OP}$ 表示，而向量 $\overrightarrow{OP}$ 由幅角 θ 和其长度 $|OP|=r$ 确定，因此复数 $z=x+y\mathrm{i}$ 可用幅角 θ 和模 r 表示．由图 8-1 知，$x=r\cos\theta$，$y=r\sin\theta$，所以

$$z=r(\cos\theta+\mathrm{i}\sin\theta)$$

称 $z=r(\cos\theta+\mathrm{i}\sin\theta)$ 为复数 $z=x+y\mathrm{i}$ 的**三角形式**❷，其中 $r=\sqrt{x^2+y^2}$，$\tan\theta=\dfrac{y}{x}$，θ 所在象限和点（x，y）一致.

复数三角形式 $z=r(\cos\theta+\mathrm{i}\sin\theta)$ 中的幅角 θ 一般取主值，单位可以是度，也可以是弧度.

【例 8-2】 将复数 $z=-1+\sqrt{3}\mathrm{i}$ 化为三角形式.

解 因为 $x=-1$，$y=\sqrt{3}$，所以

$$r=\sqrt{x^2+y^2}=2，\tan\theta=\frac{y}{x}=-\sqrt{3}.$$

---

❶ 电工学上常用 $z=x+\mathrm{i}y$ 形式.

❷ 复数的三角形式 $z=r(\cos\theta+\mathrm{i}\sin\theta)$ 在电工学中简记为 $r\angle\theta$.

由于点（-1，$\sqrt{3}$）在第二象限，所以幅角主值 $\theta=\dfrac{2}{3}\pi$，所以

$$z=-1+\sqrt{3}\mathrm{i}=2\left(\cos\frac{2}{3}\pi+\mathrm{i}\sin\frac{2}{3}\pi\right).$$

设复数 $z_1=r_1(\cos\theta_1+\mathrm{i}\sin\theta_1)$，$z_2=r_2(\cos\theta_2+\mathrm{i}\sin\theta_2)$，则有如下运算法则.

（1）乘法与乘方.

$$\begin{aligned}z_1\cdot z_2&=r_1(\cos\theta_1+\mathrm{i}\sin\theta_1)\cdot r_2(\cos\theta_2+\mathrm{i}\sin\theta_2)\\&=r_1r_2[(\cos\theta_1\cos\theta_2-\sin\theta_1\sin\theta_2)+\mathrm{i}(\sin\theta_1\cos\theta_2+\cos\theta_1\sin\theta_2)]\\&=r_1r_2[\cos(\theta_1+\theta_2)+\mathrm{i}\sin(\theta_1+\theta_2)].\end{aligned}$$

由此，易得

$$\begin{aligned}&r_1(\cos\theta_1+\mathrm{i}\sin\theta_1)\cdot r_2(\cos\theta_2+\mathrm{i}\sin\theta_2)\cdots r_n(\cos\theta_n+\mathrm{i}\sin\theta_n)\\&=r_1r_2\cdots r_n[\cos(\theta_1+\theta_2+\cdots+\theta_n)+\mathrm{i}\sin(\theta_1+\theta_2+\cdots+\theta_n)]\end{aligned}$$

$$z^n=[r(\cos\theta+\mathrm{i}\sin\theta)]^n=r^n(\cos n\theta+\mathrm{i}\sin n\theta),\ n\in Z^+.$$

$r=1$ 时，$(\cos\theta+\mathrm{i}\sin\theta)^n=\cos n\theta+\mathrm{i}\sin n\theta$，$n\in Z^+$ 称为**棣莫佛定理**.

（2）除法.

$$\frac{z_1}{z_2}=\frac{r_1(\cos\theta_1+\mathrm{i}\sin\theta_1)}{r_2(\cos\theta_2+\mathrm{i}\sin\theta_2)}=\frac{r_1}{r_2}[\cos(\theta_1-\theta_2)+\mathrm{i}\sin(\theta_1-\theta_2)],\ z_2\neq0$$

（3）开 n 次方（$n\in Z^+$）.

若 $w^n=z(z\neq0)$，称 w 为 z 的 n 次**方根**.

设 $w=\rho(\cos\varphi+\mathrm{i}\sin\varphi)$，$z=r(\cos\theta+\mathrm{i}\sin\theta)$，由 $w^n=z$，有

$$\rho^n(\cos n\varphi+\mathrm{i}\sin n\varphi)=r(\cos\theta+\mathrm{i}\sin\theta),$$

因此

$$\rho^n=r,\ \cos n\varphi=\cos\theta,\ \sin n\varphi=\sin\theta.$$

从而

$$\rho=\sqrt[n]{r},\ n\varphi=\theta+2k\pi,\ (k=0,\ \pm1,\ \pm2,\ \cdots),$$

所以

$$w=\sqrt[n]{r}\left(\cos\frac{\theta+2k\pi}{n}+\mathrm{i}\sin\frac{\theta+2k\pi}{n}\right),\ (k=0,\ \pm1,\ \pm2,\ \cdots).$$

当 $k=0$，1，2，…，$n-1$ 时，可得 n 个不同值.

$$w_0=\sqrt[n]{r}\left(\cos\frac{\theta}{n}+\mathrm{i}\sin\frac{\theta}{n}\right),$$

$$w_1=\sqrt[n]{r}\left(\cos\frac{\theta+2\pi}{n}+\mathrm{i}\sin\frac{\theta+2\pi}{n}\right),\ \cdots,$$

$$w_{n-1}=\sqrt[n]{r}\left(\cos\frac{\theta+2(n-1)\pi}{n}+\mathrm{i}\sin\frac{\theta+2(n-1)\pi}{n}\right).$$

而 k 取其他值时，重复出现以上结果.

因此 z 的 n 次方根 w 共有 n 个，可用 w_n 表示，其中

$$w_n=\sqrt[n]{r(\cos\theta+\mathrm{i}\sin\theta)}=\sqrt[n]{r}\left(\cos\frac{\theta+2k\pi}{n}+\mathrm{i}\sin\frac{\theta+2k\pi}{n}\right),\ (k=0,\ 1,\ 2,\ \cdots,\ n-1).$$

【例 8 - 3】 设复数 $z_1=2\left(\cos\dfrac{\pi}{4}+\mathrm{i}\sin\dfrac{\pi}{4}\right)$，$z_2=\sqrt{2}\left[\cos\left(-\dfrac{\pi}{4}\right)+\mathrm{i}\sin\left(-\dfrac{\pi}{4}\right)\right]$，求

$z_1 \cdot z_2$，z_1^5，$\dfrac{z_1}{z_2}$.

解 $z_1 \cdot z_2 = 2\left(\cos\dfrac{\pi}{4} + \mathrm{i}\sin\dfrac{\pi}{4}\right) \cdot \sqrt{2}\left[\cos\left(-\dfrac{\pi}{4}\right) + \mathrm{i}\sin\left(-\dfrac{\pi}{4}\right)\right] = 2\sqrt{2}$；

$$z_1^5 = \left[2\left(\cos\frac{\pi}{4} + \mathrm{i}\sin\frac{\pi}{4}\right)\right]^5 = 2^5\left(\cos\frac{5\pi}{4} + \mathrm{i}\sin\frac{5\pi}{4}\right)$$

$$= 32\left(-\cos\frac{\pi}{4} - \mathrm{i}\sin\frac{\pi}{4}\right) = 32\left(-\frac{\sqrt{2}}{2} - \frac{\sqrt{2}}{2}\mathrm{i}\right) = -16\sqrt{2} - 16\sqrt{2}\mathrm{i}；$$

$$\frac{z_1}{z_2} = \frac{2\left(\cos\frac{\pi}{4} + \mathrm{i}\sin\frac{\pi}{4}\right)}{\sqrt{2}\left[\cos\left(-\frac{\pi}{4}\right) + \mathrm{i}\sin\left(-\frac{\pi}{4}\right)\right]} = \sqrt{2}\left\{\cos\left[\frac{\pi}{4} - \left(-\frac{\pi}{4}\right)\right] + \mathrm{i}\sin\left[\frac{\pi}{4} - \left(-\frac{\pi}{4}\right)\right]\right\}$$

$$= \sqrt{2}\left(\cos\frac{\pi}{2} + \mathrm{i}\sin\frac{\pi}{2}\right) = \sqrt{2}\mathrm{i}.$$

【例 8-4】 求复数 $z=-1$ 的平方根.

解 因为 $z=-1=\cos\pi+\mathrm{i}\sin\pi$，

所以 $\sqrt{z} = \cos\dfrac{\pi+2k\pi}{2} + \mathrm{i}\sin\dfrac{\pi+2k\pi}{2} = \cos\left(k\pi+\dfrac{\pi}{2}\right) + \mathrm{i}\sin\left(k\pi+\dfrac{\pi}{2}\right)$，($k=0$，1).

$k=0$ 时，$w_1 = \cos\dfrac{\pi}{2} + \mathrm{i}\sin\dfrac{\pi}{2} = \mathrm{i}$；

$k=1$ 时，$w_2 = \cos\dfrac{3\pi}{2} + \mathrm{i}\sin\dfrac{3\pi}{2} = -\mathrm{i}$.

即 -1 的平方根为 $\pm\mathrm{i}$.

3. 复数的指数形式

借助欧拉公式 $\cos\theta + \mathrm{i}\sin\theta = \mathrm{e}^{\mathrm{i}\theta}$，复数的三角形式 $r(\cos\theta + \mathrm{i}\sin\theta) = r\mathrm{e}^{\mathrm{i}\theta}$.

$r\mathrm{e}^{\mathrm{i}\theta}$ 称为复数的**指数形式**，其中 θ 的单位为弧度.

由复数三角形式的运算法则，很容易得到复数指数形式的运算法则如下.

(1) 乘法与乘方.

$$r_1\mathrm{e}^{\mathrm{i}\theta_1} \cdot r_2\mathrm{e}^{\mathrm{i}\theta_2} = r_1 \cdot r_2\mathrm{e}^{\mathrm{i}(\theta_1+\theta_2)}；$$

$$r_1\mathrm{e}^{\mathrm{i}\theta_1} \cdot r_2\mathrm{e}^{\mathrm{i}\theta_2} \cdots r_n\mathrm{e}^{\mathrm{i}\theta_n} = r_1 r_2 \cdots r_n \mathrm{e}^{\mathrm{i}(\theta_1+\theta_2+\cdots+\theta_n)}；$$

$$z^n = (r\mathrm{e}^{\mathrm{i}\theta})^n = r^n\mathrm{e}^{\mathrm{i}n\theta}，n \in Z^+.$$

(2) 除法.

$$\frac{r_1\mathrm{e}^{\mathrm{i}\theta_1}}{r_2\mathrm{e}^{\mathrm{i}\theta_2}} = \frac{r_1}{r_2}\mathrm{e}^{\mathrm{i}(\theta_1-\theta_2)}.$$

(3) 开 n 次方 ($n \in Z^+$).

$$\sqrt[n]{r\mathrm{e}^{\mathrm{i}\theta}} = \sqrt[n]{r}\,\mathrm{e}^{\mathrm{i}\frac{\theta+2k\pi}{n}}，\quad (k=0，1，2，\cdots，n-1).$$

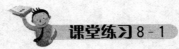

课堂练习 8-1

1. 填空题.

(1) 复数 $3-\sqrt{3}\mathrm{i}$ 的实部是________，虚部是________，模 $r=$________，幅角

$\theta=$________，幅角主值是________，三角形式是________，指数形式是________.

（2）设 $z=2(\cos 30°+\mathrm{i}\sin 30°)$，则 $z^5=$________.

（3）复数 $1-\mathrm{i}$ 的平方根有________个.

（4）$(1-\mathrm{i})^2=$________，$(1+\mathrm{i})^2=$________.

2. 设 x，y 为实数，若 $\dfrac{x+1+(y-3)\mathrm{i}}{5+3\mathrm{i}}=1+\mathrm{i}$，则 $x=$________，$y=$________.

习题 8-1

1. 计算.

（1）$\dfrac{1}{\mathrm{i}}-\dfrac{2\mathrm{i}}{1+\mathrm{i}}$；（2）$\dfrac{(2-\mathrm{i})(1+2\mathrm{i})}{2+\mathrm{i}}$；（3）$(\sqrt{3}+\mathrm{i})^5$；

（4）$\left(\dfrac{\mathrm{i}}{1-\mathrm{i}}\right)^8$；（5）$\dfrac{(\cos 5\theta+\mathrm{i}\sin 5\theta)^2}{(\cos 3\theta-\mathrm{i}\sin 3\theta)^3}$.

2. 求 $1-\mathrm{i}$ 的三次方根.

3. 一个复数乘以 $1-\mathrm{i}$，模和幅角有什么变化？

第二节 复变函数

一、复变函数的概念

定义 8.2.1 设 G 为一复数集，若对于 G 中每一个复数 $z=x+y\mathrm{i}$，按照某一确定的法则 f，总有一个或几个确定的复数 $w=u+v\mathrm{i}$ 与之对应，则称 w 为复变数 z 的函数（简称**复变函数**），记为 $w=f(z)$. G 称为复变函数 w 的定义集合，由 $w=f(z)$ 确定的所有 w 值的集合称为函数值集合，记为 G^*.

若对于每一个复数 $z=x+y\mathrm{i}$，只有一个复数 $w=u+v\mathrm{i}$ 与之对应，称 $w=f(z)$ 为**单值函数**；若对于每一个复数 $z=x+y\mathrm{i}$，总有两个或两个以上的复数 $w=u+v\mathrm{i}$ 与之对应，称 $w=f(z)$ 为**多值函数**. 如无特殊说明，所讨论的函数均为单值函数.

设 $z=x+y\mathrm{i}$，$w=u+v\mathrm{i}$，则复变函数 $w=f(z)$ 可表为 $u+v\mathrm{i}=f(x+y\mathrm{i})$，显然 u，v 分别都是实变量 x，y 的实值函数. 记 $u=u(x,y)$，$v=v(x,y)$，则复变函数 $w=f(z)$ 等价于一对二元实函数，即

$$w=f(z) \Leftrightarrow \begin{cases} u=u(x,y) \\ v=v(x,y) \end{cases}.$$

【例 8-5】 求与复变函数 $w=z^2$ 对应的一对二元实函数.

解 令 $z=x+y\mathrm{i}$，$w=u+v\mathrm{i}$，则

$$u+v\mathrm{i}=(x+y\mathrm{i})^2=x^2-y^2+2xy\mathrm{i},$$

所以

$$u=x^2-y^2,\ v=2xy.$$

二、映射的概念

对于复变函数 $w=f(z)$，反映了两对变量（u、v），（x、y）之间的对应关系，这种对应关系无法用同一个平面内的点集来表示，可借助于两个复平面.

如果用 z 平面上的点表示自变量 z，而用另一个平面——w 平面上的点表示函数 w，则 $w=f(z)$ 在几何上可看做是把 z 平面上的一个点集 G（定义集合）变到 w 平面上的一个点集 G^*（函数值集合）的**映射**，简称为由函数 $w=f(z)$ 所构成的映射．如果 G 中的点 z 被 $w=f(z)$ 映射成 G^* 中的点 w，称 w 为 z 的**象**，z 为 w 的**原象**.

例如，函数 $w=\bar{z}$ 所构成的映射，把 z 平面上的点 $z=a+b\mathrm{i}$ 映射成 w 平面上的点 $w=a-b\mathrm{i}$；函数 $w=\dfrac{1}{z}(z\neq0)$ 所构成的映射，把 z 平面上的点 $z=a+b\mathrm{i}$ 映射成 w 平面上的点 $w=\dfrac{a}{a^2+b^2}-\dfrac{b}{a^2+b^2}\mathrm{i}$.

【例 8-6】 函数 $w=z^2$ 分别把下列点和直线映射成什么？并作图表示.

(1) 点 $z=\mathrm{i}$；(2) 直线 $y=1$.

解 (1) 点 $z=\mathrm{i}$ 对应点 $w=\mathrm{i}^2=-1$（见图 8-3）.

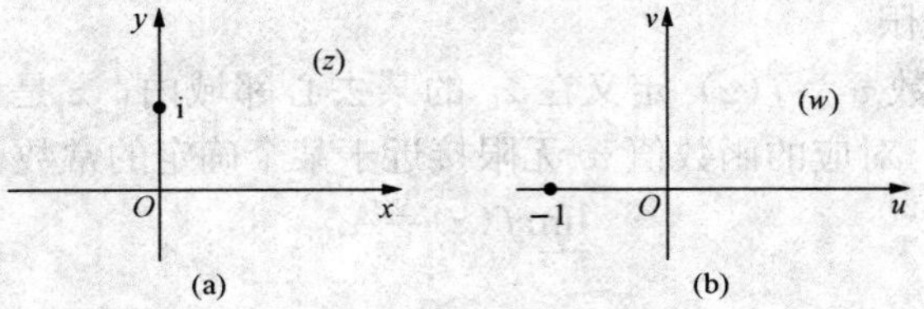

图 8-3

(2) 由［例 8-5］知

$$w=z^2\Leftrightarrow\begin{cases}u=x^2-y^2\\v=2xy\end{cases}.$$

将 $y=1$ 代入，得

$$\begin{cases}u=x^2-1\\v=2x\end{cases}.$$

消去 x，得 $u=\dfrac{v^2}{4}-1$. 即 $w=z^2$ 把 z 平面上的直线 $y=1$ 映射成 w 平面上的抛物线 $u=\dfrac{v^2}{4}-1$（见图 8-4）

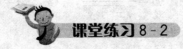

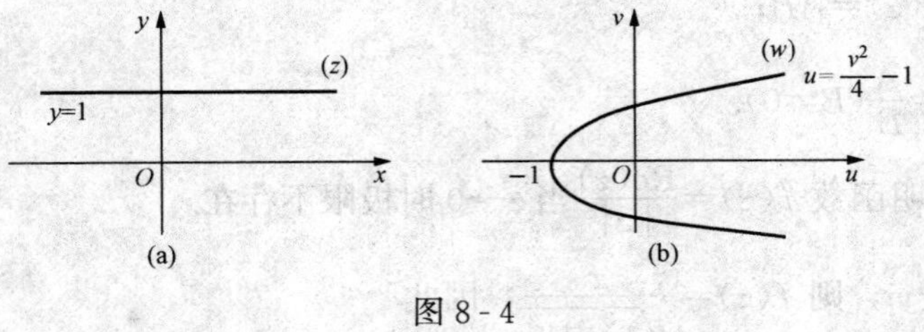

图 8-4

课堂练习 8-2

1. 函数 $w=z+\bar{z}$ 把点 $z=3+4\mathrm{i}$ 映射成什么？

2. 函数 $w=z^2$ 分别把下列点映射成什么？

(1) 点 $z=1+2i$；　　(2) 点 $z=-1$.

习题 8-2

1. 函数 $w=z^2$ 分别把下列点和直线映射成什么？并作图表示.

(1) 点 $z=1+i$；　　(2) 直线 $x=1$.

2. 函数 $w=\dfrac{1}{z}$ 把直线 $y=x$ 映射成什么？并作图表示.

第三节　复变函数的极限与连续性

一、复变函数的极限

定义 8.3.1　设函数 $w=f(z)$ 定义在 z_0 的某去心邻域内，z 是该邻域内任意一点．如果 z 无限接近于 z_0 时，对应的函数值 w 无限接近于某个确定的常数 A，称 A 为 z 趋向于 z_0 时 $f(z)$ 的**极限**，记为

$$\lim_{z\to z_0} f(z)=A.$$

注意：

定义中 z 趋向于 z_0 的方式是任意的．即无论 z 从什么方向，以何种方式趋向于 z_0 时，$f(z)$ 都要趋向于同一个常数 A.

关于极限的运算，有如下定理.

定理 8.3.1　设 $f(z)=u(x,y)+v(x,y)i$，$A=u_0+v_0 i, z_0=x_0+y_0 i$，则 $\lim\limits_{z\to z_0} f(z)=A$ 的充要条件是 $\lim\limits_{\substack{x\to x_0\\ y\to y_0}} u(x,y)=u_0$，$\lim\limits_{\substack{x\to x_0\\ y\to y_0}} v(x,y)=v_0$.

定理将求复变函数 $f(z)=u(x,y)+v(x,y)i$ 的极限问题转化为两个二元实变函数 $u=u(x,y)$，$v=v(x,y)$ 的极限问题.

定理 8.3.2　如果 $\lim\limits_{z\to z_0} f(z)=A$，$\lim\limits_{z\to z_0} g(z)=B$，则

(1) $\lim\limits_{z\to z_0}[f(z)\pm g(z)]=A\pm B$；

(2) $\lim\limits_{z\to z_0} f(z)g(z)=AB$；

(3) $\lim\limits_{z\to z_0}\dfrac{f(z)}{g(z)}=\dfrac{A}{B}(B\neq 0)$.

【例 8-7】　证明函数 $f(z)=\dfrac{\mathrm{Re}(z)}{|z|}$ 当 $z\to 0$ 时极限不存在.

证　令 $z=x+yi$，则 $f(z)=\dfrac{x}{\sqrt{x^2+y^2}}$，因此

$$u(x,\ y)=\frac{x}{\sqrt{x^2+y^2}},\ v(x,\ y)=0.$$

让 z 沿直线 $y=kx$ 趋于零，有

$$\lim_{\substack{x\to 0\\ (y=kx)}} u(x,\ y)=\lim_{\substack{x\to 0\\ (y=kx)}}\frac{x}{\sqrt{x^2+y^2}}=\lim_{x\to 0}\frac{x}{\sqrt{x^2(1+k^2)}}=\pm\frac{1}{\sqrt{1+k^2}}.$$

它随 k 的不同而不同，所以 $\lim\limits_{\substack{x\to 0\\ y\to 0}} u(x, y)$ 不存在．由定理 8.3.1 知 $\lim\limits_{z\to 0} f(z)$ 不存在．

二、复变函数的连续性

定义 8.3.2　如果 $\lim\limits_{z\to z_0} f(z)=f(z_0)$，则称 $f(z)$ 在 z_0 处**连续**．如果 $f(z)$ 在区域 D 内处处连续，则称 $f(z)$ 在区域 D 内**连续**．

根据此定义和定理 8.3.1，可得如下定理．

定理 8.3.3　函数 $f(z)=u(x, y)+v(x, y)\mathrm{i}$ 在 $z_0=x_0+y_0\mathrm{i}$ 处连续的充要条件是 $u(x, y)$ 和 $v(x, y)$ 在点 (x_0, y_0) 处连续．

由定理 8.3.2 和定理 8.3.3，可得如下结论．

结论 1　在 z_0 连续的两个函数 $f(z)$ 与 $g(z)$ 的和、差、积、商（分母在 z_0 处不为零）在 z_0 仍连续．

结论 2　如果函数 $h=g(z)$ 在 z_0 连续，函数 $w=f(h)$ 在 $h_0=g(z_0)$ 连续，则复合函数 $w=f[g(z)]$ 在 z_0 连续．

结论 3　有理整函数 $w=P(z)=a_0+a_1z+a_2z^2+\cdots+a_nz^n$ 对复平面内所有的 z 都连续．

结论 4　有理分式函数 $w=\dfrac{P(z)}{Q(z)}$（$P(z)$，$Q(z)$ 是多项式）在复平面内使分母不为零的点连续．

习题 8-3

证明：设函数 $f(z)$ 在 z_0 连续且 $f(z_0)\neq 0$，那么可找到 z_0 的一个较小邻域，在这邻域内 $f(z)\neq 0$．

本　章　小　结

本章重点介绍了复数的概念、几何表示、运算及定义在复数范围内的复变函数的连续性概念、定理．

一、复数的相关概念

1. 复数

形如 $a+b\mathrm{i}$ 的数，称为复数，记为 $z=a+b\mathrm{i}$. 实数 a 和 b 分别称为复数 z 的实部和虚部，记为 $a=\mathrm{Re}(z)$，$b=\mathrm{Im}(z)$．

i 称为虚数单位，满足：$\mathrm{i}^2=-1$；i 和实数在一起，可以按实数的四则运算法则进行运算．

当 $b=0$ 时，复数 $z=a$ 为实数；当 $b\neq 0$ 时，复数 $z=a+b\mathrm{i}$ 称为虚数；当 $a=0$，$b\neq 0$ 时，复数 $z=b\mathrm{i}$ 称为纯虚数．

2. 相等的复数　共轭复数

对两个复数 $z_1=a_1+b_1\mathrm{i}$ 和 $z_2=a_2+b_2\mathrm{i}$：当 $a_1=a_2$，$b_1=b_2$ 时，称 z_1、z_2 为相等的复数；当 $a_1=a_2$，$b_1=-b_2$ 时，称 z_1、z_2 互为共轭复数．z_1 的共轭复数记为 $\overline{z_1}$，则 $z_2=\overline{z_1}$．

二、复数的几何表示

1. 坐标表示

每一个复数 $z=x+y\mathrm{i}$ 的实部 x 和虚部 y 构成的有序数对（x，y）都与平面直角坐标系 xOy 中的点 $P(x,y)$ 一一对应，因此每一个复数都能用平面直角坐标系中的点表示.

2. 向量表示

连结线段 OP，规定原点 O 为起点，P 为终点，得到向量$\overrightarrow{OP}$，则复数 $z=x+y\mathrm{i}$ 与向量$\overrightarrow{OP}$相对应.

三、复数的模与幅角

向量$\overrightarrow{OP}$的长度$|OP|$称为复数 $z=x+y\mathrm{i}$ 的模，用$|z|$或 r 表示，即$|x+y\mathrm{i}|=\sqrt{x^2+y^2}$.

由 x 轴正半轴到向量$\overrightarrow{OP}$所形成的角称为复数 $z=x+y\mathrm{i}$ 的幅角，用 θ 表示．$\theta\in[-\pi,\pi)$ 时称为幅角主值（见图 8-1）.

x，$y\neq0$ 时，复数 $z=x+y\mathrm{i}$ 的幅角主值 θ 可通过 $\tan\theta=\dfrac{y}{x}$ 和点（x，y）所在象限确定.

四、复数的三种形式及运算

1. 复数的代数形式

$z=x+y\mathrm{i}$ 称为复数的代数形式，其运算遵从于多项式运算法则.

设有复数 $z_1=x_1+y_1\mathrm{i}$ 和 $z_2=x_2+y_2\mathrm{i}$，则

(1) $z_1\pm z_2=(x_1+y_1\mathrm{i})\pm(x_2+y_2\mathrm{i})=(x_1\pm x_2)+(y_1\pm y_2)\mathrm{i}$;

(2) $z_1\cdot z_2=(x_1+y_1\mathrm{i})\cdot(x_2+y_2\mathrm{i})=(x_1x_2-y_1y_2)+(x_1y_2+x_2y_1)\mathrm{i}$;

(3)
$$\frac{z_1}{z_2}=\frac{x_1+y_1\mathrm{i}}{x_2+y_2\mathrm{i}}=\frac{(x_1+y_1\mathrm{i})(x_2-y_2\mathrm{i})}{(x_2+y_2\mathrm{i})(x_2-y_2\mathrm{i})}=\frac{(x_1x_2+y_1y_2)+(x_2y_1-x_1y_2)\mathrm{i}}{x_2^2+y_2^2}$$
$$=\frac{x_1x_2+y_1y_2}{x_2^2+y_2^2}+\frac{x_2y_1-x_1y_2}{x_2^2+y_2^2}\mathrm{i}\quad(z_2\neq0).$$

称 $z_1\pm z_2$、$z_1\cdot z_2$、$\dfrac{z_1}{z_2}$为复数 z_1 与 z_2 的和（差）、积、商.

显然，对 $z=x+y\mathrm{i}$ 而言，$z+\bar{z}=2x$，$z\cdot\bar{z}=x^2+y^2$.

两个复数的和与差也可通过向量的运算求得.

设复数 $z_1=x_1+y_1\mathrm{i}$ 对应向量$\overrightarrow{OP_1}$，$z_2=x_2+y_2\mathrm{i}$ 对应向量$\overrightarrow{OP_2}$（见图 8-2）．以向量$\overrightarrow{OP_1}$、$\overrightarrow{OP_2}$为邻边做平行四边形，则对角线 OP 对应的向量$\overrightarrow{OP}$表示复数 z_1+z_2，对角线 P_2P_1 对应的向量$\overrightarrow{P_2P_1}$表示复数 z_1-z_2.

2. 复数的三角形式

复数 $z=x+y\mathrm{i}$ 的三角形式为 $z=r(\cos\theta+\mathrm{i}\sin\theta)$，其中 $r=\sqrt{x^2+y^2}$，$\tan\theta=\dfrac{y}{x}$，θ 所在象限和点（x，y）一致.

复数三角形式 $z=r(\cos\theta+\mathrm{i}\sin\theta)$ 中的幅角 θ 一般取主值，单位可以是度，也可以是弧度.

设复数 $z_1=r_1(\cos\theta_1+\mathrm{i}\sin\theta_1)$，$z_2=r_2(\cos\theta_2+\mathrm{i}\sin\theta_2)$，则有如下运算法则.

(1) 乘法与乘方.

$$\begin{aligned}z_1\cdot z_2&=r_1(\cos\theta_1+\mathrm{i}\sin\theta_1)\cdot r_2(\cos\theta_2+\mathrm{i}\sin\theta_2)\\&=r_1r_2[(\cos\theta_1\cos\theta_2-\sin\theta_1\sin\theta_2)+\mathrm{i}(\sin\theta_1\cos\theta_2+\cos\theta_1\sin\theta_2)]\\&=r_1r_2[\cos(\theta_1+\theta_2)+\mathrm{i}\sin(\theta_1+\theta_2)];\end{aligned}$$

$r_1(\cos\theta_1+\mathrm{i}\sin\theta_1)\cdot r_2(\cos\theta_2+\mathrm{i}\sin\theta_2)\cdots r_n(\cos\theta_n+\mathrm{i}\sin\theta_n)$

$=r_1r_2\cdots r_n[\cos(\theta_1+\theta_2+\cdots+\theta_n)+\mathrm{i}\sin(\theta_1+\theta_2+\cdots+\theta_n)]$;

$z^n=[r(\cos\theta+\mathrm{i}\sin\theta)]^n=r^n(\cos n\theta+\mathrm{i}\sin n\theta)$，$n\in Z^+$.

（2）除法.

$\frac{z_1}{z_2}=\frac{r_1\ (\cos\theta_1+\mathrm{i}\sin\theta_1)}{r_2\ (\cos\theta_2+\mathrm{i}\sin\theta_2)}=\frac{r_1}{r_2}[\cos(\theta_1-\theta_2)+\mathrm{i}\sin(\theta_1-\theta_2)]$，$z_2\neq0$.

（3）开 n 次方（$n\in Z^+$）.

若 $w^n=z=r(\cos\theta+\mathrm{i}\sin\theta)$（$z\neq0$），称 w 为 z 的 n 次方根.

z 的 n 次方根有 n 个：

$w_n=\sqrt[n]{r(\cos\theta+\mathrm{i}\sin\theta)}=\sqrt[n]{r}\left(\cos\frac{\theta+2k\pi}{n}+\mathrm{i}\sin\frac{\theta+2k\pi}{n}\right)$，$(k=0,1,2,\cdots,n-1)$.

3. 复数的指数形式

$r(\cos\theta+\mathrm{i}\sin\theta)=r\mathrm{e}^{\mathrm{i}\theta}$称为复数的指数形式，其中 θ 的单位为弧度.

复数指数形式的运算法则如下.

（1）乘法与乘方.

$$r_1\mathrm{e}^{\mathrm{i}\theta_1}\cdot r_2\mathrm{e}^{\mathrm{i}\theta_2}=r_1\cdot r_2\mathrm{e}^{\mathrm{i}(\theta_1+\theta_2)};$$

$$r_1\mathrm{e}^{\mathrm{i}\theta_1}\cdot r_2\mathrm{e}^{\mathrm{i}\theta_2}\cdots r_n\mathrm{e}^{\mathrm{i}\theta_n}=r_1r_2\cdots r_n\mathrm{e}^{\mathrm{i}(\theta_1+\theta_2+\cdots+\theta_n)};$$

$$z^n=(r\mathrm{e}^{\mathrm{i}\theta})^n=r^n\mathrm{e}^{\mathrm{i}n\theta},\ n\in Z^+.$$

（2）除法.

$$\frac{r_1\mathrm{e}^{\mathrm{i}\theta_1}}{r_2\mathrm{e}^{\mathrm{i}\theta_2}}=\frac{r_1}{r_2}\mathrm{e}^{\mathrm{i}(\theta_1-\theta_2)}.$$

（3）开 n 次方（$n\in Z^+$）.

$$\sqrt[n]{r\mathrm{e}^{\mathrm{i}\theta}}=\sqrt[n]{r}\mathrm{e}^{\mathrm{i}\frac{\theta+2k\pi}{n}},\ (k=0,1,2,\cdots,n-1).$$

五、复变函数的概念

定义 8.2.1 设 G 为一复数集，若对于 G 中每一个复数 $z=x+y\mathrm{i}$，按照某一确定的法则 f，总有一个或几个确定的复数 $w=u+v\mathrm{i}$ 与之对应，则称 w 为复变数 z 的函数（简称**复变函数**），记为 $w=f(z)$. G 称为复变函数 w 的定义集合，由 $w=f(z)$ 确定的所有 w 值的集合称为函数值集合，记为 G^*.

六、映射的概念

对于复变函数 $w=f(z)$，反映了两对变量（u、v），（x、y）之间的对应关系，这种对应关系无法用同一个平面内的点集来表示，可借助于两个复平面.

如果用 z 平面上的点表示自变量 z，而用另一个平面——w 平面上的点表示函数 w，则 $w=f(z)$ 在几何上可看做是把 z 平面上的一个点集 G（定义集合）变到 w 平面上的一个点集 G^*（函数值集合）的**映射**，简称为由函数 $w=f(z)$ 所构成的映射. 如果 G 中的点 z 被 $w=f(z)$ 映射成 G^* 中的点 w，称 w 为 z 的**象**，z 为 w 的**原象**.

七、复变函数的极限

定义 8.3.1 设函数 $w=f(z)$ 定义在 z_0 的去心邻域内，z 是该邻域内任意一点. 如果 z 无限接近于 z_0 时，对应的函数值 w 无限接近于某个确定的常数 A，称 A 为 z 趋向于 z_0 时 $f(z)$ 的**极限**，记为$\lim\limits_{z\to z_0}f(z)=A$.

定理 8.3.1 设 $f(z)=u(x, y)+v(x, y)\mathrm{i}$，$A=u_0+v_0\mathrm{i}$，$z_0=x_0+y_0\mathrm{i}$，则 $\lim\limits_{z\to z_0}f(z)=A$ 的充要条件是 $\lim\limits_{\substack{x\to x_0\\ y\to y_0}}u(x, y)=u_0$，$\lim\limits_{\substack{x\to x_0\\ y\to y_0}}v(x, y)=v_0$.

定理 8.3.2 如果 $\lim\limits_{z\to z_0}f(z)=A$，$\lim\limits_{z\to z_0}g(z)=B$，则

(1) $\lim\limits_{z\to z_0}[f(z)\pm g(z)]=A\pm B$；

(2) $\lim\limits_{z\to z_0}f(z)g(z)=AB$；

(3) $\lim\limits_{z\to z_0}\dfrac{f(z)}{g(z)}=\dfrac{A}{B}(B\neq 0)$.

八、复变函数的连续性

定义 8.3.2 如果 $\lim\limits_{z\to z_0}f(z)=f(z_0)$，则称 $f(z)$ 在 z_0 处连续．如果 $f(z)$ 在区域 D 内处处连续，则称 $f(z)$ 在区域 D 内连续.

定理 8.3.3 函数 $f(z)=u(x, y)+v(x, y)\mathrm{i}$ 在 $z_0=x_0+y_0\mathrm{i}$ 处连续的充要条件是 $u(x, y)$ 和 $v(x, y)$ 在点 (x_0, y_0) 处连续.

结论 1 在 z_0 连续的两个函数 $f(z)$ 与 $g(z)$ 的和、差、积、商（分母在 z_0 处不为零）在 z_0 仍连续.

结论 2 如果函数 $h=g(z)$ 在 z_0 连续，函数 $w=f(h)$ 在 $h_0=g(z_0)$ 连续，则复合函数 $w=f[g(z)]$ 在 z_0 连续.

结论 3 有理整函数 $w=P(z)=a_0+a_1z+a_2z^2+\cdots+a_nz^n$ 对复平面内所有的 z 都连续.

结论 4 有理分式函数 $w=\dfrac{P(z)}{Q(z)}$（$P(z)$，$Q(z)$ 是多项式）在复平面内使分母不为零的点连续.

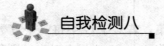

自我检测八

1. 将复数 $\sqrt{2}-\sqrt{2}\mathrm{i}$ 化为三角形式，并转化为指数形式.

2. 计算下列各题.

(1) $[2(\cos 10°-\mathrm{i}\sin 10°)]^3$；　　(2) $\sqrt{2\mathrm{i}}$；

(3) $\dfrac{1}{1+\dfrac{1}{\mathrm{i}}}+\dfrac{1}{1+\mathrm{i}}$；　　(4) $(1+\mathrm{i})^{10}$.

3. 证明 $\overline{z_1\cdot z_2}=\overline{z_1}\cdot\overline{z_2}$.

4. 求方程 $z^3=1$ 的根.

5. 若 $(1+\mathrm{i})^n=(1-\mathrm{i})^n$，求 n 的值.

6. 指出下列各题中点 z 的轨迹或所在范围.

(1) $|z-5|=2$；　　(2) $|z+\mathrm{i}|\geqslant 3$；

(3) $|z+\mathrm{i}|=|z-\mathrm{i}|$；　　(4) $\mathrm{Im}(z)\leqslant 5$.

7. 函数 $w=\dfrac{1}{z}$ 把 z 平面上的曲线 $x^2+y^2=4$ 映射成 w 平面上的什么样的曲线？

附录A 泊松分布表

$$P\{X \geqslant x\} = \sum_{k=x}^{\infty} \frac{\lambda^k}{k!} e^{-\lambda}$$

x	$\lambda=0.2$	$\lambda=0.3$	$\lambda=0.4$	$\lambda=0.5$	$\lambda=0.6$
0	1.000 000 0	1.000 000 0	1.000 000 0	1.000 000 0	1.000 000 0
1	0.181 269 2	0.259 181 8	0.329 680 0	0.323 469	0.451 188
2	0.017 523 1	0.036 936 3	0.061 551 9	0.090 204	0.121 901
3	0.001 148 5	0.003 599 5	0.007 926 3	0.014 388	0.023 115
4	0.000 056 8	0.000 265 8	0.000 776 3	0.001 752	0.003 358
5	0.000 002 3	0.000 015 8	0.000 061 2	0.000 172	0.000 394
6	0.000 000 1	0.000 000 8	0.000 004 0	0.000 014	0.000 039
7			0.000 000 2	0.000 000 1	0.000 000 3

x	$\lambda=0.7$	$\lambda=0.8$	$\lambda=0.9$	$\lambda=1.0$	$\lambda=1.2$
0	1.000 000 0	1.000 000 0	1.000 000 0	1.000 000 0	1.000 000 0
1	0.503 415	0.550 671	0.593 430	0.632 121	0.698 806
2	0.155 805	0.191 208	0.227 518	0.264 241	0.337 373
3	0.034 142	0.047 423	0.062 857	0.080 301	0.120 513
4	0.005 753	0.009 080	0.013 459	0.018 988	0.033 769
5	0.000 786	0.001 411	0.002 344	0.003 660	0.007 746
6	0.000 090	0.000 184	0.000 343	0.000 594	0.001 500
7	0.000 009	0.000 021	0.000 043	0.000 083	0.000 251
8	0.000 001	0.000 002	0.000 005	0.000 010	0.000 037
9				0.000 001	0.000 005
10					0.000 001

x	$\lambda=1.4$	$\lambda=1.6$	$\lambda=1.8$	$\lambda=2.0$	
0	1.000 000	1.000 000	1.000 000	1.000 000	
1	0.753 403	0.798 103	0.834 701	0.864 665	
2	0.408 167	0.475 069	0.537 163	0.593 994	
3	0.166 502	0.216 642	0.269 379	0.323 323	
4	0.053 725	0.078 813	0.108 708	0.142 876	
5	0.014 253	0.023 682	0.036 407	0.052 652	
6	0.003 201	0.006 040	0.010 378	0.016 563	
7	0.000 622	0.001 336	0.002 569	0.004 533	
8	0.000 107	0.000 260	0.000 562	0.001 096	
9	0.000 016	0.000 045	0.000 110	0.000 237	
10	0.000 002	0.000 007	0.000 019	0.000 046	
11		0.000 001	0.000 003	0.000 008	
12				0.000 001	

续表

x	$\lambda=2.5$	$\lambda=3.0$	$\lambda=3.5$	$\lambda=4.0$	$\lambda=4.5$	$\lambda=5.0$
0	1.000 000	1.000 000	1.000 000	1.000 000	1.000 000	1.000 000
1	0.917 915	0.950 213	0.969 803	0.981 684	0.988 891	0.993 262
2	0.712 703	0.800 852	0.864 112	0.908 422	0.938 901	0.959 572
3	0.456 187	0.576 810	0.679 153	0.761 897	0.826 422	0.875 348
4	0.242 424	0.352 768	0.463 367	0.566 530	0.657 704	0.734 974
5	0.108 822	0.184 737	0.274 555	0.371 163	0.467 896	0.559 507
6	0.042 021	0.083 918	0.142 386	0.214 870	0.297 070	0.384 039
7	0.014 187	0.033 509	0.065 288	0.110 674	0.168 949	0.237 817
8	0.004 247	0.011 905	0.026 739	0.051 134	0.086 586	0.133 372
9	0.001 140	0.003 803	0.009 874	0.021 363	0.040 257	0.068 094
10	0.000 277	0.001 102	0.003 315	0.008 132	0.017 093	0.031 828
11	0.000 062	0.000 292	0.001 019	0.002 840	0.006 669	0.013 695
12	0.000 013	0.000 071	0.000 289	0.000 915	0.002 404	0.005 453
13	0.000 002	0.000 016	0.000 076	0.000 274	0.000 805	0.002 019
14		0.000 003	0.000 019	0.000 076	0.000 252	0.000 698
15		0.000 001	0.000 004	0.000 020	0.000 074	0.000 226
16			0.000 001	0.000 005	0.000 020	0.000 069
17				0.000 001	0.000 005	0.000 020
18					0.000 001	0.000 005
19						0.000 001

附录B 标准正态分布表

$$\Phi(x)=\int_{-\infty}^{x}\frac{1}{\sqrt{2\pi}}e^{-\frac{t^2}{2}}dt=P(X\leqslant x)$$

x	0.00	0.01	0.02	0.03	0.04	0.05	0.06	0.07	0.08	0.09
0.0	0.5000	0.5040	0.5080	0.5120	0.5160	0.5199	0.5239	0.5279	0.5319	0.5359
0.1	0.5398	0.5438	0.5478	0.5517	0.5557	0.5596	0.5636	0.5675	0.5714	0.5753
0.2	0.5793	0.5832	0.5871	0.5910	0.5948	0.5987	0.6026	0.6064	0.6103	0.6141
0.3	0.6179	0.6217	0.6255	0.6293	0.6331	0.6368	0.6404	0.6443	0.6480	0.6517
0.4	0.6554	0.6591	0.6628	0.6664	0.6700	0.6736	0.6772	0.6808	0.6844	0.6879
0.5	0.6915	0.6950	0.6985	0.7019	0.7054	0.7088	0.7123	0.7157	0.7190	0.7224
0.6	0.7257	0.7291	0.7324	0.7357	0.7389	0.7422	0.7454	0.7486	0.7517	0.7549
0.7	0.7580	0.7611	0.7642	0.7673	0.7703	0.7734	0.7764	0.7794	0.7823	0.7852
0.8	0.7881	0.7910	0.7939	0.7967	0.7995	0.8023	0.8051	0.8078	0.8106	0.8133
0.9	0.8159	0.8186	0.8212	0.8238	0.8264	0.8289	0.8355	0.8340	0.8365	0.8389
1.0	0.8413	0.8438	0.8461	0.8485	0.8508	0.8531	0.8554	0.8577	0.8599	0.8621
1.1	0.8643	0.8665	0.8686	0.8708	0.8729	0.8749	0.8770	0.8790	0.8810	0.8830
1.2	0.8849	0.8869	0.8888	0.8907	0.8925	0.8944	0.8962	0.8980	0.8997	0.9015
1.3	0.9032	0.9049	0.9066	0.9082	0.9099	0.9115	0.9131	0.9147	0.9162	0.9177
1.4	0.9192	0.9207	0.9222	0.9236	0.9251	0.9265	0.9279	0.9292	0.9306	0.9319
1.5	0.9332	0.9345	0.9357	0.9370	0.9382	0.9394	0.9406	0.9418	0.9430	0.9441
1.6	0.9452	0.9463	0.9474	0.9484	0.9495	0.9505	0.9515	0.9525	0.9535	0.9535
1.7	0.9554	0.9564	0.9573	0.9582	0.9591	0.9599	0.9608	0.9616	0.9625	0.9633
1.8	0.9641	0.9648	0.9656	0.9664	0.9672	0.9678	0.9686	0.9693	0.9700	0.9706
1.9	0.9713	0.9719	0.9726	0.9732	0.9738	0.9744	0.9750	0.9756	0.9762	0.9767
2.0	0.9772	0.9778	0.9783	0.9788	0.9793	0.9798	0.9803	0.9808	0.9812	0.9817
2.1	0.9821	0.9826	0.9830	0.9834	0.9838	0.9842	0.9846	0.9850	0.9854	0.9857
2.2	0.9861	0.9864	0.9868	0.9871	0.9874	0.9878	0.9881	0.9884	0.9887	0.9890
2.3	0.9893	0.9896	0.9898	0.9901	0.9904	0.9906	0.9909	0.9911	0.9913	0.9916
2.4	0.9918	0.9920	0.9922	0.9925	0.9927	0.9929	0.9931	0.9932	0.9934	0.9936
2.5	0.9938	0.9940	0.9941	0.9943	0.9945	0.9946	0.9948	0.9949	0.9951	0.9952
2.6	0.9953	0.9955	0.9956	0.9957	0.9959	0.9960	0.9961	0.9962	0.9963	0.9964
2.7	0.9965	0.9966	0.9967	0.9968	0.9969	0.9970	0.9971	0.9972	0.9973	0.9974
2.8	0.9974	0.9975	0.9976	0.9977	0.9977	0.9978	0.9979	0.9979	0.9980	0.9981
2.9	0.9981	0.9982	0.9982	0.9983	0.9984	0.9984	0.9985	0.9985	0.9986	0.9986
3	0.9987	0.9990	0.9993	0.9995	0.9997	0.9998	0.9998	0.9999	0.9999	1.0000
4	1	—	—	—	—	—	—	—	—	—

附录C χ^2 分布表

$P\{\chi^2(n) > \chi^2_\alpha(n)\} = \alpha$

n	$\alpha=0.995$	$\alpha=0.99$	$\alpha=0.975$	$\alpha=0.95$	$\alpha=0.90$	$\alpha=0.75$
1	—	—	0.001	0.004	0.016	0.102
2	0.010	0.020	0.051	0.103	0.211	0.575
3	0.072	0.115	0.216	0.352	0.584	1.213
4	0.207	0.297	0.484	0.711	1.064	1.923
5	0.412	0.554	0.831	1.145	1.610	2.675
6	0.676	0.872	1.237	1.635	2.204	3.455
7	0.989	1.239	1.690	2.167	2.833	4.255
8	1.344	1.646	2.180	2.733	3.490	5.071
9	1.735	2.088	2.700	3.325	4.168	5.899
10	2.156	2.558	3.247	3.940	4.865	6.737
11	2.603	3.053	3.816	4.575	5.578	7.584
12	3.074	3.571	4.404	5.226	6.304	8.438
13	3.565	4.107	5.009	5.892	7.042	9.299
14	4.705	4.660	5.629	6.571	7.790	10.165
15	4.601	5.229	6.262	7.261	8.547	11.037
16	5.142	5.812	6.908	7.962	9.312	11.912
17	5.697	6.408	7.564	8.672	10.085	12.792
18	6.265	7.015	8.231	9.390	10.865	13.675
19	6.884	7.633	8.907	10.117	11.651	14.562
20	7.434	8.260	9.591	10.851	12.443	15.452
21	8.034	8.897	10.283	11.591	13.240	16.344
22	8.643	9.542	10.982	12.338	14.042	17.240
23	9.260	10.196	11.689	13.091	14.848	18.137
24	9.886	10.856	12.401	13.848	15.659	19.037
25	10.520	11.524	13.120	14.611.	16.473	19.939
26	11.160	12.198	13.844	15.379	17.292	20.843
27	11.808	12.879	14.573	16.151	18.114	21.749
28	12.461	13.565	15.308	16.928	18.939	22.657
29	13.121	14.257	16.047	17.708	19.768	23.567
30	13.787	14.954	16.791	18.493	20.599	24.478
31	14.458	15.655	17.539	19.281	21.431	25.390
32	15.131	16.362	18.291	20.072	22.271	26.304
33	15.815	17.074	19.047	20.867	23.110	27.219
34	16.501	17.789	19.806	21.664	23.952	27.136
35	17.192	18.509	20.569	22.465	24.797	29.054

续表

n	$\alpha=0.995$	$\alpha=0.99$	$\alpha=0.975$	$\alpha=0.95$	$\alpha=0.90$	$\alpha=0.75$
36	17.887	19.233	21.336	23.269	25.643	29.973
37	18.586	19.960	22.106	24.075	26.492	30.893
38	19.289	20.691	22.878	24.884	27.343	31.815
39	19.996	21.426	23.654	25.695	28.196	32.737
40	20.707	22.164	24.433	26.509	29.051	33.660
41	21.421	22.906	25.215	27.326	29.907	34.585
42	22.138	23.650	25.999	28.144	30.765	35.510
43	22.859	24.398	26.785	28.965	31.625	36.436
44	23.584	25.148	27.575	29.787	32.487	37.363
45	24.311	25.901	28.366	30.612	33.350	38.291

n	$\alpha=0.25$	$\alpha=0.10$	$\alpha=0.05$	$\alpha=0.025$	$\alpha=0.01$	$\alpha=0.005$
1	1.323	2.706	3.841	5.024	6.635	7.879
2	2.773	4.605	5.991	7.378	9.210	10.597
3	4.108	6.251	7.815	9.348	11.345	12.838
4	5.385	7.779	9.488	11.143	13.277	14.860
5	6.626	9.236	11.071	12.833	15.086	16.750
6	7.841	10.645	12.592	14.449	16.812	18.548
7	9.037	12.017	14.067	16.013	18.475	20.278
8	10.219	13.362	15.507	17.535	20.090	21.995
9	11.389	14.684	16.919	19.023	21.666	23.589
10	12.549	15.987	18.307	20.483	23.209	25.188
11	13.701	17.275	19.675	21.920	24.725	26.757
12	14.845	18.549	21.026	23.337	26.217	28.299
13	15.984	19.812	22.362	24.736	27.688	29.819
14	17.117	21.064	23.685	26.119	29.141	31.319
15	18.245	22.307	24.996	27.488	30.578	32.801
16	19.369	23.542	26.296	28.845	32.000	34.267
17	20.489	24.769	27.587	30.191	33.409	35.718
18	21.605	25.989	28.869	31.526	34.805	37.156
19	22.718	27.204	30.144	32.852	36.191	38.582
20	23.828	28.412	31.410	34.170	37.566	39.997
21	24.935	29.615	32.671	35.479	38.932	41.401
22	26.039	30.813	33.924	36.781	40.289	42.796
23	27.141	32.007	35.172	38.076	41.638	44.181
24	28.241	33.196	36.415	39.364	42.980	45.559
25	29.339	34.382	37.652	40.646	44.314	46.928
26	30.435	35.563	38.885	41.923	45.642	48.290
27	31.528	36.741	40.113	43.194	46.963	49.645
28	32.620	37.916	41.337	44.461	48.273	50.993
29	33.711	39.087	42.557	45.722	49.588	52.336
30	34.800	40.256	43.773	46.979	50.892	53.672

续表

n	$\alpha=0.25$	$\alpha=0.10$	$\alpha=0.05$	$\alpha=0.025$	$\alpha=0.01$	$\alpha=0.005$
31	35.887	41.422	44.985	48.232	52.191	55.003
32	36.973	42.585	46.194	49.480	53.486	56.328
33	38.058	43.745	47.400	50.725	54.776	57.648
34	39.141	44.903	48.602	51.966	56.061	58.964
35	40.223	46.059	49.802	53.203	57.342	60.275
36	41.304	47.212	50.998	54.437	58.619	61.581
37	42.383	48.363	52.192	55.668	59.892	62.883
38	43.462	49.513	53.384	56.896	61.162	64.181
39	44.539	50.660	54.572	58.120	62.428	65.476
40	45.616	51.805	55.758	59.342	63.691	66.766
41	46.692	52.949	56.942	60.561	64.950	68.053
42	47.766	54.090	58.124	61.777	66.206	69.336
43	48.840	55.230	59.304	62.990	67.459	70.616
44	49.913	56.369	60.481	64.201	68.710	71.393
45	50.985	57.505	61.656	65.410	69.957	73.166

附录D t 分 布 表

$$P\{t(n)>t_n(n)\}=\alpha$$

n	$\alpha=0.25$	$\alpha=0.10$	$\alpha=0.05$	$\alpha=0.025$	$\alpha=0.01$	$\alpha=0.005$
1	1.0000	3.0777	6.3138	12.7062	31.8207	63.6574
2	0.8165	1.8856	2.9200	4.3037	6.9646	9.9248
3	0.7649	1.6377	2.3534	3.1824	4.5407	5.8409
4	0.7407	1.5332	2.1318	2.7764	3.7469	4.6041
5	0.7267	1.4759	2.0150	2.5706	3.3649	4.0322
6	0.7176	1.4398	1.9432	2.4469	3.1427	3.7074
7	0.7111	1.4149	1.8946	2.3646	2.9980	3.4995
8	0.7064	1.3968	1.8595	2.3060	2.8965	3.3554
9	0.7027	1.3830	1.8331	2.2622	2.8214	3.2498
10	0.6998	1.3722	1.8125	2.2281	2.7638	3.1693
11	0.6974	1.3634	1.7959	2.2010	2.7181	3.1058
12	0.6955	1.3562	1.7823	2.1788	2.6810	3.0545
13	0.6938	1.3502	1.7709	2.1604	2.6503	3.0123
14	0.6924	1.3450	1.7613	2.1448	2.6245	2.9768
15	0.6912	1.3406	1.7531	2.1315	2.6025	2.9467
16	0.6901	1.3368	1.7459	2.1199	2.5835	2.9208
17	0.6892	1.3334	1.7396	2.1098	2.5669	2.8982
18	0.6884	1.3304	1.7341	2.1009	2.5524	2.8784
19	0.6876	1.3277	1.7291	2.0930	2.5395	2.8609
20	0.6870	1.3253	1.7247	2.0860	2.5280	2.8453
21	0.6864	1.3232	1.7207	2.0796	2.5177	2.8314
22	0.6858	1.3212	1.7171	2.0739	2.5083	2.8188
23	0.6853	1.3195	1.7139	2.0687	2.4999	2.8073
24	0.6848	1.3178	1.7109	2.0639	2.4922	2.7969
25	0.6844	1.3163	1.7108	2.0595	2.4851	2.7874
26	0.6840	1.3150	1.7056	2.0555	2.4786	2.7787
27	0.6837	1.3137	1.7033	2.0518	2.4727	2.7707
28	0.6834	1.3125	1.7011	2.0484	2.4671	2.7633
29	0.6830	1.3114	1.6991	2.0452	2.4620	2.7564
30	0.6828	1.3104	1.6973	2.0423	2.4573	2.7500
31	0.6825	1.3095	1.6955	2.0395	2.4528	2.7440
32	0.6822	1.3086	1.6939	2.0369	2.4487	2.7385
33	0.6820	1.3077	1.6924	2.0345	2.4448	2.7333
34	0.6818	1.3070	1.6909	2.0322	2.4411	2.7284
35	0.6816	1.3062	1.6896	2.0301	2.4377	2.7238

续表

n	$\alpha=0.25$	$\alpha=0.10$	$\alpha=0.05$	$\alpha=0.025$	$\alpha=0.01$	$\alpha=0.005$
36	0.6814	1.3055	1.6883	2.0281	2.4345	2.7195
37	0.6812	1.3049	1.6871	2.0262	2.4314	2.7154
38	0.6810	1.3042	1.6860	2.0244	2.4286	2.7116
39	0.6808	1.3036	1.6849	2.0227	2.4258	2.7079
40	0.6807	1.3031	1.6839	2.0211	2.4233	2.7045
41	0.6805	1.3025	1.6829	2.0195	2.4208	2.7012
42	1.6804	1.3020	1.6820	2.0181	2.4185	2.6981
43	1.6802	1.3016	1.6811	2.0167	2.4163	2.6951
44	1.6801	1.3011	1.6802	2.0154	2.4141	2.6923
45	0.6800	1.3006	1.6794	2.0141	2.4121	2.6896

附录E F 分 布 表

F分布表

$$P\{F(n_1, n_2) > F_\alpha(n_1, n_2)\} = \alpha$$

$$\alpha = 0.10$$

n_2 \ n_1	1	2	3	4	5	6	7	8	9
1	39.86	49.50	53.59	55.33	51.24	58.20	58.91	59.44	59.86
2	8.53	9.00	9.16	9.24	6.29	9.33	9.35	9.37	9.38
3	5.54	5.46	5.39	5.34	5.31	5.28	5.27	5.25	5.24
4	4.54	4.32	4.19	4.11	4.05	4.01	3.98	3.95	3.94
5	4.06	3.78	3.62	3.52	3.45	3.40	3.37	3.34	3.32
6	3.78	3.46	3.29	3.18	3.11	3.05	3.01	2.98	2.96
7	3.59	3.26	3.07	2.96	2.88	2.83	2.78	2.75	2.72
8	3.46	3.11	2.92	2.81	2.73	2.67	2.62	2.59	2.56
9	3.36	3.01	2.81	2.69	2.61	2.55	2.51	2.47	2.44
10	3.20	2.92	2.73	2.61	2.52	2.46	2.41	2.38	2.35
11	3.23	2.86	2.66	2.54	2.45	2.39	2.34	2.30	2.27
12	3.18	2.81	2.61	2.48	2.39	2.33	2.28	2.24	2.21
13	3.14	2.76	2.56	2.43	2.35	2.28	2.23	2.20	2.16
14	3.10	2.73	2.52	2.39	2.31	2.24	2.19	2.15	2.12
15	3.07	2.70	2.49	2.36	2.27	2.21	2.16	2.12	2.09
16	3.05	2.67	2.46	2.33	2.24	2.18	2.13	2.09	2.06
17	3.03	2.64	2.44	2.31	2.22	2.15	2.10	2.06	2.03
18	3.01	2.62	2.42	2.29	2.20	2.13	2.08	2.04	2.00
19	2.99	2.61	2.40	2.27	2.18	2.11	2.06	2.02	1.98
20	2.97	2.50	2.38	2.25	2.16	2.09	2.04	2.00	1.96
21	2.96	9.57	2.36	2.23	2.14	2.08	2.02	1.98	1.95
22	2.95	2.56	2.35	2.22	2.13	2.06	2.01	1.97	1.93
23	2.94	2.55	2.34	2.21	2.11	2.05	1.99	1.95	1.92
24	2.93	2.54	2.33	2.19	2.10	2.04	1.98	1.94	1.91
25	2.92	2.53	2.32	2.18	2.09	2.02	1.97	1.93	1.89
26	2.91	2.52	2.31	2.17	2.08	2.01	1.96	1.92	1.88
27	2.90	2.51	2.30	2.17	2.07	2.00	1.95	1.91	1.87
28	2.89	2.50	2.29	2.16	2.60	2.00	1.94	1.90	1.87
29	2.89	2.50	2.28	2.15	2.06	1.99	1.93	1.89	1.86
30	2.88	2.49	2.22	2.14	2.05	1.98	1.93	1.88	1.85
40	2.84	2.41	2.23	2.00	2.00	1.93	1.87	1.83	1.79
60	2.79	2.39	2.18	2.04	1.95	1.87	1.82	1.77	1.74
120	2.75	2.35	2.13	1.99	1.90	1.82	1.77	1.72	1.68
∞	2.71	2.30	2.08	1.94	1.85	1.77	1.72	1.67	1.63

续表

n_2 \ n_1	10	12	15	20	24	30	40	60	120	∞
1	60.19	60.71	61.22	61.74	62.06	62.26	62.53	62.79	63.06	63.33
2	9.39	9.41	9.42	9.44	9.45	9.46	9.47	9.47	9.48	9.49
3	5.23	5.22	5.20	5.18	5.18	5.17	5.16	5.15	5.14	5.13
4	3.92	3.90	3.87	3.84	3.83	3.82	3.80	3.79	3.78	3.76
5	3.30	3.27	3.24	3.21	3.19	3.17	3.16	3.14	3.12	3.10
6	2.94	2.90	2.87	2.84	2.82	2.80	2.78	2.76	2.74	2.72
7	2.70	2.67	2.63	2.59	2.58	2.56	2.54	2.51	2.49	2.47
8	2.54	2.50	2.46	2.42	2.40	2.38	2.36	2.34	2.32	2.29
9	2.42	2.38	2.34	2.30	2.28	2.25	2.23	2.21	2.18	2.16
10	2.32	2.28	2.24	2.20	2.18	2.16	2.13	2.11	2.08	2.06
11	2.25	2.21	2.17	2.12	2.10	2.08	2.05	2.03	2.00	1.97
12	2.19	2.15	2.10	2.06	2.04	2.01	1.99	1.96	1.93	1.90
13	2.14	2.10	2.05	2.01	1.98	1.96	1.93	1.90	1.88	1.85
14	2.10	2.05	2.01	1.96	1.94	1.91	1.89	1.82	1.83	1.80
15	2.06	2.02	1.97	1.92	1.90	1.87	1.85	1.82	1.79	1.76
16	2.03	1.99	1.94	1.89	1.87	1.84	1.81	1.78	1.75	1.72
17	2.00	1.96	1.91	1.86	1.84	1.81	1.78	1.75	1.72	1.69
18	1.98	1.93	1.89	1.84	1.81	1.78	1.75	1.72	1.69	1.66
19	1.96	1.91	1.86	1.81	1.79	1.76	1.73	1.70	1.67	1.63
20	1.94	1.89	1.84	1.79	1.77	1.74	1.71	1.68	1.64	1.61
21	1.92	1.87	1.83	1.78	1.75	1.72	1.69	1.66	1.62	1.59
22	1.90	1.86	1.81	1.76	1.73	1.70	1.67	1.64	1.60	1.57
23	1.89	1.84	1.80	1.74	1.72	1.69	1.66	1.62	1.59	1.55
24	1.88	1.83	1.78	1.73	1.70	1.67	1.64	1.61	1.57	1.53
25	1.87	1.82	1.77	1.72	1.69	1.66	1.63	1.59	1.56	1.52
26	1.86	1.81	1.76	1.71	1.68	1.65	1.61	1.58	1.54	1.50
27	1.85	1.80	1.75	1.70	1.67	1.64	1.60	1.57	1.53	1.49
28	1.84	1.79	1.74	1.69	1.66	1.63	1.59	1.56	1.52	1.48
29	1.83	1.78	1.73	1.68	1.65	1.62	1.58	1.55	1.51	1.47
30	1.82	1.77	1.72	1.67	1.64	1.61	1.57	1.54	1.50	1.46
40	1.76	1.71	1.66	1.61	1.57	1.54	1.51	1.47	1.42	1.38
60	1.71	1.66	1.60	1.54	1.51	1.48	1.44	1.40	1.35	1.29
120	1.65	1.60	1.55	1.48	1.45	1.41	1.37	1.32	1.26	1.19
∞	1.60	1.55	1.49	1.42	1.38	1.34	1.30	1.24	1.17	1.00

续表

α=0.05

n_2 \ n_1	1	2	3	4	5	6	7	8	9
1	161.4	199.5	215.7	224.6	230.2	234.0	236.8	238.9	240.5
2	18.51	19.00	19.16	19.25	19.30	19.33	19.35	19.37	19.38
3	10.13	9.55	9.28	9.12	9.90	8.94	8.89	8.85	8.81
4	7.71	6.94	6.59	6.39	6.26	6.16	6.09	6.04	6.00
5	6.61	5.79	5.41	5.19	5.05	4.95	4.88	4.82	4.77
6	5.99	5.14	4.76	4.53	4.39	4128	4.21	4.15	4.10
7	5.59	4.74	4.35	4.12	3.97	3.87	3.79	3.73	3.68
8	5.32	4.46	4.07	3.84	3.69	3.58	3.50	3.44	3.69
9	5.12	4.26	3.86	3.63	3.48	3.37	3.29	3.23	3.18
10	4.96	4.10	3.71	3.48	3.33	3.22	3.14	3.07	3.02
11	4.84	3.98	3.59	3.36	3.20	3.09	3.01	2.95	2.90
12	4.75	3.89	3.49	3.26	3.11	3.00	2.91	2.85	2.80
13	4.67	3.81	3.41	3.18	3.03	2.92	2.83	2.77	2.71
14	4.60	3.74	3.34	3.11	2.96	2.85	2.76	2.70	2.65
15	4.54	3.68	3.29	3.06	2.90	2.79	2.71	2.64	2.59
16	4.49	3.63	3.24	3.01	2.85	2.74	2.66	2.59	2.54
17	4.45	3.59	3.20	2.96	2.81	2.70	2.61	2.55	2.49
18	4.41	3.55	3.16	2.93	2.77	2.66	2.58	2.51	2.46
19	4.38	3.52	3.13	2.90	2.74	2.63	2.54	2.48	2.42
20	4.35	3.49	3.10	2.87	2.71	2.60	2.51	2.45	2.39
21	4.32	3.47	3.07	2.84	2.68	2.57	2.49	2.42	2.37
22	4.30	3.44	3.05	2.82	2.66	2.55	2.46	2.40	2.34
23	4.28	3.42	3.03	2.80	2.64	2.53	2.44	2.37	2.32
24	4.26	3.40	3.01	2.78	2.62	2.51	2.42	2.36	2.30
25	4.24	3.39	2.99	2.76	2.60	2.49	2.40	2.34	2.28
26	4.23	3.37	2.98	2.74	2.59	2.47	2.39	2.32	2.27
27	4.21	3.35	2.96	2.73	2.57	2.46	2.37	2.31	2.25
28	4.20	3.34	2.95	2.71	2.56	2.45	2.36	2.29	2.24
29	4.18	3.33	2.93	2.70	2.55	2.43	2.35	2.28	2.22
30	4.17	3.32	2.92	2.69	2.53	2.42	2.33	2.27	2.21
40	4.08	3.23	2.84	2.61	2.45	2.34	2.25	2.18	2.12
60	4.00	3.15	2.76	2.53	2.37	2.25	2.17	2.10	2.04
120	3.92	3.07	2.68	2.45	2.29	2.17	2.09	2.02	1.96
∞	3.84	3.00	2.60	2.37	2.21	2.10	2.01	1.94	1.88

续表

n_2 \ n_1	10	12	15	20	24	30	40	60	120	∞
1	241.9	243.9	245.9	248.0	249.1	250.1	251.1	252.2	253.3	254.3
2	19.40	19.41	19.43	19.45	19.45	19.46	19.47	19.48	19.49	19.50
3	8.79	8.74	8.70	8.66	8.64	8.62	8.59	8.57	8.55	8.53
4	5.96	5.91	5.86	5.80	5.77	5.75	5.72	5.69	5.66	5.63
5	4.74	4.68	4.62	4.56	4.53	4.50	4.46	4.43	4.40	4.36
6	4.06	4.00	3.94	3.87	3.84	3.81	3.77	3.74	3.70	3.67
7	3.64	3.57	3.51	3.44	3.41	3.38	3.34	3.30	3.27	3.23
8	3.35	3.28	3.22	3.15	3.12	3.08	3.04	3.01	2.97	2.93
9	3.14	3.07	3.01	2.94	2.90	2.86	2.83	2.79	2.75	2.71
10	2.98	2.91	2.85	2.77	2.74	2.70	2.66	2.62	2.58	2.54
11	2.85	2.79	2.72	2.65	2.61	2.57	2.53	2.49	2.45	2.40
12	2.75	2.69	2.62	2.54	2.51	2.47	2.43	2.38	2.34	2.30
13	2.67	2.60	2.53	2.46	2.42	2.38	2.34	2.30	2.25	2.21
14	2.60	2.53	2.46	2.39	2.35	2.31	2.27	2.22	2.18	2.13
15	2.54	2.48	2.40	2.33	2.29	2.25	2.20	2.16	2.11	2.07
16	2.49	2.42	2.35	2.28	2.24	2.19	2.15	2.11	2.06	2.01
17	2.45	2.38	2.31	2.23	2.19	2.15	2.10	2.06	2.01	1.96
18	2.41	2.34	2.27	2.19	2.15	2.11	2.06	2.02	1.97	1.92
19	2.38	2.31	2.23	2.16	2.11	2.07	2.03	1.98	1.93	1.88
20	2.35	2.28	2.20	2.12	2.08	2.04	1.99	1.95	1.90	1.84
21	2.32	2.25	2.18	2.10	2.05	2.01	1.96	1.92	1.87	1.81
22	2.30	2.23	2.15	2.07	2.03	1.98	1.94	1.89	1.84	1.78
23	2.27	2.20	2.13	2.05	2.01	1.96	1.91	1.86	1.81	1.76
24	2.25	2.18	2.11	2.03	1.98	1.94	1.89	1.84	1.79	1.73
25	2.24	2.16	2.09	2.01	1.96	1.92	1.87	1.82	1.77	1.71
26	2.22	2.15	1.07	1.99	1.95	1.90	1.85	1.80	1.75	1.69
27	2.20	2.13	1.06	1.97	1.93	1.88	1.84	1.79	1.73	1.67
28	2.19	2.12	1.04	1.96	1.91	1.87	1.82	1.77	1.71	1.65
29	2.18	2.10	1.03	1.94	1.90	1.85	1.81	1.75	1.70	1.64
30	2.16	2.09	2.01	1.93	1.89	1.84	1.79	1.74	1.68	1.62
40	2.08	2.00	1.92	1.84	1.79	1.74	1.69	1.64	1.58	1.51
60	1.99	1.92	1.84	1.75	1.70	1.65	1.59	1.53	1.47	1.39
120	1.91	1.83	1.75	1.66	1.61	1.55	1.50	1.43	1.35	1.25
∞	1.83	1.75	1.67	1.57	1.52	1.46	1.39	1.32	1.22	1.00

续表

α=0.025

n_2 \ n_1	1	2	3	4	5	6	7	8	9
1	647.8	799.5	864.2	899.6	921.8	937.1	948.2	956.7	963.3
2	38.51	39.00	39.17	39.25	139.30	39.33	39.36	39.37	39.39
3	17.44	16.04	15.44	15.10	14.88	14.73	14.62	14.54	14.47
4	12.22	10.65	9.98	9.60	9.36	9.20	9.07	8.98	8.90
5	10.01	8.43	7.76	7.39	7.15	6.98	6.85	6.76	6.68
6	8.81	7.26	6.60	6.23	5.99	5.82	5.70	5.60	5.52
7	8.07	6.54	5.89	5.52	5.29	5.12	4.99	4.90	4.82
8	7.57	6.06	5.42	5.05	4.82	4.65	4.53	4.43	4.36
9	7.21	5.71	5.08	4.72	4.48	4.32	4.20	4.10	4.03
10	6.94	5.46	4.83	4.47	4.24	4.07	3.95	3.85	3.78
11	6.72	5.26	4.63	4.28	4.04	3.88	3.76	3.66	3.59
12	6.55	5.10	4.47	4.12	3.89	3.73	3.61	3.51	3.44
13	6.41	4.97	4.35	4.00	3.77	3.60	3.48	3.39	3.31
14	6.30	4.86	4.24	3.89	3.66	3.50	3.38	3.29	3.21
15	6.20	4.77	4.15	3.80	3.58	3.41	3.29	3.30	3.12
16	6.12	4.69	4.08	3.73	3.50	3.34	3.22	3.12	3.05
17	6.04	4.62	4.01	3.66	3.44	3.28	3.16	3.06	2.98
18	5.98	4.56	3.95	3.61	3.38	3.22	3.10	3.01	2.93
19	5.92	4.51	3.90	3.56	3.33	3.17	3.05	2.96	2.88
20	5.87	4.46	3.86	3.51	3.29	3.13	3.01	2.91	2.84
21	5.83	4.42	3.82	3.48	3.25	3.09	2.97	2.87	2.80
22	5.79	4.38	3.78	3.44	3.22	3.05	2.93	2.84	2.76
23	5.75	4.35	3.75	3.41	3.18	3.02	2.90	2.81	2.73
24	5.72	4.32	3.72	3.38	3.15	2.99	2.87	2.78	2.70
25	5.69	4.29	3.69	3.35	3.13	2.97	2.85	2.75	2.68
26	5.66	4.27	3.67	3.33	3.10	2.94	2.82	2.73	2.65
27	5.63	4.24	3.65	3.31	3.08	2.92	2.80	2.71	2.63
28	5.61	4.22	3.63	3.29	3.06	2.90	2.78	2.69	2.61
29	5.59	4.20	3.61	3.27	3.04	2.88	2.76	2.67	2.59
30	5.57	4.18	3.59	3.25	3.03	2.87	2.75	2.65	2.57
40	5.42	4.05	3.46	3.13	2.90	2.74	2.62	2.53	2.45
60	5.29	3.93	3.34	3.01	2.79	2.63	2.51	2.41	2.33
120	5.15	3.80	3；23	2.89	2.67	2.52	2.39	2.30	2.22
∞	5.02	3.69	3.12	2.79	2.57	2.41	2.29	2.19	2.11

续表

n_2 \ n_1	10	12	15	20	24	30	40	60	120	∞
1	968.6	976.7	984.9	993.1	997.2	1001	1006	1010	1014	1018
2	39.40	39.41	39.43	39.45	39.46	39.46	39.47	39.48	39.49	39.50
3	14.42	14.34	14.25	14.17	14.12	14.08	14.04	13.99	13.95	13.90
4	8.84	8.75	8.66	8.56	8.51	8.46	8.41	8.36	8.31	8.26
5	6.62	6.52	6.43	6.33	6.28	6.23	6.18	6.12	6.07	6.02
6	5.46	5.37	5.27	5.17	5.12	5.07	5.01	4.96	4.90	4.85
7	4.76	4.67	4.57	4.47	4.42	4.36	4.31	4.25	4.20	4.14
8	4.30	4.20	4.10	4.00	3.95	3.89	3.84	3.78	3.73	3.67
9	3.96	3.87	3.77	3.67	3.61	3.56	3.51	3.45	3.39	3.33
10	3.72	3.62	3.52	3.42	3.37	3.31	3.26	3.20	3.14	3.08
11	3.53	3.43	3.33	3.23	3.17	3.12	3.06	3.00	2.94	2.88
12	3.37	3.28	3.18	3.07	3.02	2.96	2.91	2.85	2.79	2.72
13	3.25	3.15	3.05	2.95	2.89	2.84	2.78	2.72	2.66	2.60
14	3.15	3.05	2.95	2.84	2.79	2.73	2.67	2.61	2.55	2.49
15	3.06	2.96	2.86	2.76	2.70	2.64	2.59	2.52	2.46	2.40
16	2.99	2.89	2.79	2.68	2.63	2.57	2.51	2.45	2.38	2.32
17	2.92	2.82	2.72	2.62	2.56	2.50	2.44	2.38	2.32	2.25
18	2.87	2.77	2.67	2.56	2.50	2.44	2.38	2.32	2.26	2.19
19	2.82	2.72	2.62	2.51	2.45	2.39	2.35	2.27	2.20	2.13
20	2.77	2.68	2.57	2.46	2.41	2.35	2.29	2.22	2.16	2.09
21	2.73	2.64	2.53	2.42	2.37	2.3f	2.25	2.18	2.11	2.04
22	2.70	2.60	2.50	2.39	2.33	2.27	2.21	2.14	2.08	2.00
23	2.67	2.57	2.47	2.36	2.30	2.24	2.18	2.11	2.04	1.97
24	2.64	2.54	2.44	2.33	2.27	2.21	2.15	2.08	2.01	1.94
25	2.61	2.51	2.41	2.30	2.24	2.18	2.12	2.05	1.98	1.91
26	2.59	2.49	2.39	2.28	2.22	2.16	2.09	2.03	1.95	1.88
27	2.57	2.47	2.36	2.25	2.19	2.13	2.07	2.00	1.93	1.85
28	2.55	2.45	2.34	2.23	2.17	2.11	2.05	1.98	1.91	1.83
29	2.53	2.43	2.32	2.21	2.15	2.09	2.03	1.96	1.89	1.81
30	2.51	2.41	2.31	2.20	2.14	2.07	2.01	1.94	1.87	1.79
40	2.39	2.29	2.18	2.07	2.01	1.94	1.88	1.80	1.72	1.64
60	2.27	2.17	2.06	1.94	1.88	1.82	1.74	1.67	1.58	1.48
120	2.16	2.05	1.94	1.82	1.76	1.69	1.61	1.53	1.43	1.31
∞	2.05	1.94	1.83	1.71	1.64	1.57	1.48	1.39	1.27	1.00

续表

$\alpha=0.01$

n_2 \ n_1	1	2	3	4	5	6	7	8	9
1	4052	4999.5	5403	5625	5764	5859	5928	5982	6062
2	98.50	99.00	99.17	99.25	99.30	99.33	99.36	99.37	99.39
3	34.12	30.82	29.46	28.71	28.24	27.91	27.67	27.49	27.35
4	21.20	18.00	16.69	15.98	15.52	15.21	14.98	14.80	14.66
5	16.26	13.27	12.06	11.39	10.97	10.67	10.46	10.29	10.16
6	13.75	10.92	9.78	9.15	8.75	8.47	8.46	8.10	7.98
7	12.25	9.55	8.45	7.85	7.46	7.19	6.99	6.84	6.72
8	11.26	8.65	7.59	7.01	6.63	6.37	6.18	6.03	5.91
9	10.56	8.02	6.99	6.42	6.06	5.80	5.61	5.47	5.35
10	10.04	7.56	6.55	5.99	5.64	5.39	5.20	5.06	4.94
11	9.65	7.21	6.22	5.67	5.32	5.07	4.89	4.74	4.63
12	9.33	6.93	5.95	5.41	5.06	4.82	4.64	4.50	4.39
13	9.07	6.70	5.74	5.21	4.86	4.62	4.44	4.30	4.19
14	8.86	6.51	5.56	5.04	4.69	4.46	4.28	4.14	4.03
15	8.68	6.36	5.42	4.89	4.56	4.32	4.14	4.00	3.89
16	8.53	6.23	5.29	4.77	4.44	4.20	4.03	3.89	3.78
17	8.40	6.11	5.18	4.67	4.34	4.10	3.93	3.79	3.68
18	8.29	6.01	5.09	4.58	4.25	4.01	3.84	3.71	3.60
19	8.18	5.93	5.01	4.50	4.17	3.94	3.77	3.63	3.52
20	8.10	5.85	4.94	4.43	4.10	3.87	3.70	3.56	3.46
21	8.02	5.78	4.87	4.37	4.04	3.81	3.64	3.51	3.40
22	7.95	5.72	4.82	4.31	3.99	3.76	3.59	3.45	3.35
23	7.88	5.66	4.76	4.26	3.94	3.71	3.54	3.41	3.30
24	7.82	5.61	4.72	4.22	3.90	3.67	3.50	3.36	3.26
25	7.77	5.57	4.68	4.18	3.85	3.63	3.46	3.32	3.22
26	7.72	5.53	4.64	4.14	3.82	3.59	3.42	3.29	3.18
27	7.68	5.49	4.60	4.11	3.78	3.56	3.39	3.26	3.15
28	7.64	5.45	4.57	4.07	3.75	3.53	3.36	3.23	3.12
29	7.60	5.42	4.54	4.04	3.73	3.50	3.33	3.20	3.09
30	7.56	5.39	4.51	4.02	3.70	3.47	3.30	3.17	3.07
40	7.31	5.18	4.31	3.83	3.51	3.29	3.12	2.99	2.89
60	7.08	4.98	4.13	3.65	3.34	3.12	2.95	2.82	2.72
120	6.85	4.79	3.95	3.48	3.17	2.96	2.79	2.66	2.56
∞	6.63	4.61	3.78	3.32	3.02	2.80	2.64	2.51	2.41

续表

n_2 \ n_1	10	12	15	20	24	30	40	60	120	∞
1	6056	6106	6157	6209	6235	6261	6287	6313	6339	6366
2	99.40	99.42	99.43	99.45	99.46	99.47	99.47	99.48	99.49	99.50
3	27.23	27.05	26.87	26.69	26.60	26.50	26.41	26.32	26.22	26.13
4	14.55	14.37	14.20	14.02	13.93	13.84	13.75	13.65	13.56	13.46
5	10.05	9.29	9.72	9.55	9.47	9.38	9.29	9.20	9.11	9.02
6	7.87	7.72	7.56	7.40	7.31	7.23	7.14	7.06	6.97	6.88
7	6.62	6.47	6.31	6.16	6.07	5.99	5.91	5.82	5.74	5.65
8	5.81	5.67	5.52	5.36	5.28	5.20	5.12	5.03	4.95	4.86
9	5.26	5.11	4.96	4.81	4.73	4.65	4.57	4.48	4.40	4.31
10	4.85	4.71	4.56	4.41	4.33	4.25	4.17	4.08	4.00	3.91
11	4.54	4.40	4.25	4.10	4.02	3.95	3.86	3.78	3.69	3.60
12	4.30	4.16	4.01	3.86	3.78	3.70	3.62	3.54	3.45	3.36
13	4.10	3.96	3.82	3.66	3.59	3.51	3.43	3.34	3.25	3.17
14	3.94	3.80	3.66	3.51	3.43	3.35	3.27	3.18	3.09	3.00
15	3.80	3.67	3.52	3.37	3.29	3.21	3.13	3.05	2.96	2.87
16	3.69	3.55	3.41	3.26	.3.18	3.10	3.02	2.93	2.84	2.75
17	3.59	3.46	3.31	3.16	3.08	3.00	2.92	2.83	2.75	2.65
18	3.51	3.37	3.23	3.08	3.00	2.92	2.84	2.75	2.66	2.57
19	3.43	3.30	3.15	3.00	2.92	2.84	2.76	2.67	2.58	2.49
20	3.37	3.23	3.09	2.94	2.86	2.78	2.69	2.61	2.52	2.42
21	3.31	3.17	3.03	2.88	2.80	2.72	2.64	2.55	2.46	2.36
22	3.26	3.12	2.98	2.83	2.75	2.67	2.58	2.50	2.40	2.31
23	3.21	3.07	2.93	2.78	2.70	2.62	2.54	2.45	2.35	2.26
24	3.17	3.03	2.89	2.74	2.66	2.58	2.49	2.40	2.31	2.21
25	3.13	2.99	2.85	2.70	2.62	2.54	2.45	2.36	2.27	2.17
26	3.09	2.96	2.81	2.66	2.58	2.50	2.42	2.33	2.23	2.13
27	3.06	2：93	2.78	2.63	2.55	2.47	2.38	2.29	2.20	2.10
28	3.03	2.90	2.75	2.60	2.52	2.44	2.35	2.26	2.17	2.06
29	3.00	2.87	2.73	2.57	2.49	2.41	2.33	2.23	2.14	2.03
30	2.98	2.84	2.70	2.55	2.47	2.39	2.30	2.21	2.11	2.01
40	2.80	2.66	2.52	2.37	2.29	2.20	2.11	2.02	1.92	1.80
60	2.63	2.50	2.35	2.20	2.12	2.03	1.94	1.84	1.73	1.60
120	2.47	2.34	2.19	2.03	1.95	1.86	1.76	1.66	1.53	1.38
∞	2.32	2.18	2.04	1.88	1.79	1.70	1.59	1.47	1.32	1.00

续表

$\alpha=0.005$

n_2 \ n_1	1	2	3	4	5	6	7	8	9
1	16 211	20 000	21 615	22 500	23 056	23 437	23 715	23 925	24 091
2	198.5	199.0	199.2	199.2	199.3	199.3	199.4	199.4	199.4
3	55.55	49.80	47.47	46.19	45.39	44.84	44.43	44.13	43.88
4	31.33	26.28	24.26	23.15	22.46	21.97	21.62	21.35	21.14
5	22.78	18.31	16.53	15.56	24.94	14.51	14.20	13.96	13.77
6	18.63	14.54	12.92	12.03	21.46	11.07	10.79	10.57	10.39
7	16.24	12.40	10.88	10.05	9.52	9.16	8.89	8.68	8.51
8	14.69	11.04	9.60	8.81	8.30	7.95	7.69	7.50	7.34
9	13.61	10.11	8.72	7.96	7.47	7.13	6.88	6.69	6.54
10	12.83	9.43	8.08	7.34	6.87	6.54	6.30	6.12	5.97
11	12.23	8.91	7.60	6.88	6.42	6.10	5.86	5.68	5.54
12	11.75	8.51	7.23	6.52	6.07	5.76	4.52	5.35	5.20
13	11.37	8.19	6.93	6.23	5.79	5.48	5.25	5.08	4.94
14	11.06	7.92	6.68	6.00	5.86	5.26	5.03	4.86	4.72
15	10.80	7.70	6.48	5.80	5.37	5.07	4.85	4.67	4.54
16	10.58	7.51	6.30	5.64	5.21	4.91	4.96	4.52	4.38
17	10.38	7.35	6.16	5.50	5.07	4.78	4.56	4.39	4.25
18	10.22	7.21	6.03	5.37	4.96	4.66	4：44	4.28	4.14
19	10.07	7.09	5.92	5.27	4.85	4.56	4.34	4.18	4.04
20	9.94	6.99	5.82	5.17	4.76	4.47	4.26	4.09	3.96
21	9.83	6.89	5.73	5.09	4.68	4.39	4.18	4.01	3.88
22	9.73	6.81	5.65	5.02	4.61	4.32	4.11	3.94	3.81
23	9.63	6.73	5.58	4.95	4.54	4.26	4.05	3.88	3.75
24	9.55	6.66	5.52	4.89	4.49	4.20	3.99	3.83	3.69
25	9.48	6.60	5.46	4.84	4.43	4.15	3.94	3.78	3.64
26	9.41	6.54	5.41	4.79	4.38	4.10	3.89	3.73	3.60
27	9.34	6.49	5.36	4.74	4.34	4.06	3.85	3.69	3.56
28	9.28	6.44	5.32	4.70	4.30	4.02	3.81	3.65	3.52
29	9.23	6.40	5.28	4：66	4.26	3.98	3.77	3.61	3.48
30	9.18	6.35	5.24	4.62	4.23	3.95	3.74	3.58	3.45
40	8.83	6.07	4.98	4.37	3.99	3.71	3.51	3.35	3.22
60	8.49	5.79	4.73	4.14	3.76	3，49	3.29	3.13	3.01
120	8.18	5.54	4.50	3.92	3.55	3.28	3.09	2.93	2.81
∞	7.88	5.30	4.28	3.72	3.35	3.09	2.90	2.74	2.62

续表

n_2 \ n_1	10	12	15	20	24	30	40	60	120	∞
1	24 224	24 426	24 630	24 836	24 940	25 044	25 148	25 253	25 359	25 465
2	199.4	199.4	199.4	199.4	199.5	199.5	199.5	199.5	199.5	199.5
3	43.69	43.39	43.08	42.78	42.62	42.47	42.31	42.15	41.99	41.83
4	20.97	20.70	20.44	20.17	20.03	19.89	19.75	19.61	19.47	19.32
5	13.62	13.38	13.15	12.90	12.78	12.66	12.53	12.40	12.72	12.14
6	10.25	10.03	9.81	9.59	9.47	9.36	9.24	9.42	9.00	8.88
7	8.38	8.18	7.97	7.75	7.65	7.53	7.42	7.31	7.19	7.08
8	7.21	7.01	6.81	6.61	6.50	6.40	6.29	6.18	6.06	5.95
9	6.42	6.23	6.03	5.83	5.73	5.62	5.52	5.41	5.30	5.19
10	5.85	5.66	5.47	5.27	5.17	5.07	4.97	4.86	4.75	4.64
11	5.42	4.24	5.05	4.86	4.76	4.65	4.55	4.44	4.34	4.23
12	5.09	4.91	4.72	4.53	4.43	4.33	4.23	4.12	4.01	3.90
13	4.82	4.64	4.46	4.27	4.17	4.07	3.97	9.87	3.76	3.65
14	4.60	4.43	4.25	4.06	3.96	3.86	3.76	3.66	3.55	3.44
15	4.42	4.25	4.07	3.88	3.79	3.69	3.52	3.48	3.37	3.26
16	4.27	4.10	3.92	3.73	3.64	3.54	3.44	3.23	3.22	3.11
17	4.14	3.97	3.79	3.61	3.51	3.41	3.31	3.21	3.10	2.98
18	4.03	3.86	3.68	3.50	3.40	3.30	3.20	3.10	2.99	2.87
19	3.93	3.76	3.59	3.40	3.31	3.21	3.11	3.00	2.89	2.78
20	3.85	3.68	3.50	3.32	3.22	3.12	3.02	2.92	2.81	2.69
21	3.77	3.60	3.43	3.24	3.15	3.05	2.95	2.84	2.73	2.61
22	3.70	3.54	3.36	3.18	3.08	2.98	2.88	2.77	2.66	2.55
23	3.64	3.47	3.30	3.12	3.02	2.92	2.82	2.71	2.60	2.48
24	3.59	3.42	3.25	3.06	2.97	2.87	2.77	2.66	2.55	2.43
25	3.64	3.67	3.20	3.01	2.92	2.82	2.72	2.61	2.50	2.38
26	3.49	3.33	3.15	2.97	2.87	2.77	2.67	2.56	2.45	2.33
27	3.45	3.28	3.11	2.93	2.83	2.73	2.63	2.52	2.41	2.29
28	3.41	3.25	3.07	2.89	2.79	2.69	2.59	2.48	2.37	2.25
29	3.38	3.21	3.04	2.86	2.76	2.66	2.56	2.45	2.33	2.21
30	3.34	3.18	3.01	2.82	2.73	2.63	2.52	2.42	2.30	2.18
40	3.12	2.95	2.78	2.60	2.50	2.40	2.30	2.18	2.06	1.93
60	2.90	2.74	2.57	2.39	2.29	2.19	2.08	1.96	1.83	1.69
120	2.75	2.54	2.37	2.19	2.09	1.98	1.87	1.75	1.61	1.43
∞	2.52	2.36	2.19	2.00	1.90	1.79	1.67	1.53	1.36	1.00

附录F 习题参考答案

第一章 数理逻辑简介

课堂练习 1-1

(1) 是；(2) 否；(3) 是；(4) 否.

习题 1-1

1. (1) $\neg P$：$4\leqslant 3$，假；$\neg Q$：4 不是偶数，假；$P\wedge Q$：$4>3$ 且 4 是偶数，真；$P\vee Q$：$4>3$ 或 4 是偶数，真.

(2) $\neg P$：菱形的两条对角线不互相平分，假；$\neg Q$：菱形的两条对角线不互相垂直，假；$P\wedge Q$：菱形的两条对角线互相平分且垂直，真；$P\vee Q$：菱形的两条对角线互相平分或互相垂直，真.

(3) $\neg P$：$5\geqslant 6$，假；$\neg Q$：$5\neq 6$，真；$P\wedge Q$：$5<6$ 且 $5=6$，假；$P\vee Q$：$5<6$ 或 $5=6$，真.

2. (1) 逆命题　相等的角是对顶角．假
否命题　不是对顶角的角不相等．假
逆否命题　不相等的角不是对顶角．真

(2) 逆命题　面积相等的两个三角形全等．假
否命题　不全等的三角形面积不相等．假
逆否命题　面积不相等的两个三角形不全等．真

(3) 逆命题　定义域相同的两个函数相等．假
否命题　两个不相等的函数的定义域不相同．假
逆否命题　定义域不相同的两个函数不相等．真

(4) 逆命题　原函数相同的两个函数的导数相同．真
否命题　两个导数不相同的函数的原函数不相同．真
逆否命题　原函数不相同的两个函数的导数不相同．假

课堂练习 1-2

(1) 必要；(2) 充要；(3) 必要；(4) 必要；(5) 充要；(6) 充要；(7) 充分.

习题 1-2

(1) 必要；(2) 充分；(3) 充要；(4) 充要；(5) 充分；(6) 充要；(7) 充分；(8) 必要；(9) 充分；(10) 必要；(11) 必要.

课堂练习 1-3

(1) 不正确；大项不当扩大.

（2）不正确；两个特称前提不能得出结论.

习题 1-3

略.

自我检测一

1. 逆命题：已知 a、b 为实数，若 $a^2-4b\geqslant 0$，则 $x^2+ax+b\leqslant 0$ 有非空解集.

否命题：已知 a、b 为实数，若 $x^2+ax+b\leqslant 0$ 没有非空解集，则 $a^2-4b<0$.

逆否命题：已知 a、b 为实数，若 $a^2-4b<0$，则 $x^2+ax+b\leqslant 0$ 没有非空解集.

原命题、逆命题、否命题、逆否命题均为真命题.

2. （1）A；（2）B；（3）A；（4）A；（5）B；（6）A；（7）A；（8）A；（9）D；（10）B；（11）D；（12）C.

3. （1）不正确；四概念错误.

（2）不正确；中项不周延.

（3）不正确；两个特称前提不能得出结论.

（4）不正确；两个否定前提不能推出结论.

（5）不正确；两个特称前提不能得出结论.

（6）不正确；大项不当扩大.

（7）不正确；小项不当扩大.

4. B.

第二章　无　穷　级　数

课堂练习 2-1

1. （2）、（3）是常数项级数，（6）是函数项级数；（1）、（4）、（5）不是级数.

2. （1）$\frac{1+1}{1+1^2}$，$\frac{1+2}{1+2^2}$，$\frac{1+3}{1+3^2}$，$\frac{1+4}{1+4^2}$，$\frac{1+5}{1+5^2}$；（2）$\frac{1}{5}$，$\frac{2!}{5^2}$，$\frac{3!}{5^3}$，$\frac{4!}{5^4}$，$\frac{5!}{5^5}$；

（3）1，$\frac{1}{\sqrt{2}}$，$\frac{1}{\sqrt{3}}$，$\frac{1}{\sqrt{4}}$，$\frac{1}{\sqrt{5}}$；（4）$\frac{1}{4}$，$-\frac{1}{4^2}$，$\frac{1}{4^3}$，$-\frac{1}{4^4}$，$\frac{1}{4^5}$.

3. （1）$u_n=\frac{1}{2n-1}$；（2）$u_n=\frac{n}{n+1}$；（3）$u_n=\frac{(-1)^{n-1}}{2n}$；（4）$u_n=\frac{1}{(n+1)\ln(n+1)}$.

4. （1）B；（2）B.

习题 2-1

1. （1）$u_n=\frac{\sqrt{n}}{n^2+1}$；（2）$u_n=(-1)^{n-1}\frac{a^{n+1}}{n^2+1}$；（3）$u_n=\frac{1\times 3\times 5\times\cdots\times(2n-1)}{2^n}$.

2. （1）$0.\dot{7}=\frac{7}{9}$；（2）$0.\dot{2}\dot{1}=\frac{7}{33}$；（3）$0.20\dot{1}=\frac{181}{900}$.

3. （1）发散；（2）收敛；（3）发散.

4. （1）收敛；（2）发散；（3）发散；（4）收敛.

课堂练习 2-2

1. 充要.
2. (1) 收敛;(2) 发散;(3) 收敛;(4) 发散.
3. (1) 发散;(2) 收敛.

习题 2-2

1. (1) 发散;(2) 发散;(3) 收敛;(4) 收敛;(5) 收敛.
2. (1) 收敛;(2) 收敛;(3) 收敛;(4) 发散;(5) 收敛.
3. (1) 收敛;(2) 发散;(3) 收敛;(4) 收敛;(5) 收敛;(6) 收敛;(7) 发散.

课堂练习 2-3

1. $(-1)^{n-1}u_n$;是.
2. 不是交错级数.
3. 收敛;发散.
4. (1) 绝对收敛;(2) 条件收敛;(3) 绝对收敛.

习题 2-3

1. (1) 发散;(2) 收敛;(3) 收敛;(4) 收敛.
2. (1) 绝对收敛;(2) 绝对收敛;(3) 绝对收敛;(4) 绝对收敛;(5) 绝对收敛;(6) 条件收敛.

课堂练习 2-4

1. 不是,是,$x=-1$ 收敛,$x=\frac{1}{2}$ 发散.
2. C.
3. $2R$.
4. $\cos x$
5. $1+x+\frac{x^2}{2!}+\cdots+\frac{x^n}{n!}+\cdots$,$(-\infty<x<+\infty)$

习题 2-4

1. (1) $R=1$,$[-1, 1)$; (2) $R=0$,$x=0$;
   (3) $R=1$,$[-1, 1]$; (4) $R=\infty$,$(-\infty, +\infty)$.
2. (1) $S(x)=\frac{1}{(1-x)^2}$;(2) $S(x)=\arctan x$.
3. (1) $\sum_{n=0}^{\infty}\frac{(2x)^n}{n!}$,$(-\infty, +\infty)$;
   (2) $\sum_{n=1}^{\infty}\frac{(-1)^{n-1}}{(2n-1)!}\left(\frac{x}{2}\right)^{2n-1}$,$(-\infty, +\infty)$;

(3) $\sum_{n=0}^{\infty}\frac{(x\ln a)^n}{n!}$，$(-\infty, +\infty)$；

(4) $\ln a+\sum_{n=1}^{\infty}(-1)^{n-1}\frac{1}{n}\left(\frac{x}{a}\right)^n$，$(-a, a]$；

(5) $\frac{1}{3}\sum_{n=0}^{\infty}\left(\frac{x}{3}\right)^n$，$(-3, 3)$.

4. (1) 1.648，误差估计 10^{-2}；　　(2) 0.995 16，误差估计 10^{-4}.

5. 0.9461，误差估计 10^{-4}.

课堂练习 2-5

1. 不一定. 2. 不满足.

3. (1) $-\infty<x<+\infty$，$x\neq k\pi$ $(k=0, \pm1, \pm2, \cdots)$；

(2) 余弦，$a_1=0$，$(-\infty, +\infty)$.

习题 2-5

1. $f(x)=-\frac{\pi}{2}+\frac{4}{\pi}\left[\cos x+\frac{1}{3^2}\cos 3x+\cdots+\frac{1}{(2n-1)^2}\cos(2n-1)x+\cdots\right]$，

$(-\infty<x<+\infty)$；直流分量为 $-\frac{\pi}{2}$，基波与二次谐波之和为 $\frac{4}{\pi}\cos x$.

2. $f(x)=\frac{\pi}{4}-\frac{2}{\pi}\left[\cos x+\frac{1}{3^2}\cos 3x+\cdots+\frac{1}{(2n-1)^2}\cos(2n-1)x+\cdots\right]$

$+\left(\sin x-\frac{1}{2}\sin 2x+\frac{1}{3}\sin 3x-\cdots\right)$ $(-\infty<x<+\infty, x\neq\pm\pi, \pm3\pi, \pm5\pi, \cdots)$

直流分量为 $\frac{\pi}{4}$；

三次谐波　$-\frac{2}{3^2\pi}\cos 3x+\frac{1}{3}\sin 3x=\frac{\sqrt{9\pi^2+4}}{9\pi}\sin(3x+\varphi)$，$\tan\varphi=-\frac{2}{3\pi}$

n 次谐波　$-\frac{2}{n^2\pi}\cos nx+\frac{(-1)^{n-1}}{n}\sin nx$.

3. $f(x)=1-\frac{4}{\pi}\left(\sin x+\frac{1}{3}\sin 3x+\cdots\right)$ $(-\infty<x<+\infty, x\neq k\pi, k=0, \pm1, \pm2, \cdots)$.

课堂练习 2-6

1. $f(x)$.

2. (1) $-\infty<x<+\infty$，$x\neq 2k$，$k\in Z$.　　(2) $\frac{3}{2}$.　　(3) 正弦级数，$b_1=\frac{2}{\pi}$.

习题 2-6

1. 证明略.

2. (1) $f(t)=\frac{h}{2}+\frac{2h}{\pi}\sum_{n=1}^{\infty}\frac{1}{n}\sin\frac{n\pi}{2}t\cos\frac{n\pi}{\tau}t$，$(t\neq k\tau\pm\frac{\tau}{2}, k=0, \pm1, \pm2, \cdots)$

直流分量为$\frac{h}{2}$，基波为$\frac{2h}{\pi}\sin\frac{\pi}{2}t\cos\frac{\pi}{\tau}t$，二次谐波为$\frac{2h}{\pi}\sin\pi t\cos\frac{2\pi}{\tau}t$

(2) $f(x)=\frac{3}{2}-\frac{4}{\pi^2}\left(\cos\pi x+\frac{1}{3^2}\cos3\pi x+\frac{1}{5^2}\cos5\pi x+\cdots\right)$，　　$(-\infty<x<+\infty)$

直流分量为$\frac{3}{2}$，基波为$-\frac{4}{\pi^2}\cos\pi x$，二次谐波为0.

3. (1) $f(x)=\frac{A}{2}+\frac{2A}{\pi}\left(\sin\frac{\pi}{3}x+\frac{1}{3}\sin\pi x+\frac{1}{5}\sin\frac{5\pi}{3}x+\cdots\right)$ $(-\infty<x<+\infty,\ x\neq3k,\ k=0,1,2,\cdots)$.

(2) $f(x)=-\frac{4}{\pi}\left(\sin\pi x+\frac{1}{3}\sin3\pi x+\frac{1}{5}\sin5\pi x+\cdots\right)$ $(-\infty<x<+\infty,\ x\neq k,\ k=0,1,2,\cdots)$.

课堂练习 2-7

1. 一定收敛，但不一定收敛于$f(x)$.
2. (1) 偶；(2) $0<x\leqslant1$，0，0.
3. $x+1=\frac{2}{\pi}\sum_{n=1}^{\infty}\frac{[1-(-1)^n(\pi+1)]}{n}\sin nx, x\in(0,\pi)$

$x+1=1+\frac{\pi}{2}-\frac{4}{\pi}\sum_{k=1}^{\infty}\frac{1}{(2k-1)^2}\cos(2k-1)x, x\in[0,\pi]$

习题 2-7

1. $f(x)=2\left(\sin x-\frac{1}{2}\sin2x+\frac{1}{3}\sin3x-\frac{1}{4}\sin4x+\cdots\right)$ $(-\pi<x<\pi)$.
2. $f(x)=\frac{h}{\pi}+\frac{2}{\pi}\sum_{n=1}^{\infty}\frac{\sin nh}{n}\cos nx$ $(0\leqslant x\leqslant\pi,\ x\neq h)$.
3. $f(x)=\sum_{n=1}^{\infty}\frac{1}{n}\sin nx$ $(0<x\leqslant\pi)$.
4. (1) 正弦级数 $f(x)=\frac{2}{\pi}\left(-\sin\pi x+\frac{1}{2}\sin2\pi x-\frac{1}{3}\sin3\pi x+\cdots\right)$ $(0\leqslant x<1)$

余弦级数 $f(x)=-\frac{1}{2}+\frac{4}{\pi^2}(\cos\pi x+\frac{1}{3^2}\cos3\pi x+\cdots),(0\leqslant x\leqslant1)$

(2) 正弦级数 $f(x)=-\frac{2}{\pi}\sum_{n=1}^{\infty}\frac{1}{n}\left(\cos\frac{n\pi}{2}-1\right)\sin n\pi x$ $(0<x\leqslant1,\ x\neq\frac{1}{2})$，

余弦级数 $f(x)=\frac{1}{2}+\frac{2}{\pi}\sum_{n=1}^{\infty}\frac{1}{n}\sin\frac{n\pi}{2}\cos n\pi x$ $(0\leqslant x\leqslant1)$.

自我检测二

1. (1) $\frac{1}{2}$，$\frac{1}{(2n-1)(2n+1)}$；

(2) 必要，充分；

(3) $\ln(1+x)$；

(4) $[0, 6)$.

2. (1) D；(2) D；(3) C；(4) B；(5) C.

3. (1) 发散；(2) 收敛；(3) 发散.

4. (1) $(-e^{-1}, e^{-1})$；(2) $(-\sqrt{2}, \sqrt{2})$.

5. (1) 条件收敛；(2) 绝对收敛；(3) 条件收敛；(4) 发散.

6. 和函数 $S(x)=\frac{1}{1+x^2}$，收敛域 $(-1, 1)$.

7. $\sum\limits_{n=1}^{\infty}\frac{n!}{2^{n+1}}x^{n-1}$，$x\in(-2, 2)$.

8. (1) $f(x)=\frac{2+\pi}{4}-\frac{2}{\pi}\left(\cos x+\frac{1}{3^2}\cos 3x+\frac{1}{5^2}\cos 5x+\cdots\right)+\frac{\pi-2}{\pi}\left(\sin x+\frac{1}{3}\sin 3x+\frac{1}{5}\sin 5x+\cdots\right)-\left(\frac{1}{2}\sin 2x+\frac{1}{4}\sin 4x+\frac{1}{6}\sin 6x+\cdots\right)$ $(-\infty<x<+\infty, x\neq 2k\pi, k=0, 1, 2, \cdots)$

直流分量为$\frac{2+\pi}{4}$，基波成分为$-\frac{2}{\pi}\cos x+\frac{\pi-2}{\pi}\sin x$，

二次谐波成分为$-\frac{1}{2}\sin 2x$.

(2) $f(x)=2\left(-\sin x+\frac{1}{2}\sin 2x-\frac{1}{3}\sin 3x+\cdots\right)$

$(-\infty<x<+\infty, x\neq(2k-1)\pi, k=0, \pm 1, \pm 2, \cdots)$

直流分量为 0，基波成分为$-2\sin x$，二次谐波成分为 $\sin 2x$.

9. $f(x)=\frac{k}{2}+\frac{2k}{\pi}\left(\sin\frac{\pi}{2}x+\frac{1}{3}\sin\frac{3\pi}{2}x+\frac{1}{5}\sin\frac{5\pi}{2}x+\cdots\right)$ $(-\infty<x<+\infty, x\neq 2k, k=0, 1, 2, \cdots)$

直流分量为$\frac{k}{2}$，基波、2 次谐波、3 次谐波成分之和为$\frac{2k}{\pi}\left(\sin\frac{\pi}{2}x+\frac{1}{3}\sin\frac{3\pi}{2}x\right)$，

$f(x)$ 的傅里叶级数的和函数在点 $x=2$ 处的值为$\frac{k}{2}$.

第三章　拉普拉斯变换

课堂练习 3-1

(1) $L[f(t)]=\frac{1}{s^2}$；(2) $L[f(t)]=\frac{2}{s^2+4}$；(3) $L[f(t)]=\frac{1}{s}+\frac{2}{s^2}+\frac{1}{s-2}$；

(4) $L[f(t)]=\frac{2}{(s-1)^2+4}$；(5) $L[f(t)]=e^{-\frac{\pi}{4}s}\frac{1}{s^2+1}$.

习题 3-1

1. (1) $L[f(t)]=\frac{2}{4s^2+1}$；(2) $L[f(t)]=\frac{1}{s}(3-4e^{-2s}+e^{-4s})$；

(3) $L[f(t)]=\frac{3}{s}(1-e^{-\frac{\pi s}{2}})-\frac{1}{s^2+1}e^{-\frac{\pi s}{2}}$；(4) $L[f(t)]=\frac{2}{s^2+16}$；

(5) $L[f(t)]=\frac{5}{s+6}$；　(6) $L[f(t)]=\frac{10}{s^3}+\frac{3}{s^2}-\frac{3}{s}$.

2. (1) $L[f(t)]=\frac{1}{s}+\frac{2}{(s+3)^3}$；　(2) $L[f(t)]=\frac{s-2}{(s-2)^2+9}$；

(3) $L[f(t)]=\frac{3e^{-2s}}{s}+\frac{2e^{-s}}{s}$.

3. (1) $L[f(t)]=\frac{2as}{(s^2+a^2)^2}$；　(2) $L[f(t)]=\frac{2s-2}{(s^2-2s+2)^2}$；

(3) $L[f(t)]=\frac{2s^3-24s}{(s^2+4)^3}$.

课堂练习 3-2

(1) $f(t)=e^{-4t}$；　(2) $f(t)=\frac{t^2}{2}e^{2t}$；

(3) $f(t)=2u(t)-t$；　(4) $f(t)=4\cos 4t$.

习题 3-2

1. (1) $f(t)=5\cos 2t+\frac{1}{2}\sin 2t$；　(2) $f(t)=2\cos 6t-\frac{4}{3}\sin 6t$；

(3) $f(t)=\frac{5}{2}e^{-5t}-\frac{3}{2}e^{-3t}$；　(4) $f(t)=\frac{1}{2}-e^{-t}+\frac{1}{2}e^{-2t}$；

(5) $f(t)=e^{-2t}\sin 4t$；　(6) $f(t)=\frac{2}{9}-\frac{2}{9}e^{-3t}+\frac{t}{3}e^{-3t}$.

2. (1) $f(t)=\frac{1}{6}t^3$；　(2) $f(t)=e^t-t-1$；

(3) $f(t)=\frac{1}{2}t\sin t$；　(4) $f(t)=\frac{1}{2}t\sin\omega t$.

课堂练习 3-3

1. (1) $i(t)=5e^{-3t}-5e^{-5t}$；　(2) $y(t)=\sin\omega t$.

2. (1) $G(s)=\frac{5}{12}\frac{10s+1}{s^2+\frac{s}{5}}$；　(2) $u_{出}=-24e^{-\frac{t}{10}}+12(u(t)+e^{\frac{-t}{5}})$.

习题 3-3

1. (1) $y(t)=2-3e^t+2e^{2t}$；　(2) $x(t)=1-\frac{1}{3}e^{-t}-\frac{2}{3}e^{\frac{t}{2}}\cos\frac{\sqrt{3}}{2}t$；

(3) $y(t)=te^t\sin t$；　(4) $y(t)=2\sin t-\cos 2t$.

2. $x(t)=y(t)=e^t$.

3. $y(t)=\frac{AK}{\sqrt{1+T^2\omega^2}}\sin(\omega t-aic\tan\omega T)+\frac{AK\omega T}{\sqrt{1+\omega^2T^2}}e^{\frac{-t}{T}}$.

4. $\begin{cases}\dfrac{X(s)}{R(s)}=\dfrac{s+2}{140s^3+20s^2+28s+6}\\ \dfrac{Y(s)}{R(s)}=\dfrac{-7s^2-15s-2}{70s^3+10s^2+14s+3}\end{cases}$.

自我检测三

1. (1) $\dfrac{1}{s-1}$； (2) $\dfrac{1}{s^2+4}$； (3) $\dfrac{s^2+2}{s(s^2+4)}$；

(4) $\dfrac{2}{s}-\dfrac{3}{s}e^{-2s}+\dfrac{1}{s}e^{-4s}$； (5) $\dfrac{1}{(s-1)^2+1}$.

2. (1) $\dfrac{1}{s}-\dfrac{1}{(s+4)^2}$； (2) $\dfrac{s^2-4s+5}{(s-1)^3}$； (3) $2e^t\cos 2t+\dfrac{3}{2}e^t\sin 2t$；

(4) $\dfrac{1}{2}t^2e^{-2t}$； (5) $e^{-t}+e^{-6t}$； (6) $2\cos 3t+\sin 3t$；

(7) $\dfrac{1}{2}(e^t-e^{-t})-t$； (8) $2e^{-2t}-(\cos t+\sin t)e^{-t}$； (9) $2u(t-1)-u(t-2)$.

(10) $e^{2t}(1+2t-\dfrac{1}{2}t^2)-e^{-t}$

3. (1) $y(t)=\dfrac{1}{4}[(7+2t)e^{-t}-3e^{-3t}]$； (2) $y=te^t\sin t$；

(3) $\begin{cases}x(t)=e^t\\ y(t)=e^t\end{cases}$.

4. $G(s)=\dfrac{1}{T}\dfrac{1}{s+\dfrac{1}{T}}$，$g(t)=\dfrac{1}{T}e^{-\frac{1}{T}t}$，$G(\omega \mathrm{i})=\dfrac{1}{T}\dfrac{1}{\omega i+\dfrac{1}{T}}$.

5. (1) $\dfrac{Y(s)}{R(s)}=\dfrac{s+2}{s^3+15s^2+50s+500}$； (2) $\dfrac{Y(s)}{R(s)}=\dfrac{1}{10s^2+50s}$；

(3) $\dfrac{Y(s)}{R(s)}=\dfrac{1}{2s^2+50}$； (4) $\dfrac{Y(s)}{R(s)}=\dfrac{4s}{s^3+3s^2+6s+4}$.

第四章 线 性 代 数

课堂练习 4-1

1. (1) 0；(2) −10；(3) 18.

2. $-\begin{vmatrix}-3 & 0\\ 2 & -2\end{vmatrix}$；$-\begin{vmatrix}-3 & 4\\ 5 & 3\end{vmatrix}$.

3. $x=2$ 或 $x=-1$

习题 4-1

1. (1) C；(2) C.

2. (1) 3；(2) 6；(3) 120.

3. (1) 1；(2) $(b-a)(c-a)(c-b)$；(3) 9；(4) −18.

4. $M_{23}=\begin{vmatrix}5&-3&1\\1&0&7\\0&3&1\end{vmatrix}$，$A_{23}=-\begin{vmatrix}5&-3&1\\1&0&7\\0&3&1\end{vmatrix}$，$M_{33}=A_{33}=\begin{vmatrix}5&-3&1\\0&-2&0\\0&3&1\end{vmatrix}$.

5. $a+b+d$.

6. $x=1$，$x=2$，$x=3$.

课堂练习 4-2

1. 8，-28.　　2. 1.　　3. $x_1=3$，$x_2=4$，$x_3=-\dfrac{3}{2}$.

习题 4-2

1. (1) C；(2) B；(3) A.

2. (1) 5；(2) $(2x+y)(x-y)^2$；(3) 290.

3. (1) 2000；(2) $abcd+ab+cd+ad+1$；(3) 6；(4) x^2y^2；

(5) $[x+(n-1)a](x-a)^{n-1}$；(6) -20.

4. (1) $x_1=0$，$x_2=-3$；(2) $x=1$，$y=2$，$z=3$.

(3) $x_1=1$，$x_2=2$，$x_3=3$，$x_4=-1$；(4) $x_1=-\dfrac{15}{7}$，$x_2=0$，$x_3=\dfrac{5}{7}$，$x_4=-\dfrac{9}{7}$.

5. $\lambda=1$ 或 $\mu=0$.　6. $\lambda=0$，$\lambda=2$ 或 $\lambda=3$.　7. 略　8. $x=0$，$x=1$，$x=2$.

课堂练习 4-3

1. $x_1=\dfrac{5}{2}$，$x_2=\dfrac{1}{2}$.

2. $A+B=\begin{pmatrix}1&4&4&7\\4&0&5&4\\2&0&3&5\end{pmatrix}$，$2A-3B=\begin{pmatrix}2&-2&3&-1\\-12&-5&10&-2\\4&15&-4&-15\end{pmatrix}$.

3. $AB=\begin{pmatrix}35\\6\\49\end{pmatrix}$.

4. $A^T=\begin{pmatrix}1&0&1\\-1&1&2\\1&2&3\end{pmatrix}$.

5. $\begin{pmatrix}4&-4\\-4&4\end{pmatrix}$.

习题 4-3

1. (1) $2A=\begin{pmatrix}2&4&0\\14&-6&-4\end{pmatrix}$；　(2) $a=4$，$b=-2$，$c=0$；

(3) $\begin{pmatrix}0\\-5\\5\end{pmatrix}$；　(4) $s\times m$；

(5) -8；　(6) $(0\ \ 3\ \ 3)$；

(7) $\lambda=1$；　(8) $\begin{pmatrix}4 & -5 & 1\\0 & 1 & 1\\1 & -2 & -1\end{pmatrix}$.

2. (1) D；(2) A；(3) A.

3. (1) (10)；　(2) $\begin{pmatrix}10 & 4 & -1\\4 & -3 & -1\end{pmatrix}$.

4. -1

5. (1) $\begin{pmatrix}-2 & 7 & 13\\-2 & 1 & 11\\4 & 11 & 7\end{pmatrix}$；　(2) $\begin{pmatrix}0 & 7 & 5\\0 & -3 & 3\\2 & 7 & 3\end{pmatrix}$.

6. (1) $\begin{pmatrix}6 & -9 & 3 & 9\\6 & 13 & -21 & -12\\-15 & 23 & 9 & -17\end{pmatrix}$；　(2) $\begin{pmatrix}-7 & 5 & 2 & -5\\4 & -6 & 19 & 36\\12 & -14 & -27 & 7\end{pmatrix}$；

(3) $\begin{pmatrix}-4 & 5 & -1 & -5\\-2 & -7 & 13 & 12\\9 & -13 & -9 & 9\end{pmatrix}$.

7. $(AB)^2=\begin{pmatrix}-1 & -1\\1 & 0\end{pmatrix}$，$A^2B^2=\begin{pmatrix}-1 & 0\\2 & -1\end{pmatrix}$.

8. $x=0$，$y=1$，$u=1$，$v=-2$，$w=3$，$t=6$.

课堂练习 4-4

1. (1) $\begin{pmatrix}-2 & 1\\\frac{3}{2} & -\frac{1}{2}\end{pmatrix}$；　(2) $\begin{pmatrix}\frac{1}{4} & \frac{1}{4} & \frac{1}{4} & \frac{1}{4}\\\frac{1}{4} & \frac{1}{4} & -\frac{1}{4} & -\frac{1}{4}\\\frac{1}{4} & -\frac{1}{4} & \frac{1}{4} & -\frac{1}{4}\\\frac{1}{4} & -\frac{1}{4} & -\frac{1}{4} & \frac{1}{4}\end{pmatrix}$.

2. (1) $\begin{cases}x_1=-1\\x_2=\frac{5}{2}\\x_3=\frac{11}{2}\end{cases}$；　(2) $\begin{cases}x_1=5\\x_2=0.\\x_3=3\end{cases}$

习题 4-4

1. (1) $A^*=\begin{pmatrix}12 & 0 & 0\\-8 & 4 & 0\\-3 & -6 & 3\end{pmatrix}$；　(2) $ad-bc\neq0$；

(3) $A^{-1}=\begin{pmatrix}-1 & 1\\ -1 & \frac{3}{2}\end{pmatrix}$.

2. (1) C；(2) A；(3) B.

3. (1) $\begin{pmatrix}5 & -2\\ -2 & 1\end{pmatrix}$；　(2) $\begin{pmatrix}\sin x & \cos x\\ -\cos x & \sin x\end{pmatrix}$；

(3) $\begin{pmatrix}-2 & 1 & 0\\ -\frac{7}{6} & \frac{2}{3} & -\frac{1}{6}\\ \frac{16}{3} & -\frac{7}{3} & \frac{1}{3}\end{pmatrix}$；　(4) $\begin{pmatrix}1 & -2 & 1 & 0\\ 0 & 1 & -2 & 1\\ 0 & 0 & 1 & -2\\ 0 & 0 & 0 & 1\end{pmatrix}$；

(5) $\begin{pmatrix}1 & -a & 0 & 0\\ 0 & 1 & -a & 0\\ 0 & 0 & 1 & -a\\ 0 & 0 & 0 & 1\end{pmatrix}$；　(6) $\begin{pmatrix}1 & -1 & -2 & -4\\ 0 & 1 & 0 & -1\\ -1 & 1 & 3 & 6\\ 2 & -5 & -6 & -10\end{pmatrix}$.

4. (1) $\begin{pmatrix}2 & -23\\ 0 & 8\end{pmatrix}$；　(2) $\begin{pmatrix}1 & 1\\ \frac{1}{4} & 0\end{pmatrix}$；　(3) $\begin{pmatrix}2 & -1 & 0\\ 1 & 3 & -4\\ 1 & 0 & -2\end{pmatrix}$.

5. (1) $x_1=1$，$x_2=x_3=0$；(2) $x_1=5$，$x_2=0$，$x_3=3$.

课堂练习 4-5

(1) $r(A)=2$；　(2) $r(B)=2$；　(3) $r(C)=3$.

习题 4-5

1. (1) $\begin{vmatrix}3 & -8\\ 0 & 9\end{vmatrix}$；　(2) 3.

2. (1) $\begin{pmatrix}1 & 1 & 1 & -1\\ 0 & 0 & 3 & 2\\ 0 & 0 & 0 & 0\end{pmatrix}$；　(2) $\begin{pmatrix}2 & -1 & 3 & 1\\ 0 & 0 & 1 & -1\\ 0 & 0 & 0 & 3\\ 0 & 0 & 0 & 0\end{pmatrix}$.

3. (1) $r=2$；(2) $r=3$；(3) $r=3$；(4) $r=3$；(5) $r=3$.
(6) 当 $\lambda\neq3$ 时，$r=3$；当 $\lambda=3$ 时，$r=2$.

课堂练习 4-6

(1) $x_1=1$，$x_2=2$，$x_3=-4$；(2) $x_1=1$，$x_2=2$，$x_3=1$.

习题 4-6

1. (1) $x_1=1$，$x_2=0$，$x_3=-1$，$x_4=-2$；(2) $x_1=3$，$x_2=-1$，$x_3=2$，$x_4=1$.

2.（1）$\begin{cases} x_1=\dfrac{7}{5}+\dfrac{1}{5}x_3 \\ x_2=\dfrac{3}{5}+\dfrac{9}{5}x_3 \end{cases}$（其中 x_3 为自由未知量）．显然 x_3 任取一个数值，就相应得出 x_1、x_2 的值，从而得到方程组的一个解．因为 x_3 可以取任意值，所以原方程组有无穷多组解.

（2）方程组无解.

课堂练习 4-7

1.（1）$\begin{cases} x_1=2C_1+\dfrac{5}{3}C_2 \\ x_2=-2C_1-\dfrac{4}{3}C_2 \\ x_3=C_1 \\ x_4=C_2 \end{cases}$，（$C_1$，$C_2$ 是任意常数）；或 $\begin{pmatrix} x_1 \\ x_2 \\ x_3 \\ x_4 \end{pmatrix}=C_1\begin{pmatrix} 2 \\ -2 \\ 1 \\ 0 \end{pmatrix}+C_2\begin{pmatrix} \frac{5}{3} \\ -\frac{4}{3} \\ 0 \\ 1 \end{pmatrix}$；

（2）$\begin{cases} x_1=C \\ x_2=C \\ x_3=C \end{cases}$，（$C$ 是任意常数）；或 $\begin{pmatrix} x_1 \\ x_2 \\ x_3 \end{pmatrix}=C\begin{pmatrix} 1 \\ 1 \\ 1 \end{pmatrix}$.

2.（1）$\begin{cases} x_1=1+C \\ x_2=-1+C \\ x_3=C \end{cases}$，（$C$ 是任意常数）；或 $\begin{pmatrix} x_1 \\ x_2 \\ x_3 \end{pmatrix}=C\begin{pmatrix} 1 \\ 1 \\ 1 \end{pmatrix}+\begin{pmatrix} 1 \\ -1 \\ 0 \end{pmatrix}$；

（2）$\begin{cases} x_1=1+C_1+C_2 \\ x_2=C_1 \\ x_3=1+2C_2 \\ x_4=C_2 \end{cases}$，（$C_1$，$C_2$ 是任意常数）；或 $\begin{pmatrix} x_1 \\ x_2 \\ x_3 \\ x_4 \end{pmatrix}=C_1\begin{pmatrix} 1 \\ 1 \\ 0 \\ 0 \end{pmatrix}+C_2\begin{pmatrix} 1 \\ 0 \\ 2 \\ 1 \end{pmatrix}+\begin{pmatrix} 1 \\ 0 \\ 1 \\ 0 \end{pmatrix}$.

习题 4-7

1.（1）$r(A)<n$；（2）$r(A)=r(\overline{A})$；（3）$=$，$\leqslant$；

（4）$\begin{cases} x_1=C_1 \\ x_2=1+C_3 \\ x_3=C_2 \\ x_4=C_3 \end{cases}$，或 $\begin{pmatrix} x_1 \\ x_2 \\ x_3 \\ x_4 \end{pmatrix}=C_1\begin{pmatrix} 1 \\ 0 \\ 0 \\ 0 \end{pmatrix}+C_2\begin{pmatrix} 0 \\ 0 \\ 1 \\ 0 \end{pmatrix}+C_3\begin{pmatrix} 0 \\ 1 \\ 0 \\ 1 \end{pmatrix}+\begin{pmatrix} 0 \\ 1 \\ 0 \\ 0 \end{pmatrix}$.

2.（1）D；（2）D；（3）B；（4）D.

3.（1）$\begin{cases} x_1=-2C_1-4C_2-3 \\ x_2=C_1+3C_2+4 \\ x_3=C_1 \\ x_4=C_2 \end{cases}$；或 $\begin{pmatrix} x_1 \\ x_2 \\ x_3 \\ x_4 \end{pmatrix}=C_1\begin{pmatrix} -2 \\ 1 \\ 1 \\ 0 \end{pmatrix}+C_2\begin{pmatrix} -4 \\ 3 \\ 0 \\ 1 \end{pmatrix}+\begin{pmatrix} -3 \\ 4 \\ 0 \\ 0 \end{pmatrix}$；

（2）只有零解；

（3）$\begin{cases} x_1=-2C+1 \\ x_2=C \\ x_3=-C+2 \\ x_4=C \end{cases}$（$C$ 为自由未知量）；或 $\begin{pmatrix} x_1 \\ x_2 \\ x_3 \\ x_4 \end{pmatrix}=C\begin{pmatrix} -2 \\ 1 \\ -1 \\ 1 \end{pmatrix}+\begin{pmatrix} 1 \\ 0 \\ 2 \\ 0 \end{pmatrix}$；

（4）此方程组无解；

（5）$\begin{cases} x_1=C \\ x_2=2C \\ x_3=C \\ x_4=-3C \end{cases}$（$C$ 为自由未知量）；或 $\begin{pmatrix} x_1 \\ x_2 \\ x_3 \\ x_4 \end{pmatrix}=C\begin{pmatrix} 1 \\ 2 \\ 1 \\ -3 \end{pmatrix}$.

4. $$\begin{pmatrix} x_1 \\ x_2 \\ x_3 \\ x_4 \\ x_5 \\ x_6 \\ x_7 \\ x_8 \\ x_9 \\ x_{10} \end{pmatrix}=\begin{pmatrix} 800-C_1 \\ C_1 \\ 200 \\ 500-C_1 \\ C_1 \\ 800-C_2 \\ 1000-C_2 \\ C_2 \\ 400 \\ 600 \end{pmatrix}=C_1\begin{pmatrix} -1 \\ 1 \\ 0 \\ -1 \\ 1 \\ 0 \\ 0 \\ 0 \\ 0 \\ 0 \end{pmatrix}+C_2\begin{pmatrix} 0 \\ 0 \\ 0 \\ 0 \\ 0 \\ -1 \\ -1 \\ 1 \\ 0 \\ 0 \end{pmatrix}+\begin{pmatrix} 800 \\ 0 \\ 200 \\ 500 \\ 0 \\ 800 \\ 1000 \\ 0 \\ 400 \\ 600 \end{pmatrix}.$$

自我检测四

1.（1）B；（2）C；（3）B；（4）D；（5）D；（6）B.

2.（1）5；（2）$\begin{pmatrix} 1 & 2 & 3 \\ 2 & 4 & 6 \\ 3 & 6 & 9 \end{pmatrix}$；（3）$\begin{pmatrix} 2^{n-1} & 2^{n-1} \\ 2^{n-1} & 2^{n-1} \end{pmatrix}$；（4）3；

（5）3；（6）$\begin{pmatrix} 2 & 0 \\ -23 & 8 \end{pmatrix}$.

3.（1）1）1；2）224；3）-11；4）-12.

（2）$X=\begin{pmatrix} 8 & 5 \\ 24 & -3 \end{pmatrix}$.

（3）$A=\begin{bmatrix} -\frac{2}{3} & -\frac{4}{3} & 1 \\ -\frac{2}{3} & \frac{11}{3} & -2 \\ 1 & -2 & 1 \end{bmatrix}$.（4）$A^{-1}=\begin{bmatrix} -\frac{1}{2} & -\frac{3}{2} & -\frac{5}{2} \\ \frac{1}{2} & \frac{1}{2} & \frac{1}{2} \\ 0 & 1 & 1 \end{bmatrix}$.

（5）1）$r(A)=2$；2）$r(B)=2$.

（6）1）$\begin{cases}x_1=4\\x_2=3;\\x_3=2\end{cases}$ 2）$\begin{cases}x_1=1\\x_2=2;\\x_3=1\end{cases}$ 3）$\begin{pmatrix}x_1\\x_2\\x_3\end{pmatrix}=\begin{pmatrix}\frac{19}{2}\\-\frac{3}{2}\\\frac{1}{2}\end{pmatrix}$； 4）$\begin{pmatrix}x_1\\x_2\\x_3\\x_4\end{pmatrix}=\begin{pmatrix}\frac{1}{3}\\-1\\\frac{1}{2}\\1\end{pmatrix}$；

5）$\begin{pmatrix}x_1\\x_2\\x_3\\x_4\end{pmatrix}=C_1\begin{pmatrix}-\frac{3}{2}\\-1\\1\\0\end{pmatrix}+C_2\begin{pmatrix}\frac{7}{2}\\-2\\0\\1\end{pmatrix}$； 6）$\begin{pmatrix}x_1\\x_2\\x_3\\x_4\end{pmatrix}=C_1\begin{pmatrix}4\\7\\1\\0\end{pmatrix}+C_2\begin{pmatrix}-5\\-6\\0\\1\end{pmatrix}$；

7）$\begin{pmatrix}x_1\\x_2\\x_3\\x_4\end{pmatrix}=C_1\begin{pmatrix}\frac{1}{7}\\\frac{5}{7}\\1\\0\end{pmatrix}+C_2\begin{pmatrix}\frac{1}{7}\\-\frac{9}{7}\\0\\1\end{pmatrix}+\begin{pmatrix}\frac{6}{7}\\-\frac{5}{7}\\0\\0\end{pmatrix}$； 8）$\begin{pmatrix}x_1\\x_2\\x_3\\x_4\end{pmatrix}=C_1\begin{pmatrix}1\\-2\\1\\0\end{pmatrix}+C_2\begin{pmatrix}0\\\frac{1}{2}\\0\\1\end{pmatrix}+\begin{pmatrix}1\\\frac{1}{2}\\0\\0\end{pmatrix}$.

（7）当$\lambda=1$时，方程组有无穷多组解；当$\lambda\neq1$且$\lambda\neq-2$时，方程组有唯一解.

（8）当$\lambda\neq-3$时，方程组有解；或者当$\lambda=-3$时，且$2-2\mu=0$，即$\mu=1$方程组也有解.

第五章　概 率 论 初 步

课堂练习 5 - 1

1.（1）A_1A_2；（2）$A_1A_2\overline{A_3}$；（3）$\overline{A_3}$；（4）$\overline{\overline{A_1}\,\overline{A_2}\,\overline{A_3}}$；

（5）$A_1A_2\overline{A}_3+\overline{A}_1A_2A_3+A_1\overline{A}_2A_3+A_1A_2A_3$；

（6）$A_1A_2\overline{A}_3+\overline{A}_1A_2A_3+A_1\overline{A}_2A_3$；（7）$\overline{A}_1\overline{A}_2\overline{A}_3$.

2.（1）$S=\{(1,2),(1,3),(1,0),(2,3),(0,2),(0,3)\}$；

（2）$S=\{$（正，正），（正，反），（反，正），（反，反）$\}$.

习题 5 - 1

1.（1）$AB\overline{C}+\overline{A}BC+A\overline{B}C+ABC$；（2）“出现5点”，“出现1点或3点”，“出现1点或2点或3点或5点”；（3）0.6；（4）$\frac{7}{12}$；（5）0.9；（6）$\frac{1}{18}$.

2.（1）$\frac{C_5^1C_3^1}{C_8^2}$；（2）$1-\frac{C_7^2}{C_{10}^2}$；（3）$\frac{1}{C_{32}^7}$.

（4）从12个球中摸出任意的6个球，其中出现6黄或6白的情况概率约为0.22%；出现5黄1白或5白1黄的情况概率约为7.79%；出现4黄2白或4白2黄的情况概率约为48.70%；而摸到3黄3白的情况概率约为43.29%.

（5）$\frac{C_6^4C_{12}^1 11^2}{12^6}\approx0.0073$.

课堂练习 5-2

1. (1) 89.5%;(2) 丙车间生产的概率大.

2. (1) 不独立;(2) 0.4;(3) 0.5;(4) 0.35.

习题 5-2

1. 0.48.　2. 0.9997.　3. 0.109.　4. 0.2.　5. 0.78.

6. 不公平．整体来看，出租车是红色出租车，并且肇事概率为 0.12；而是蓝色出租车并且肇事的概率为 0.17.

7. 根据分配后三个车床同时正常工作的概率相等原则，得出 0.79×0.82×0.61 与 0.93×0.54×0.77 相差最小，因此 1，2，4 机床与 3，5，6 机床分配较合理.

课堂练习 5-3

1.

ξ	0	1	2
p_i	0.1	0.6	0.3

2.

X	0	1	2	3
p_i	$(1-0.5)^3$	$C_3^1(0.5)^1\ (1-0.5)^2$	$C_3^1(0.5)^2\ (1-0.5)^1$	$(0.5)^3$

3. 9 件.

习题 5-3

1.

X	1	2	3	4
p_i	$\frac{3}{4}$	$\frac{3}{4}\times\frac{9}{11}$	$\frac{3}{4}\times\frac{2}{11}\times\frac{9}{10}$	$\frac{3}{4}\times\frac{2}{11}\times\frac{1}{10}$

2. 0.000 292.　3. $A=\frac{60}{77}$；$\frac{65}{77}$.

4. (1) 0.216；(2) 0.432；(3) 0.288；(4) 0.064.

5. (1) $P\{X=k\}=C_6^k 0.2^k(1-0.2)^{n-k}(k=0, 1, 2, 3, 4, 5, 6)$，$k=1$ 概率最大；
(2) 0.0989.

6. 0.985 61.

7. 105.

课堂练习 5-4

1. 0.6；$F(x)=\begin{cases}0, & x<0\\ \dfrac{x}{10}, & 0\leqslant x\leqslant 10\\ 1, & x>10\end{cases}$

2. $P\{0<X\leqslant 3\}=1-e^{-9}$，$P\{-1<X\leqslant 3\}=1-e^{-9}$；

X 的分布函数 $F(x)=\begin{cases}0, & x<0\\ 1-e^{-\lambda x}, & x\geqslant 0\end{cases}$.

习题 5-4

1. （1）$C=100$；（2）$\dfrac{8}{27}$.　　2. e^{-4}.　　3. （1）0.448；（2）0.116.

4. （1）e^{-2}；（2）$e^{-\frac{1}{2}}-e^{-\frac{3}{2}}$；（3）$1-(1-e^{-2})^5-5e^{-2}(1-e^{-2})^4$.

课堂练习 5-5

1. $E(\xi)=1.8$；$D(\xi)=0.36$.　　2. $E(Y)=1950$.

习题 5-5

1. 大批经销，因为期望获利大.
2. 8.
3. 不公平，因为“人”的期望是 0.5 分.
4. 候车时间 X 的分布列为

X	10	30	50	70	90
p_i	$\frac{3}{6}$	$\frac{2}{6}$	$\frac{1}{36}$	$\frac{3}{36}$	$\frac{2}{36}$

期望为 $E(X)=27.22$.

5. X 表示死亡的人数，则 X 服从于二项分布，

$E(2500\times 120-20\ 000X)=300\ 000-20\ 000E\ (X)=295\ 000$.

6. $X_i=\begin{cases}0, & \text{在第 } i \text{ 站无人下车}\\ 1, & \text{在第 } i \text{ 站有人下车}\end{cases}$ $(i=1, 2, \cdots, 10)$，则

$E\ (X_i)=1-\left(\dfrac{9}{10}\right)^{20}$；$E\ (X_1+X_2+\cdots+X_{10})=10\left[1-\left(\dfrac{9}{10}\right)^{20}\right]=8.784$.

课堂练习 5-6

1. （1）0.433 19；（2）0.522 75；（3）0.9545.　2. 0.6826.

习题 5-6

1. （1）0.8665；（2）合格.
2. （1）0.9326；（2）57.75.

3. 1082.5.

4. 高度大于 183.98.

5. (1) 有 60 分钟应走第二条线路 (2) 有 45 分钟应走第一条线路.

6. $\mu=69.87$; $\sigma=10.07$.

自我检测五

1. (1) D; (2) B; (3) C; (4) D; (5) C; (6) C; (7) B; (8) B; (9) C; (10) D; (11) C; (12) A; (13) C; (14) C; (15) C; (16) D; (17) C; (18) C; (19) A; (20) B; (21) D; (22) D; (23) B; (24) B.

2. (1) 甲分 750 元，乙分 250 元.

(2) 1) X 的分布列为

X	0	1	2	3
p_i	$\frac{1}{2}$	$\frac{1}{4}$	$\frac{1}{8}$	$\frac{1}{8}$

2) $E(X)=0.875$.

(3) 甲车床稳定.

(4) 1) 99.5%;　　2) 87.5%.

(5) 1) 0.90; 2) 0.37.

(6) 1) e^{-2}; 2) $P\{Y\geqslant 1\}=1-(1-e^{-2})^2$;

Y	0	1	2
p_i	$(1-e^{-2})^2$	$2(1-e^{-2})e^{-2}$	e^{-4}

(7) 可以被录取.

第六章　数理统计初步

课堂练习 6-1

1. (2) (4). 2. (1) 9.299; (2) 32.620; (3) 1.3830; (4) 2.66.

习题 6-1

1. 419.28; 2.732.

2. 15.23; 0.1746.

3. (1) $\lambda=33.196$;　(2) $\lambda=10.283$;　(3) $\lambda=4.6041$;
(4) $\lambda=-t_{0.01}(4)=-3.7496$; (5) $\lambda=3.23$;　(6) $\lambda=F_{0.05}(6, 8)=4.15$.

4. B 生产线生产的电容器容量较稳定.

课堂练习 6-2

1. $\hat{\lambda}=\frac{1}{\bar{\xi}}$; $\hat{\lambda}=\frac{1}{\bar{\xi}}$.

2. $\hat{\theta}=2\bar{\xi}$; $\hat{\theta}=\max\limits_{1\leqslant i\leqslant n}\{\xi_i\}$.

3. 略.

4. (62.83, 79.57).

5. (189.5, 1333).

习题 6-2

1. 1505.5; 128 85.7.

2. $\hat{\mu}=44.05$; $\hat{\sigma^2}=236.10$.

3. 矩估计 $\hat{\theta}=(\bar{\xi}/(1-\bar{\xi}))^2$；极大似然估计 $\hat{\theta}=(-n/\sum_{i=1}^{n}\ln\xi_i)^2$.

4. $\hat{\mu}=0.2062$; $\hat{\sigma^2}=0.0444$.

5. (14.88, 15.24).

6. (1) (2.121, 2.129);　(2) (2.117, 2.133);

7. (1) (27.043, 38.957);　(2) (6.231, 169.675).

8. (0.866, 3.198).

课堂练习 6-3

1. 略.

2. 拒绝 H_0.

3. 接受 H_0.

习题 6-3

1. 拒绝 H_0.

2. 接受 H_0.

3. 拒绝 H_0.

4. 拒绝 H_0.

5. 接受 H_0.

自我检测六

1. (1) t.　(2) 29.051; 1.3830.　(3) $\frac{1}{\bar{\xi}}$.

(4) (4.412, 5.588).　(5) 总体均值.　(6) $T=\frac{\overline{X}-\mu_0}{S/\sqrt{n}}$.

2. (1) B. (2) C. (3) D. (4) B.

3. (1) 10; 0.063; 0.2507.　(2) $\frac{3}{2}\overline{X}$, $\max\limits_{1\leqslant i\leqslant n}\{X_i\}$.　(3) 1.90

(4) 1) (21.625, 21.975); 2) (21.044, 22.556).

(5) 1) (47.1, 49.7); 2) (1.567, 11.037).

(6) 接受 H_0.　(7) 拒绝 H_0.　(8) 接受 H_0.

第七章 数值计算方法简介

课堂练习 7-1

1. 4；6；4；6；2；2.

2. $x_1=2.3457$；$x_2=3.1569$；$x_3=4.0032$；$x_4=0.000\ 876\ 57$.

习题 7-1

1. $\varepsilon_{x_1}=\frac{1}{2}\times10^3$；$\varepsilon_{x_2}=\frac{1}{2}\times10^{-5}$.　　2. $x=3.6840$.　　3. $x=0.015\ 81$

习题 7-2

2. (1) 1.726 56；(2) 0.089 84.

3. (1) 1.879 378；(2) 0.567 119.

4. $x_{k+1}=\frac{1}{2}\left(x_k+\frac{C}{x_k}\right)$；$\sqrt{115}\approx10.723\ 805$.

习题 7-3

1. $\sqrt{115}\approx10.7228$.

2. $\sqrt{115}\approx10.714\ 28$；$|y-y_1|\approx0.008\ 52$，即误差限为 0.008 52.

3. 0.603 144 3.

4. $L_1(0.3367)=0.330\ 365$；$L_2(0.3367)=0.330\ 374$.

习题 7-4

1. 略.

2. 精确解 (1) 0.430 96…；(2) 0.111 57….

   (1) 梯形公式计算 0.426 78；辛普生公式计算 0.430 93.

   (2) 梯形公式计算 0.1；辛普生公式计算 0.111 76.

3. 精确解 (1) $\frac{\pi}{6}$；(2) 1.

   说明：因为没有给出 n 的值，所以答案不唯一，n 取越大，精度越高。

4. 260.8 单位.

习题 7-5

1. 1.11；1.242 05；1.398 47；1.581 81；1.794 90；2.040 66；2.323 15；2.645 58；3.012 37；3.428 17.

2. 0.145.

自我检测七

1. 略.

2. 3.632.

3. 0.330 365；0.330 374.

4. $\frac{3}{4}$；$\frac{47}{60}$.

5. 1.148 714 467；1.147 792 857.

6. 1.4142.

第八章　复数与复变函数

课堂练习 8-1

1.（1）3，$-\sqrt{3}$，$2\sqrt{3}$，$2k\pi-\frac{\pi}{6}$（$k=0$，±1，±2，…），$-\frac{\pi}{6}$，

$2\sqrt{3}\left[\cos\left(-\frac{\pi}{6}\right)+\mathrm{i}\sin\left(-\frac{\pi}{6}\right)\right]$，$2\sqrt{3}\mathrm{e}^{\mathrm{i}\left(-\frac{\pi}{6}\right)}$；

（2）$-16\sqrt{3}+16\mathrm{i}$；

（3）2；

（4）$-2\mathrm{i}$，$2\mathrm{i}$.

2. 1；11.

习题 8-1

1.（1）$-1-2\mathrm{i}$；（2）$\frac{11+2\mathrm{i}}{5}$；（3）$-16\sqrt{3}+16\mathrm{i}$；

（4）$\frac{1}{16}$；（5）$\cos19\theta+\mathrm{i}\sin19\theta$.

2. $\sqrt[6]{2}\left[\cos\left(-\frac{\pi}{12}\right)+\mathrm{i}\sin\left(-\frac{\pi}{12}\right)\right]$；$\sqrt[6]{2}\left(\cos\frac{7\pi}{12}+\mathrm{i}\sin\frac{7\pi}{12}\right)$；$\sqrt[6]{2}\left(\cos\frac{5\pi}{4}+\mathrm{i}\sin\frac{5\pi}{4}\right)$.

3. 模变为原来的$\sqrt{2}$倍，幅角减少$\frac{5}{4}\pi$.

课堂练习 8-2

1. $w=6$.

2.（1）$w=-3+4\mathrm{i}$；（2）$w=1$.

习题 8-2

1.（1）点 2i；（2）抛物线 $u=1-\frac{v^2}{4}$（图略）.

2. $u=-v$（图略）.

习题 8-3

略.

自我检测八

1. $2\left(\cos\frac{7}{4}\pi+\mathrm{i}\sin\frac{7}{4}\pi\right)$；$2\mathrm{e}^{\mathrm{i}\frac{7}{4}\pi}$

2. (1) $4\sqrt{3}-4\mathrm{i}$； (2) $1+\mathrm{i}$；$-1-\mathrm{i}$；
   (3) 1； (4) $32\mathrm{i}$.

3. 略.

4. 1；$-\frac{1}{2}+\frac{\sqrt{3}}{2}\mathrm{i}$；$-\frac{1}{2}-\frac{\sqrt{3}}{2}\mathrm{i}$.

5. $n=4k$，$k=0$，±1，±2，….

6. (1) 以 (5，0) 为中心，2 为半径的圆周；
   (2) 以 (0，−1) 为中心，3 为半径的圆周及其外部区域；
   (3) 实轴；
   (4) 直线 $y=5$ 及其下面区域.

7. $u^2+v^2=\frac{1}{4}$.

参 考 文 献

[1] 王家德，梁海江．技术数学．开封：河南大学出版社，2003.
[2] 王仲英．应用数学．北京：高等教育出版社，2010.
[3] 葛云飞．经济数学．北京：高等教育出版社，2010.
[4] 工程类数学教材编写组．工程数学．北京：高等教育出版社，2003.
[5] 林益．工程数学．北京：中国人民大学出版社，2000.
[6] 侯风波．工程数学．北京：高等教育出版社，2007.
[7] 林玉闽，许传炬．概率统计应用基础．北京：高等教育出版社，2003.
[8] 金炳陶．概率论与数理统计．2版．北京：高等教育出版社，2008.
[9] 西安交通大学高等数学教研室．复变函数．3版．北京：高等教育出版社，1978.
[10] 同济大学函数数学教研室．高等数学．2版．上海：同济大学出版社，1998.
[11] 李心灿．高等数学应用205例．北京：高等教育出版社，1997.
[12] 廖虎，等．高等数学．北京：中国电力出版社，2005.
[13] 刘青藏．一元函数微积分．北京：高等教育出版社，1998.
[14] 陶煌，杨俊萍．工程数学．大连：大连理工大学出版社，2009.
[15] 梁弘，翟步祥．高等数学基础．北京：北京交通大学出版社，2006.
[16] 吴赣昌．线性代数与概率统计．北京：中国人民大学出版社，2007.
[17] 冯翠莲，赵益坤．应用经济数学．北京：高等教育出版社，2008.
[18] 朱弘毅．高等数学．上海：上海科学技术出版社，2002.
[19] 郭连英．应用数学基础．北京：科学出版社，2010.
[20] 杨玉红．浅谈概率在生活中的应用．经济研究导刊 [J]，2010.18.
[21] 何良材．数学在经济管理中的应用实例析解．重庆：重庆大学出版社，2007.
[22] 刘玉良，时立文．探讨概率应用的几个典型问题．陶瓷研究与职业教育 [J]，2007.2.
网络资料
[1] http：//www.pep.com.cn/gzsxb/gxrz/201103/t20110308_1025727.htm